葡萄优质高效栽培技术

PUTAO YOUZHI GAOXIAO ZAIPEI JISHU

毛 娟 ○ 主编

甘肃科学技术出版社

图书在版编目（C I P）数据

葡萄优质高效栽培技术 / 毛娟主编. -- 兰州 : 甘肃科学技术出版社, 2020.12
ISBN 978-7-5424-2745-8

Ⅰ. ①葡… Ⅱ. ①毛… Ⅲ. ①葡萄栽培 Ⅳ. ①S663.1

中国版本图书馆CIP数据核字(2020)第181396号

葡萄优质高效栽培技术

毛 娟 主编

责任编辑 韩 波
封面设计 王曦莹

出 版 甘肃科学技术出版社
社 址 兰州市读者大道568号
网 址 www.gskejipress.com
电 话 0931-8125103（编辑部） 0931-8773237（发行部）

发 行 甘肃科学技术出版社 印 刷 兰州人民印刷厂
开 本 787mm×1092mm 1/16 印 张 21.00 插 页 2
版 次 2020年12月第1版 字 数 432千
印 次 2020年12月第1次印刷
印 数 1~600
书 号 ISBN 978-7-5424-2745-8 定 价 58.00元

编委会

主　编　毛　娟

副主编　马宗桓　史星雲

编　委　马宗桓　毛　娟　王　海　史星雲　褚明宇

吴玉霞　赵　鑫　郭　锐　赵彦红

前　言

果树栽培技术的日趋更新与提升对于产业的发展具有举足轻重的作用。葡萄是世界上最古老的果树之一,人类栽培葡萄已有5000多年的历史,在我国也有2000多年的栽培历史了。在长期的生产实践中,劳动人民积累了丰富的栽培技术经验,同时选育出了很多的优良品种。葡萄产业的持续高效发展在我国国民经济发展中发挥着重要的地位。

当前,面对我国葡萄产业发展面临的新常态、新趋势和新挑战的现实,国际市场的巨大冲击和国内消费者的日益成熟和理性的局面,这必将对葡萄生产栽培技术和管理理念提出新的要求和标准,一些旧有的栽培技术和管理理念,难以适应新形势下产业发展的需要,取而代之的应是标准化、轻简化管理,降低成本、提高品质、提高竞争力。葡萄产业必须通过转型升级和与时俱进,才能认识新常态,使葡萄产业步入持续发展的轨道。葡萄优质高效栽培技术是指一种有别于传统栽培的新模式,体现了现代葡萄栽培技术的最高水准。在适宜的生产区域和配套条件下,确定合理的产量目标,采取适宜的栽培模式和相配套的栽培管理技术,保证科学合理的投入,生产出外观质量和内在品质俱佳的商品果,以期获得最大的经济效益,并保持产地环境友好和葡萄最长的经济寿命。

我们在多年从事葡萄生产管理与学科研究的基础上,借鉴国内外相关领域专家与同行的研究成果,组织有关学者,立足于能够为葡萄产业发展提供技术支撑,并对葡萄产业中出现的问题及国内外新技术、新方法的发现与推广撰写此书,以期能够为葡萄产业实用技术服务。

本书由毛娟主编,马宗桓、史星雲担任副主编,具体分工如下:前言由毛娟撰写,葡萄的种类与栽培区划由史星雲和马宗桓撰写,葡萄的生物学特性由褚明宇撰写,葡萄育苗由毛娟撰写,葡萄园建立和葡萄园土肥水管理技术由马宗桓撰写,葡萄的冬季整形修剪由毛娟和褚明宇撰写,葡萄的夏季修剪与花果管理技术由王海和赵彦红撰写,葡萄的病虫害由吴玉霞和郭锐撰写,葡萄的防灾减灾技术由马宗桓撰写,葡萄的储藏及运输和葡萄果品加工技术由褚明宇撰写,设施葡萄栽培由吴玉霞撰写。

尽管该书在构思与设计方面有一定的创新之处,但是由于编写者能力有限、时间仓促,错误之处在所难免,敬请批评指正。

编　者

2020 年 3 月

目　录

概　论

葡萄（*Vitis vinifera L.*）作为一种广泛栽培的多年生水果，除可鲜食、酿酒、榨汁、制果干等外，其种子还可作为原料来提取抗肿瘤、降低心血管疾病和糖尿病的白藜芦醇，其较高的经济价值和药用价值奠定了它成为四大水果之一的地位。葡萄主要分布在50° N~30° N和40° S~30° S区域，接近10° ~20℃的等温线。从1978年至2018年，中国葡萄栽培面积和产量整体呈上升的趋势。据2018年中国统计年鉴最新数据显示，截至2017年中国葡萄种植面积为1199万亩，产量为1366.7万t。中国逐年增加的葡萄种植面积使得世界葡萄种植面积和产量明显增加。

葡萄优质高效栽培技术是指一种有别于传统栽培的新模式，体现了现代葡萄栽培技术的最高水准。在适宜的生产区域和配套条件下，确定合理的产量目标，采取适宜的栽培模式和相配套的栽培管理技术，保证科学合理的投入，生产出外观质量和内在品质俱佳的商品果，以期获得最大的经济效益，并保持产地环境友好和葡萄最长的经济寿命。

1 葡萄栽培的意义

葡萄是世界上栽培历史悠久、经济价值较高的果树之一。葡萄与其他果树比较，具有结果早、早期丰产、高产稳产等特点，经济效益快而高。葡萄适应性强，在平地、山地丘陵、河滩、海滩及庭院周围均可种植。葡萄商品性强，货架期长，通过设施栽培和贮藏保鲜，可常年供应市场，淡季上市可大大提高售价，使经济效益成倍增长。

葡萄浆果色艳多汁、甜酸适口、风味优美、营养丰富，是深受人们喜爱的鲜食果品。具有补肝肾、益气血、开胃力、生津液和利便等诸多功效，已在我们的日常生活中占据重要的位置。其外观诱人且富含众多的营养组分，果实中除含有丰富的可溶性糖、有机酸、维生素、蛋白质和多种人体所必需矿物质及氨基酸外，还富含具有特殊生理活性药物和抗癌作用的白藜芦醇和原花青素两种次生代谢产物。

将葡萄发酵酿制成葡萄酒,可作为低度酒精保健饮料,具有很高的营养价值。内含有丰富的氨基酸、维生素和多种微量元素。常饮葡萄酒,尤其是红葡萄酒,有降低血压、血脂,软化血管和减少心血管疾病发生的作用。近年来人们生活水平的提高,人们的保健意识在不断增长。因此,葡萄越来越受到各界人士的喜爱。葡萄用途广泛,除鲜食和酿酒外,还能加工成各种产品,如葡萄汁、葡萄饮料、葡萄干和葡萄罐头等。

2 葡萄栽培历史

2.1 世界葡萄栽培历史

葡萄,是一种浆果,是世界上最古老、也是分布最广的水果之一。葡萄栽培的历史悠久,根据古生物学家考证,在新生代第三地层内就发现了葡萄叶和种子的化石,以此为证,距今650多万年前就已经出现了葡萄。据考古资料,葡萄原产于欧洲、西亚和北非一带。伊朗出土的距今7000年前的盛装葡萄的陶罐,证实伊朗是世界公认的最早种植葡萄的国家,埃及是最早酿造葡萄酒的国家,距今6000年前埃及的古墓壁画上就绘有人们采收葡萄、压榨和酿造葡萄酒的过程。

古罗马帝国强盛时期,因其势力扩张把葡萄栽培技术带到了西欧地区。由于西欧地区的地中海气候非常适合欧亚种葡萄生长,该地区的葡萄栽培和葡萄酒生产渐渐繁荣起来,并成为世界葡萄栽培及酿酒生产中心,同时逐渐形成一些完善的生产、酿造技术及完备的法规。二十世纪以来,美国、澳大利亚等一些新兴的葡萄酒生产国根据当地特点,形成了新型的葡萄种植和葡萄酒生产体系,在国际葡萄酒行业中地位日趋重要。

2.2 中国葡萄栽培历史

我国葡萄栽培和葡萄酒酿造历史悠久,据记载,在3000年前的周朝,我国已经开始种植葡萄。我国在春秋时期就有关于东亚种葡萄的记载,《诗经·周南》中的《樛木》篇中就有“南有樛木,葛藟累之”的诗句;《神农本草经》对葡萄也有记载,“则汉前陇西旧有,但未入关耳”。西汉时期,张骞出使西域,“从大宛国取蒲陶(葡萄)实,于离宫别馆尽种之”,才将西域的欧亚种葡萄引入中国,由于当时葡萄种植较少,只能作为皇家贡品被皇亲贵胄享用。魏晋时期,随着新疆与内地民族在经济及农业方面的交往逐渐密切,葡萄栽培技术继续东进,使得吐鲁番盆地逐渐发展成全国最重要的葡萄产区之一。我国的葡萄栽培在唐朝进入繁荣时期有很多描述葡萄的诗句，例如，唐代诗人李白写道“葡萄酒，金叵罗，吴姬十五细马驮”。

虽然，我国葡萄的栽培历史悠久，但是葡萄一直处于零星种植阶段，产业化的栽培和生产发展缓慢。直至近代，随着宗教的传播和西方文化的传输，欧美葡萄品种和葡萄酒酿造技术传入我国，促进了我国葡萄栽培和酿造的发展。

2.3 甘肃葡萄栽培历史

甘肃省是我国葡萄栽培最早的地区之一，早在汉代就引进并栽培葡萄和酿造葡萄酒，留下了许多与葡萄酒有关的美丽诗篇。脍炙人口的千古绝句《凉州词》中有“葡萄美酒夜光杯，欲饮琵琶马上催”之说，这也是昔日凉州（今武威等河西地区）葡萄美酒辉煌与盛名的历史文化见证，清代武威学者张澍的“凉州美酒说葡萄，过客倾囊质宝刀，不愿封侯县斗印，聊拼一醉卧亭皋”，描绘了当时葡萄和葡萄酒生产的盛况。

长期以来，甘肃葡萄产业一直处于停滞状态。新中国成立初期，甘肃葡萄栽培面积不足万亩，且为小规模零散种植。改革开放以后价格随行就市以来，给葡萄生产带来了生机勃勃和购销两旺的繁荣景象。从 1985—1991 年，全省葡萄产业迎来了第一次快速增长期。其中酒泉地区栽培规模最大，占全省面积的 33% 以上，产量占全省 53% 以上。从 1992—2007 年近 15 年时间，甘肃的葡萄产业一直处于持续增长的态势。近些年来，逐渐形成以河西走廊为主的酿酒葡萄种植基地和葡萄酒生产企业。

3 世界葡萄栽培现状

葡萄是温带落叶藤本果树，起源地为北半球的温带和亚热带地区，是各种水果中资历最老的一种，一般种植在北纬 20°　~52° 之间和南纬 20°　~45° 之间，因诱人的外观和美味可口的风味受到大家的喜爱，是世界上栽培面积最大、产量最多的果树之一。

根据国内外葡萄产业发展状况统计数据，截至 2017 年底，全世界葡萄栽培面积达 751.6 万 hm^2，总产 7580 万 t 左右，占世界水果总产量的四分之一。全球葡萄的主要消费方式为酿酒，葡萄酒是世界产量与消费量仅次于啤酒的第二大饮料酒，每年用于酿酒的葡萄约占总产量的 61%。意大利、西班牙、土耳其、法国和葡萄牙等欧洲国家是葡萄的主产国，其葡萄产量和种植面积一直比较稳定，作为世界葡萄主产区的欧洲，拥有世界上多半的种植面积。但是近年来随着以伊朗、中国等为代表的亚洲国家的葡萄产业的快速发展，欧洲种植面积在世界上的比重日渐下降。美洲的葡萄主产国是智利、美国和阿根廷等国家。

4 中国葡萄栽培现状

我国是世界上葡萄生产大国，根据国家统计局发布的《中国统计年鉴 2017》显示，我国葡萄栽培面积为 80.96 万 hm^2，总产量为 1374.5 万 t。其中，葡萄栽培总面积中有 80% 都是鲜食葡萄品种，酿酒葡萄的栽培面积约占总面积的 15%，这一数字还在不断上升，制干葡萄的栽培面积约占总面积的 5%，制汁葡萄极少，我国对于葡萄产品深加工这一方面重视程度不大。

我国酿酒葡萄的种植业也发展迅速。中国葡萄栽培区域主要为东北产区（黑龙江、吉林等）、黄土高原产区（陕西、甘肃、山西等）、京津冀产区（北京、河北、天津等）、内蒙古产区、西南高山产区（云南、广西、四川等）、山东产区、贺兰山东麓产区、新疆产区、黄河故道产区及河西走廊产区。

5 甘肃省葡萄栽培现状

甘肃、新疆、宁夏等西北地区是我国酿酒葡萄主要分布地区，占全国酿酒葡萄栽培面积的 90% 以上。由于该地区光照充足、昼夜温差大、空气干燥、病虫害发生轻，也是我国酿酒葡萄和鲜食葡萄的优势产区。但是，该区域冬季极端气温低（−30℃左右），目前主栽品种难以实现露地安全越冬，埋土方式仍然是该区域葡萄安全越冬的基本方式，因此也就成为制约葡萄产业发展的主要因素。在冬季最低温度低于 −15℃的地区，葡萄必须进行不同厚度的覆土才能安全越冬，导致葡萄生产中用工量大、土地利用率低、枝蔓机械损伤大、生产成本较高。据统计，甘肃河西走廊酿酒葡萄生产中，埋土、出土和上架绑蔓等越冬防寒环节占全年用工量的 52% 左右，严重影响葡萄生产的经济效益。因此，深入研究葡萄的抗寒机理，如何提高葡萄的越冬性能，增加该区域葡萄的生产效益和经济价值无疑是当前果树产业发展和科学研究中的重要问题，具有非常重要的理论价值与实践意义。

第一章 葡萄的分类和栽培区划

1 葡萄分类

1.1 种

葡萄,葡萄科(*Vitaleae*)、葡萄属(*Vitis*),又名提子、蒲桃、李桃等;葡萄分布范围很广。葡萄属分真葡萄亚属和圆叶葡萄亚属两个亚属,全世界约有70种,其中有67个种属于真葡萄亚属。而我国约有26种。全世界有8000多个葡萄品种,其中中国约有800个,生产上栽培的优良品种只有40~50个,是果树栽培的主要树种之一。

按照用途可分为鲜食品种、酿造品种、制罐品种、制汁品种、制干品种以及砧木品种。鲜食品种有'无核白'、'马奶子'、'吐鲁番红葡萄'、'淑女红'和'火焰无核'等,这些葡萄皮薄、肉汁甘甜可口,适合鲜食。一般情况下,无核品种大多可鲜食。酿造品种有'赤霞珠'、'蛇龙珠'、'梅鹿辄'、'霞多丽'、'赛美容'和'西拉'等,这些品种皮厚、味道酸涩,适合酿酒,可酿干白、干红、女人香、玫瑰香等葡萄酒种。制干品种有'无核白'、'玫瑰香'、'优无核'和'醉金香'等,这些品种果皮中厚,果皮与果肉易分离,果香味较浓。制汁品种有'佳丽酿'、'晚红蜜'、'蜜汁葡萄'和'烟73'等,这些品种皮厚、肉质柔软、多汁味甜,含糖量适中在15%左右,出汁率都在70%以上。制罐品种有京早晶、粉红太妃、和田红等,这些品种皮薄而韧、肉质软脆、口感酸甜、抗旱性强,多是晚熟品种,耐储运。砧木品种主要有'1130P'、'SO4'、'101-14'、'贝达'、'山葡萄'、'5BB'、'140R'和'520A'等。

按成熟期可分为极早熟品种、早熟品种、中熟品种、晚熟品种和极晚熟品种几类。

按倍性分类,二倍体品种如'龙眼'、'康可'、'无核白'和'美人指'等;四倍体品种如'森田尼'、'四倍体玫瑰香'、'藤稔'和'红义'等;三倍体及非整倍体品种如'夏黑'、'无核早红'和'高尾'等。

1.2 种群

按照种群分类，葡萄可分为东亚种群、欧亚种群、北美种群和杂交种群等四大种群。

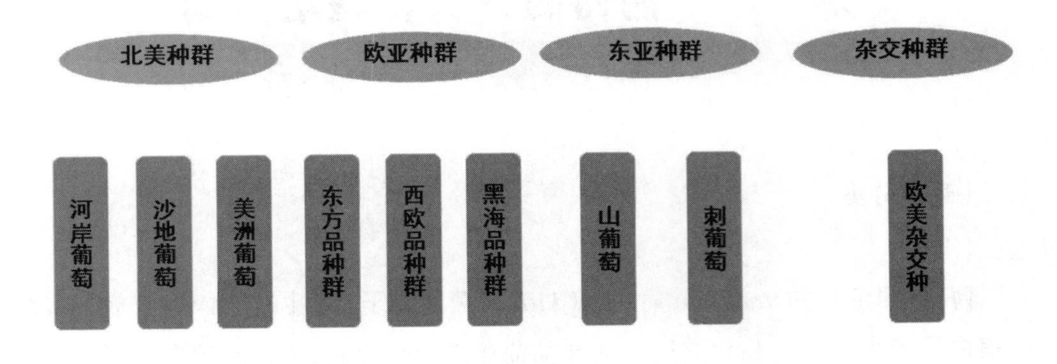

图1-1 葡萄种群分类

1.2.1 东亚种群

包括39种以上，生长在中国、朝鲜、日本、前苏联远东等地的森林、山地、河谷及海岸旁。在中国生长约30种，变种及类型丰富，主要用作砧木、供观赏及作为育种原始材料。野生山葡萄于中国东北、前苏联远东和朝鲜，是葡萄属中最抗寒的一个种，枝蔓可耐 -40℃严寒，根系可耐 -14℃ ~-16℃，不抗根瘤蚜和真菌病害。野生刺葡萄于湖南、浙江、江西等省。生长势强，抗病力强，本种可用作抗湿砧木，又是抗病、抗湿育种的优良原始材料。

1.2.2 欧亚种群

欧亚种起源于欧洲地中海沿岸及西亚的干旱地区，是葡萄属中栽培最广、品种最多的一个种群，其特点是品质优良、风味佳、坐果率高，但抗寒性较弱，易染真菌病害，不抗根瘤蚜，抗石灰能力较强，在抗旱、抗盐及对土壤的适应性等方面，不同品种之间有差异。本种群又可分为两个亚种，野生顺型森林葡萄和栽培类型。

1.2.3 北美种群

包括28个种，仅有几种在生产上和育种上可加以利用，多为强健藤木，生长在北美东部的森林、河谷中。在栽培和育种中常用的种有：

（1）美洲葡萄。野生于美国东南部和加拿大南部。抗寒力强，可耐 -30℃低温，抗病力中等，生产上较多栽培的是本种与欧亚种葡萄的自然杂交品种‘伊沙拜拉’、‘康可’和‘卡它巴’等。其中‘康可’是优良的制红葡萄汁的著名品种。

（2）河岸葡萄。原产北美东部，抗寒力强，可耐 -30℃低温，抗真菌病害和抗根瘤蚜的能力很强，在育种上主要利用它来培育抗根瘤蚜的砧木。‘河岸葡萄’与‘美洲葡萄’的杂交品种‘贝达’可用作抗寒砧木。

（3）沙地葡萄。原产美国中部和南部生长于干旱的峡谷、丘陵和砾石土壤上，呈分枝旺盛的小灌木。本种群抗根瘤蚜的抗病力很强，抗寒、耐旱，主要用于培育抗根瘤蚜砧木。

（4）伯兰氏葡萄。又名西班牙葡萄，原产美国南部和墨西哥北部，小型攀缘植物，可耐可溶性石灰 65% 以下。本种与欧亚种的杂交品种也能耐 40%~45% 的石灰，本种主要用于培育抗根瘤蚜和抗石灰质土壤的砧木。一些著名的砧木品种如‘Kober’、‘5BB’、‘420A’、‘SO4’等就是本种群与‘河岸葡萄’的杂交后代。

1.2.4 杂交种群

该种群是葡萄种间进行杂交培育成的杂交后代，如欧美杂交种是欧洲种和美洲种杂交而成，其显著特点是浆果具有美洲种的草莓香味，具有良好的抗病性、抗寒性、抗潮湿性和丰产性。目前，欧美杂种在我国、日本和东南亚地区已成为当地的主栽品种。

1.3 品种

1.3.1 鲜食白色品种

（1）无核白。别名：‘无籽露’、‘美国青提’、‘汤普逊无核’。中晚熟鲜食品种，味道很甜，制干品质优良，也可酿酒。果穗大，平均重 337 g，果粒着生紧密。粒较小，自然状况下平均粒重 1.64 g，椭圆形，黄白色，皮薄脆；果肉浅绿色，半透明，肉脆、味甜，汁少，无香味。含糖量 22.4%，品质优良。

树势强，结实率高，第一果穗着生于第五节，第二果穗着生于第六节。副梢结实力强，果实成熟期一致。从萌芽到成熟需 140 d 左右。需活动积温约 3400℃。抗旱力强，抗病力差，易感染白粉病、白腐病和黑痘病。‘无核白’为优良的制干与生食兼用品种。生产上宜选用果粒大、果粒长椭圆形的丰产类型。植株生长旺盛，适合棚架整形、中长梢修剪。采用赤霉素处理可增大果粒。无核白抗病性较弱，栽培上要注意及早防治病害。

（2）阳光玫瑰。别名：‘夏音马斯卡特’、‘耀眼玫瑰’。欧美杂交种，由日本果树试验场安芸津葡萄、柿研究部选育而成，其亲本为‘安芸津 21 号’和‘白南’。果穗圆锥形，穗重 600 g 左右，大穗可达 1800 g 左右，平均果粒重 8~12 g；果粒着生紧密，椭圆形,黄绿色,果面有光泽,果粉少;果肉鲜脆多汁,有玫瑰香味,可溶固形物20%左右,最高可达26%,鲜食品质极优。

植株生长旺盛,长梢修剪后可丰产,也可进行短梢修剪。与'巨峰'相比,该品种较易栽培,挂果期长,成熟后可以在树上挂果长达2~3个月,不裂果,耐贮运,无脱粒现象;较抗白腐病、霜霉病和白粉病,但不抗炭疽病。阳光玫瑰可以进行无核化处理,即在盛花期和花后10~15 d利用赤霉素进行处理,使果粒无核化并使果粒增重1 g左右,产量为1200 kg/亩左右。

(3)金手指。欧美杂交种。果穗中等大,长圆锥形,松紧适度,平均穗重445 g,最大980 g,果粒长椭圆形至长形,略弯曲,呈菱角状,黄白色,平均粒重7.5 g,最大可达10 g。每果含种子0~3粒,多为1~2粒,有瘪籽,无小青粒,果粉厚,极美观,果皮薄,可剥离,可以带皮吃。可溶性固形物18%~23%,最高达28.3%,有浓郁的冰糖味和牛奶味,品质极上,商品性极高。不易裂果,耐挤压,耐贮运性好,货架期长。

嫩梢绿黄色,幼叶浅红色,绒毛密。成叶大而厚,近圆形,5裂,上裂刻深,下裂刻浅,锯齿锐。叶柄洼宽拱形,叶柄紫红色。一年生成熟枝条黄褐色,有光泽,节间长。成熟冬芽中等大。根系发达,生长势中庸偏旺,新梢较直立。始果期早,定植第二年结果株率达90%以上,结实力强,亩产量1500 kg左右。三年生平均萌芽率85%,结果枝率98%,平均每果枝1.8个果穗。副梢结实力中等。比'巨峰'早熟10~15 d,属中早熟品种。抗寒性强,成熟枝条可耐-18℃左右的低温;抗病性强,按照巨峰系品种的常规防治方法即无病虫害发生;抗涝性、抗干旱性均强,对土壤、环境要求不严格,全国各葡萄产区均可栽培。

1.3.2 鲜食红色品种

(1)早霞玫瑰。二倍体欧亚极早熟品种。大连市农业科学研究院最新选育,2012年通过品种登记。果穗圆锥形,常有2~4个副穗,穗长19.5 cm,宽16.5 cm,平均穗重650 g,最大穗重1680 g,果粒圆形,中等大,平均粒重7~8 g,最大粒重11.5 g,纵径2.14 cm,横径2.01 cm,果粒着生中等紧密。着色初期果皮鲜红色,逐渐变为紫红色,日照好的地区紫黑色。果皮中等厚,着色好,果粉中多。果肉与种子不易分离,肉质硬脆,汁液中多,无肉囊,具有浓郁的玫瑰香味,品质极佳。每果粒有1~3粒种子,种子小,褐色,喙中等长。果实成熟后不裂果,不脱粒,极耐贮运。

嫩梢绿色,略带红晕。幼叶绿色,梢尖略带有红色,叶背密生白色絮状绒毛。成熟叶片小,较硬,叶背密生灰白色絮状绒毛,背面叶脉密生刺状白色绒毛。叶片心脏形，5 裂，上下裂刻均较深；锯齿多，锐齿；叶柄洼宽拱形，叶柄红色。1 年生枝条直立，新梢生长至 5~6 节位，多出现分支。成熟枝条红褐色，节间短，树势中庸偏弱。两性花，雌雄蕊健全完整，第一花序多着生在第四节，若新梢分叉，花序则着生在分叉后新梢的第一节位。幼果黄豆粒大小时有十分明显的沟棱，似南瓜。从开花到结果成熟仅 45 d，极丰产，产量高，亩产可达 2500 kg，易种植，抗病能力强、花芽分化极好，可做一年两熟，二次果能力极强，品种超群。是以'白玫瑰香'与'秋黑'杂交选育而成，具有品种熟期早、花芽分化好、耐弱光、低温需冷量低等优点，适合北方地区日常温室发展种植。而且'早霞玫瑰'硬度大、不脱粒、耐运输，市场前景广阔。

（2）里扎马特。别名：'玫瑰牛奶'、'里查马特'。欧亚种。果穗圆锥形，特大，平均穗重 850 g，最大穗重可达 2500 g。果粒长椭圆形，平均粒重 12 g，最大粒重 20 g 左右，有时果粒大小不太整齐。果皮薄，成熟后果皮鲜红色到紫红色，外观十分艳丽，果皮与果肉难分离。肉质脆，细腻，清香味甜，果肉有条明显的白色维管束。果实含糖量 14%~16%，品质极佳。

树势极旺，萌芽率 78%，花序多着生在第 5 节以上。副梢结果能力弱，产量中等。果穗大，果粒大，色泽鲜艳，该品种对水肥和土壤要求较严，管理不善易出现大小年和果实着色不良。抗病性较弱，易感染白腐病和霜霉病。成熟期雨水多时果粒易裂果，适于在降水较少而有灌溉条件的干旱和半干旱地区栽培，建园宜选沙质壤土。宜棚架栽培和以长梢为主的修剪方法。夏季修剪时应适当多保留叶片，防止果实发生日灼。果实耐贮运性较差，采收后应及时销售。

（3）玫瑰香。别名：'莫斯佳'、'汉堡麝香'、'穆斯卡特'、'慕斯卡'、'麝香马斯卡特'。果穗中等大，圆锥形，平均重 350 g；果粒着生疏散或中等紧密。果粒中小，平均重 4.5 g，椭圆或卵圆形；果皮黑紫色或紫红色，果粉较厚，皮中等厚；果肉黄绿色，稍软，多汁，有浓郁玫瑰香味。含糖量 18%~20%，味香甜。每颗果粒含种子 1~3 粒，以 2 粒者较多。

树势中等，成花力极强，母枝基部第一节即可抽生结果枝，而五至十二节的结果枝结实率较高，果穗多着生于第四、五节。副梢结实力强，一年内可结果二、三次。适应性强，抗寒性强，根系较抗盐碱，但抗病性稍弱，易感染黑痘病和霜霉病及生理性病害水罐子病。'玫瑰香'为世界性优良品种，栽培中要加强病虫防治和肥水管理，合理确定负载量，防止落花落果和水罐子病。篱、棚架均可，中、短梢混合修剪。开花前要及时摘心、掐穗尖，促进果穗整齐、果粒大小一致，提高果实商品质量。

（4）巨玫瑰。四倍体欧美杂交品种。由大连市农科院最新选育成功的中熟葡萄新品种，2002 年 8 月通过了国家正式鉴定。果穗大，平均穗重 514 g，果粒大，椭圆形，平均粒重 9 g，最大粒重 15 g，果粒整齐。果皮紫红色，果粉中等；皮中等厚，果肉软，多汁，果肉与种子易分离，具有较浓的玫瑰香味，可溶固形物含量 18%。每颗果粒含种子 1~2 粒。

植株生长势强，枝条成熟良好，副梢结实力强。早果性、丰产性好，不裂果、不落粒。花芽分化好，结果枝占芽眼总数的60%左右，每个果枝平均着生果穗1.5~2.0个。易早果丰产、稳产。叶片大，平均横径 21.1 cm，纵经 15.7 cm，叶面积 240.5 cm^2。对葡萄白腐病、炭疽病、黑痘病和霜霉病等抗性较强。适于棚架栽培，中短梢修剪。幼树期要培养健壮树势，调整好生长与结果的关系，进入结果期后要注重秋施基肥，合理控制产量，以维持健壮的树势。栽培最好实行套袋栽培，以提高果品质量。

（5）户太 8 号。欧美杂交种。由西安市葡萄研究所通过‘奥林匹亚’芽变选育而成，1996 年 1 月 10 日陕西省第 18 次农作物品种审定会议审定通过。果穗圆锥形，穗大，带副穗，单穗重 600~800 g。果粒较大，平均粒重 10.4 g。浆果顶端紫黑色，尾端紫红色，果皮厚韧，粉厚。种子中等大小，黄褐色，每粒浆果中含有 1~2 粒种子。浆果充分成熟时，果皮与果肉易分离，肉质细脆，含糖量 17.3%，香味浓郁。主要用于鲜食，也可加工制汁。

嫩梢绿色，梢尖半开张微带紫红色，绒毛中等密。幼叶浅绿色，叶缘带紫红色，下表面有中等白色绒毛。成年叶片近圆形，大，深绿色，上表面有网状皱褶，主脉绿色。叶片多为 5 裂。锯齿中等锐。叶柄洼宽广拱形。卷须分布不连续，2 分叉。冬芽大，短卵圆形、红色。枝条表面光滑，红褐色，节间中等长。两性花。该植株生长势强，副梢易形成花芽，一年多次结果特点十分突出，适合采用棚架或“T”形篱架栽培，中短梢修剪，生长期要加强夏季修剪及时抹芽疏枝，保持架面通风透光良好。该品种果枝率高，副梢容易形成花芽，应严格控制结果量，加强肥水管理，及时进行花序修剪和果穗整理，并实行套袋栽培，以提高果穗的质量和商品价值。

（6）巨峰。四倍体欧美杂交种，原产日本。以‘石原早生’为母本，‘森田尼’为父本杂交培育。果穗大，平均重 450 g，果粒着生较疏松。粒大，平均重 9.1 g，圆形或椭圆形，果皮黑紫色，果粉厚；果皮中等厚，果肉软，黄绿色，味甜，有草莓香味，果皮与果肉、果肉与种子均易分离，果刷短，成熟后易落粒，果实含糖量 16%，每颗果粒含种子 1~2 粒。

树势强，抗病力较强，适应性强，全国各地几乎均能栽培。萌芽率96.5%，副芽、副梢结实力均强。从萌芽到成熟130~140 d左右，中熟品种。'巨峰'是我国引进最早的欧美杂交种四倍体品种，生长势强，果穗大，果粒大，抗病性强，是当前我国栽培面积最大的鲜食葡萄品种。栽培时棚、篱架均可，中短梢混合修剪。防止落花落果是栽培成功的关健。

（7）藤稔。别名：'乒乓葡萄'。是日本民间育种家青木一直在1978年用'井川682'与'先锋'杂交育成，1985年登记，1986年引入我国。果穗较大，圆锥形，平均果穗重450 g，果粒着生中等紧密。果实紫黑色，近圆形，果粒特大，平均粒重15~16 g，果皮厚，多汁，味酸甜，可溶性固形物含量15%~17%，稍有异味，每果有种子1~2粒，品质一般。

植株生长势较强，萌芽力强，但成枝力较弱，花芽易形成，较丰产。从萌芽到果实完全成熟需生长约135 d左右，需活动积温3200℃，中熟品种。风土适应性强，较抗病，但易感染黑痘病、灰霉病和霜霉病。'藤稔'生长健壮，适宜棚架、篱架栽培，中短梢修剪结合，以中梢修剪为主。'藤稔'扦插生根率较低，应采用适当的砧木进行嫁接繁殖，以增强树势。由于植株生长旺、果粒大，对肥水的需求较高，栽培中要特别重视肥水的适时适量供应，以增强树势。结果期要注意对黑痘病、霜霉病和灰霉病的防治。'藤稔'果实成熟后极易落粒，成熟后要及时采收，尽快销售。

（8）春光。欧美种，利用大粒、抗病的'巨峰'品种作母本，早熟、浓玫瑰香味的早黑宝品种作父本通过杂交选育而得。果穗圆锥形，平均穗重650 g；果粒大，椭圆形，平均粒重9.5 g。果实紫黑色，果粉较厚，果皮较厚，具草莓香味。果肉较脆，风味甜，品质佳，可溶性固形物含量达17.5%以上，固酸比为34.3。果粒附着力较强，采前不落果落粒；耐贮输。

嫩梢梢尖半开张，绒毛着色深；幼叶红棕色，花青素着色中。叶片5裂。成熟枝条光滑，红褐色。结实力强，每结果枝平均1.32穗。抗葡萄霜霉病、炭疽病、白腐病能力较强。小棚架栽培用独龙干整形，株距0.8~1 m，行距4.0 m，栽植167~208株/亩为宜；篱架栽培用单干单臂龙干形整枝，或"V"字形整形，株距0.6~0.8 m，行距2.2~2.5 m，栽植333~378株/667 m^2为宜。每株留1~2个主蔓，冬季修剪以中短梢修剪为主。注意疏芽、抹梢和副梢摘心。苗木定植时，施基肥4000~5000 kg/667 m^2，追肥应注意N、P、K肥比例果穗套袋，在花后25 d，对果穗整形和疏粒，果粒为黄豆大时套袋为宜。适宜河北省昌黎县、滦南县、怀来县、唐山市丰润区及生态条件类似地区栽培。

1.3.3 酿酒白色品种

（1）威代尔。别名：‘维达尔’、‘维岱尔’。果穗圆柱形，带副穗，果粒着生中等紧密，果穗长 18.50 cm、宽 7.32 cm，平均单穗重 235.45 g。果粒近圆形，整齐，果粒纵径15.21 mm、横径14.68 mm，平均单粒重1.91 g，最大粒重2.25 g。果皮厚，黄绿色，果粉薄。果肉绿色，味甜、多汁，出汁率比‘贵人香’高 10% 左右，可溶性固形物含量 22.5%，总糖含量 220.3 g/L，总酸含量 6.50 g/L，糖酸比 33.89，pH 值 3.69。种子棕褐色，每个果粒有种子 2~3 粒。果实不易腐烂，耐贮藏，后熟过程中水分损失较少。成熟期未发生裂果、落粒和干果等现象。‘威代尔’酿造的冰白葡萄酒酒体澄清、晶亮、呈金黄色，具菠萝、芒果、杏、桃和蜂蜜等甜熟浓郁优雅香气，入口丰满、圆润、绵长、雅致、细腻，酸甜爽口、协调，后味纯正，余味悠长，具典型性。

树冠紧凑，生长势中庸，枝条粗壮。萌芽率 83% 以上，结果枝率 95% 以上，自然坐果率 26.5%，副芽修剪后冬芽均具强结果能力，早果丰产性好。栽植后第 2 年开始挂果，亩产量 304 kg，栽植后第 5 年亩产量 1315 kg。

（2）霞多丽。别名：‘莎当妮’、‘布诺瓦’。果穗小（11.2 × 7.3 cm），平均重 110~125 g，圆锥形，常带副穗，果粒着生紧密或极紧密。果粒中小，平均重 1.3~2.0 g，近圆形，黄绿色，果皮中厚，含糖量 17.0%~19.6%，含酸量 0.57%~0.88%。所酿的酒呈黄绿色，澄清透亮，果香浓郁，具甜瓜、无花果、水果沙拉的香气，陈酿后可具奶油糖果香及蜜香。味醇和协调，回味幽雅。酒质极佳。

生长势强，结实力强，极易早期丰产，果枝率 84%~95%，每果枝平均 1.5~1.8 穗。在肥水管理较好的条件下，扦插第二年亩产可达 820 kg。宜篱架种植，中梢修剪。土壤适应性强，适宜在较肥沃的土壤中栽培。抗寒、抗病性中等，易感染白腐病，因此病虫害防治是其栽培成败的关键。

（3）长相思。果穗小，平均重 132 g，长 11 cm，宽 6.5 cm；圆柱或圆锥形，果粒着生紧密。果粒中等大，平均重 1.8 g，纵、横径均为 14 mm，近圆形，绿黄色，果粉少，皮薄，汁多，味酸甜，有青草味。含糖量 17.7%~18.9%，含酸量 0.83%~0.94%，出汁率 69.5%。每颗果粒含种子 1~2 粒，种子与果肉易分离。所酿之酒浅黄色，果香浓，在法国常与‘赛美容’和‘麝香葡萄’共酿成著名的索丹葡萄酒。适当早采用来酿起泡酒。是典型的具青草香的品种，香气以生青果叶味、青豆、芦笋和热带水果味为特征。是我国有希望发展的良种之一。

树势强。结果枝占总芽眼数的45.4%，每果枝结二穗果，着生于第五、六节。‘长相思’的果串紧凑、果皮细嫩，特别容易感染各种霉菌，特别是白粉霉和灰霉。在生长周期比较长的情况下，可能感染贵腐霉，从而酿出世界上最著名的贵腐酒。发芽晚、成熟早，非常适合种植在寒冷的地区。它的生命力旺盛，如不能控制好枝叶，枝叶会遮盖果实，导致日照不充分，就会表现出植物型风味。因为生命力旺盛和容易感染霉菌的两大特点，最好的‘长相思’来自比较贫瘠、排水性好的土壤。

1.3.4 酿酒红色品种

（1）赤霞珠。别名：‘卡本内·苏维翁’、‘解百纳’。果穗呈圆锥形，有歧肩，中等大，果穗长14.5~18.6 cm，宽10.2~13.1 cm，果粒中等紧密，最大穗重220.3 g，平均单穗重165.4 g，果粒大小整齐，果粒近圆形，粒小，平均粒重1.93 g，紫黑色，皮厚，果粉厚，果实多汁，出汁率70%~77%，每果粒含种子1~3粒。果实味甜有生草味，含糖量20.5%~23.7%，可滴定酸含量0.54%~0.65%，可溶性固形物含量18.5%~24.3%。‘赤霞珠’颜色深，有黑醋栗，黑樱桃（略带柿子椒、薄荷、雪松）味道，果味丰富，高单宁、高酸度，陈年常有烟薰、香草、咖啡的香气，具有藏酿之质。‘赤霞珠’的魅力来自于实践的培养，真正的‘赤霞珠’可陈酿15年或更久。

该品种生长势中等，树势较强。熟期一致，需要生长积温3150~3300℃。结实能力强，结果枝率篱架为65%，每果枝平均穗数为1.34个，易早期丰产。因为限产原因，定植第2年开始结果，亩产量可达300 kg，第3年平均亩产量可达600~800 kg。赤霞珠在世界广泛栽培，是全世界最受欢迎的黑色酿酒葡萄，生长容易，适合多种不同气候，已在各地普遍种植。赤霞珠葡萄抗寒性较弱，但抗病性较强，不易染病，精细管理下病害出现较少。

（2）梅鹿辄。别名：‘美乐’、‘梅乐’、‘梅洛’。果穗中等，圆锥形，有歧肩，果粒着生紧，粒中，卵圆形，紫黑色。百粒重180~250 g，每果有种子2~3粒，汁多味甜。出汁率70%~75%，果汁颜色宝石红色，澄清透明，可溶性固形物含量16%~19%，含酸量0.6%~0.7%。适宜酿制干红葡萄酒和佐餐葡萄酒，酒质柔和、独特，新鲜成熟速度快，常与‘赤霞珠’酒勾兑，以改善酒的酸度和风格。

植株生长势强，隐芽萌发力强，副芽萌发力弱，芽眼萌发率75.4%。结果枝率68.6%，每个结果枝平均着生果穗1.8个。夏芽副梢结实力强，丰产性好，定植后第2年开始结果，每亩产量300 kg左右；3~4年进入盛果期，每亩产量1250 kg左右。适宜在肥沃和沙质土种植，适宜篱架栽培，采用中、长梢修剪和水平形绑蔓。抗病能力较差,要特别注意对转色后到成熟期的白腐病与炭疽病的防治。

(3)黑比诺。别名:'黑品诺'、'黑维欧娜'、'洛勃艮德'。果实性状:果穗极小,长 8.4~11.5 cm,宽 6.5~7.4 cm,重 52.1~134.5 g,平均穗重 225 g,短圆柱形,有副穗,果穗较紧密。果粒小,纵、横径 12.6~14.5 mm,百粒重 97.3~143.7 g,果粒近圆形,果皮薄,蓝黑色,果粉中多,肉软,多汁,味酸甜可口。含糖量 14%~22%,含酸量 0.82%~1.1%,出汁率 74%~81%,每颗果粒含种子 1~3 粒。当黑皮诺作为酿造原料时,有其独特的品性,它的颜色较浅、低单宁、酒体轻、结构复杂,不过气质优雅。有樱桃和草莓的果香,也有湿土、雪茄、蘑菇以及巧克力的味道。中熟品种。

生长势中等,结实力强,结果早,产量中等。适宜温凉气和排水良好的山地栽培。抗病性较弱,极易感白腐病、灰霉病、卷叶病毒和皮尔斯病毒。种植时,应选用健康苗木,采用篱架栽培,中、长梢修剪。浆果成熟期易落粒,因此,在成熟期多雨年份,要及时采收。果穗、果粒均小,但结实系数高,若适当密植增加负载量,可提高产量。适于在石灰质、含磷、钾高的砾质或砂质壤土上栽培。我国栽培历史已久,北京、河北、河南、山东、陕西、辽宁等地有少量栽培。

(4)西拉。别名:'席拉'、'设拉子'、'穗乐仙'、'西拉斯'、'切拉子'、'希哈'、'西哈'、'席拉思'。果穗圆锥(或圆柱)形,平均穗重 332.4 g,大穗重 384 g。穗长 16.5 cm,穗横径 7.5 cm。果粒着生紧密,圆形,平均单粒重 2.2 g,最大 3.2 g。果皮较厚,蓝黑色,色素丰富,果粉较厚。果皮与果肉不易分离。果肉软,黄绿色,汁多,味酸甜,具有独特香气。可溶性固形物含量 19.4%,可溶性糖含量 15.61%,总酸含量 1.07%,维生素 C 含量 88.98 mg/g,出汁率 73.0%。每粒含种子 2~3 个,种子椭圆形,中大,棕褐色。

植株生长势较强,萌芽率高,副梢生长速度快,停长早,成熟度好。结果枝率高,平均在 95% 以上,坐果率中等,每果枝平均着生果穗 2 个左右。栽后第 2 年结果株率达 100%,亩产量 750 kg,第 3 年亩产量可达 1000 kg,第 4 年亩产量可达 1500 kg,第 5 年亩产量为 1500~2000 kg。

(5)品丽珠。别名:'卡本内·弗朗'、'弗兰克卡本内'、'北塞'、'宝奇'、'布莱顿'。果穗中等大小,圆锥形,果穗长约 15 cm,宽 10 cm,平均穗重约 200 g,果粒着生紧密,成熟不大一致,有小青粒;果粒小,单粒重 2.0 g,圆形,紫黑色,果粉厚,果汁多,含糖量 19%,含酸量 0.78%,出汁率 70%,单宁含量低,每果粒内有种子 1~2 粒,种子小。由于单宁含量低,也更为细腻,颜色比较浅,拥有微妙的红色水果(覆盆子,草莓）和香料的味道。

嫩梢绿色，密被绒毛，幼枝上有浅红色条纹；幼叶绿色，叶表面有光泽，附有浅红色，叶缘酒红色，叶背有绒毛；成龄叶片中大，心脏形，5 裂，裂刻深，叶缘锯齿锐，叶片上表面粗糙呈小泡状，叶背面有绒毛，叶缘明显向下翻卷，秋叶暗红色，叶柄洼矢形。两性花。植株生长中庸，芽眼萌发力中等，每个结果枝平均有 1.4 个花序，副梢结实力一般，产量偏低，抗寒性较差，单株间一致性较差。从萌芽至果实成熟平均需 150 d 左右，有效积温 3400℃。早熟品种。'品丽珠' 是一古老的优良酿造品种，植株生长中庸，喜肥沃土壤，宜篱架栽培，中短梢混合修剪。该品种株间变异明显，成熟期果实色泽株间差异较大，栽培时应注意选用一致性较好的优良营养系类型。'品丽珠' 对病毒较为敏感，易感染各种葡萄病毒，而且症状十分明显，有条件的地区应采用无毒苗木。

（6）马瑟兰。别名：'INRA'、'1810-68'、'马赛兰'、'马瑟蓝'。由 '赤霞珠' 和 '歌海娜' 杂交产生。果穗松散，平均穗长 17.4 cm，穗宽 13.1 cm，平均穗重 354.3 g，成熟不好时会有小青粒。果实颜色呈蓝黑色，被浓果粉，果粒小，百粒重 131.2 g，近圆形，纵径 11.58 mm，横径 10.91 mm。果实含糖 171.8~182.5 g/L，含酸量 5.73~6.06 g/L。果皮厚，富含多种花色苷，共检测出 17 种花色苷，总含量 4.63 mg/g，其中二甲基花翠素含量最高，并且花色苷多以香豆酰化形式存在。果皮稍涩，单宁含量 2.94 mg/g，含有多种酚类物质，总酚含量 1.44 mg/L。酒颜色深，果香浓郁，具薄荷、荔枝、青椒香气，酒体轻盈，单宁细致，口感柔和。葡萄酒中总酚含量 2059.3 mg/L，色度 3.49，色调 0.87。

中晚熟品种，3 月下旬萌芽，5 月中旬开花，7 月上旬开始着色，8 月下旬果实充分成熟，由萌芽至果实充分成熟需要 140~150 d 左右。长势中等，节间较短，枝条偏细，副梢较多。结实性较好，可短梢或超短梢修剪。抗病性较强，但幼果期枝条和果实对白腐病抗性较弱，叶片较易感霜霉病，雨季来临之前及时剪除嫩梢。成熟较晚，果实采收后适时开沟施有机肥，喷施叶面肥，让枝条贮备充足的营养，有利于安全越冬。

（7）蛇龙珠。欧亚种。果穗中等大小，长 15~16 cm，宽 11 cm 左右，重 230 g 以上，圆柱形或圆锥形，果穗紧密。果粒中等大小，圆形，百粒重 210 g 左右。果皮厚，紫红色，上着较厚的果粉。味甜多汁，具有青草味，可溶性固形物含量 17.8%~19.5%，含酸量 0.6%~0.8%，出汁率 75% 以上，每粒果有种子 1~2 个。果肉为青色的，带有青草的味道。由它酿成的酒，宝石红色，澄清发亮，柔和爽口，具解百纳酒的典型性，酒质上等。

嫩梢底色黄绿，具暗紫红附加色，绒毛稀疏。叶片小，薄，边缘下卷，圆形或心脏形，五裂，上侧裂刻深，闭合，下侧裂刻浅，开张，叶面有皱纹，但不粗糙，叶背有稀疏绒毛，叶缘锯齿双侧凸，叶柄洼开张，为具尖底竖琴形。花两性。植株生长势较强。结果枝占芽眼总数的70%，每一结果枝上的平均果穗数为1.23~1.6个，产量中等。从萌芽到果实充分成熟的生长日数为138 d，活动积温为3267.6℃，为中晚熟品种。适应性较强，抗旱，抗炭疽病和黑痘病，对白腐病、霜霉病的抗性中等，不裂果，无日烧。宜篱架栽培，中、短梢修剪。宜在山东、东北南部、华北、西北地区栽培。

（8）北冰红。是中国农业科学院特产研究所1995年用‘左优红’做母本，山欧F2代葡萄品系‘84-26-53’做父本进行杂交，从F5代中选育出酿造冰红山葡萄酒新品种。2008年1月8日通过吉林省农作物品种委员会审定，为目前国内外选育出第一个酿造冰红山葡萄酒新品种。果穗为长圆锥形，果穗紧，平均穗重159.5 g；果粒圆形、蓝黑色、果粉厚，果粒平均重1.30 g；果肉绿色，无肉囊，果皮较厚，果皮韧性强，果刷附着果肉牢固。‘北冰红’果实成熟期的果实含糖18.9%~25.8%、总酸为1.332%~1.481%、单宁0.0312%~0.0373%、出汁率65.4%~70.2%；12月上旬采收‘北冰红’树上冰冻果实，果实含糖35.2%、含总酸1.570%、单宁0.061%、出汁率23.1%，干浸出物51.2 g/L。冰红山葡萄酿出的葡萄酒深宝石红色，具浓郁悦人的蜂蜜和杏仁复合香气，果香酒香突出，悠雅回味余长，酒体平衡醇厚丰满，具冰葡萄酒独特风格。

适宜在年无霜期125 d以上，活动积温2800℃以上，抗寒力同‘贝达’葡萄，冬季极端最低气温不低于-37℃的山区或半山区生产栽培。适宜单臂篱架或小棚架栽培，株行距为0.75~1.0 m×2.5~3.0 m，单株保留二条主蔓，盛花期喷布0.3%的硼酸水溶液，可提高坐果率，开花前5~7 d，在结果枝最前端花序前留4~5片叶摘心，6月下旬，喷布等量180倍的波尔多液来防治霜霉病，成龄树的结果母枝留2~3节（芽）剪截，单株留芽量45~50个。成龄6年生树每公顷平均产量达22.8 t。

1.3.5 设施促成栽培品种

（1）矢富罗莎。别名：‘亚都蜜’、‘粉红亚都蜜’、‘罗莎’。欧亚种，是日本国艺研究家矢富良宗，杂交选育的早熟新品种。果穗圆锥形，果粒着生疏密适中，果穗美观，平均穗重800 g，最大穗重可达1400 g以上；果粒长椭圆形，紫红色，皮薄而韧，果柄细长，果刷较长，与果实结合极牢靠，平均粒重 10.5 g，最大粒重可达 14.8 g；果肉脆硬，可溶性固形物含量平均 18.5%，最高可达 21.0%；果味甜，酸味淡，有淡玫瑰香味；抗病性好，适应性强，不易掉粒，耐贮运，货架期长，丰产、稳产。

嫩梢黄绿色，有光泽。一年生成熟枝黄褐色。幼叶黄绿色。成叶片中等大，心脏形，深 5 裂，锯齿锐，叶面光滑，叶背有绒毛。秋叶红色。完全花。温室栽培 5 月中旬上市，且花芽分化和生长结果良好，因此又是保护地栽培最理想的品种。但抗黑痘病、霜霉病的能力较差。

（2）维多利亚。欧亚种，来源于罗马尼亚，由‘绯红’与‘保尔加尔’杂交选育而成的中早熟葡萄品种。果穗大，圆锥形或圆柱形，平均穗重 630 g，果穗稍长，果粒着生中等紧密。果粒大，长椭圆形，粒形美观，无裂果，平均果粒重 9.5 g，平均横径 2.31 cm，纵径 3.20 cm，最大果粒重 15 g；果皮黄绿色，果皮中等厚；果肉硬而脆，味甘甜爽口，品质佳，可溶性固形物含量 16.0%，含酸量 0.37%；果肉与种子易分离，每颗果粒含种子以 2 粒居多。

嫩梢绿色，具稀疏绒毛；新梢半直立，节间绿色。幼叶黄绿色，边缘梢带红晕，具光泽，叶背绒毛稀疏；成龄叶片中等大，黄绿色，叶中厚，近圆形，叶缘梢下卷；叶片 3~5 裂，上裂刻浅，下裂刻深；锯齿小而钝。叶柄黄绿色，叶柄与叶脉等长，叶柄洼开张宽拱形。一年生成熟枝条黄褐色，节间中等长。两性花，植株生长势中等，结果枝率高，结实力强，每结果枝平均果穗数 1.3 个，副梢结实力较强。抗灰霉病能力强，抗霜霉病和白腐病能力中等。果实成熟后不易脱粒，较耐运输。宜适当密植，可采用篱架和小棚架栽培，中、短梢修剪。该品种对水肥要求较高，施肥应以腐熟的有机肥为主，采收后及时施肥；栽培中要严格控制负载量，及时疏果粒，促进果粒膨大。

（3）奥古斯特。别名：黄金果。欧亚种。是由罗马尼亚布加勒斯特农业大学用‘意大利’和‘葡萄园皇后’杂交育成的葡萄新品种。果穗大，圆锥形，平均穗重 800 g，最大 1500 g。果粒圆形，平均粒重 10 g，含糖 18%~20%，果粒着生紧密一致，果实颜色为纯金黄色，外观漂亮。果实不易脱粒，耐运输，商品性好。日光温室栽培 5 月 15~20 日成熟，市场售价可达 60~80 元 /kg，是一个极早熟黄色大粒珍稀品种，市场前景无量。

幼叶黄绿色带紫红色，具光泽，叶背绒毛密。成叶中大，黄绿色，叶中厚，心脏形，3~5 裂，上裂刻中深，下裂刻深，叶缘锯齿大而锐。1 年生成熟枝条节间中等长，暗褐色。该品种新梢、叶柄及叶片基部主脉均成紫红色,是识别品种的主要特征。适宜篱架或小棚架栽培,中长梢修剪,采用双主蔓扇形整枝。

1.3.6 设施延后栽培品种

(1)红地球。别名:'晚红'、'红提'、'红提子'、'全球红'、'大红球'、'金藤4号'。欧亚种。果穗大,长圆锥形,平均穗重650 g,最大穗重可达2500 g。果粒圆形或卵圆形,平均粒重11~14 g,最大可达23 g,较好的果粒可达乒乓球大小,果粒着生松紧适度,整齐均匀;果皮中厚,果实呈深红色;果肉硬脆,肉色为微透明的白色,代表其糖分的含量,能削成薄片,味甜可口,风味纯正,可溶性固形物大于16.5%,刀切无汁,品质极上。果柄长,与果实结合紧密,不易裂口;果刷粗大,着生极牢固,耐拉力极强,不脱粒;果实可远途运输和长期贮藏,可贮藏到翌年3月份。

幼嫩新梢上部有紫红色条纹,中下部为绿色;一年生枝浅褐色。梢尖3片幼叶微红色,叶背有稀疏绒毛;成龄叶五裂,上裂刻深,下裂刻浅,叶正背两面均无绒毛,叶片较薄,叶缘锯齿较纯,叶柄红色(或淡红色)。幼树生长旺盛,结果后趋于中庸,幼树易贪青生长,枝条成熟较迟,枝条成熟后,节间短,芽眼突出,饱满,结果枝率为70%左右,结果系数1.3,有二次结果习性。

(2)秋黑。别名:'黑提'。欧亚种。极早熟品种。原产美国。1960年由美国加州大学J.H.Weinberger和F.N.rlarnon以'美人指'与'黑玫瑰'杂交培育而成。我国1987年引进,在沈阳农业大学试栽。果实蓝黑色,长椭圆形。果粒大,平均粒重13~18 g。果穗大,圆锥形,最小穗重270 g,最大穗重1500 g以上。平均穗重720 g,果粒着生紧密。果皮厚、果粉多、果肉脆硬,味酸甜。可溶性固形物17%,含酸量0.5%~0.6%,品质优良。

嫩梢绿色,绒毛稀。幼叶黄绿色,有光泽。成叶片中等大,近圆形,5裂,锯齿钝,叶面、叶背均无绒毛。叶柄洼矢形。两性花。植株生长旺盛,产量高,抗病性中等,适宜棚架栽培,中、长梢修剪。适应性强,在微酸、微碱及中性土壤上均能生长,尤其喜欢土质疏松、排水良好的中性或微碱性沙壤土。

(3)克瑞森。欧亚种。由美国California州Davies农学院果树遗传和育种研究室的DavidRimmiag和RonTarailo采用'皇帝'与'C33-199'杂交培育的晚熟无核葡萄品种。果穗中等大,圆锥形有岐肩,平均穗重500 g,最大穗重1500 g,穗轴中等粗细。果粒亮红色,充分成熟时为紫红色,上有较厚的白色果霜,果粒椭圆形,平均粒重4 g,横径1.66 cm,纵径2.08 cm,果梗长度中等;果肉浅黄色,半透明肉质,果肉较硬,果皮中等厚,不易与果肉分离,果味甜,可溶性固形物含量 19%,含酸量 0.6%,糖酸比大于 20,采前不裂果,采后不落粒,品质极佳。

嫩梢亮褐红色或绿色,幼叶有光泽,无绒毛,叶缘绿色。成龄叶中等大,深 5 裂,锯齿略锐,叶片较薄,叶片两面均光滑无绒毛,叶柄长,叶柄洼闭合呈椭圆形或圆形,成熟枝条粗壮、黄褐色。该品种生长势强,萌芽力、成枝力均较强,易徒长,必须及时控梢,主梢、副梢易形成花芽,植株进入丰产期稍晚。芽眼萌发率较高,果枝占总枝条数的 85% 左右,花序多着生在一年生枝条 4~5 节位上,平均每个果枝着生果穗数 1.4 个。新梢和副梢结实率较强,果实成熟期基本一致。该品种抗病性稍强,但易感染白腐病。

1.3.7 葡萄砧木的类型、品种

抗旱砧木 :特别抗旱的砧木品种有 140Ru、1103P、99R、110R、Fercal,比较抗旱的砧木品种有 SO4、5C、5BB、8B、420A、3309C、333EM、1202C、l613C、225Ru、Saltcreek。

抗寒砧木 :主要有 5A、3306C、3309C、5BB、山河 3 号、山河 4 号、山河 l 号、山葡萄、贝达等。

耐盐砧木 :1616C、l202C、AXR#1、1103P、5BB、贝达、河岸葡萄格格尔(V*ripariaGloire)。

抗根癌病的砧木 :对葡萄根癌病抗性很高的砧木有河岸 3 号、SO4、河岸 2 号、和谐(Harmony)。

耐石灰质土壤的砧木 :333EM。比较耐石灰质土壤的砧木有 :420A、5BB、161-49C、l40Ru、SO4、5C、110R、99R、l103P。碳酸钙含量高的土壤应选以上砧木栽植。

抗缺铁失绿的砧木 :Fercal、140Ru、5BB、333EM、420A、SO4。

重茬地推荐砧木 :3309C、3306C、SO4、5A、1202C、5C、8A、5BB、l616C、157-11。

2 葡萄栽培区划

国外的葡萄区划研究早于我国,始自上世纪 40 年代,至今已日臻完善。我国关于酿酒葡萄气候区划的探索工作始于上世纪 80~90 年代。20 多年来,我国学者在葡萄区划研究领域付出了诸多努力,随着理论水平的提高和先进科技手段的应用,葡萄区划指标也从单一引用国外区划指标发展成为以中国自身气候特点为基础的新指标体系。

2.1 世界葡萄栽培区划

世界上第一个提出以活动积温为主要区划指标的是前苏联学者达卫塔雅，他以活动积温为主要气候指标，对前苏联葡萄种植区域进行划分，主张在实际生产中应当按照各区域不同的活动积温种植不同品种的酿酒葡萄（表 1–1）。

表1–1　葡萄栽培区和葡萄酒产地的气候指标

品种	活动积温/℃	最热月平均温度/℃	降水量/mL	
			全年	采前一个月
起泡酒	2500~3600	16~24	400~1200	0~150
佐餐酒	2800~4100	18~26	400~1200	0~170
甜葡萄酒	3600~4100	20~28	350~800	0~100
白兰地	3200~3600	22~24	400~1200	0~150
鲜食葡萄	>3800	≥22	500~1200	0~100
葡萄干	>4000	≥25	500~700	<20

新西兰学者 Jackson 和 Cherry 通过将 13 个单因素及多因素气候区划指标进行显著性分析，认为以纬度 – 温度指数（latitude–temperatureindex，LTI）为指标，将纬度与最热月均温结合起来，可以比单纯的活动积温、有效积温更高效的划分出葡萄栽培区域以及酿酒葡萄的品质等级。见表 1–2。

表1–2　以LTI为气候指标的区划及适宜品种推荐

分区	LTI范围	气候	适宜品种
不适宜区	0~380	极冷	米勒
I 区：A	380~460	冷凉	白比诺、灰比诺、黑比诺、琼瑶浆、沙斯拉、霞多丽、西万尼
II区：B	460~575	较暖	霞多丽、黑比诺、雷司令
III区：C	575~700	暖和	霞多丽、梅鹿辄、品丽珠、缩味浓、赛美容
IV区：D	>700	较热	西拉、无核白、增芳德、歌海娜

美国加利福尼亚学者 Winkler 等在分析葡萄酒品质与气象因子关系的基础上，以 4~10 月期间日平均温大于 10℃（50° F）的有效积温（effectiveaccumulatedtemperature，EAT）为区划指标，将加利福尼亚州酿酒葡萄产区划分为 5 个气候区，并给出各区适宜栽培的品种以及适宜酿造的酒种。其中 I 区为最凉区，适宜种植早熟品种，酿造佐餐葡萄酒；II 区为冷凉区，适宜种植早、中熟品种，酿造佐餐葡萄酒；III 区为中温区，适宜种植晚熟品种，酿造佐餐酒及甜葡萄酒；IV 区为暖湿区，适宜种植含

酸量较高的晚熟品种，酿造佐餐酒及甜葡萄酒；V 区为暖热区，适宜种植含酸量极高的晚熟品种，酿造佐餐酒及起泡葡萄酒。在这 5 个区中，II 区和 III 区是该州最优酿酒葡萄产区。

法国学者 Huglin 推荐以光热指数（indexofHuglin，IH）来划分一个地区是否适宜葡萄的种植，认为与其他指标相比，IH 与葡萄成熟时含糖量的相关性最为密切，适宜栽培区应满足 1500 ≤ IH ≤ 2400，否则，该地区不适宜种植葡萄。Huglin 还给出了部分葡萄品种含糖量达到 180~200 g/L 时所需的 IH 值，'米勒' 为 1500；'白比诺'、'灰比诺'、'琼瑶浆'、'阿里戈特' 和 '佳美' 为 1600；'霞多丽'、'雷司令'、'黑比诺'、'缩味浓'、'西万尼' 和 '麦笼' 为 1700；'品丽珠' 和 '布罗弗朗克奇' 为 1800；'赤霞珠'、'美乐'、'白诗南'、'赛美容' 和 '贵人香' 为 1900；'白玉霓' 为 2000；'神索'、'歌海娜' 和 '西拉' 为 2100；'佳丽酿' 为 2200；'阿拉蒙' 为 2300。

巴西学者 Jorge 和 Alai 建立了以干燥度（drynessindex，DI）- 光热指数（heliothermalindex，HI）- 夜间冷凉指数（coolnightindex，CI），即 DI-HI-CI 为区划指标的葡萄种植区气候分类体系。根据 3 个指标的阈值，认为可以大致将世界葡萄栽培区划分为 Verywarm（极温暖），Warm（温暖），Temperatewarm（暖温），Temperate（温和），Cool（凉爽），Verycool（极凉爽），Verycoolnights（夜间极凉爽），Coolnights（夜间凉爽），Temperatenights（夜间温和），Warmnights（夜间温暖），Verydry（极干旱），Moderatelydry（适度干旱），Sub-humid（半湿润），Humid（湿润）等 14 个区域。

2.2 中国葡萄栽培区划

我国幅员辽阔，气候类型多样，葡萄适宜栽培区以雨热同季的季风气候和大陆性气候为主，与国外主要葡萄产区的气候类型有较大差异。国外常用的葡萄气候区划指标大多应用在属于副热带夏干气候的地中海式气候产区，不适用于我国。我国目前常用的葡萄气候区划指标有活动积温、有效积温、无霜期、干燥度、水热系数、降水量、最低气温、日照时数等。

我国葡萄生产栽培区域化工作，早在 20 世纪 80 年代，我国果树专家原北京农业大学黄辉白教授和中国农业科学院郑州果树研究所王宇霖研究员等人，参照国外发达国家葡萄区划所提出的气候指标和栽培区划的方法，结合我国实际情况提出"全国葡萄区划研究" 报告对我国葡萄生产发展和区划研究都起到先导作用。尤其是 1998 年中国农业科学院郑州果树所孔庆山、刘崇怀应国家农业部要求，在征集全国有关专家意见的基础上，对我国葡萄品种结构现状、存在问题及区域化栽培提出了新的指导意见，作为2004年编写《中国葡萄志》中葡萄生态区划和品种栽培区划部分的依据。又考虑了各省区葡萄栽培现状、社会经济条件和栽培葡萄种群、品种的生态表现，以温度、降水等为主要指标，划分了葡萄栽培区，并且结合各省市区行政区划与自然生态区划的关联性，把全国葡萄栽培划分为7个大产区。分别为东北中北部葡萄栽培区，西北部葡萄栽培区，黄土高原葡萄栽培区，环渤海湾葡萄栽培区，黄河故道葡萄栽培区，南方葡萄栽培区和云、贵、川高原半湿润葡萄栽培区。

黄辉白以生长季有效积温为葡萄气候区划指标，将我国北方地区划分5个区域：I区最凉区，有效积温小于1400℃；II区为凉爽区，有效积温1400~1700℃；III区为中温区，有效积温1700~2000℃；IV区为暖温区，有效积2000~2300℃；V区暖热区，有效积温大于2300℃，并指出每个地区适宜种植的葡萄品种及适宜发展的酒种。

王宇霖等率先提出以最低温−17℃等温线将我国划分为埋土防寒区与非埋土防寒区，并以各区的积温及降水为辅助区划指标，划分出适宜栽培区、次适宜栽培区及特殊栽培区。适宜栽培区的北界为年最低温−21℃等温线，南界为极端最高气温40℃等温线。非埋土防寒区中的黄河故道、豫西、渭北旱塬等地区由于其良好的热量条件，大大降低了埋土覆盖成本，是我国葡萄产业发展潜力最大的地区。

刘梅筠和李作五以4~10月有效积温，将山东省酿酒葡萄栽培区分为3个，I区：1923~2050℃，适宜种植‘雷司令’、‘意斯林’、‘蛇龙珠’、‘白羽’、‘佳丽酿’和‘赤霞珠’等中晚熟品种，适宜生产干白、干红及优质起泡酒；II区：2050~2250℃，适宜种植‘玫瑰香’、‘法国兰’、‘蛇龙珠’、‘白羽’、‘意斯林’和‘佳丽酿’等，适宜生产干白、干红及自然甜型葡萄酒；III区：大于2250℃，适宜种植‘二号白大粒’、‘小白玫瑰’、‘泉白’、‘法国兰’和‘梅醇’等及各类生食品种，适宜生产白兰地及自然甜型葡萄酒。

杨承时等则选取了生长季活动积温这一热量指标将新疆葡萄种植区划分为4个：4500℃≤I区≤5000℃、4000℃≤II区≤4500℃、3500℃≤III区≤4000℃和2500℃≤IV区≤3000℃，并认为吐鲁番地区应当独立作为一个区，以突出其葡萄制干的生产方向。

刘家驹选取水热系数K对新疆葡萄干产区进行了气候区划，I区：$K \leq 0.05$，为优良葡萄干产区，代表产区为吐鲁番、鄯善和且末、若羌；II区：$0.051 \leq K \leq 0.2$，为一般品质产区，如和田、哈密、莎车、库尔勒、喀什和阿拉尔；III区：$K>0.2$，此时葡萄干的品质受到较大的影响，为不适宜区，如乌苏和石河子。

修德仁等利用生态相似性原理，将我国怀来葡萄产区与法国波尔多葡萄产区成熟季（7~9 月）水热系数、生长季（4~9 月）降雨量、全年与各阶段有效积温以及月均温进行对比，认为葡萄成熟期（7~9 月）的月降雨量≤ 100 mm 是怀来地区生产优质干红葡萄酒的必要条件之一，并结合土壤、地形、海洋湖泊等其他环境因素，对我国葡萄产区进行了气候区划，我国干红葡萄栽培区可以分为 6 个 :I 区 :7~9 月有效积温为 1041.2℃，年均温 8.4℃，年降水量 473 mm，8 月水热系数 K 值 <1.4 ;II 区 :7~9 月有效积温为 1022.5~1031.9℃，年均温 11.9~12.2℃，年降水量 593~624 mm，8 月水热系数 K 值 <1.5 ;III 区 :7~9 月有效积温为 1043.3℃，年均温 8.9℃，年降水量 527 mm，9 月水热系数 K 值 <1.2 ;IV 区 :7~9 月有效积温为 953.3℃，年均温 9.7℃，年降水量 446 mm，7 月水热系数 K 值 <1.2 ;V 区 :7~9 月有效积温 950℃，年降水量 198 mm，VI 区 :7~9 月有效积温 929.2℃，年均温 8.6℃，年降水量 246 mm，成熟季 K 值 <0.4。修德仁还指出，灾害性气候如冰雹、霜冻以及风害等也应作为葡萄园选址时重要的参考因素。

李记明等综合分析了陕西 20 年来 7 个气象指标在全年、1~9 月、7~9 月三个不同时段的差异性，认为生长季（4~9 月）有效积温是影响葡萄生长的重要热量因素，应作为一级指标，因此将陕西分为 5 个区 :I 区为冷凉区，II 区为凉爽区，III 区为中温区，IV 区为暖温区，V 区为暖热区。而纯粹的积温指标无法体现成熟季早晚对葡萄生长的限制，陕西一些地区影响葡萄生长的最主要因素是成熟期（7~9 月）降水量，对葡萄品质和病虫害发生具有决定性作用，应作为二级指标，再以成熟季（7~9 月）降雨量 P ≤ 280 mm（半干旱）、280~38 0 mm（半湿润）、超过 380 mm（湿润）三个范围作为划分亚区的标准，将每个大区又细分为半干旱、半湿润和湿润三个亚区，并指出每区适合栽培的酿酒品种（表 1–3）。

罗国光等结合中国地面气候站台以统计实际活动积温为主的情况，以 4~9 月大于 10℃的活动积温为一级指标，8~9 月水热系数为二级指标，对我国华北地区（内蒙古、北京、山西、天津、河北等地）进行葡萄气候区划。结果表明，华北地区以活动积温为热量指标可划分为 4 个气候区，再以水热系数为水分指标将各区继续细分为 3 个亚区（表 1–4）。

张晓煜等通过对十余个常用水分及热量指标的综合性比较，结合我国北方日照资源丰富的现状，认为中国北部地区 4~9 月（生长季）的总光照时数超过 1250 h，所以总光照时数并不会成为影响酿酒葡萄在北方种植的限制性因素，运用适合大面积区划的主导因子法，以超过 10℃的年活动积温和 1 月平均温为辅助区划指标，将我国北方葡萄种植区分为 4 个区（表 1–5）。

表1–3　陕西省葡萄品种及酒种区划表

分区	>10 ° C有效积温	酒种	葡萄品种
I区	≤1250	干白	琼瑶浆、巴娜蒂、小白玫瑰
II区	1251~1525	新鲜型或起泡葡萄酒	比诺系、霞多丽、贵人香、缩味浓、琼瑶浆
III区	1526~1880	干白及中熟干红葡萄酒	缩味浓、雷司令、白比诺、霞多丽、贵人香、黑比诺、梅鹿辄、神索、赤霞珠、佳美、吐尔高、赛美容
IV区	1881~2074	优质干红	赤霞珠、歌海娜、法国蓝、品丽珠、宝石解百纳等
V区	≥2075	白兰地、半干甜型	白诗南、白玉霓、佳丽酿、鸽笼白

表1–4　我国华北地区葡萄栽培气候区划

气候区	A.极干燥（K<0.5）	B.干燥（0.5 ≤ K<1.5）	C.干燥（1.5 ≤ K<2.5）
I 冷凉区：2800~3200°C	1.内蒙古阿拉善左旗、巴彦毛道	1.冀西北山盆地2.晋北大同盆地3.内蒙古河套平原4.阿拉善左旗、内蒙古西辽河平原	1.冀北山地承德中部2.晋西黄土高原、晋东上党盆地3.内蒙古中部
II 凉温区：3201~3600°C	1.内蒙古阿拉善高原中南部	1.河北桑洋河谷盆地2.北京延庆3.内蒙古赤峰4.晋中太原盆地	1.河北东南部2.晋西北丘陵地区，晋中太原盆地、吕梁山区
III 中温区：3601~4100°C	1.内蒙古阿拉善高原2.乌海地区	无	1.冀北山地与燕山山地2.北京密云、通州3.晋东羊皋、晋城长治
IV区	无	1.北京石景山山区2.冀南区、冀中东区3.晋南临汾、运城盆地	1.京津地区2.冀中西区、冀中东区

江志国和张振文以生长季活动积温为一级指标（I冷凉区，≤ 2800℃；II 中温区，2800~3300℃；III 暖温区，3300~3800℃；IV 暖热区，≥ 3900℃），葡萄收获前 2 个月（8 月、9 月）的水热系数 K 作为二级指标（A 优质区，K<1.0 ；B 优良区，1.0 ≤ K<1.5 ；C 一般区，K ≥ 1.5），将宁夏酿酒葡萄种植区划分为 12 个栽培区域。其中优质产区有：惠农、盐池、中卫、韦州、同心、陶乐、银川、中宁和吴忠；优良产区为：海原、麻黄山和西吉；一般产区为：泾源、固原和彭阳。

表1-5　我国北方酿酒葡萄气候区划指标

指标	指标注释	最优区	适宜区	次适宜区	不适宜区
7~8月水热系数	一级指标	$0.1 \leqslant K_{7-8}$	$0.8 \leqslant K_{7-8}$	$K_{7-8}<0.1$或$1.6< K_{7-8} \leqslant 2.5$	$K_{7-8}>2.5$
7~9月活动积温	二级指标	$\sum T_{7-9}>1400$	$\sum T_{7-9}>1400$	$\sum T_{7-9}>1300$	$\sum T_{7-9} \leqslant 1300$
年活动积温	辅助指标1	$2800 \leqslant \sum T \leqslant 4200$	$2800 \leqslant \sum T \leqslant 4200$	$2800 \leqslant \sum T \leqslant 4200$	$\sum T<2800$
1月平均气温	辅助指标2	T1≥-10° C	T1≥-10° C	T1≥-10° C	T1<-10° C

2.3 甘肃葡萄栽培区划

甘肃作为优质葡萄产区之一，生产优势明显。葡萄产业迅速发展，但有关甘肃省葡萄区划的研究显得有些滞后，无法科学合理地为葡萄种植提供指导，各产区品种结构不合理等问题突出，地理气候资源优势没有得到有效发挥。

针对甘肃的葡萄区划研究很多，但主要集中在河西走廊地区。陈雷等以作物生态气候滑移相似离度分析法将河西走廊划分为最适宜种植区、适宜种植区、可种植区、不可种植区，这一分区与晚熟葡萄品种的热量需求基本一致，但是未考虑到不同葡萄对热量需求的差异。刘明春等选用≥ 10℃有效积温、最热月（7 月）平均气温、成熟期（8~9 月）气温日较差作为河西干红、干白葡萄气候区域化指标，并分别和地理因子相联系求算逐步回归方程，运用地理信息系统 Citystar 软件平台将河西划分为 5 个气候区，给出了各气候区的海拔范围及适宜栽培品种，对各适宜区的划分较细致，大部分地区与实际相符，但是这一研究将北山山地地区划分为酿酒葡萄最适宜种植区——实际上北山山地地区积温虽然达标，但由于无霜期仅有 140 d 左右，生长期过短，种植酿酒葡萄会遭受严重的霜冻危害。赵东旭等用逐步回归法建立区划指标与各地理信息的小网格模式数理统计学方程，做出各区划指标的细网格图层，并根据生态气候滑移相似离度，绘制出河西走廊酿酒葡萄的生态气候区划图，东部区划结果与实际符合度较高，但是由于建模使用站点少，误差相对较大，对北山山地的区划结果也与实际有较大差异。

王艳君等人选用无霜期和活动积温作为甘肃葡萄气候区划的热量指标，生长季干燥度为水分指标，埋土防寒线为辅助指标，以甘肃省 80 个气象站点 1981~2010 年 30 年气象数据和全省 3"（90 m）分辨率数字高程模型（DEM）为基础数据，建立了全省无霜期、活动积温的多元逐步回归模型，并将全省分为 3 个区域分别建立了干燥度多元逐步回归模型，对各指标空间回归模型进行残差插值校正，在此基础上绘制了甘肃省葡萄气候区划图，将甘肃省欧亚种葡萄适宜栽培区划分为4区、11亚区，将山葡萄种植区划分为可种植区和适宜种植区，并根据不同区域特点对各区葡萄栽培提出了意见和建议。从区划结果可以看出，甘肃省欧亚种葡萄产区类型丰富，12种亚区类型中的11种在甘肃都有分布。

李华等人通过对甘肃省一般气象站点20年的气候资料进行统计分析，采用无霜期作为一级指标，干燥度作为二级指标，埋土防寒线作为三级指标，将甘肃省划分为9个气候区。确定了河西走廊地区、白银中部地区、兰州周边县区为酿酒葡萄的最佳产区，其余地区为一般适宜区，可发展适应性较强的酿酒葡萄品种，还有某些特殊的小气候区域也能生产优质或优良葡萄与葡萄酒，但需进一步研究细化。通过对光热指数、纬度－温度指数、有效积温3个品种区划指标的计算分析，结合甘肃省目前酿酒葡萄实际的种植情况，确定了光热指数比较适合作为甘肃省酿酒葡萄品种区划的指标，并根据计算结果提出了每个区域适合栽种的酿酒葡萄品种（表1–6）。

表1–6　甘肃省酿酒葡萄品种区域化初步方案

品种	IH值	冷暖	编号	区域
米勒、白比诺、灰比诺、佳美、琼瑶浆等	1500~1600	冷凉	1	民勤西部
黑比诺、霞多丽、雷司令、西万尼、缩味浓等	1600~1700	凉	2	武威、民勤、古浪
品丽珠、白诗兰、贵人香等	1700~1800	温和	3	张掖、临泽、高台、酒泉、金塔东部
赤霞珠、梅尔诺、赛美容	1800~1900	温热	4	金塔西部、嘉峪关
神索、歌海娜、西哈、增芳德	>1900	热	5	玉门、敦煌、瓜州南部

第二章 葡萄的生物学特性

第一节 葡萄树体组成和各部分的基本特性

1 葡萄树体的组成与结构

葡萄是多年生藤蔓植物。葡萄植株由地上部和地下部两部分构成，地上部包括茎、芽、叶、花、果穗、浆果和种子；地下部则由根系组成。根、茎、叶和营养芽属于营养器官，主要进行营养生长，同时为生殖生长创造条件；而花芽、花、果穗、浆果和种子则是生殖器官，主要由用于繁殖后代。葡萄栽培的主要目的是获得丰产、优质、适应相应生产方向的葡萄植株，所以了解并掌握葡萄各器官的形成、结构、功能以及生长结果习性，对于拟定合理的栽培管理技术系统、实现生产目的是非常重要的。

1.1 葡萄器官

1.1.1 葡萄的根

根是葡萄的地下部分，它将葡萄植株固定在土壤中，同时又从土壤中吸收水分和营养物质等，以保证葡萄地上部植株的正常生长发育及产量与品质的形成。葡萄的根系因起源和繁殖方法不同，根系的形成有明显的差异，由种子繁殖的植株有主根，并分生各级侧根，称实生根系（图 2-1）；由枝条扦插和压条繁殖的植株没有主

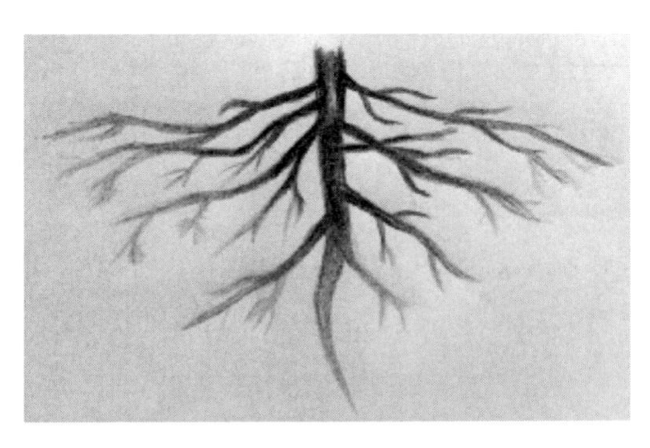

图2-1 实生苗的根系

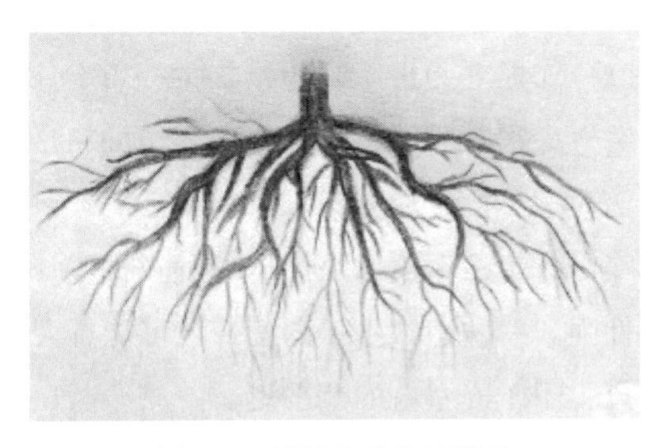

图2-2 扦插苗成苗的根系

根，只有若干条粗壮的骨干根，称不定根或称茎生根系，葡萄栽培中多采用扦插繁殖，所以栽培中根系多为茎生根系（图 2–2）。

（1）根的种类（图 2–3）

主根由种子的胚根发育而成，有 1 条主根，但无性繁殖的葡萄没有主根。

侧根在主根上面产生的各级粗大的分支称为侧根。先在主根上分生一级侧根，一级侧根再分生二级侧根，由此类推，可形成 4~5 级侧根。

须根在侧根上形成的根系称为须根。它是根系中最活跃的部分，须根又分为生长根、吸收根、根毛和疏导根。

①生长根为初生结构，白色，较粗而长，具有较大的分支区，有吸收能力。生长根的功能是促进根系向新土层生长，扩大根系的分布范围。这类根生长期较长（可连续生长 11 周），生长快。生长根经过一定时间生长后颜色变深，变为过渡根，再进一步发育成具有次生结构的疏导根，并随着年龄的加大而逐年加粗变成骨干根或半骨干根。

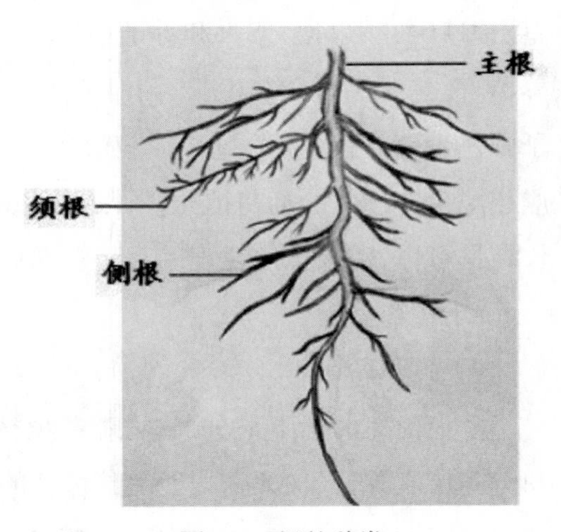

图2–3　根的种类

②吸收根为初生结构，白色，较细（长度通常为 0.1~0.4 mm，粗度为 0.3~1 mm），其主要功能是从土壤中吸收水分、矿物质和其他营养成分，并向土壤中分泌一些有机成分。吸收根具有高度的生理活性，在根系生产的最好时期，吸收根的数目可占植株根系的 90% 以上，其数量多少与植株营养状况关系极为密切。吸收根寿命短（15~25 d），它们逐渐转为浅灰色成为过渡根，而后经一定时间通过自疏而死亡。

③根毛为根系初生结构的一部分，是葡萄根系吸收养分、水分的主要部位。根毛寿命很短（几天或几周），随吸收根的死亡或生长根的木栓化而死亡。

（2）根系的分布（图 2–4）

葡萄是深根系果树，旱地葡萄根系深可达 3~5 m 以上，离主干 2~3 m，所以耐寒性强。一株正常生长的葡萄就可能有大小几千条根，主要分布在 20~60 cm 土层中，离主干 1 m 左右的范围里。

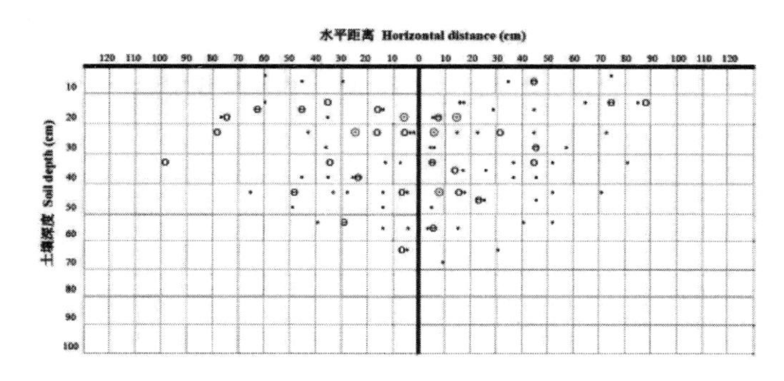

图2-4 根系分布

（3）根系的生长发育

①生长阶段。从植株定植开始，葡萄根系在土壤中不断横向和纵深扩展，土壤质地、肥力及植株长势等因素会影响根系的生长。

②成熟阶段。根系在土壤中的扩展停止后，根系的骨架上每年会长出新根，生长量决定于土壤的生理特性和含水量。新根先在较浅土层中生长，然后才向深土层发展。它们的生长主要集中在春季，夏季即停长，其中一部分由于土壤干旱或土壤含水量过多而死亡。

③衰老阶段。随着葡萄树龄的增长，根系进入衰老阶段，根系生长新根的能力下降。对于衰老的根系，可将老根截断，剪平伤口，再多施有机肥，有效刺激老根剪口附近再生大量新根，使衰老植株得以更新复壮。

（4）根系的年生长规律

葡萄根系的年生长期比较长，如果土温常年保持在13℃以上、水分适宜的条件下，可终年生长而无休眠期。在一般情况下，一年中有春夏季和秋季两个根系生长高峰。春天，地温达6.0~6.5℃时根系开始活动，其标志是地上部分进入伤流期。当地温达12~14℃时，根系开始生长；地温达20℃时，根系生长旺盛，进入第一次生长高峰。土温超过28℃时，根系生长受到抑制，进入休眠期；9~10月份秋季落叶前，气候较凉，当土壤的温、湿度适宜时，根系再次进入活动期，形成第二次生长高峰，随冬季土壤温、湿度不断降低，根系生长缓慢，逐渐停止活动。

葡萄根系的生长与新梢的生长交替进行，当新梢生长通过高峰转为下降时，根系进入第一次生长高峰；根系从生长高峰开始下降时，新梢进入第二次生长；当新梢生长基本停止时，根系又进入第二次生长高峰。根系的第一周期的生长量大于第二周期的生长量（图2-5）。

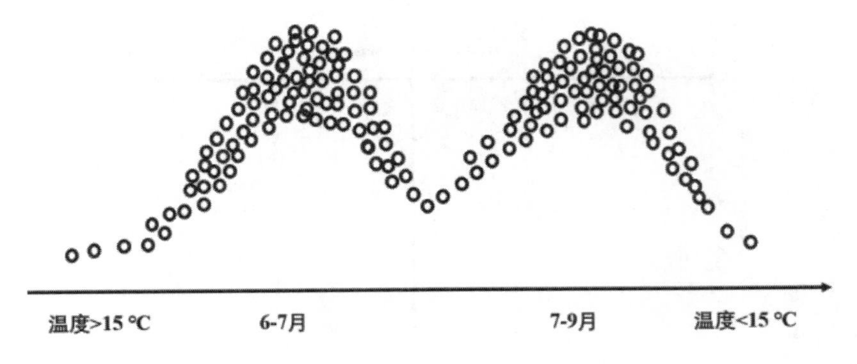

图2-5　根系生长高峰图

葡萄根系的周期生长动态，与季节的气候（温度、光照、降雨）、地域、品种、树龄、树势、肥水条件和植株营养状况有关。

1.1.2 葡萄的芽

葡萄枝梢上的芽，实际是新梢的茎、叶和花的过渡器官，着生于叶腋中，根据萌发的时间和结构特点，分为冬芽和夏芽。

（1）冬芽

冬芽是着生在结果母枝各节上的芽，位于叶腋中央，肥大钝圆，外包被鳞片，鳞片上密生茸毛保护，适应冬季寒冷（图 2-6 和 2-7）。冬芽不是一个单纯的芽，是几

图2-6　葡萄冬芽的动态变化

个单芽组成的复合体，包括一个主芽，2~8个大小不等的副芽(预备芽)，其中芽眼中央发育最好最大的为主芽，其余周围的芽称为副芽，主芽与副芽均是压缩的新梢原基，其上有节、节间、叶原基、芽原基、花序原基或卷须原基，依据发育程度主芽的新梢原基在冬芽萌发前，可分化10~14节(图2-8)。一般情况下，冬芽需经历冬季休眠后第二年春季，主芽萌发，但当主芽受伤或在修剪的刺激下、或者副芽营养条件好的条件下，副芽也可萌发抽梢。

图2-7　葡萄冬芽

冬季越冬后，每个冬芽不一定都能在第二年萌发，

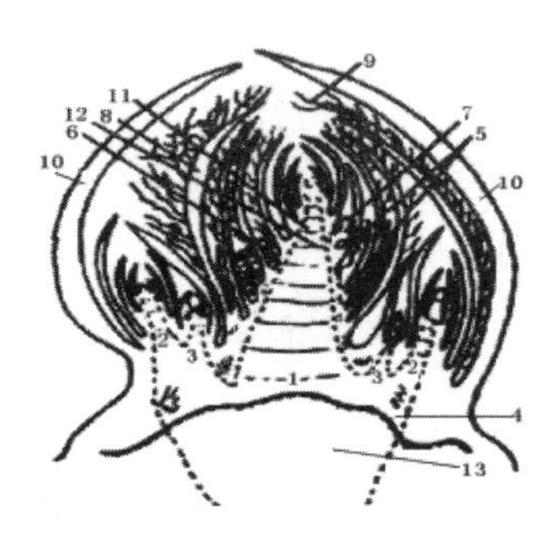

图2-8　葡萄冬季花芽剖面图
1.主芽2.预备芽3.二级预备芽4.芽垫层5叶原基6.花序原基7.卷须原基8.鳞片状托叶9.毛被10外鳞片11.胚胎新稍的节12.节间13.芽基（内部薄壁组织）

其中不萌发的呈休眠状态，随着枝蔓逐年增粗，潜伏于表皮组织之间，称为潜伏芽，又称隐芽。在葡萄枝蔓各级分支处均有大量的潜伏芽潜伏，当条件适宜，枝蔓受伤或内部营养物质突然增长时，潜伏芽可恢复发育萌发，长成新梢，因此，衰老的、结果部位大量外移的树体，可利用植株基部或老蔓上的潜伏芽进行植株或枝蔓的更新。葡萄隐芽的寿命很长，因此葡萄恢复再生能力很强。主芽与副芽共同着生于芽垫上，芽垫与新梢的节相连。在芽与芽垫之间，有一单层深绿色的细胞，称之为芽垫层，具有很强的分化能力，在特殊条件下，当主芽和副芽均受到伤害的情况下，芽垫层可分化出新的芽来延续枝条的生命。

（2）夏芽

夏芽（图 2-9）着生在新稍叶腋内冬芽的旁边，无鳞片保护，属于早熟性芽，当年形成当年萌发。一般展叶后 20 d 以上夏芽即成熟，自然萌发为夏芽副梢。通常副梢上的叶腋内又能形成夏芽，可萌发长成二次或三次副梢，所以一年内，主梢上可多次抽生夏芽副梢，多次形成花芽并开花结果，出现二次果、三次果等。生产上对‘玫瑰香’、‘乍娜’、‘巨峰’、‘京蜜’等易形成多次果的品种，在加强夏季管理的条件下，常利用夏芽副梢结二次果，以增产增值。

图2-9　夏芽

1.1.3 葡萄的枝

（1）枝蔓的分类

葡萄的枝也叫枝蔓（图 2-10）。植株从地面上长出的枝叫主干，主干上的分支叫主蔓。如果植株没有主干，从地面长出多个枝，这些枝都称为主蔓。根据生长年限上也可分为一年生、二年生和多年生枝蔓。

主梢。主梢是当年由冬芽萌发而长出来的带叶的枝条（新梢）。

主梢细长，节间膨大，节上着生叶片，叶腋内着生芽，相对的另一侧着生卷须或花芽。有花序的新梢叫结果枝，而无花序仅有卷须的新梢称为发育枝。

副梢。副梢是由夏芽萌发而成，比主梢细，节间短。

副梢摘心可得到二次或三次副梢（图 2–12）。大多数葡萄品种的副梢不能形成花序，也有些葡萄品种（‘玫瑰香’、‘巨峰’、‘京蜜’ 等）的副梢很容易形成花序。副梢上面也着生冬芽，充分利用副梢上的冬芽有利于幼树的快速整形。

一年生枝。新梢成熟落叶后至翌年萌芽前称为一年生枝。成熟的一年生枝呈褐色，有棱带条纹，横截面为扁圆或圆形，弯曲时表皮呈条状剥落。

结果母枝。着生在主蔓或侧蔓上的有花芽，能生长结果的一年生成熟枝条称为结果母枝。冬剪时适当留取结果母枝的数量。

徒长枝。有潜伏芽萌发而形成的一年生枝称为徒长枝，多数没有花芽，不能生长结果，可用于主蔓的更新。

图2–10　葡萄植株的地上部

1.主干 2.多年生部分 3.长枝 4.徒长枝 5.主梢 6.副梢 7.短枝 8.臂

萌蘖枝。自葡萄植株基部及根际处生长的一年生枝称为萌蘖枝。这些枝条能更新衰老的枝蔓和树冠。

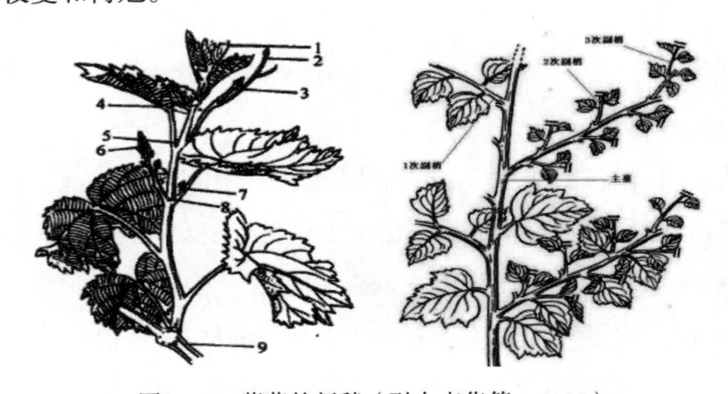

图2–11　葡萄的新稍（引自李华等，2008）

1.梢尖2.卷须3.卷须状花序4.叶片5.冬芽6.花序.7.副梢8.节9.结果母枝

（2）枝蔓的生长

温度。当春季日均温度稳定在10℃以上时，欧亚种群的葡萄开始萌芽。随着气温的升高，新梢生长速度逐渐加快，最快时每天可生长6~10 cm。

生长阶段。在气候条件适宜的情况下新梢一般不形成顶芽，一直持续生长至晚秋。在葡萄开花期前后，由于新梢的旺长需要消耗大量的营养，影响葡萄坐果、花序分化和浆果发育，所以生产上在葡萄开花前采取摘心等措施可以保证葡萄开花坐果和浆果发育。

1.1.4 葡萄的叶片

葡萄的叶由叶柄、叶片和托叶三部分组成，为单叶互生、成掌状，着生于新梢节间部位。叶片大小、形状、裂叶的深浅、锯齿形状和色泽等因品种而异，是区分和识别品种的重要标志（图2–13）。叶柄不仅支撑叶片，使叶片处于容易获得光照的最佳位置，而且上连叶脉、下连新梢维管束，与整个输导组织相连，起着输送养分的作用。叶片由栅栏组织和海绵组织构成，表面由角质层及表皮组成，主要功能是养分制造、水分蒸腾和呼吸作用。托叶着生于叶柄基部，对刚形成的叶柄起着保护作用，展叶后自行脱落，在叶柄基部两侧留下新月形的痕迹。

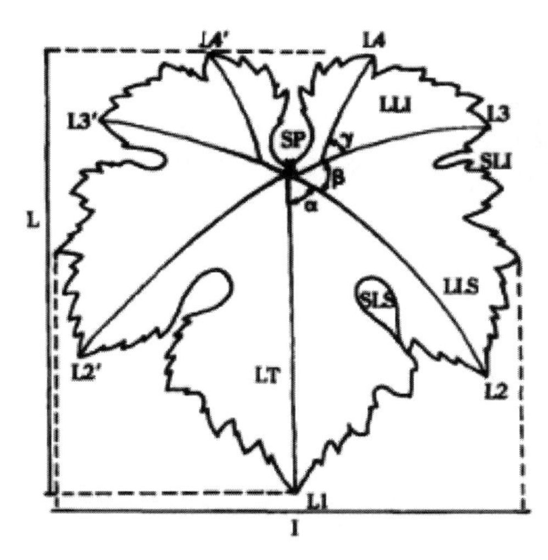

图2–12　葡萄叶片的特征

叶片的形状决定于叶脉的长度（L1、L2、L3、L4和L2'、L3'、L4'）和叶脉间的角度（α，β，γ）。叶片的额大小决定于其长度（L）和宽度（I）。叶片被叶柄洼SP、上侧裂SLS和下侧裂SLI分为LT、LIS和LLI等裂片。

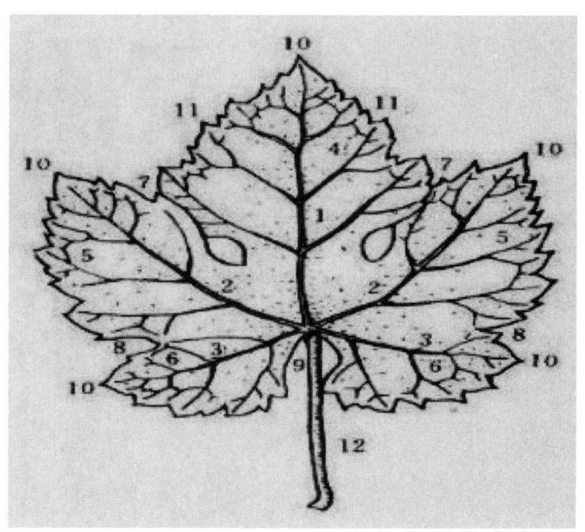

图2–13　葡萄叶结构

1.中脉 2.上侧脉 3.下侧脉 4.中央裂片 5.上侧裂片 6.下侧裂片 7.上侧裂刻 8.下策裂刻 9.叶柄注 10裂片顶端叶齿 11边缘叶齿 12.叶柄

葡萄的叶片有心脏性、楔形、五角形、近圆形和肾形，通常表现为3裂、5裂、7裂、多于7裂或全缘（图2–14）。如为5裂叶片，位于叶片中部的称为中央裂叶，位于两侧的称为上侧裂叶和下侧裂叶。裂片和裂叶之间凹入的部分称为裂刻，裂刻的深度有极浅、浅、中、深和极深（图 2-15），不同品种的叶片裂刻深度是用上侧裂刻深度表示的，上裂刻基部形状有 U 形和 V 形。叶柄和叶片连接处称为叶柄洼，分为极开张、开张、半开张、轻度开张、闭合、轻度重叠、中度重叠、高度重叠、极度重叠，形状为 U 形和 V 形，叶柄洼的开张闭合状态也是判断葡萄品种的一个依据。维管束通过叶柄进入叶片，在二者的结合处分出主脉、分为中主脉和侧主脉，每个裂叶均有一条主脉，多数葡萄品种具有 5 条主脉，各主脉的长短，决定叶片的形状。主脉之间的夹角称为脉序角，脉序角的大小，也是品种的特征之一。从每条主脉上明显地分出侧脉。葡萄叶背面的表皮细胞常衍生出各种类型的茸毛，栽培品种分为丝状毛（平铺）、刺毛（直立）和混合毛（丝毛与刺毛并存），叶片着生茸毛的类型、浓密度和颜色，是鉴别品种的重要性状。葡萄叶缘有锯齿，分为双侧凹、双侧直、双侧凸、一侧凹一侧凸、两侧直与两侧凸皆有等形状。需要强调指出的是，同一新梢上不同节位的叶片，由于发生的时期不同，其大小和形状也不完全一致，在描述和区别品种时，选取基部向上第 7~9 节位上的叶片为宜。秋天叶片的颜色也是区别品种的标志，如深色浆果的品种多具红色秋叶，浅色浆果的品种多具黄色秋叶。

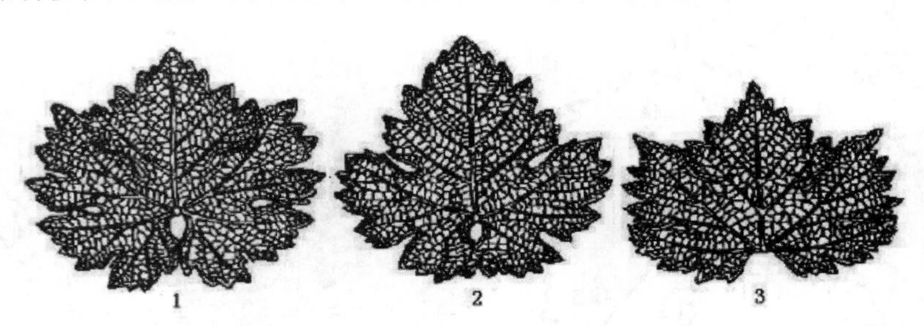

图2-14　葡萄叶片形状（引自李华等，2008）
1.近圆形2.卵圆形3.扁圆形

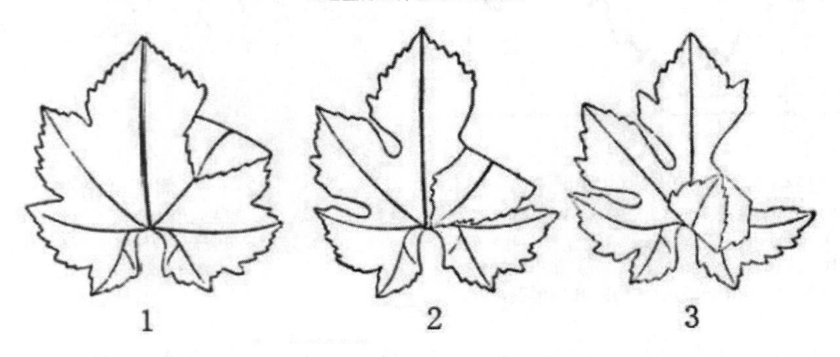

图2-15　用折迭裂片的方法确定缺刻的深浅（引自李华等，2008）
1.浅裂刻2.中裂刻3.深裂刻

1.1.5 葡萄的花

（1）花芽

葡萄的花芽是上一年形成的。花芽分化的开始期是葡萄开花前后。冬芽内分化从具有7节以上的叶原基开始，一般在5月中旬至6月上旬。6~7月是分化盛期，夏秋期间从冬芽内出现花序原基突状体后进一步分化出各级穗轴，至休眠期末级穗轴顶端的单芽原基分化出花托原基即进入休眠（图2-16）。次年萌发后，每个花序原始体才依次分化出花萼、花冠、雄蕊和雌蕊，然后开花。

花芽分化分为生理分化和形态分化两个阶段。生理生化是由叶芽的生理状态转向花芽的生理状态；形态分化是花器官的分化形成过程。待芽的生长点分裂为4~5个叶原基时，生长点即进入形态分化期。决定花芽分化良好的前提，首先是良好的营养状况和外界环境条件（光照、温度、雨量）。花芽形成的最适温度为20~30℃，而光照充足、新梢生长健壮、叶面积大、叶片质量好，葡萄花芽分化的强度和质量也高。新梢1~3的芽，是新梢开始生长时形成的，节间极短，通常不能分化为花芽。当平均气温在20℃以上时，新梢进入第一次生长高峰时，是幼芽形成和花芽分化的良好条件，这时新梢4~5节位的芽发育良好，花芽分化率也高。由于葡萄的花芽分化与萌芽、新梢生长、开花坐果、浆果发育交叉重叠进行，因此，从萌芽至开花前后及浆果膨大期，需要供应充足的营养物质，同时也要进行夏季修剪（抹芽、疏枝、摘心、去卷须疏花、疏果及处理副稍），通过开源节流的措施来促进花芽分化。如营养条件不足，有的花芽甚至退化为卷须（卷须与花为同源器官），有的则产生不完整的花穗原基，开花后造成落花落果或无核小粒果，或卷须与花穗的中间产物；当营养充分时，卷须可能转化为花序，开花后果穗及果粒能正常发育。

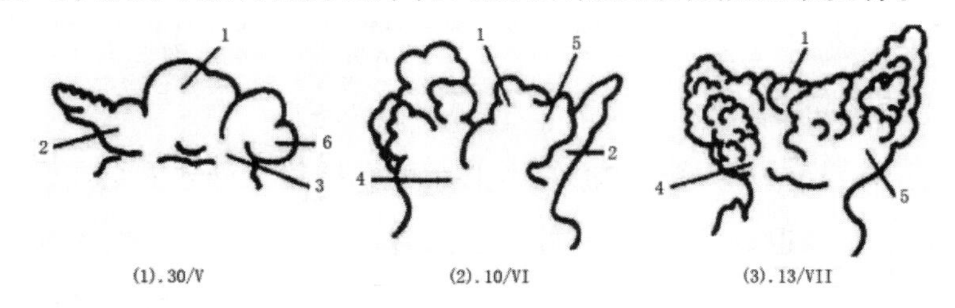

图2-15　葡萄冬花芽形态分化（引自李华等，2008）

（1）30/V：主芽原基处于分化的前期（2）10/VI：进入分化后期第一个分化原基已形成各分枝

（3）13/VII：两个花序原基已充分形成。

1.生长点2.叶原基3.前体4.第一个花序原基5.第二个花序原基6.第一分支

（2）花序

葡萄的花序是复总状花序，呈圆锥形，由花序梗、花序轴、支梗、花梗和花蕾组成，有些花序上还有副穗（图 2–17）。花序轴上有 2~5 级分支，基部分支级数多，顶部前端的分支级数少。正常的花序，在末级的分支端，通常着生 3 个花蕾。花序上的花朵数因品种和树势不同而异，发育完全的花序，一般有花蕾 200~500 个，多的可达 2500 个以上。花序中部的花蕾质量好。对穗大粒大的葡萄，要注意疏果，每穗留 100~150 个花蕾即可，这样有利于提高坐果率和浆果品质。

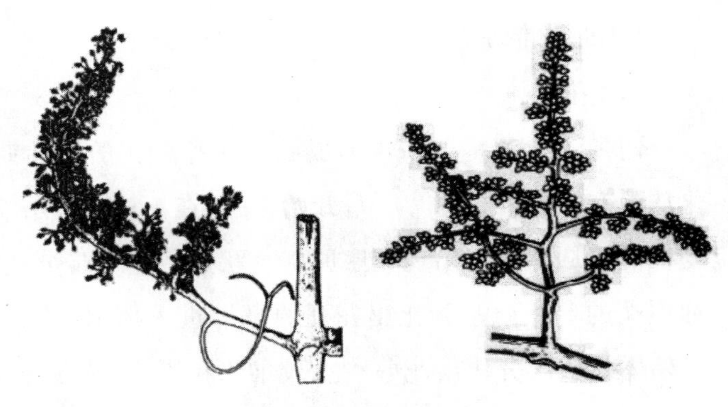

图2–17　葡萄的花序

（3）花

花的类型。不同的种、品种和生态类型，葡萄的花序发育程度和类型不同。一般花的形态为 5 部合成型，即 5 片连生的绿色花瓣在顶端构成帽状花序；花萼小，5 片连生呈波状。开花时花瓣自基部微裂外翘，呈帽状脱落（图 2–18）。葡萄花按健全状况和授粉结实效果分为 3 种类型。

①完全花（两性花）。雌蕊和雄蕊发育健全，雄蕊直立，花丝高于雌蕊，能自花结实。

②雌能花。雌蕊发育正常，雄蕊比柱头短，花丝向外弯曲，花粉粒没有发芽孔，花粉败育，必须配置授粉品种才能结实。

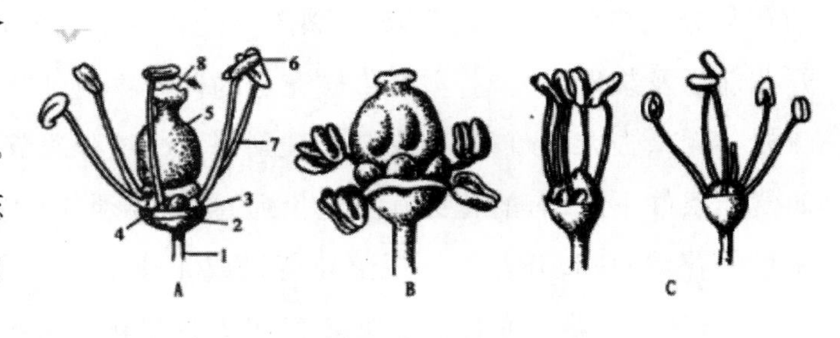

图2–18　葡萄的花型与结构（引自李华等，2008）
A.完全花B.雌能花C.雄花
1.花梗2.花托3.花萼4.蜜腺5.子房6.花药7.花丝8.柱头

③雄性花。雌蕊退化，无花柱和柱头，但雄蕊及花粉发育正常，不能结实。

④花的构造。葡萄的花很小，完全花由花梗、花托、花萼、蜜腺、雄蕊（花药和花丝）、雌蕊（柱头和子房）等构成。葡萄的花冠呈绿色、帽状，上部合生，下部分裂为五花瓣；雌蕊有 1 个 2 心室的上位子房，每室各有 2 个胚珠，子房下有 5 个蜜腺。雄蕊由花药和花丝组成，雄蕊环列于子房四周。

（4）卷须

卷须和花序是同源器官，由于分化程度不同，在生产上常看到卷须与花序之间的各种过渡类型。主梢一般从3~6节起开始着生卷须，副梢一般从第二节开始着生。卷须与叶片对生在新梢的节上，卷须的排列方式与所属种有关（图2-19）。真葡萄亚属的种和品种的卷须，除美洲种为连续外，其他种均为非连续性（间歇性），即连续出现两节，中间间断一节；欧美杂种的卷须在节位上呈不规则出现。卷须形态有不分叉和分叉（双叉、三叉和四叉），分枝很多和带花蕾的几种类型，欧亚种卷须多为双叉或三叉，卷须每一分叉着生有鳞片状的小叶，在卷须的生长过程中自然脱落，营养条件好或新梢生长发育好的情况下，鳞片状小叶又可以发育成为正常的叶片；甚至卷须也可以发育为正常的新梢，并开花和结果，如‘金手指’。

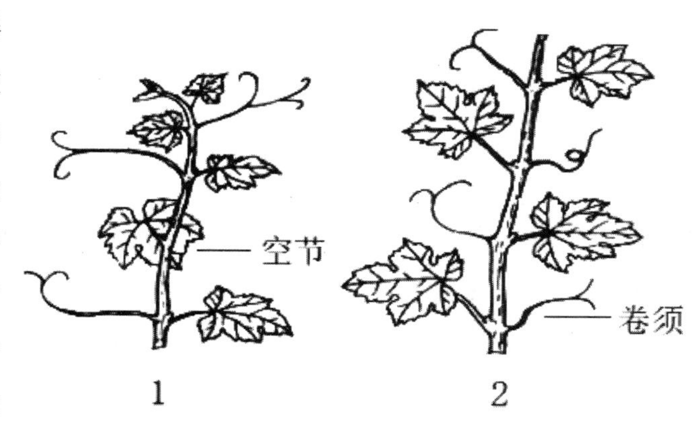

图2-19　葡萄的卷须

1.1.6 葡萄的果实

（1）果穗、浆果及种子的形态

①果穗。葡萄受精坐果后，花朵的子房发育成浆果，花序形成果穗。葡萄的果穗是由穗梗、穗轴和果粒组成（图2-20）。新梢着生果穗部位到果穗第一分枝的一段称为果穗梗。穗梗上有节称为穗梗节。浆果成熟时，节以上的部位，一般均已木质化。过穗的全部分枝称为穗轴。第一分枝特别发达，常形成副穗，所以一个果穗上有时有主穗和副穗之分。

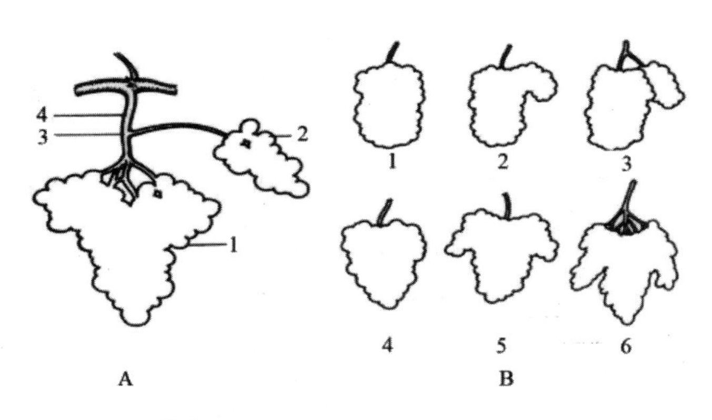

图2-20　葡萄果穗的结构和形状（引自李华等，2008）
A：葡萄果穗结构；1.主穗2.副穗3.穗梗节4.穗梗
B：葡萄果穗形状；1.圆柱形2.单肩圆锥形3.圆柱形带副穗4.圆锥形5.双肩圆锥形6.分枝形

果穗的形状因品种不同而异，基本穗形为圆柱形、圆锥形和分枝形（图2-20）。果穗的大小，最好用穗长与穗宽之积表示。

为计算方便，也可用穗长表示，分为极小（穗长 10 cm 以下，适用于野生种）、小（穗长 10~14 cm）、中（穗长 14~20 cm）、大（穗长 20~25 cm）、极大（25 cm 以上）。重量表示，可分为极小（100 g 以内）、小（100~250 g）、中（250~450 g）、大（450~800 g）、极大（800 g 以上）。

果穗上果粒着生的密度，通常分为紧密（果粒之间很挤，果粒变形）、紧（果粒之间较挤，但果粒不变形）、适中（果穗平放时，形状稍有改变）、松（果穗平放时，显著变形）、极松（果穗平放时，所有分枝几乎都处于一个平面上）。果粒的大小和紧密度对鲜食品种较为重要，要求果穗中等稍大，松紧适中。

②浆果。葡萄的果粒由果梗（果柄）、果蒂、外果皮、果肉（中果皮）、果心（内果皮）和种子（无种子）等组成（图 2-21）。果梗与果蒂上常有黄褐色的小皮孔，称为疣，其稀密、大小和色泽是品种分类特征之一；果刷，即中央维管束与果粒处分离后的残留部分，果刷的长短与鲜果贮运过程中的落粒程度有一定的关系，果刷长的一般落粒轻，常用拉力计测果刷坚实程度的数值，以判断果实耐贮运的程度；果皮，即外果皮，由子房壁的一层表皮厚壁细胞和下表皮细胞组成，上有气孔，木栓化后形成皮孔，称为黑点；大部分品种的外果皮上被有蜡质果粉，可减少水分蒸腾和防止微生物侵入的作用；果肉，即中、内果皮，由子房隔膜形成，与种子相连，是主要的食用部分，葡萄的外、中和内果皮没有明显的分界。

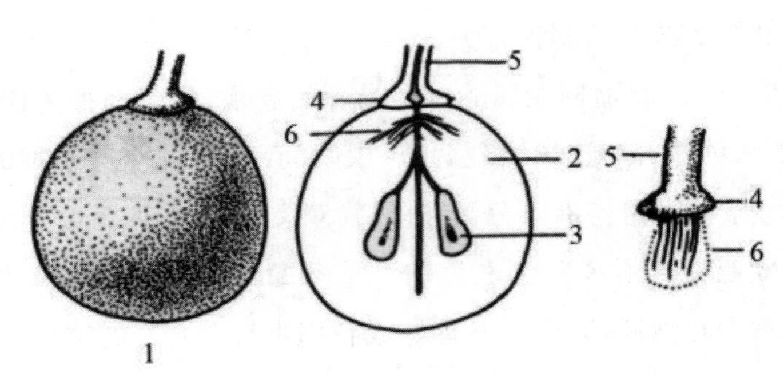

图2-21　葡萄果粒的组成（引自李华等，2008）
1.外形2.果肉3.种子4.果蒂5.果梗6.果刷

浆果的形状、大小、色泽，因品种而千差万别。果粒的形状可分为圆柱形、长椭圆形、扁圆形、卵形、倒卵形等（图 2-22）。果粒的大小是从果蒂的基部至果顶的长度（纵径）与最大宽度（横径）平均值表示的，分为极小（8 mm 以内）、小（8~13 mm）、中（13~18 mm）、大（18~26 mm）和极大（26 mm 以上）。果粒大小，也可用重量表示：极小（0.5 g 以内）、小（0.5~2.5 g）、中（2.5~6.0 g）、大（6.0~9.0 g）、极大（9.0 g 以上）。但果粒形状、大小，常因栽培条件和种子多少而有所变化。无核葡萄深受市场欢迎，但大多数情况下，单性结实的无籽葡萄果粒较小，应用植物生长调节剂是促进果实

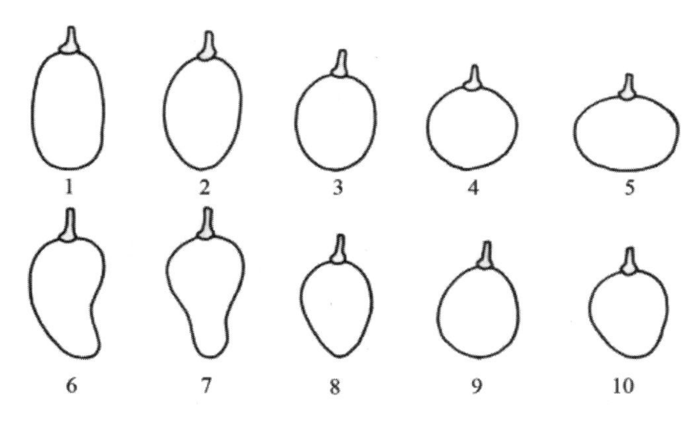

图2-22 葡萄果实形状（引自李华等，2008）
1.圆柱形2.长椭圆形3.椭圆形4.圆形5.扁圆形
6.弯形7.束腰形（瓶形）8.鸡心形9.倒卵形10.卵形

膨大的最好技术之一。

果皮色泽有白色、黄白色、绿白色、黄绿色、粉红色、紫红色和紫黑色等。果皮颜色主要是由果皮中的花青素和叶绿素含量的比例所决定的，也与浆果的成熟度、光照程度，以及成熟期大气的温湿度有关。果皮的厚度可分为薄、中、厚3种，果皮厚韧的品种耐贮运，但鲜食时不爽口。果皮薄的品种鲜食爽口，但成熟前久旱遇雨易会引起裂果。大部分品种果肉的颜色均为无色，但少数欧洲种及其杂交品种的果汁中含有色素，又软又脆，香味有浓有淡。欧亚种群品种果肉与果皮难以分离，但果肉与种子易分离；美洲种及其杂种果肉具有肉囊，食之柔软。一般优良的鲜食葡萄品种要求肉质较脆而细嫩，酿酒或制汁用的品种，要求有较高的出汁率。

葡萄浆果的品质主要取决于含糖量、含酸量、糖酸比、芳香物质的多少，以及果肉质地的好坏等。葡萄的香味分为玫瑰香味和狐臭味（草莓香味）。美洲葡萄具有强烈的狐臭味；欧美杂交种也具有这一特性，一般不宜酿酒。欧洲葡萄具有令人喜爱的玫瑰香味，是鲜食和加工的优质选择。

③种子。葡萄种子呈梨形，约占果实重量的10%。种子的外形分腹面和背面。

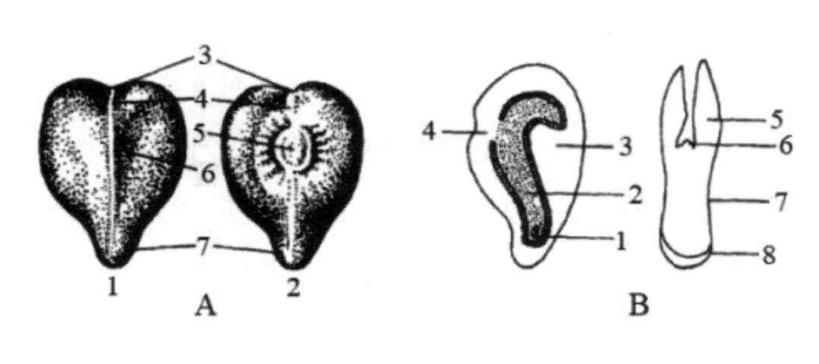

图2-23 葡萄的种子及胚（引自李华等，2008）
A：种子1.腹面2.背面3.核沟4.缝合线5.合点6.核洼7.核嘴（喙）
B：种子的纵剖面及胚1.胚2.胚乳3.种皮4.合点5.胚叶6.胚芽7.胚茎8.胚根

腹面的左右有两道小沟，称为核洼，核洼之间有中脊，为缝合线，其背面中央有合点（维管束通入胚珠的地方），种子的尖端部分为突起的喙（核嘴），是种子发根的部位。种子由种皮、胚乳和胚构成，种子由坚硬而厚的种皮，胚乳为白色，含有丰富的脂肪和蛋白质，供种子发芽使需要。胚由胚芽、胚茎、胚叶与胚根组成（图2-23）。

(2)浆果的生长发育与成熟

①浆果的生长发育期。葡萄从开花结果到浆果着色前为止,属浆果的生长发育期。早熟品种为35~60 d,中熟品种为60~80 d,晚熟品种为80~90 d。一般在开花后一周,果粒约绿豆粒大时,由于有些花朵子房因发育异常,或授粉不良、缺乏养分,常出现生理落果现象,落果后留下的果实,无论是正常有种子的果实还是单性结实的果粒,一般需经历快速生长期、生长缓慢期和第二次生长高峰期3个阶段,整个果实生长发育呈双S曲线形。

浆果快速生长期,果实的纵径、横径、重量和体积增长的最快时期,在此期间浆果外观绿色、肉硬、含酸量达到高峰,含糖量处于最低值。以'巨峰'为例,需持续35~40 d。

浆果生长缓慢期(硬核期),在快速生长期之后,浆果发育进入缓慢期,外观有停滞之感,但果实内的胚在迅速发育和硬化。此阶段,早熟品种的时间较短,而晚熟品种时间较长。在此期间浆果开始失绿变软,酸度下降,糖分逐渐增加。'巨峰'这段时间需15~20 d。

浆果最后膨大期是浆果生长发育的第二个高峰期,但生长速度次于第一期,这期间浆果慢慢变软,酸度迅速下降,可溶性固形物迅速上升,浆果开始着色。这一时期通常持续半个月到2个月。

②浆果的成熟期。从浆果开始着色到浆果充分成熟,称浆果成熟期,持续时间20~40 d。由于果胶质分解,果肉软化,其软化程度因品种而异,因而成熟后肉质的特性就产生差异。如欧洲葡萄中,酿造用的西欧群品种,一般质地柔软;而供鲜食、制干的东方群品种,则表现为肉质硬脆的特点。

葡萄果粒中的糖,在生长第二期之前很少产生,一到第三期成熟期急剧增加,直至果实生理成熟时为止,葡萄果实中的糖几乎全为葡萄糖与果糖,两者含量大体相等,但在果实成熟初期,葡萄糖蓄积增多,成熟过程中则果糖增加,最后通常是果糖略多于葡萄糖。果糖、葡萄糖的比例与浆果生长第三时期的树体温度高低有关,浆果在30℃以上的高温条件下成熟时,含糖量降低,但果糖比例却相对增加,所以鲜食时滋味有甜感。

酸含量的变化与成熟度也有密切关系,人们舌感的酸为游离酸,葡萄中的游离酸多为酒石酸与苹果酸,酸的含量在生长的第二期开始时增加,第二期结束时最多,进入第三期就急剧减少。酒石酸和苹果酸的比例因品种不同而有差异,通常在未成熟时苹果酸居多,成熟后则酒石酸变多。随着浆果的成熟,酸的含量减少,主要是苹果酸的减少,而酒石酸变化不大。酸的含量还受成熟时的温度影响,气温低则酸含量多,气温较高则酸含量少。

第二节 葡萄的生长发育

1 葡萄的年生长周期

1.1 概念

葡萄为了适应各地气候条件,在一年中生长发育的规律性变化叫葡萄的年生长周期。葡萄各器官在一年中因四季气候变化而相应表现的各个动态时期称为生物气候学时期,简称物候期。正常结果的葡萄植株,其发育的年周期由 2 个时期组成,即营养生长期和休眠期。营养生长期是从春季根部开始活动、芽开始萌发直至秋季落叶为止。休眠期是从落叶开始到次年春季萌动前为止。生长期和休眠期又可分为 8 个物候期(图 2–24)。

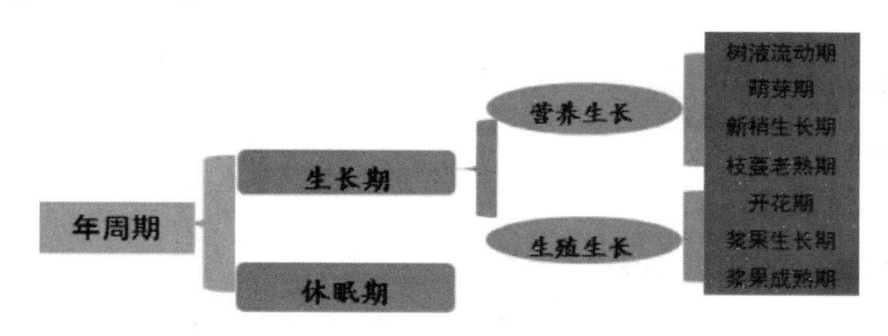

图2–24 葡萄物候期

1.1.1 树液流动期(伤流期)

葡萄经过越冬休眠以后,当春天日均空气温度上升到 10℃左右,地温上升到 6℃以上时,根系开始活动,吸收土壤水分,伤流开始出现,接着地上部芽开始萌动。这个时期开始的主要特征是伤流现象。土壤中的水分和矿物质在根压的作用下,连同体内贮藏的水分和矿物质,随着树液的流动,运往将要萌动生长的枝芽。如果这时树体出现伤口,树液就会流出,称为伤流。有时,在刚出土的冬剪枝蔓上,也有轻微的伤流出现。所以葡萄的伤流期从根系在土壤中吸收水分,春天树液开始流动开始,到地上部分的枝芽展叶为止。伤流的出现说明葡萄根系开始大量吸收养分、水分,是进入生长期的标志。

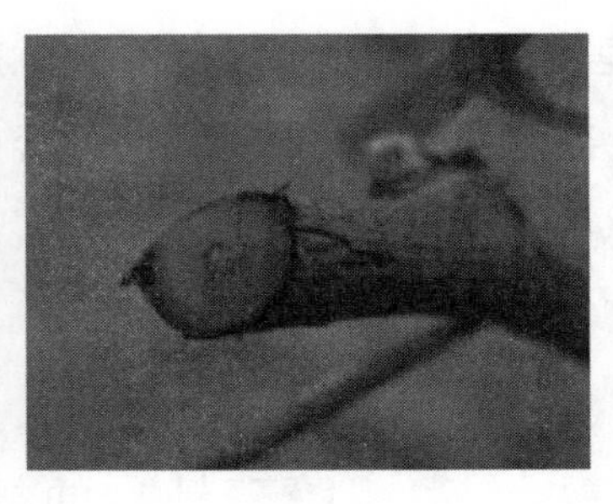

图2–25　树液流动期

伤流期间葡萄根系尚未发生新的吸收根，此时其吸收作用主要是靠上年发生的有吸收功能的根系和根上附生的菌根来进行。

伤流主要成分是水，干物质的含量极少，约为 1~2 g/L，其中 60% 以上是糖和含氮化合物，其余是矿质元素（如钾、钙、磷、锰等）和微量的植物激素，所以在伤流不大的情况下，它对葡萄几乎没有害处。虽然如此，在葡萄生长过程中仍需避免造成不必要的伤口而增加过多的伤流。当然，伤流在展叶后即可逐渐停止。

葡萄种群和品种及土壤的温度、湿度会影响伤流出现的时期。在土壤温达 7~9℃时欧亚种群的葡萄开始出现伤流；'山葡萄' 及其杂交后代和美洲种群的葡萄出现伤流的土温低于 7℃。土壤极度缺水和根系受到严重冻害时，不会发生伤流。避免过重修剪或机械伤害等，可避免伤流过多。这一时期应加强土壤管理，使土壤保持适宜的温度和湿度。

1.1.2 萌芽期

从萌芽到开始展叶的时期称为萌芽期（图 2–26）。

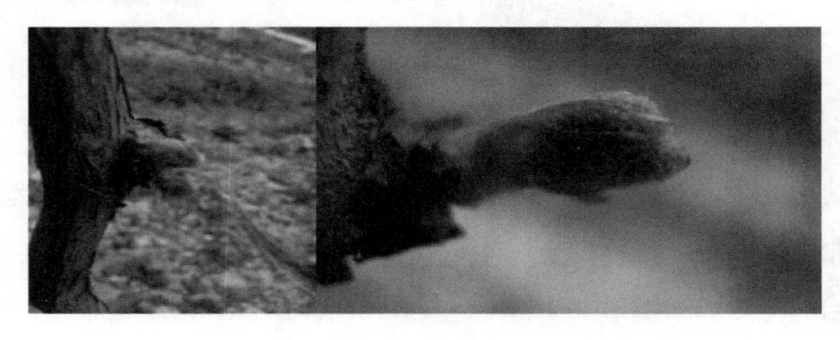

图2–26　萌芽期

春季当日平均气温稳定在 10℃左右时，葡萄芽即开始萌发。葡萄根系发生大量须根，芽萌发的过程是芽体先膨大，鳞片裂开，接着是芽体开绽、露出绿色。芽内的花序原基继续分化，形成各级分枝和花蕾，新梢的叶腋也陆续形成腋芽。芽的萌发主要取决于气温条件外，还与品种、树势、土壤环境等有关。同一品种在南方萌芽要比北方的早。

萌芽期虽然短暂,但很重要。此时树体营养的好坏,将影响到以后花序的大小,要及时采取上架、喷药、灌水等管理措施。

1.1.3 新梢生长期

从展叶到新梢停止生长的时期称为新梢生长期(图 2–27)。

萌芽后,幼嫩新梢出现并开始加长生长,开始时生长缓慢,之后随气温升高而加快,到 20℃左右新梢迅速生长,约 20 d 后新梢生长速度达到最快,每天加长生长量可达 5~10 cm。开花前后,

由于器官间对水分及营养物质的竞争,新梢的生长速度开始减慢。葡萄新梢不形成顶芽,只要气温、水分条件适宜,可一直持续生长至秋末。一般情况下,一年中单枝生长量可达 5~6 m。新梢的腋芽也迅速长出副梢,此时如营养条件良好,新梢健壮生长,将对当年果品产量、品质和次年花序分化起到决定性作用。此时须及时追施复合肥,还要剪除多余的营养枝及副梢,抹芽定枝;否则新梢就会长势细弱,花序分化不良,影响生产。

图2–27　葡萄新梢生长期

1.1.4 开花坐果期

从始花期到终花期止,这段时间称为开花期(图 2–28)。

葡萄萌芽以后,经过 40~60 d,日平均温度达 18~20℃时,即进入开花期,气温若低于 15℃或出现连续阴雨天,开花期将延迟。每天上午 8:00~10:00,天气晴好,20~25℃环境下开花最多。葡萄花期的长短,因品种及气候的变化而变化,一般 1~2 周时间。在同一个结果枝上,基部的花序先开放,依次向上开。在同一花序上,中部花先开放,先端及基部的花后开放。

葡萄花授粉受精后,子房膨大、发育成幼果,称为“坐果”。

葡萄大多数品种的花会发育成正常的雌蕊和雄蕊,自花授粉多就可以结果,能满足生产上的坐果要求。葡萄的自花授粉坐果率因品种不同而差异较大。

图2–28　开花坐果期

葡萄盛花后，2~3 d开始进入生理落果期。生理落果高峰多出现在盛花后 4~8 d。盛花后 d 有 2 次落花和落果高峰，分别在 2~3 d 和 8~15，落花率、落果率达 50% 左右，这是正常情况。生理落果的轻重取决于品种的特性、花期气候条件及栽培管理情况。花前、花后施肥浇水，对结果枝及时摘心，人工辅助授粉，喷硼砂液，可显著提高坐果率。特别像‘巨峰’、‘玫瑰香’等鲜食品种，生长过旺会造成严重的落花落果。

1.1.5 花芽分化期

大多数品种的花芽分化开始于开花前后（5 月中旬至 6 月上中旬），是在前一年的生长周期中，新梢上冬芽形成是自下而上逐渐进行。在冬芽中，首先形成 3~5 个叶原基，然后是花序和花序对生的叶原基。当冬芽开始进入休眠时，花芽分化即停止，直到萌芽前几天又继续进行，这时出现花序的 2~3 个分支和花蕾。

春天萌芽后随着新梢的生长，花序继续发育，花序的各级穗轴分支伸长加粗，其上形成的花原基也随着发育，花序轴的生长由慢到快，在花前可达到高峰。花序轴的生长由基部向顶部逐渐进行，即花穗梗的生长先停止；然后，第一分支和第二分支之间的穗轴开始加强生长，以此类推，靠近花序基部的各级穗轴发育较好，而穗尖的生长较弱。

在花序的众多末级分支先端着生的花原基随花序发育，迅速依次分化形成花萼、花冠、雄蕊和雌蕊（带蜜腺）。当萌芽后花序在新梢上明显露出时，花器官的各部分已经形成。以后，随着花序的生长，花器官继续发育，主要形成花粉（小孢子发生）和胚囊（大孢子发生）。

葡萄花芽分化只要内部条件适宜，葡萄也可一年内 2 次甚至 3 次花芽分化。第二次分化形成的花芽也可于当年开花结果，这是生产上培养二次果的生物学基础。

1.1.6 果实发育成熟期(图 2-29)

葡萄浆果由子房发育而成,期间经历 2 个阶段,即浆果生长期和浆果成熟期。

浆果生长期指花期结束到浆果实成熟前的时期。这段时期子房开始膨大,种子开始发育,浆果生长;一般需要 60~70 d,长的需要 100 d,可分为 3 个时期。包括生长初期,硬核期和浆果的最后膨大期。

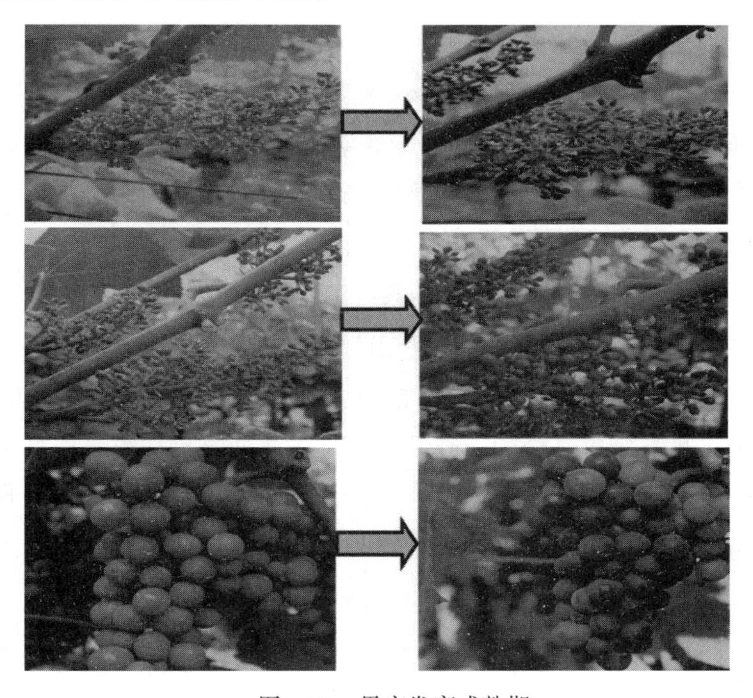

图2-29　果实发育成熟期

浆果迅速生长期,果粒体积、重量增加快,而胚仍保持幼小;此期浆果呈绿色、肉硬,有机酸含量迅速增加,一般持续 5~7 周。

硬核期,浆果体积增大的速度明显变慢,而胚的生长发育增快,种皮开始迅速硬化,胚达到最大体积;这一时期最主要的特征是种子的发育,种皮开始硬化,胚迅速发育,浆果内有机酸的含量也达到最高水平,糖分开始积累,叶绿素开始消失,色泽发生变化,这一时期持续 2~4 周。

浆果的最后膨大期,浆果体积增大,生长加速,最后达到该品种应有的大小;此期随着浆果的生长,组织软化;糖含量增加,酸含量减少;转色,表现出品种固有的品质特征;这一时期将持续 5~8 周。

浆果成熟期是果实变软开始成熟至充分成熟的阶段,时间半个月至两个月。这时果皮褪绿,有色品种开始着色;黄绿品种的绿色变淡,逐渐呈乳黄色;白色品种果皮渐透明。果实变软有弹性,果肉变甜。种子渐变为深褐色,此时浆果完全成熟。浆果成熟期与品种有关,分极早熟、早熟、中熟、晚熟和极晚熟品种。此期要求高温干燥,阳光充足。部分早熟和中熟品种的成熟期若正好赶上雨季,园中易涝,果实品质不好,着色差,不甜不香。管理上应注意排水防涝、疏叶、去掉无用副梢、喷施叶面肥,使果实较好地成熟着色。

1.1.7 枝蔓老熟期

枝蔓老熟期又称新梢成熟和落叶期,是指从采收到落叶休眠的一段时期,新梢老熟始期因品种不同而异,多数品种与果实始熟期同步或稍晚。当果实采收后,叶片的光合作用仍很旺盛,因此产物大量转入枝蔓内部,使枝条内的淀粉和糖的含量迅速增加,水分含量逐渐减少。同时木质部、韧皮部和髓射线的细胞壁变厚或木质化,外围形成木栓形成层,韧皮部外围的数层细胞变为干枯的树皮。

新梢成熟的标志是枝梢木质化,皮色由绿色转变为黄色。枝梢成熟情况与抗寒能力及翌年产量关系密切。枝梢越成熟,其抗寒能力越强。反之,抗寒能力越弱。与越冬前的锻炼也是紧密结合的,新梢成熟得越好,便有可能更好地通过冬前锻炼而获得较强的抗寒力。枝蔓的锻炼是在地上部的生长完全终止和降温时期进行的。锻炼的过程分为两个阶段:在第一个阶段中,淀粉迅速分解为糖,积累于细胞之内称为御寒的保护物质,这一阶段所需的外界温度为0℃以上;第二阶段是细胞脱水阶段,细胞脱水后,原生质才具有高度的抗寒力,这一阶段所需的温度则在0℃以下。因此秋季逐渐降温是良好锻炼的必要条件。相反,若在高温下突然降温,枝条不能顺利完成锻炼,极易受冻。另外,新梢的成熟度对植株的耐旱力也有显著影响。成熟良好的枝条,保护组织发达,蒸腾量小,失水少,冬春季抗抽条能力强。成熟度差的枝条,保护组织弱,蒸腾量大,容易失水,在冬季及早春易受低温干旱而发生抽条现象。

在枝蔓老熟初期,绝大多数新梢和副梢的加长生长已经基本停止,芽眼内花序原基也不再形成。此时根系生长出现第二个高峰。据研究,北京地区‘玫瑰香’和‘龙眼’根系的第二次生长高峰出现于9月中旬至10月中旬,但与前第一个生长高峰相比较弱。另外第二次生长高峰因每年气候因子的变化不同,出现时期和强度也不同。

随着气温的降低,在叶柄基部逐渐形成离层,叶片逐渐老化,在叶内钙大量累积,而氮、磷、钾的含量减少。此时叶面积呈现出固有的秋色,大部分白色品种的叶片变黄，有色品种变红。叶片从枝条基部向上部逐渐脱落；但在我国北方地区，一些品种叶片常常因早霜而提前脱落，难以见到自然落叶；另外也有因突然降温使离层来不及形成，而不能正常落叶。

1.1.8 休眠期

从落叶开始至第二年春天葡萄伤流开始前为休眠期。休眠期又可分为自然休眠期和被迫休眠期两个阶段。一般认为落叶是自然休眠开始的标志，但实际上葡萄新梢上的冬芽进入自然休眠状态要早的多，冬芽在新梢成熟时即由下而上地进入休眠状态，称为前休眠。

自然休眠期是植株内部生理障碍引起的休眠，所以即使有适宜生长的温、湿度等外界条件，芽眼也不会萌发。所有果树完成自然休眠期要求一定的低温（0~7.2℃）和低温持续的时间，称为"需冷量"，需冷时间长短因树种品种而异。欧亚种群葡萄品种在自然条件10℃以下，经历2~3个月即可度过自然休眠。0℃以下的低温对打破自然休眠无效。设施栽培的葡萄，通过调节设施内的温度，保持每天需寒温度的时间延长，可提前打破休眠所需的时间，使葡萄提早萌发。

强迫休眠期是自然休眠之后，由于外界条件（温度、水分）不适宜而使植株即进入强迫休眠期。因这一时期尽管植株已度过自然休眠期，具备了萌芽生长的内在准备，但外界温度不能满足它开始生长的需要，使植株仍处在休眠状态，称为强迫休眠，如果这时温度、湿度适宜，则开始正常生长。

第三节　生态环境对葡萄生长发育的影响

1 气候条件

葡萄广泛分布于世界各地，其对各种环境条件有很强的适应能力。但在不同的环境条件下，各种气候因子对其生长发育都有较大的影响

1.1 光照

葡萄是喜光植物，对光的反应很敏感。光照充足时，枝叶生长健壮，树体的生理活动增强，营养状况改善，有利于新梢的成熟和养分的积累，有利于花芽的分化、果实的成熟，有利于果实产量和品质的提高、色香味增进；光照不足时，新梢生长减弱、节间细长、叶片大而薄、叶色变淡、光合能力下降，导致枝条成熟不良、越冬能力

差、芽眼分化不良、花芽少而质量差、果实小、成熟晚、着色差、味酸和失去芳香。在生产中,由于栽培措施不当,经常出现由于新梢负载量过大造成的通风透光不良的现象。

不同的种和品种对光周期的响应不同,例如欧洲葡萄对光周期不敏感,而美洲葡萄在短日照条件下的新梢生长和花芽分化受到抑制,枝条成熟快,但对果实的成熟和品质并无明显的影响。

光照不仅影响葡萄的开花和授粉受精,而且影响葡萄的坐果和果实发育。光照主要通过影响葡萄树体的光合营养水平而间接影响开花授粉。设施栽培条件下,设施内光照强度较弱,部分叶片处于光补偿点以下,光合作用降低,尤其是花前 4 周内,如果光照过低,光合产物合成过少,贮藏水平过低,花粉将不能正常发育,甚至造成花粉败育或花粉活力低,发芽率下降,或胚囊败育,雌蕊退化等不利影响,影响授粉和受精。

弱光妨碍葡萄植株体内糖类的蓄积,影响坐果,使坐果率下降,当光照度低于 1×10^3~2×10^3Lx 时会发生大量落花落果。葡萄果粒的生长发育,除极少量的有机物来自自身的光合作用外,主要利用其附近当年生新梢叶片的同化产物。弱光使新梢叶片光合产物蓄积较少,运输到果粒中的糖类减少,不能满足果粒的生长需要,果粒细胞数目减少,细胞体积缩小,从而抑制了果粒的增大。已有研究证明葡萄果粒膨大中期到成熟期受光照度充足的果粒和果穗发育良好,重量大,果粒着色好,成熟期提前;光照度不足的果粒不仅重量小,着色不良,成熟期延后,而且浆果中 pH 和苹果酸含量提高,可溶性固形物含量下降。

光对葡萄果皮色素形成的影响机理并不十分清楚,浆果着色对光照度的要求在不同品种之间有很大差异。Weaver 等发现,‘增芳得’、‘瑞比尔’和‘红马拉加’等品种的果穗在黑袋中和自然光照条件下一样着色;而‘皇帝’、‘苏珊玫瑰’和‘粉红葡萄’等品种,没有光就根本不能着色。即使同一类品种对光的反应也不一样,如在黑暗条件下能够正常着色的品种,有的果实中某种或某几种色素合成减慢。Naito 研究了光照度对‘底拉洼’和‘蓓蕾玫瑰’着色的影响,他发现光照度对黑色品种的着色几乎没有什么影响,而红色品种在低光照度下着色较差。但 Kiiewer 的试验却表明,如果定量测定‘黑比诺’的色素浓度时会发现,低光照度 (5380~10760Lx) 下成熟的果实比高光照度 (26900~53800Lx) 下成熟的果实着色程度大大降低。光照对着色的另一个影响是光照度可以影响光合作用,从而间接地影响着色。菊池调查了设施栽培的葡萄，着色良好果粒的含糖量为 18.6%，而着色差的果粒含糖量为 14.3%。中川等指出，甲州葡萄只有当还原糖含量达到 8% 左右时才开始着色。浆果需要光线直接照射才能充分着色的品种称为直光着色品种，如‘粉红葡萄’、‘黑汉’和‘玫瑰香’等；浆果不需要直射光也能正常着色的称为散光着色品种，如‘康克’、‘巨峰’等。因此，从浆果着色需光特性的角度出发，不同品种架面枝叶的密度，可以有所差别，即散光着色品种可以稍密，直光着色品种宜稍稀。

1.2 温度

热量是植物生存的必要条件，葡萄是喜温植物，对热量要求高。温度不但决定葡萄各物候期的长短及通过某一物候期的速度，并在影响葡萄的生长发育和产量品质的综合因子中起主导作用，而且也是决定葡萄区划分和葡萄加工方向的重要条件。

葡萄属温带落叶果树，对极端气温和平均气温都有一定的要求。葡萄经济栽培区的活动积温超过 10℃日均温的累积值一般不能少于 2500℃，即使在这样的地区，也只能栽培极早熟或早熟品种。根据许多科学家大量的研究，不同品种从萌芽至浆果成熟所需的≥ 10℃活动积温不同，极早熟品种需 2100~2500℃，早熟品种需 2500~2900℃，中熟品种需 2900~3300℃，晚熟品种需 3300~3700℃，极晚熟品种需 3700℃以上。

表2-1　葡萄有效积温

品种特征	有效积温（℃）	活动积温（℃）
特早熟品种	＜1400	2100~2500
早熟品种	1400~1700	2500~2900
中熟品种	1700~2000	2900~3300
晚熟品种	2000~2200	3300~3700
极晚熟品种	＞2200	＞3700

葡萄生长和结果最适宜的温度为 20~25℃，葡萄的生育期不同对温度的要求也不同。如早春平均气温达 10℃左右，地下 30 cm 土温在一般开花期不宜低于 14~15℃，适宜温度为 20~25℃，低于 14℃时将影响开花，引起受精不良，子房大量脱落浆果生长期不宜低于 20℃，适宜温度为 25~28℃，此期积温对浆果发育速率影响最为显著，在冷凉的气候条件下，热量累积缓慢，所以浆果糖分累积及成熟过程变慢，一般品种的采收期比其正常采收期将推迟。浆果成熟期不宜低于 16~17℃，最适宜的温度为 28~32℃，低于 14℃时果实不能正常成熟，昼夜温差对养分积累有很

大的影响，温差大时，浆果含糖量高，品质好，温差大于10℃以上时，浆果含糖量显著提高。低温不仅延迟植株的生长发育进程，而且温度过低会造成植株的冷害甚至冻害，在冬季极端气温低于 –15℃左右的地区，葡萄需要埋土防寒越冬。生产中常见的低温危害主要是早春的晚霜危害，芽眼萌发后，气温低于 –1℃就会造成梢尖和幼叶的冻伤，0℃时花序受冻，并显著抑制新梢的生长；在秋季，叶片和浆果在 –5~–3℃时受冻；冬季气温过低或低温持续时间过长以及防寒措施不利，会造成芽眼冻伤，影响萌芽率及翌年的植株生长和产量。一般欧亚种在通过正常的成熟和锻炼过程之后，成熟良好的一年生枝可耐 –15~–10℃的低温，–18℃的低温持续 3~5 d 就会造成芽眼冻害，美洲种葡萄可忍受 –22~–18℃的低温。通常认为葡萄一年生枝条的木质部比芽眼抗寒力稍强，健壮的多年生枝蔓比一年生蔓抗寒力强。根系的抗寒力很弱，大部分欧亚种葡萄的根系在 –5~–4℃时即受冻，某些美洲种如‘贝达’能忍受 –11℃左右的低温，‘山葡萄’根系最抗寒，可抗 –15~–14℃的低温，山欧杂交种根系抗寒性介于‘山葡萄’和欧亚种之间，如‘426’（‘左山一’×‘白马拉加’）根系可抗 –12℃左右的低温。同样，高温也不利于葡萄的生长和结果。在生长季当气温高于 40℃时抑制新梢的生长；在 41~42℃条件下，由于细胞酶系统被钝化，各种代谢活动严重受阻，致使新梢停止生长，叶片变黄，果实着色差，果实发生日烧，造成减产，并且影响翌年植株生长发育和结果。温度对浆果着色有显著影响，在南方酷热地区很多红色及黑色品种色素的形成受到抑制；在较冷凉地区，有些鲜食品种如‘红地球’和‘克瑞森无核’等往往变成深色品种，在寒冷地区着色不良往往是由于浆果不能正常成熟，如辽宁朝阳的‘红地球’。

1.3 其他

在葡萄栽培种，除了要考虑葡萄对适宜气候条件的要求外，还必须注意避免和防护灾害性的气候，如久旱、洪涝、严重霜冻，以及大风、冰雹等，这些都可能对葡萄生产造成重大损失。例如，生长季的大风常吹折新梢、刮掉果穗，甚至摧毁葡萄架。夏季的冰雹则常常破坏叶、果穗，严重影响葡萄产量和品质。因此，在建园地时要考虑到某项灾害因素出现频率和强度，合理选择园地，确定适宜的行向，营造防护林带，并采取相应的防护措施等。

2 土壤条件

葡萄可以生长在各种各样的土壤上，如沙荒、河滩、盐碱地、山坡地等，但是不同的土壤条件对葡萄的生长和结果有不同的影响。

2.1 成土母岩及心土

在石灰岩生成的土壤或心土富含石灰质的土壤上，葡萄根系发育强大，糖分积累和芳香物质发育较多，土壤的钙质对葡萄的品种有较大的影响。世界上著名的酿酒产区正是在这种土壤上，如法国的香槟地区和夏朗得—科涅克地区等。

母岩疏松或半风化岩石对葡萄根系生长有利，而紧实的母岩或心土则极有害。在山谷的扇形冲积地上，土层较薄且其下常有成片的砾石层，这样的土壤漏水漏肥，葡萄易受旱害。有的砾石层呈分散的薄层，并混有细土层，经过深翻改良，葡萄可以良好生长。

2.2 土层厚度和结构

土层厚度，即从表土至成土母岩之间的厚度越大，测葡萄根系吸收养分的体积越大，土壤积累水分的能力越强。葡萄园的土层厚度一般以 80~100 cm 以上为宜，在一些土层瘠薄的山坡地，可以通过修筑梯田和客土，创造较好的根系生长环境。

土壤结构包括土壤的成分和水、气、热状况。沙质土壤的通透性强，夏季辐射强，土壤温差大，葡萄的含糖量高，风味好，但土壤有机质缺乏，保水保肥能力差。壤土的保水保肥能力较强，葡萄产量高。黏土的通透性差，易板结，葡萄根系浅，生产弱，结果差，有时产量虽大但质量差，一般应避免在重黏土上种植葡萄。在砾石土壤上可以种植优质的葡萄，如新疆吐鲁番盆地的砾质戈壁土（石砾和沙子达 80% 以上），经过改良后，葡萄生长很好。

2.3 地下水位

在湿润的土壤上葡萄生长和结果良好。地下水位高低对土壤湿度有影响，地下水位很低的土壤蓄水能力较差；地下水位高的土壤，不适合种植葡萄。比较适合的地下水位应在 1.5~2 m。在排水良好的情况下，在地下水位离地面 0.7~1 m 的土壤上，葡萄也能良好生长和结果。

2.4 土壤化学成分

土壤化学成分对葡萄植株营养有很大意义。由植物残体分解形成的土壤有机物质（腐殖质）可促进形成良好的土壤结构，并且是植物氮素供应的主要来源。由于化学组成的不同，土壤具有不同的酸碱度（pH）。一般在 pH 为 6~6.5 的微酸性环境中，葡萄的生长结果较好。在酸性过大（pH 接近 4）的土壤中，生长显著不良，在比较强的碱性土壤（pH 为 8.3~8.7）上，开始出现黄叶病。因此酸度过大或过小的土壤需要改良后才能种植葡萄。土壤中的矿物质，主要是氮、磷、钾、钙、镁、铁及硼、锌、锰等，均是葡萄的重要营养元素，这些元素以无机盐的形态存在于土壤溶液中时才能为根系吸收利用。此外，在土壤溶液中还存在一些对植物有害的盐分，包括碳酸钠、硫酸钠、氯化钠及氯化镁等，这些盐分积累的多少决定土壤盐碱化的程度。葡萄在果树中属于较抗盐的植物，在苹果、梨等果树不能生长的地方，葡萄能良好生长。

3 水分条件

土壤水分状态对葡萄的生长发育有明显的影响。葡萄的不同发育时期，对水分的需求不同。

萌芽期和新梢快速生长（花序生长）期，土壤水分充足，有利于新梢的生长和叶面积的扩大及叶幕的形成，可为花芽分化及开花坐果提供充足的有机营养。但在开花前后，水分供应充足，新梢生长过旺，往往会造成营养生长与生殖生长的养分竞争，不利于花芽分化和开花坐果。因此，开花前适当的干旱，可适当抑制新梢生长，有利于花芽分化、开花及坐果，此期水分胁迫程度以坐果期果穗小青粒萎蔫脱落为宜。果实快速生长期，充足的水分供应，可促进果实的细胞分裂和膨大，有利于产量的提高，此期土壤水分以新梢梢尖呈直立状态为宜。

浆果成熟期，充分的水分供应往往会导致浆果晚熟、糖分积累缓慢、含酸量高、着色不良，造成果实品质下降。同时，由于水分充足，新梢生长旺盛，停长晚，贮藏营养积累不足，造成枝条成熟不良，影响枝条的越冬。而此时，适当控制水分的供应，可促进果实的成熟和品质的提高，有利于新梢的成熟和越冬，而果穗尖端果粒比肩部果粒软时至多果穗尖端穗轴出现轻微坏死斑时需立即灌溉。

同样，空气湿度对植株的生长发育和结果也有显著的影响。在新梢快速生长和果实快速生长期，适当的空气湿度有利于新梢的生长发育和果实的膨大。但湿度过大，会造成新梢的徒长，有利于真菌病害的大量发生。在开花期，阴雨天和空气湿度过大，往往会导致花冠不脱落而形成闭花受精，并造成坐果率下降。同时，新梢的旺长，使生殖生长与营养生长形成激烈的养分竞争，而加剧落花落果。

由此可见，葡萄最适宜的栽培区的气候特点是在植株发育的前期降水充足，而果实成熟期干旱，生长季气温冷凉，休眠期相对温暖。如世界著名的葡萄原产地和优质葡萄的生产地——地中海沿岸的气候特点就属此类型。我国多数的葡萄产区属大陆季风型气候，春季干旱少雨，夏季高温多雨，冬季严寒少雪，都是葡萄生长的不利因素。

4 其他环境

4.1 地形条件

4.1.1 纬度和海拔

世界上大部分葡萄园分布在北纬 20° ~52° 之间及南纬 30° ~45° 之间，绝大部分在北半球。海拔高度一般在 400~600 m。我国葡萄多在北纬 30° ~43° 之间。海拔的变化较大 200~1000 m，河北怀来葡萄分布高度达 1100 m，山西清徐达 1200 m，西藏山南地区达 1500 m 以上，而四川小金达 2400 m 以上。纬度和海拔是在大范围内影响温度和热量的重要因素。在亚洲地区，随着纬度每增高 1° ，年平均气温降低 0.7℃。随着海拔每上升 100 m，年平均气温降低 0.3~0.7℃（北部地区大于南部地区）。

4.1.2 坡向和坡度

在大的地形条件相似的情况下，不同坡向的局地气候有明显差异。通常以南向（包括正南向、西南向和东南向）的坡地受光受热较多，日平均气温较高，特别是植物组织受辐射增温明显，而北向（包括正北向、西北向和东北向）坡地一般因日照不足而较为冷凉。因此，在生长季热量不足的北部地区，应注意利用南向坡地。但南向坡地的蒸发量大，土壤湿度较小。此外，因葡萄萌芽较早，较易受霜害，故在配置品种时应予注意。

坡地增温的效应与其坡度密切相关。中、高纬度地区坡地向南每倾斜 1° ，相当向南推进 1 纬度 (112 km)。受热最多的坡地角度为 20° ~35° （在北纬 40~50° 范围内）。因此，如果一些在北纬 46° 以北的葡萄园能够成功种植葡萄，则主要是利用了有利于接受光能的坡向。葡萄因较耐干旱和瘠薄土壤，可以在相对不大的范围内发育根系，而地上部却可以利用广大坡地空间进行生长，因此，比其他果树更适应在坡面较陡的山地栽培。例如，在河北昌黎、怀来山地种植葡萄的坡面已达 30° 以上。然而，坡度越大水土流失越重，葡萄的土壤管理也越困难，因此，种植葡萄时应优先考虑坡度在 20~25° 以下的土地。

4.1.3 地表气温

土壤湿度会提高土壤的导热性。湿润的土壤，因其较大的热容量和较好的导热性，当阳光直接照射时，其地表温度就比干燥土壤的地表温度低。色深的土壤，由于其吸收辐射的能力更强，其地表温度就比色浅的土壤的地表温度高。

由于地表面是进行辐射交换和热量交换的重要界面，在白天，由地表向上就会形成气温的梯度变化。在温带气候条件下，即使在离地表 1 m 的气温也明显高于标准气温（即 2 m 高处百叶箱内的葡萄栽培学气温），所以可利用地表温度的上述特性进行低密度栽培。但是在温度高的地区，则应提高架面，以防止近地高温带来的危害。

但是，近地气温日间的升高必然伴随夜间气温的降低，越接近地面，温度的日较差，（日最高温度与日最低温度的差值）越大。事实上，在平原地区、谷地以及所有冷空气流动不畅的地区，由于土壤的辐射作用，常常造成架面低的葡萄园发生春季冻害。因此，在这些地区，应提高葡萄主干的高度，特别是对于那些地面辐射更强的进行土壤清耕的葡萄园。

4.1.4 水面的影响

海洋、湖泊、江河、水库等大的水域，由于吸收的太阳辐射能量较多，热容量较大，白天和夏季的温度比陆地低，而夜间和冬季的温度比陆地高。因此邻近水域沿岸的气候比较温和，无霜期较长。邻近大水面的葡萄园由于深水反射出大量蓝紫光和紫外线，浆果着色和品质较好。

第三章　葡萄育苗

第一节　苗圃建立

1 葡萄育苗的意义

苗圃是果树的摇篮，葡萄栽培从育苗开始，葡萄苗木质量的好坏，直接影响到建园的效果和果园的经济效益。因此，培育品种纯正、砧木适宜的优质苗木，即是葡萄育苗的基本任务，也是葡萄实现早果、丰产、优质和高效栽培的先决条件。

目前，主要存在的问题，包括苗木标准和法规的缺失、苗木市场混乱、技术和管理水平落后、病虫害及病毒危害严重、土壤盐碱严重，盲目追求新奇特、缺乏引导和管理。

葡萄在遗传性状上高度杂合，通过种子繁殖（有性繁殖）无法保持亲本的经济性状，因此，生产中主要采用营养繁殖（无性繁殖），即利用母株的营养器官繁殖新个体。通过营养繁殖不仅可以保持母株的品种特性，而且由于新个体来源于性成熟植株的营养器官，所以只要达到一定的营养面积即可以开花结果。尤其是那些利用嫁接繁殖的葡萄苗，是由优良砧木和接穗构成的砧穗共同体，因此有可能综合了接穗、砧木共同的优点，使葡萄实现结早果、产量高、品质优、并增强其对环境的适应能力。

2 苗圃地选择与规划

2.1 苗圃地的选择

葡萄产业发展中苗木质量的高低影响到建园的成败与产业经济效益的实现，苗圃地在选择的时候应根据产业发展与葡萄自身的生长特性重点从地点、气候、地势、土壤、灌溉条件、病虫害等方面去考虑。

2.1.1 地点

苗圃地应设在葡萄产业发展的核心区域，主要原因是，第一、葡萄苗木对自身当地环境的适应能力较好；第二、苗木短距离运输可以避免运输途中的损伤和降低运输的成本,提高成活率;第三、苗圃地远离病虫害严重的地区;第四、苗圃地远离工业污染区。

2.1.2 气候

苗圃地区域的气候特征要满足无霜期较长,并且适宜于苗木的生长。

2.1.3 地势

在苗圃地势选择时灌溉区要求地势平坦,便于机械化作业,非灌区选择背风向阳、日照良好,稍有坡度倾斜的地势。同时地下水位在1~1.5 m以下,避免涝害。

2.1.4 土壤

苗圃地以砂质壤土和轻粘壤土为宜。砂质壤土和轻粘壤土便于土壤微生物的根系活动,有利于种子发芽,幼苗生长,起苗省工,伤根少。如果其它土壤育苗时应适当进行土壤改良,保证苗木的正常生长发育。

2.1.5 灌溉

保证在葡萄种子萌芽、苗木生长过程中水分的及时供应,并注意水质。

2.1.5.1 灌溉方式

①地面灌溉:水从田间地表借助重力和毛细管作用浸湿土壤。包括畦灌、沟灌、淹灌和漫灌。

畦灌:利用田埂将需要灌溉的土壤分割成一系列长方形小畦,灌溉时水在小畦表面形成一层水膜并逐渐在小畦中流动,在流动过程中浸湿土壤。

沟灌:即在作物行间开沟挖渠并将灌溉水引入田间灌水沟,在流动过程中主要借助毛细管作用浸湿土壤。相比畦灌,沟灌不会破坏作物根部周围土壤结构,不会导致地面板结,且能减少蒸发,适用于行距宽的作物。

淹灌:又称格田灌溉,利用田埂将需要灌溉的土壤划分成许多格田,灌水时格田内保持一定深度的水层,借重力作用湿润土壤,主要适用于水稻灌溉。

漫灌:将水引入不做任何沟埂的田间,任其在田间流动,借重力浸湿土壤。此法灌水均匀性差、水量浪费严重、易造成土壤板结和易受地形影响。

②普通喷灌:利用管道和动力设备,将水通过喷头喷至作物上方空气中,以雨滴形式降落至田间的灌溉方式。具有节水、不破坏土壤结构、调节地表气候和不受地形限制等优点。

③微灌:利用微灌系统,依据作物需水要求,通过低压管道系统和安装在末级管道上的灌水器(滴头、微喷头、微管和渗灌管)将水直接输送至作物根部附近的土

壤表面或土层中，也可使用水肥一体化的方式，在灌溉水的同时补充植物所需营养元素。包括滴灌、渗灌和微喷灌。

滴灌：通过低压管道系统运输的水通过末端滴头将水滴入作物根部土壤的灌溉方式。具有节水、节肥、省工和保持土壤结构的特点

渗灌：即地下微灌形式，利用低压管道系统将水通过埋于作物根系活动层的微孔渗灌管将水输送至作物根系周围土层中。目前淤堵（泥沙和生物堵塞）是渗灌所面临的一大难题，此外渗灌可能将水带入作物根系达不到的土层，造成水资源浪费。

微喷灌：通过低压管道系统运输的水以微流量低压喷洒在地面或枝叶上的灌溉方式。

2.2 苗圃地的规划

专业苗圃的分区包括资源区、繁殖区及辅助区。

2.2.1 资源区

又称母本园，主要任务是提供繁殖材料。良种圃提供优良品种的接穗或插条。砧木圃提供砧木种子或自根砧木的繁殖材料（图 3–1）。

2.2.2 繁殖区

可分为实生苗、自根苗和嫁接苗培育区。结合地形划分成小区，一般长度不短于 100 m，宽度为长度的 1/3~1/2。

图3–1　葡萄苗木繁殖区和砧木资源评价鉴定区

2.2.3 辅助区

包括道路、排灌系统、防护林、房舍建筑等。

3 苗圃地档案制度

苗圃为了积累资料，统筹生产，掌握进度，必须建立档案制度。

档案内容包括以下几个方面：

3.1 苗圃地原来地貌特点

改造建成后的苗圃平面图、高成图和附属设施图并按比例制作留档。

3.2 土壤类型

各区的土壤肥力原始水平及建立土壤改良档案和各区土壤肥水变化档案。

3.3 各区的树种、品种档案和母本园品种引种档案、栽植图

在每次育苗后画出栽植图,按树种和品种标明面积、数量、嫁接或扦插的品种区、行号和株号,以方便出苗时查核。母本园栽植图要复制数份,以便每次采穗时查找。

3.4 苗木销售档案

将每次苗木销售种类、数量、去向都记入档案,以了解各种苗木销售的市场需求、栽植后情况和果树树种、品种流向分布,指导生产。

3.5 苗圃土地轮作档案

将轮作计划和实际执行情况以及轮作后的种苗生长情况都归入档案,以便今后调整安排轮作计划。

3.6 繁殖管理档案

将繁殖方法、时期、成活率和主要管理措施记入档案,以利改进方法。同时加入主要病虫害及防治方法,以便制定周年管理历。

4 葡萄育苗方式

葡萄育苗方式主要有露地育苗和保护地育苗。

4.1 露地育苗

目前主要育苗方式是利用春季逐渐回升的自然温度,在露地直接育苗。

4.2 保护地育苗

通常多在露地育苗前期使用,主要方法是提高保护地地温的设施,包括地热装置、酿热物、地热线、地膜覆盖等。塑料拱棚、温床、温室、大棚等设施主要是增加保护地气温,从而提高苗木的成活率。降温、遮光设施包括地下式棚窖、荫棚、迷雾等,该设施主要是降低保护地温度,避免温度过高,从而使得苗木过度失水,不利于生长。

第二节 葡萄苗木繁育技术

1 葡萄实生苗的繁育

1.1 葡萄实生苗的特点和利用

葡萄实生苗主要有以下几个特点：繁殖方法简便；种子来源广，便于大量繁殖；实生苗根系发达，生理年龄轻，适应性、抗性强及寿命长；种子不携带病毒或带毒率低。除了以上几个优点外，实生苗还有几个缺点：实生苗后代变异性大，表现型差异大；优良性状难以保存；有童期，结果晚。实生苗主要用于培育优良品种（图3-2）。

1.2 葡萄实生苗的繁殖原理

实生苗是有性繁殖，即直接由种子繁殖。实生苗根系发达、寿命较长，株型较丰满。从基因上说扦插的和母本一致，另外实生苗可以提高植物的成活率。

1.3 葡萄实生苗的繁殖方法

1.3.1 葡萄种子的采集

种子采集时应该已达到形态成熟。生理成熟指胚乳内含物呈溶解状态，种胚已发育成熟并具备发芽能力的时期。形态成熟：种皮、胚乳及种胚都完全发育成熟的时期。

（1）取种：堆沤腐烂法、人工剥取、机械取种等。

（2）晾晒和分级：防止暴晒。纯度达95%以上。

（3）贮存：干藏法

条件：低含水量、干燥、低温、通风、黑暗

图3-2 种子萌发

1.3.2 葡萄种子的层积处理

（1）浸种：4~12 h，使种子完全吸水。

（2）拌沙：用5倍于种子用量的清洁河沙，与种子混合均匀。要求河沙的含水量为最大持水量的50%~60%（手捏成团、有水不滴、一打即散）。

（3）贮藏：低温，具有一定的通气性。少量葡萄种子：盛于竹筐或木箱中，置于地窖中，或埋入土中。大量种子：选择背风、阴凉、排水良好处挖沟层积，沟深1 m、宽0.7 m，长则依种子多少而定，上覆土，并插草把通气。

1.3.3 播种(图 3-3)

(1)苗圃地的准备:选好地、施足肥、整好地。

(2)播种时期:秋播在 11 月份播种,适宜于冬季相对温暖湿润的地区,不需要层积处理。春播在 4 月份播种,在冬季严寒干燥的地区使用,需要层积处理。

(3)播种方式:条播、点播、撒播。

(4)播种深度:为种子最大直径的 1~5 倍。

(5)播种量:实际播种量要高于计算播种量

播种量(kg/hm^2)= 每公顷计划育苗数 /(每千克种子粒数 × 种子发芽率 × 种子纯洁率)× 100%

1.3.4 播后管理

间苗、除草、松土、灌溉、防治病虫害。

图3-3　2片真叶的实生苗

2 葡萄自根苗的培育技术

2.1 葡萄自根苗的特点

葡萄自根苗变异小,能保持母株的优良性状,结果早,繁殖方法简便,植株较矮小,有利于密植。但有根系浅,抗性差,适应性差,寿命短,繁殖系数较小等缺点。

葡萄自根苗主要用于品种和砧木繁殖。

2.2 葡萄自根苗繁殖的生物学基础

葡萄自根苗是利用葡萄营养器官(枝、根、芽)的再生能力,发生新根或新茎而长成一个独立的植株。

自根繁殖的主要生理学基础包括:

(1)不定根的形成:不定根是由茎、叶、芽等器官发生,因其位置不定,故称为不定根。根原基形成部位依植物种类不同而有差异。

(2)不定芽的发生:不定芽在根、茎、叶上都可分化,无定位。发生不定芽的能力与遗传特性有关,与繁殖关系最密切的是根上发生不定芽。

(3)极性:在组织再生作用中,器官的发生和发育有极性现象。在形态学顶端抽生新梢,下端(基端)发根。

2.3 主要繁殖方法

葡萄自根苗繁殖主要以扦插、压条为主。其中扦插又分为硬枝扦插和绿枝扦插(图 3-4)。

2.3.1 硬枝扦插繁殖技术

（1）苗圃地土壤消毒

育苗前，每亩用50%多菌灵可湿性粉剂1.0 kg与土按1 :20的比例配制成毒土撒在苗床上，对土壤进行消毒。

（2）施肥整地

圃地深翻，施基肥。基肥以经无害化处理的厩肥、农家肥等有机肥为主。亩施有机肥4000 kg，过磷酸钙50 kg。降雨量达1000 mm以上地区宜采用高畦或高垄整地。

图3-4 扦插育苗圃

（3）插条采集

插条结合冬季修剪进行采集，选择品种纯正、植株健壮、无病虫害、充分成熟、节间长度均一、芽眼充实饱满、粗度在0.6~1.2 cm的1年生枝条为插条。把插条剪成6~8节为1段，每50~100段为1捆，分别在两头绑捆起来，用3° ~5° Be石硫合剂浸泡1~3 min，晾干后，系上标签，写明品种数量、采集地点。随即放置到指定的地点贮藏(图3-5)。

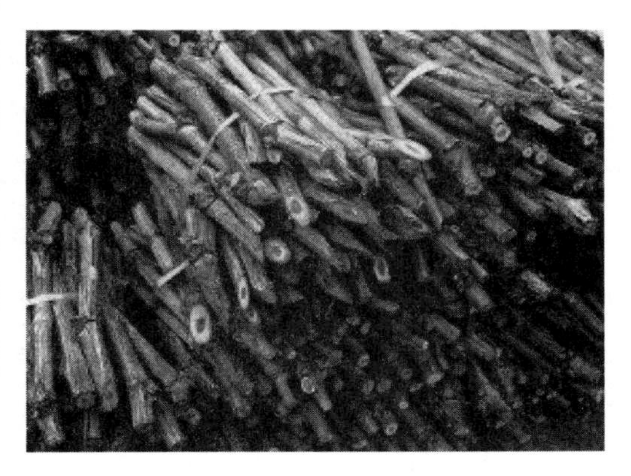

图3-5 扦插枝条

（4）插条贮藏

贮藏枝条最佳温度 -1~1 ℃，最佳湿度80%，贮藏方法有沟藏、窖藏和冷库藏。

（5）插条处理

扦插前将种条取出，按2个或3个芽为1段剪截，上端在距芽1.5~2 cm处平剪，下端在芽下1 cm处斜剪。将剪好的种条用清水浸泡12~24 h。每隔5~6 h换一次清水，让枝条吸足水分。常用的生根

图3-6 扦插枝条生长素处理

剂有吲哚丁酸和萘乙酸，使用时先用少量酒精把生根剂溶解，后兑清水。1 g 生根剂用 200 mL 酒精，兑水 2~3 kg。插条基部在生根剂溶液中速蘸 3~5 s。其他生根剂使用方法按说明书配制使用（图 3-6）。

（6）扦插时间

3 月下旬至 4 月上旬，当土温稳定在 10℃以上时开始。

（7）扦插

按株行距为 15 cm × 25 cm 扦插。覆膜的地块，插条斜插入，顶部芽稍露出膜外，用湿土盖住上剪口（图 3-7）。按品种分别扦插，挂牌登记。

图3-7　露地扦插

2.3.2 绿枝扦插繁殖技术

（1）育苗地的准备：选择靠近水源、砂壤土的地块为苗圃地，每亩撒施优质有机肥5000 kg并翻耕，深度为30~35 cm，耙平地面，做成宽为0.8~1.0 m的畦。扦插前，沿畦南北方向开宽 25 cm、深 10 cm 的沟，沟间距 20 cm，沟内填上蛙石或细河沙，与地面齐平即可。

（2）扦插时间：扦插时间以 5 月上旬至 6 月中旬为宜。扦插过早，枝条幼嫩，养分积累少，不易成活，同时，树体生枝量低；扦插过晚，枝条易老化，苗木生长期较短，不易老化和成熟。

（3）插穗的剪取：剪取当年抽生的正常半木质化新梢，除去卷须，置于木桶中，以防叶片萎蔫和枝条失水。将插条剪取 15 cm 左右的 1 芽 1 叶或 2 芽 1 叶的枝段，并保留顶端部位的 1 叶或半叶，其余的叶片剪除。剪取时，上端在靠近顶芽 1 cm 处平剪，下端贴芽位平剪，对已发出副梢的插条，可剪去基部 1 叶，整枝扦插。

（4）插穗催根：剪好插穗后，用生根粉处理插穗下端 3~5 cm 处。方法是：将干净、大粒的河沙盛人易于搬动、长 × 宽 × 厚为 60 cm × 40 cm × 6 cm 的塑料沙盘中。用生根粉喷淋，以浸透沙层为宜。将插穗每 10 根或 20 根一捆，插人沙盘中，深度为 3 cm 左右，以能固定插穗为准，然后放在温度为 20~25 ℃、相对湿度为 85%~90% 的条件下催根，催根时间以 4~8 h 为宜。

（5）大田扦插：扦插前给蛭石或河沙浇透水，将经过催根处理的插穗按株距 5 cm、每沟两行的距离扦插，扦插深度为 5 cm，但以不超出基质层为宜。插完后，用喷水壶浇 1 次水，使插穗与河沙密接。之后，沿扦插畦搭遮阴棚，其高度为 40~50 cm，其上搭设棚膜，以保温保湿，使温度控制在 25~30 ℃。1 d 后，每隔 2 h 喷 1 次水，以保证插条前期的水分代谢平衡，同时避开强光照。一般晴天在 10 :00~17 :00 用 70% 的遮阳网或废报纸等遮阴，其它时间去掉遮阴物，适量光照，以利于插穗生根。扦插后，一般经过 10 d 可出现愈伤组织，15 d 可出现新根，15~20 d 可长出，10~20 多条 2~5 cm 长的根，生根率可达 95% 以上。

（6）插后管理

①温湿度管理：扦插后，通过喷水，保证达到田间最大持水量和保持棚内空气湿度接近饱和，防止叶片萎蔫。如遇阴雨天气，可每天揭棚 10~15 min，以利于通风，防止插穗霉烂。当有新叶和新根长出时，可逐渐揭棚炼苗，经过 10~15 d，可逐步适应外界环境。

②肥水管理：在扦插苗成活后，要及时转入田间常规管理，前期每隔 2 周喷施 1 次 0.1% 的尿素和 0.1% 的磷酸二氢钾，到 7 月上旬，可土施尿素及磷酸二氢钾，每 667 m2 施 20~30 kg，促使枝条老化、充实，提高抗病力。到 8 月下旬后，应控肥、控水，以防止幼苗徒长。

③防治病虫）在生根过程中，每隔 3 d 喷施 1 次 50% 退菌特可湿性粉剂 800 倍或 50% 多菌灵粉剂 800~1000 倍，以防治霜霉病，直至揭棚膜为止。炼苗后，及时喷洒 72% 代森锰锌 800~1000 倍或 200 倍等量式波尔多液等，防治霜霉病。7 月后，圃地可喷布半量式 240 倍波尔多液，连喷 3~4 次，可有效地预防霜霉病的发生。

（7）促进生根的主要方法

①黄化处理：黄化处理是对绿枝扦插用的插条先进行黑暗处理，使叶绿素消失，组织黄化，皮层增厚，薄壁细胞增多，生长素积聚，有利于根原体的分化生根。处理时间须在扦插前 3 周进行。

②加温处理：通常用电热温床，基质温度在 20~25 ℃，气温 10 ℃以下（遮阴、通风）。

③机械处理：如剥皮、纵刻伤、环状剥皮等。

④药剂处理：常用的植物生长激素有 2，4-D、吲哚丁酸（IBA）、吲哚乙酸（IAA）和萘乙酸（NAA）等，其中以吲哚丁酸为最好。有液剂浸渍和粉剂蘸粘。

⑤液剂浸渍：硬技扦插时所用浓度一般在 5~10 ppm 之间，将插条基部于药液中浸渍 12~24 h。用 50%酒精作溶剂，将生长激素配成高浓度溶液，将枝条基部浸

数秒，对于不易生根的树种有较好的作用。

⑥粉剂蘸粘：一般用滑石粉作稀释填充剂。配合量约为500~2000 ppm，混合2~3 h后即可使用。先将插条基部用清水浸湿，然后蘸粉即可扦插。

2.3.3 压条繁殖技术

（1）压条

压条是将枝条在不与母株分离的状态下包埋于生根介质中，待不定根产生后与母株分离而成为独立新植株的营养繁殖方法，通常用于扦插不易生根的树种和品种。

（2）新梢压条法

待新梢长至1 m左右时，进行摘心并水平引缚，促使发生副梢。副梢长约20 cm时，将新梢平压于深约15~20 cm的沟中，填土10 cm左右，待副梢半木质化，高50~60 cm时，再将沟填平。夏季对压条的副梢进行支架和摘心，秋季掘起压下的枝条，分割为若干带根的苗木。

（3）一年生枝压条法

春季萌芽前，将母株基部留作压条的一年生枝平放或平缚，待其上萌发新梢高15~20 cm时，再将母枝平压于沟中，露出新梢（如不易生根的品种，在压条前先将母枝的每一节进行环割或环剥，以促进生根）；压条后，先浅覆土，待新梢半木质化后逐渐培土，以增加不定根数量；秋后将压下的枝条挖起，分割为若干带根的苗。

（4）多年生蔓压条法

葡萄产区，也可用压老蔓方法更新葡萄园和繁殖苗木。压老蔓多在秋季修剪时进行。先开挖20~25 cm深沟，在老蔓平压沟中，其上1~2年生枝蔓露出沟面，再培土越冬。在更新过程中分2、3次切断老蔓，促使发生新根。秋后取出老蔓，分割为独立的带根苗。

（5）空中压条

空中压条其实原理与前两种方式一样，仅仅是环剥点离地较高，装土容器必须在空中固定。优点是适用期长，范围广，从萌芽前到萌芽后、甚至开花后进入了幼果期都可以进行。

3 葡萄嫁接苗的培育技术

嫁接苗是通过嫁接技术将优良品种植株上的枝或芽接到另一植株的枝、干或根上，接口愈合后长成的新植株。

嫁接相关的概念包括：

（1）嫁接：是将一株植物的枝段、芽等器官或组织，接到另一株植物的适当部位，使之愈合生长在一起形成一个新的植株的技术。

（2）接穗：用作嫁接的枝或芽。嫁接后成为植物体的上部或顶部。

（3）砧木：指承受接穗和接芽的部分。嫁接后成为植物体的根系部分。

3.1 嫁接苗的特点和利用

嫁接苗的优点主要有：保持接穗品种的优良性状；利用砧木的优良特性（抗性、适应性等）；便于大量繁殖；可以保持和繁殖营养系变异（芽变育种）；促进杂交幼苗早结果，早期鉴定育种材料；高接换优，救治病株；开始结果早。主要的缺点有：有些嫁接组合不亲和；对技术要求较高；传播病毒病。根据嫁接苗的主要特点，主要利用于嫁接苗进行苗木繁殖，品种更新，树势恢复（图 3-8）。

3.2 嫁接苗繁殖的生物学基础

嫁接繁殖的基本原理为嫁接亲和力，其概念为：指砧木和接穗嫁接后能否愈合成活和正常生长结果的能力，也称为嫁接亲和性。

3.2.1 嫁接亲和力的类型

（1）亲和良好：砧穗生长一致，结合部位愈合良好，生长发育正常；

（2）亲和力差：砧木粗于接穗或细于接穗，结合部位膨大或呈瘤状；

（3）短期亲和：嫁接成活后生长几年后死亡；

（4）不亲和：嫁接后接穗不产生愈伤组织并很快干枯死亡。

图3-8 嫁接苗的结果状态

3.3 影响嫁接亲和力的因素

（1）砧木和接穗间亲缘关系。亲缘关系越近，成活率越高。一般种内和种间嫁接亲和力好，属间嫁接亲和力弱；

（2）砧木和接穗双方组织结构的差异形成层、输导组织、薄壁组织等；

（3）生理机能和生化反应的差异；

（4）生长特性的差异；

（5）有害物质及病毒的影响。

3.4 嫁接愈合过程

嫁接愈合过程包括以下几个阶段：砧木和接穗之间隔离层的形成，封闭和保护伤口。砧木与接穗的密接，产生愈伤组织。愈伤组织主要由形成层细胞和重新恢复分裂的薄壁细胞形成，也可由木射线、次生木质部、韧皮部和韧皮射线形成。砧木与接穗愈伤组织增殖，隔离层消失。输导组织的分化。在砧木和接穗的愈伤组织中分化出维管束，维管束把砧木和接穗连接起来，嫁接共生体形成。

3.5 砧木的选择和培育

3.5.1 根据葡萄园所处区域的特点来选择砧木品种

所要选择的砧木必须适应当地的土壤类型、气候状况及排灌条件，并对接穗品种的生长和结果有良好的影响。土壤状况如质地、酸碱性、有机质含量、无机成分类型，以及土壤中虫害的种类（如葡萄根瘤蚜、根结线虫）、危害状况等；气候条件如年平均气温、最低温度、最高温度、年平均降水量和降水集中的月份等。抗逆栽培主要包括抗旱、抗寒、抗涝、耐盐碱及耐瘠薄、抗病等。要从砧木特性、葡萄园的立地条件以及栽培目的等综合分类，从而确定应该选用的砧木类型及具体品种。

图3-9　嫁接亲和性的表现

3.5.2 根据砧穗组合的亲和性选择

大部分砧木和栽培品种的嫁接亲和力都比较好，但是部分砧木和栽培品种亲缘关系太远，直接影响嫁接葡萄品种的生长和发育，甚至影响植株的寿命，果品的质量（图 3-9）。与欧亚种栽培品种嫁接亲和性良好的砧木品种有：‘110R’、‘99R’、‘140Ru’、‘1103P’、‘101-14MG’、‘SO4’、‘贝达’、‘5BB’、‘3309C’、‘420A’等。与欧美杂种嫁接亲和性良好的砧木品种有：‘贝达’（但易出现小脚现象）、‘SO4’等。

3.5.3 考虑到砧穗组合与树势的关系

一些砧木品种与栽培品种嫁接后，直接影响树势的强弱。在一些年积温高、生长量大、生长时间长的地区，如我国南方地区的广西、福建、云南等地，应采用减弱树势的砧木品种，如‘420A’、‘3309C’、‘41B’、‘1616C’、‘贝达’等。在年积温低、生长量小、生长时间短的地区，如我国西北、东北地区，应选择一些对品种生长有促进作用的砧木品种，如‘140Ru’、‘5BB’、‘Salt creek’、‘110R’、‘1109P’、‘3306C’和‘99R’等。

3.6 接穗的采集与贮藏

接穗是嫁接的主体之一，接穗的自身营养积累状况、采后处理及贮藏方法是否得当对嫁接的成活率及以后树体生长发育均产生重要影响。

3.6.1 采穗母株的选择

应选择品种纯正、正常健壮、结果性状良好的树体为采穗母树，并且该母树无病虫害，尤其是不带检疫病虫和病毒病。

3.6.2 接穗的选择

接穗宜选用采穗母株上生长健壮、芽子饱满的外围发育枝，不用内膛徒长枝。

3.6.3 接穗处理

生长季芽接所用接穗应减去叶片，保留叶柄。经剪叶处理的接穗打成捆，系上品种标签，暂时存放在阴凉处保湿。

3.6.4 接穗的贮藏

夏季芽接所用接穗最好随采随用，需贮藏时应放在阴凉处并保持湿度；春季枝接所用接穗应随冬季修剪时采集，按品种打捆并系上品种标签后埋于窖内或沟内的湿沙中，也可用塑料薄膜包严，保存在 0~2 ℃的冷库中。

3.6.5 接穗蘸蜡

春季硬枝嫁接前接穗要封蜡保湿。具体方法是将枝条洗净，拭干枝条上的水分，并根据需要剪成一定长度的枝段。用水浴熔蜡，蜡温控制在 90~100 ℃；用手捏住枝段下端，在熔好的蜡中速蘸，时间为 1 s；蘸蜡后的枝条单摆晾凉，以免相互粘连。有时也可将枝条剪截成段，倒入融蜡中，立即用笊篱捞出。

蘸好蜡的接穗也可以用塑料袋和纸箱包装，在 0~2 ℃的冷库中保存备用。

3.7 主要嫁接方法

3.7.1 舌接法

将接穗基部削成斜面，斜面长约 3 cm，先在斜面 1/3 处向下切入一刀（忌垂直切入）深 1.5~2.0 cm，然后再从削面顶端向下斜切，从而形成双舌形切面，砧木也同上一样切削，然后将两者削面插合在一起。舌接法砧木与接穗结合很紧密，嫁接后只需简单绑扎即可（图 3–10）。

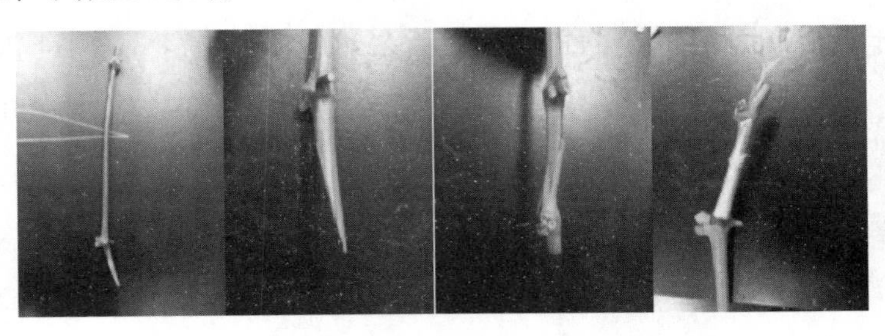

图3–10　舌接法过程

3.7.2 劈接法

将接穗下端双面削成楔形，斜面长 3~5 cm，砧木插条上端平剪后从中央纵切一刀，切口深 3~5 cm，然后将接穗插入砧木切缝中，对准形成层，用塑料薄膜或线、绳绑扎。

3.7.3 机械嫁接

利用机械对葡萄苗木进行嫁接（图 3–11）。

3.8 嫁接后苗木管理

（1）检查成活：大多数果树嫁接 10~15 d 即可检查成活情况。

（2）松绑：在嫁接口完全愈合后接触绑缚的塑料带。

（3）补接：未成活的应进行补接。

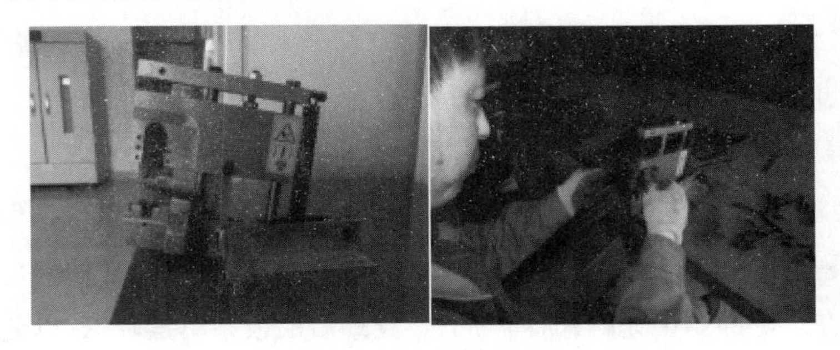

图3–11　机械嫁接过程

（4）剪砧：秋季芽接，以休眠接芽半成苗越冬，在第二年春季接芽萌发前，及时剪去接芽以上的砧木，以集中养分利于接芽萌发生长。

（5）抹芽除萌蘖

（6）土肥水管理及病虫防治：施肥着重于前期（6 月以前），以促进前期生长。干旱时要及时灌水，入秋后一般不再施肥灌水。

（7）整形和修剪：苗高120 cm以上时，可进行摘心，促进加粗生长。对于计划进行圃内整形、培养大苗的，应按圃内整形要求苗高65~70 cm时进行摘心处理，促发副梢，形成一级主枝。

（8）埋土防寒：严寒地区冬季应进行防寒。

4 组织培养育苗

组织培养技术可用于葡萄品种的快速繁殖，不受季节、地区、气候、病虫等因素影响，可周年进行生产。葡萄组织培养通过外植体选择、愈伤组织、茎叶分化、不定根诱导优化及试管苗的炼苗移栽等步骤即可繁育大量葡萄苗木，完成葡萄组培快速繁殖和大规模工厂化育苗。

4.1 材料的采集及无菌体系的建立

葡萄组培材料准备的过程中，一般选取幼嫩的枝条。

4.1.1 培养基及其配置

培养基（Medium）是供微生物、植物和动物组织生长和维持用的人工配制的养料，一般都含有碳水化合物、含氮物质、无机盐以及维生素和水等。有的培养基还含有抗生素和色素（图3-12）。

图3-12 培养基

（1）母液的配制和保存

母液是指将培养基配方中的各营养成分按一定倍数扩大，分类配制的浓缩贮备液，简称母液。

配制母液的意义：可以减少称量误差，尤其是微量元素和生长调节物质；可以提高工作效率。一次配制，可以多次使用（图3-13）。

母液的配制：

①水：配制母液时要用重蒸馏水或去离子水。

②药品纯度：分析纯或化学纯。

③种类：各种营养元素应分类单独配制。有大量元素母液、微量元素母液、铁盐、钙盐、有机、激素等母液。

④大量元素母液配制：药品称量多，放大倍数20~25倍，定容体积大，一般500 mL。每种药品完全溶解再加另一种。

⑤钙盐母液：钙因为会与（PO_4^{3-}）、（SO_4^{2-}）产生沉淀，应该单独配制。$CaCl_2 \cdot 2H_2O$、$CaCl_2$溶解于水会变热，应该凉至室温后，定容。

⑥微量元素母液：药品称量很少，放大倍数50~100倍，定容体积小，一般200~250 mL。除铁盐外的其它微量元素充分溶解后混合定容为一瓶。

⑦铁盐母液：微量元素中的铁盐因为很容易氧化为Fe^{3+}而产生沉淀，需单独定容保存，扩大倍数为50倍。一般使用螯合铁，应先将$FeSO_4 \cdot 4H_2O$和Na_2-EDTA分别溶解后合并在一起定容。

⑧有机母液：一般放大50倍。维生素、肌醇和氨基酸分别溶解混合后，定容为一瓶。有机成分容易产生发霉，配制时应用无菌水，每次抽取时应尽量保证无菌。

⑨植物生长调节物质母液：绝大多数生长调节剂不溶于水，可以加热并不断搅拌促使溶解。

扩大倍数为50~100倍。一般用质量百分浓度。用量微少，浓度较低，如1 mg/mL、0.5 mg/mL。在不同的培养基配制时计算后抽取一定量加入即可。IAA需要避光保存，配制后应用锡箔纸或者黑色纸包起。

图3-13　配制的母液

母液的保存：

配制好的母液置于2~4℃的冰箱中贮存，特别是激素与有机类物质要求较严。贮存时间不宜过长，如发现有霉菌和沉淀产生，不能再使用。配制好的母液上应分别贴上标签，标注母液名称、母液序号、扩大倍数、定容体积、抽取量（mL/L）、配制日期（MS大量、6-1、20倍、500 mL、25 mL/L）。

（2）培养基的配制

培养基配制时注意事项：初始加入水量为需配制体积的80%；琼脂应在水加热至60℃时加入；糖和琼脂加入后应不断搅拌以免沉淀；大量元素加入后充分溶解再加铁盐和钙盐；生长调节物质在最后加入；定容前熬制5 min；定容可采用重量法或容量法；pH值调节应注意碱和酸的量和浓度；分装应及时（图3-14）。

（3）培养基灭菌

培养基灭菌过程中注意事项：培养基在锅内保证向上基本垂直放立；高压灭菌锅的锅盖盖紧不漏气，放下放气阀；温度上至100 ℃时打开放气阀排除冷空气；气压将至 0 再升温 ;温度至 121 ℃开始计时 ;确保温度在 121 ℃ ~126 ℃保持设定的时间 ;灭菌后,温度降至 100 ℃后打开放气阀,缓慢放气 ;灭菌后取出锅的培养基放置于水平桌面上。

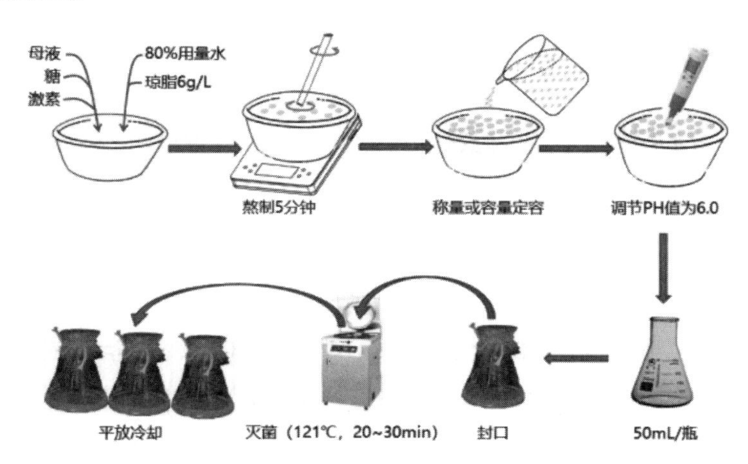

图3-14 培养基配制步骤

（4）影响培养基凝固的因素

①琼脂的用量 :琼脂用量越多,培养基越容易凝固,也越硬。

② pH 值 :常用 5.8~6.2,偏碱时凝固性较好。

③ Ac 的用量 :越多,凝固性越差。

④ Vc 的用量 :越多,凝固性越差。

⑤灭菌的时间和温度 :灭菌时间越长、温度越高,凝固性越差。

4.1.2 初代培养

植物组织培养中,将葡萄外植体进行消毒并转接到培养基上诱导成试管苗的过程,称之为初代培养,或称为启动培养。它是进行试管繁殖的第一个阶段,也是最关键的一步。

（1）外植体的选择

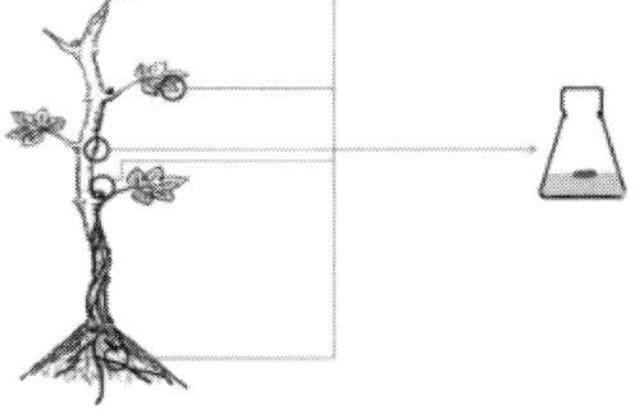

目前,组织培养已经在多种植物中成功进行,几乎包括了植物体的各个部位,如茎尖、茎的切段、髓、皮层及维管组织、髓细胞、表皮及亚表皮组织、树木的形成层、块茎的贮藏薄壁组织、花瓣、根、叶、子叶、鳞茎、胚珠和花药等（图 3–15）。但在生产实践中必须选取最易表达全能性的部位,加大培养成功的机会,以降低生产成本。在葡萄组织培养中,一般会选择单芽茎段作为外植

图3–15　外植体的选择示意

体,从而提高形成完整植株的机会。

①材料部位的影响。对葡萄植株来讲,茎尖是较好的部位,由于其形态已基本建成,生长速度快,遗传性稳定,是获得无病毒苗的重要途径,花药和花粉培养也是获得无病毒苗(草莓等植物)的有效途径之一,茎段则是组织培养应用最广泛的材料。

②取材季节的影响。除取材部位外,取材季节也有重要影响。如葡萄一般在春季取幼嫩的新梢为好。

③器官的生理状态和发育年龄。一般生理年龄越小,越容易诱导根和芽的发生。在葡萄组织培养中,以幼龄树的春梢嫩枝段或基部的萌条为好,茎尖(带有 1~2 个叶原基的顶端分生组织)也较理想,但树龄小的要比树龄大的容易获得成功。

④材料大小的影响。材料越小,成活率越低,茎尖培养存活的临界大小应为一个茎尖分生组织带 1~2 个叶原基,约 0.2~0.3 mm 大小。茎段则长约 0.5 cm。

⑤外植体的采集方法。选择优良的种质,良好的性状或者特殊的基因型;选择健壮的母株,防治病毒病等;

⑥采集具体要求:晴天早晨采集,雨后不宜采集;采集工具要消毒;枝条采集时剪去叶片,防止失水;低温保湿携带,不宜长距离运输;带回实验室应立即冲洗消毒。

(2)外植体的消毒

灭菌是为了杀死材料表面的杂菌,以保证组织培养在无菌条件下进行。但不同植物及一株植物不同部位的组织,有其不同的特点,它们对不同种类、不同浓度的消毒剂的敏感反应也不同。所以开始都要摸索试验,以达到最佳的消毒效果。一方面既要把材料上的病菌消灭,同时又不损伤或只轻微损伤材料,而不影响其生长。

①常用的消毒剂。消毒剂既要有良好的消毒作用,又要易被蒸馏水冲洗掉或会自行分解的物质,而且不会损伤材料,影响生长。常用消毒剂其使用浓度及效果见表 3–1。

a.75%的酒精:效果好,但容易使组织脱水。应用时间要短。

b. 次氯酸盐:主要是 84 消毒液等。稀释浓度为 1:20~25。效果较好。

c. 氧化剂:H_2O_2,溴水。

d. 重金属盐溶液、$HgCl_2$。灭菌效果好,但对环境污染重。

e. 抗生素。主要是抑制细菌和内生菌。

表3–1　常用灭菌剂使用浓度及效果比较表

灭菌剂	使用浓度	持续时间（min）	去除的难易	效果
次氯酸钙	9 ~ 10%	5 ~ 30	易	很好
次氯酸钠	2%	5 ~ 30	易	很好
氯化汞	0.1 ~ 1%	5 ~ 8	较难	最好
抗菌素	4 ~ 50 mg/L	30 ~ 60	中	较好

②灭菌方法（图 3–16）

第一步 :流水冲洗与清洗。

第二步 :酒精快速消毒，30 s 以内。

第三步 :消毒浸泡消毒，时间因消毒液种类而异。

第四部 :无菌水冲洗 3~5 遍。

在消毒过程中要不断摇晃或搅拌消毒液，使其与外植体充分接触。

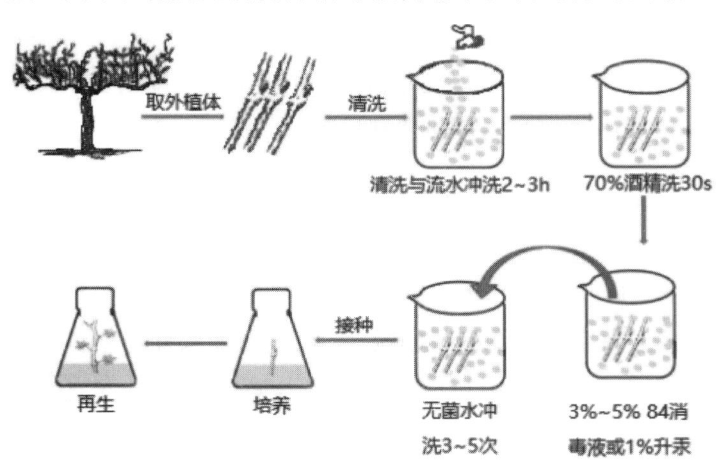

图3–16　外植体灭菌过程

（3）接种

每个培养容器只接 1 个外植体。按无菌操作要求进行，封口后转至培养室培养（图 3–17）。

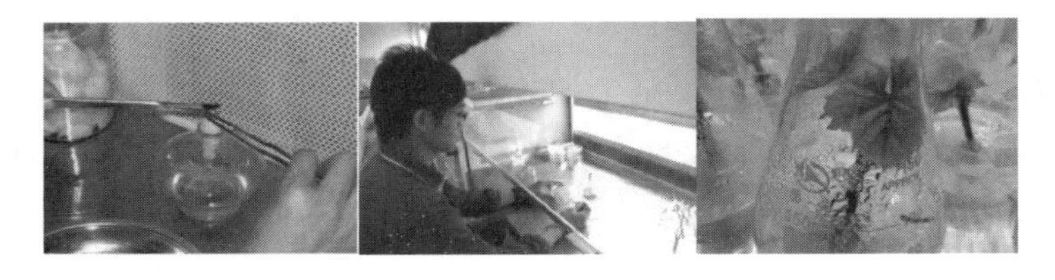

图3–17　外植体接种过程

（4）污染与防止

组织培养中产生污染的原因主要有两方面造成，一是由于材料消毒和灭菌不彻底造成，二是由于操作不规范所致。

①材料因素。通常多年生的木质化材料比幼嫩组织带菌多；老的葡萄茎段比幼嫩的带菌多；田间生长的葡萄苗比温室生长的材料带菌多；带泥土的葡萄材料比干净的材料带菌多。培养材料的取材应很好加以选择，以减少污染的发生，应注重以下几方面：

a. 用葡萄茎尖作外植体时，应在室内或无菌条件下对枝条先进行预培养。将枝条用水冲洗干净后插入无糖的营养液或自来水中生长，然后用新抽生的嫩枝作为外植体，便可大大减少材料的污染。

b. 对木质化的葡萄茎段等难以消毒的材料可采用多次灭菌法。如将切好的外植体放入 1.3% 次氯酸盐溶液中（商品漂白粉 25% 的溶液）消毒 30 min，然后用无菌水冲洗 3 次，再放在无菌条件下，次日用 2.6% 次氯酸钠灭菌 30 min，然后用无菌水冲洗 3 次。也可采用多种药液多次浸泡法，以加强灭菌效果。

c. 葡萄组织培养中对材料只能进行表面灭菌，而对材料组织内部所带的细菌和霉菌等杂菌，可在培养基中添加抗生素来解决。

②操作因素

a. 细菌性污染：在培养过程中，培养葡萄材料附近经常会出现粘液物体或混浊的水迹状痕迹，甚至有泡沫的发酵状情况，这大多是细菌性污染。主要是由于使用了未消毒好的工具及人们呼吸时排出的细菌所引起的，有时也因人们用手接触了材料或器皿边缘所致。

引起污染最主要的是芽孢杆菌，被称为“白色魔鬼”。主要症状是在培养基表面或内部出现白色云雾状污染物，其特征为：芽孢杆菌属迟缓芽孢杆菌，外被荚膜，耐高温，一般消毒剂难以杀死；潜伏性强、污染初期症状不明显，容易忽视；高温阶段（7~8 月份）污染严重；主要随培养材料、培养容器、棉塞、用具、酒精等传播。污染时的处理措施有对污染材料，先灭菌，后清洗；严格灭菌、清洗用具；更换消毒酒精；培养基内添加抗生素 75~100 mg/L。

b. 真菌性污染：在培养基上出现黄、白、黑等不同颜色的霉菌。主要是由于接种室空气污染或超净工作台运行不良所致。

污染中特别注意一种呈乳白色细胞的污染，这种细胞为芽孢杆菌，属迟缓芽孢杆菌，它外被荚膜，耐高温，一般消毒剂难以杀死。可随培养材料、用具等传播；既可出现在培养基表面，也可呈云雾状存在于培养基内。若出现应严格灭菌，清洗用具，更换消毒酒精，并对未感染材料进行及时筛选。在洗涤三角瓶等培养器皿时，首先将三角瓶连同内部的培养基及材料置于高压灭菌锅中灭菌后进行。

（5）外植体的褐变

①褐化的概念。在初代培养过程中，由于多酚氧化酶被激活，使酚类物质被氧化产生醌类物质，使葡萄外植体表面开始变褐，并有棕褐色物质扩散到培养中的现象。

②发生褐变的主要原因

a. 外植体材料的基因型

葡萄外植体褐化现象出现较少，不同的品种间差异不大。

b. 生理状态

葡萄外植体的生理状态不同，在接种后褐变程度也有所不同。一般来说，处于童期的植物材料褐变程度较浅，而从已经成年的植株采收的外植体，由于含醌类物质较多，因此褐变较为严重。一般来说，幼嫩的组织在接种后褐变程度并不明显，而老熟的葡萄组织在接种后褐变程度较为严重。用分生部位作外植体接种后形成的醌类物质少，褐变轻而分化部位作外植体后形成的醌类物质多，因此容易褐变，这与分生组织生长速度快、细胞分裂频率高有一定关系。

另外，外植体中致褐物质的含量也因季节的不同而不同，冬季褐变少，夏秋季褐变最严重，存活率最低。

c. 培养基成分

无机盐浓度：过高的无机盐浓度会引起有些植物外植体的褐变，如柚棕用 MS 无机盐培养基易引起外植体的褐变，而用降低了无机盐浓度的改良 MS 培养基时则可减轻褐变。

生长调节物质：细胞分裂素（6- 苄基氨基嘌呤或激动素）有刺激多酚氧化酶活性提高的作用。在桑组织培养过程中 BA 的使用浓度低、褐化轻，随 BA 浓度的提高，其褐化率升高。在荔枝的细胞悬浮培养中采用 1 mg/L 6–BA+2 mg/L 2,4–D 的配比，培养细胞生长较 1 mg/L 6–BA+1 mg/L 2,4–D 增殖快而不易褐变，说明选择最佳的生长调节剂使外植体快速生长，提高分化量，是克服褐变的有效措施。

d. 培养条件不当

例如光照过强、温度过高、培养时间过长等，均可使多酚氧化酶的活性提高，从而加速被培养的外植体的褐变程度。培养基硬度对褐变也有影响。在云桑的组织培养中，琼脂用量大，培养基硬度大，则褐变率低；随着琼脂用量的减少，培养基硬度减小，组织褐变加重。

③褐化的防治措施

a. 选择合适的外植体

一般来说，褐变随葡萄材料的年龄和组织木质化程度而增加。处于旺盛生长状态的外植体，具有较强的分生能力，其褐变程度低，为组培之首选。生长在避阴处的外植体比生长在全光下的外植体褐变率低，腋生枝上的顶芽比其他部位枝的顶芽褐变率低。对于容易褐变的植物则应注意对其不同品系基因型进行筛选，以采用褐变程度轻的材料来进行培养为佳。

b. 合适的培养条件

无机盐成分、植物生长物质水平、适宜温度、及时继代培养均可以减轻材料的褐变现象。褐变由于培养基中的某些成分，例如高浓度的糖、丝氨酸、细胞分裂素及硼的存在和光照等而加剧。

c. 在培养基中加入还原性物质或吸附剂

在培养基中加入抗坏血酸、聚乙烯吡咯烷酮（PVP）0.01%、L- 半胱氨酸、柠檬酸、偏二亚硫酸钠、二硫苏糖醇等抗氧化剂都可以与氧化产物醌发生作用，使其重新还原为酚，但是，其作用过程均为消耗性的，在实际应用中应注意添加量，其中 L- 半胱氨酸和抗坏血酸均对外植体无毒副作用，在生产应用中可不受限制。

活性炭可以吸附培养基中的有害物质，包括琼脂中的杂质、培养物在培养过程中分泌的酚、醌类物质以及蔗糖在高压消毒时产生的 5- 羟甲基糠醛等，从而有利于培养物的生长。使用 0.1%~0.5% 的活性炭对防止褐变也有较为明显的效果。

d. 连续转移

对容易褐变的材料可间隔 12~24 h 的培养后，再转移到新的培养基上，这样经过连续处理 7~10 d 后，褐变现象便会得到控制或大为减轻。

e. 培养材料的观察

要定期进行培养反应的观察和记载，以便有针对性的调整培养基和培养条件。因培养材料的不同，所观察的内容也有所差异。初代培养的主要观察内容有：污染率、褐化率统计；芽萌发率统计；愈伤组织发生情况；新梢生长量统计；不定芽、胚状体发生状况；生根状况。

④初代培养的要求

a. 保证无菌培养

在对培养材料充分消毒和对培养基进行严格灭菌的前提下，保持培养室清洁卫生的环境条件，是保证无菌培养进行的基础。

b. 培养条件适宜

选择好合适的葡萄种类、品种及培养的部位；选择好适宜的培养基、激素及其他添加物；注意掌握适宜的培养环境条件。所以在进行葡萄组织培养之前，需要查找一下葡萄作为外植体的类型，部位、培养基、培养条件和培养技术等，再决定自己的步骤，是大有益处的。

c. 操作技术过关

要建立初代培养，操作技术也是十分重要的，特别是熟练的操作技术。如脱毒培养所取茎尖很小，操作时间长了，就会使茎尖失水变干，甚至会感染杂菌，所以，动作熟练，操作快，所用时间短也可避免污染。

d. 培养材料的观察

材料接种到培养基后，要经常进行培养反应的观察和记载，以便有针对性的调整培养基和培养条件。因培养材料的不同，所观察的内容也有所差异。

愈伤组织：植物细胞、组织或器官在离体培养条件下，由于内源激素和外源激素的共同作用，切伤部位往往会产生愈伤组织。在茎尖培养中，茎尖基部开始会产生愈伤组织，通常应控制其不要太大，以免消耗过多养分。花药、叶片、茎段、花器等培养，经常先在诱导培养基诱导愈伤组织，然后再进一步转入分化培养基促进芽的再分化。

胚状体：由于葡萄胚状体诱导较为困难，所用材料及激素配比均有严格要求，一般选择茎尖，花药或花粉诱导愈伤组织，进而诱导出胚状体的可能性更大。外植体培养 20~30 d 后，在切口处产生黄色或乳黄色的愈伤组织，进一步转入胚状体诱导型培养基中，45 d 左右颗粒状突起出现大量球形、棒状胚状体，有些胚状体形似蝇卵。所以胚状体是很容易从形态、发生数量等方面加以观察区分出来的。

芽：是从愈伤组织上产生胚状体，再由胚状体诱导产生不定芽。产生的芽还可分离接种继续扩大繁殖，或分离至生根培养基培养，得到完整植株。

根：根的培养发生大多所需时间较短，多在接种后一周即可看到发根现象。在苗基部切口处，先发生少量愈伤组织或根原基，接着出现白色粒状的根尖，以后根尖很快伸长，并长出侧根，形成根系。根的起源有两种，一种起源于苗基切口处形成的愈伤组织上，由愈伤组织内部形成；另一种起源于苗基切口处愈伤组织的上部，直接起源于中柱鞘细胞，由于其发生与茎的中柱相连，故利于移栽成活。通常有数条 2 cm 长的根系的试管苗即可移栽。

4.1.3 继代扩繁

（1）继代培养概念

在组织培养中，当葡萄材料长到一定大小时，对其进行切分并转接到新鲜培养基上不断扩大培养数量的过程。是进行试管繁殖的第二个阶段。目标为快速扩大试管苗的数量。

试管苗由于增殖方式不同，继代培养可以用固体和液体培养两种方法。

①固体培养。将葡萄试管苗进行分株、分割或剪截成单芽茎段转接在继代培养基上培养，是进行继代培养采用的主要方法。

②液体培养。以细胞或胚状体方式增殖，可以用液体培养基进行继代培养（用旋转、振荡培养，保持 22℃恒温，连续光照），即可得到大量悬浮细胞核胚状体，将胚状体接入诱导培养基上，就会形成完整的葡萄。

（2）葡萄试管苗继代增殖的途径 – 无菌短枝型

概念：将长到一定高度的试管苗剪切成带叶茎段（1~1.5 cm），转接到新鲜培养基进行继代增殖的类型。又称无菌短枝扦插、节培法、微型扦插（图 3–18）。

优点：遗传性状稳定，培养过程简单。

缺点：增殖系数低。

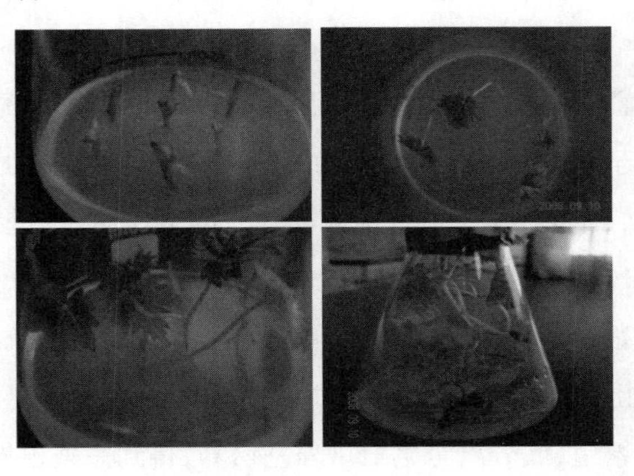

图3–18　试管苗生长过程

（3）试管苗增殖数量的计算方法：$y=m^{*}x^{n}$

y：一年内繁殖的试管苗数量

m：起始培养的试管苗株数

x：继代系数

n：一年内继代的代数

若：m=5，x=4，n=10 则：$y=5*4^{10}=5243780$

表示 5 株试管苗一年内可以增殖到 520 多万株试管苗。

继代系数：在继代培养中，每增殖一代试管苗（培养物）扩大的倍数。

继代周期：在继代培养中，每增殖一代试管苗（培养物）所需要的天数。

再分化率：发生再分化的外植体占接种总外植体的百分数。

再分化系数：在组织培养中，能够进行再分化的外植体产生再分化器官（不定芽、体细胞胚、不定根等）的平均数。

（4）提高繁殖速度的方法

葡萄试管苗继代培养中繁殖速度受外植体来源、年龄、部位、培养基种类、附加成分和培养环境等多种因素的影响，应通过具体试验来摸索每种植物最快最好的繁殖方法。

①调整培养基：培养基的种类，无机及有机成分、糖浓度、琼脂，特别是植物激素的种类、浓度和配比都影响到葡萄试管苗的分化和增殖。植物生长调节物质，在葡萄试管苗增殖中起决定性的作用。

a. 促进腋芽形成和生长的激素

细胞分裂素具有打破顶端优势促使侧芽萌发的作用。在培养基中加入一定量的细胞分裂素，可使侧芽不断分化和生长，逐渐形成芽丛。反复切割和转移到新的培养基上进行继代培养，就可在短期内得到大量的芽。应用最多的是 6- 苄基氨基嘌呤（BA），使用浓度为 0.1~10.0 mg/L。对于无菌短枝型增殖，因不是打破其顶端优势，不加细胞分裂素或加 0.1 mg/L 以下也可。

除了细胞分裂素以外，培养基中还经常加入低浓度的生长素，以促进腋芽的生长，但要防止愈伤组织化。常用的生长素是萘乙酸（NAA）、吲哚丁酸（IBA）、吲哚乙酸（IAA），浓度在 0.1~1.0 mg/L。另外，有时还加入低浓度的赤霉素，以促进腋芽的伸长。

b. 诱导不定芽形成和生长的激素

除现有的芽之外，通过器官发生重新形成的芽称为不定芽。促进外植体形成不定芽，要使用一定量的细胞分裂素和生长素，一般使用细胞分裂素的浓度高于生长素浓度的配比。常用的细胞分裂素是6~苄基氨基嘌呤、激动素和玉米素，浓度在0.1~10.0 mg/L。有的还加入低浓度的2,4–D才能诱导不定芽的产生。

c. 促进胚状体形成和繁殖的激素

胚状体途径的优点是增殖率高，而且同时具有胚根和胚芽，可免去生根。一般是在含有丰富还原氮的培养基上，加有生长素，特别是2,4–D以诱导胚状体的发生，然后转移到降低浓度或没有生长素的培养基上使其成熟、萌发和生长。

②改善培养条件

a. 温度

不同植物增殖的最适温度不同，大多采用25 ± 2 ℃的温度。一般低于15 ℃培养的组织生长出现停顿，而高于35℃对生长也不利。

高低温预处理对葡萄试管苗增殖有一定影响。高温处理不仅可获得无病毒植株，也影响到器官发生。葡萄的茎尖分生组织经38 ℃处理3~5 d，可提高茎尖分生组织的成活率；

b. 光照。光对试管苗生长增殖的影响主要表现在光照、光质和光周期等方面。一般要求光照强度在1万~3万Lx左右，光周期为12~16 h光照，8 h以上黑暗。在茎尖培养中，前期多采用暗培养方式。

c. 湿度。培养室湿度太低，培养基易失水干缩，影响试管苗生长；过高则易引起棉塞长霉，造成污染。一般要求在70%~80%的相对湿度，通过地面洒水和通风来调节。

d. 通气性。葡萄试管苗生长需要氧气。进行固体培养时，如果瓶塞密闭或将芽埋入培养基中会影响生长和繁殖。液体培养，需要进行振荡、旋转或浅层培养以解决氧气供应。

4.2 玻璃化及其控制

玻璃化是指组织培养过程中，葡萄试管苗呈半透明、水浸的现象。是一种生理性病变。主要表现为植株矮小、肿胀、失绿；叶片和嫩梢呈半透明、水浸状；叶片纵向卷曲皱缩、易碎。

4.2.1 玻璃化苗的形态与生理生化特点

形态解剖学特点：茎尖顶端分生组织相对较小；细胞体积膨大，液泡化程度高，胞质稀薄；细胞核变小，细胞无明显长轴；在细胞壁的某些区域会出现空洞，使壁结构不完整；叶片无角质层、蜡质层。

4.2.2 生理生化特点

组织含水量高；蛋白质、纤维素、木质素含量低；乙烯释放量增强；光合活性、酶活性降低；叶绿素的含量低；叶片中元素的含量低。

4.2.3 影响葡萄试管苗玻璃化的因素

外植体材料；琼脂浓度；碳源的种类和含量；激素种类和浓度；N素水平；封口材料；培养基的pH值。

4.2.4 克服葡萄试管苗玻璃化的方法

增加培养基琼脂用量；增加蔗糖含量，避免采用葡萄糖作碳源；减少培养基中的氮素、氯素含量；适当降低细胞分裂素6-BA的用量；采用通气性好的封口材料如纱布、脱脂棉等，改善容器通气性能；增强光照，适当降低培养室内湿度；加入少量的脱落酸（ABA）；在培养基中可添加聚乙烯醇（PVA）、活性炭及青霉素G钾等。

4.2.5 葡萄试管苗增殖中遗传稳定性

①影响因素。培养材料的基因型；继代培养代数；离体器官发生的方式。

②保持遗传稳定性的措施。采用不易变异的增殖途径；缩短继代时间，限制继代次数；取幼年外植体材料；采用较低浓度的生长调节物质；定期检查，及时剔除生理、形态异常苗。

4.3 生根培养

继代培养产生大量的芽、嫩梢（部分直接生根成苗），需转接到生根培养基上诱导生根，才能得到完整的植株。生根培养是试管繁殖的第三个阶段，与试管苗的田间移栽密切相关。试管苗生根有试管内生根和试管外生根两种方式，试管苗的生根培养通常指试管内生根方式。

4.3.1 试管内生根

（1）根的发生过程

不定根的形成从形态上可分为根原基的形成和根原基的伸长两个阶段。根原基的形成包括第一次、第二次细胞横分裂和第三次细胞纵分裂，形成约历时48 h。后一阶段为细胞快速伸长阶段，大约需24~48 h。不定根形成的不同阶段，要求不同。根原基的形成和生长素有关，根原基的伸长和生长则可以在没有外源生长素下实现。一般从诱导至开始出现不定根时间，快的只需3~4 d，慢的则要3~4周。

（2）影响试管内生根的因素

①植物材料。葡萄不同品种、不同部位和不同年龄对根的分化都有决定性的影响。部分砧木品种较难生根；老熟组织比幼嫩组织难生根。

②基本培养基。大多数使用低盐浓度的培养基，其中不少使用1/2 MS或1/3 MS培养基。如降低无机盐浓度，有利于生根，而且根多而粗壮，发根也快。硼(B)、铁(Fe)、钙(Ca)对生根有利。生根培养时通常使用低浓度蔗糖，其浓度为1%~3%。

③植物激素。植物激素对不定根的形成起着决定性作用，一般生长素都能促进生根。愈伤组织分化根时，多用萘乙酸，浓度在0.02~6 mg/L，常用1~2 mg/L的浓度；胚轴、茎段、插枝、花梗等材料分化根时，多用吲哚丁酸，浓度为0.2~10 mg/L。赤霉素、细胞分裂素、乙烯通常不利于发根，如与生长素配合，一般浓度宜低于生长素浓度。萘乙酸与细胞分裂素配合时摩尔比在20~30 :1为好。

激素的使用方法对生根也有一定的影响，有些材料先在一定浓度激素中浸泡或培养一定时间，然后转入无激素培养基中培养，能显著提高生根率。如桃新梢浸入100 ppm吲哚丁酸溶液中浸2小时后，再转入除去激素、蔗糖和水解乳蛋白的1/2 MS培养基上，可诱导生根。

④继代培养代数。生根能力随继代时间增长生根能力也有所提高，而且试管苗长成的植株上采下的插条要比在一般植株上的插条更易生根。

⑤光照。试管苗生根一般不需要光照。绝大多数品种在黑暗中培养比光照培养下更容易产生不定根；而葡萄试管苗要求不严格。

⑥温度。试管苗生根都要求一定的适宜温度，一般在16~25 ℃，过高过低均不利于生根。不同植物最适生根温度不同。

4.3.2 试管外生根

对一些在试管中难以生根的葡萄品种，可以采用试管外生根的方法，把生根和驯化过程结合起来，既可大幅度降低成本，又可提高移栽成活率。

(1)试管外生根的方法

①在生根小室进行生根和炼苗。做一个生根小室，用透气又保湿的基质(如泥炭、蛭石、珍珠岩、苔藓等)，把剪下长1~3 cm的嫩茎转入生根小室，人工控制温度、光照，采用人工喷雾提高空气湿度。经3~4周培养，即可产生发育良好，具吸收功能的根。其后再栽入温室，成活高，但费用较高。

②在试管内诱导根原基后再移栽。有些葡萄试管苗移栽时易发生机械损伤而影响成活率。用带有根原基的试管苗移栽能提高成活率。其方法是剪取丛生芽转

入继代培养基中，当长至 3~4 cm 时转入生根培养基中，待嫩茎基部长出根原基后取出栽入营养钵中生根。此法移栽成活率高，又缩短生产周期，还适于异地移栽或长距离运输。

③盆插或瓶插生根法。用罐头瓶或小花盆装腐殖土与细沙，每瓶插入 10~20 株无根苗，插入深度约为 0.3~1.2 cm，加入生根营养液，在一定温度、湿度及光照下培养 20 d 左右即可产生新根，移栽成活率高。在葡萄移栽中，用废旧罐头瓶代替三角瓶，用蛭石代替琼脂，用去糖的 GN 营养液，瓶口用打了孔的膜包扎，接入 10~12 株无根小苗，半开放培养，经 15~20 d 培养能长 4~5 cm 的健壮幼苗，即可栽入砂床。变三步炼苗为一步炼苗，大幅度降低成本，简化移栽过程，在较粗放移栽下也有较高的成活率。

4.4 驯化移栽

葡萄试管苗移栽是由试管小环境向田间生产大环境逐步适应的过程，是试管苗培育的最后一阶段，也是最主要的一个环节。移栽成活率的高低对试管苗生产效益有直接影响。

4.4.1 试管苗的解剖与生理特点

（1）形态解剖特点：

①根的解剖特点：无根或少根；根与输导系统不相通；无根毛或很少。

②叶的解剖特点：叶面角质层、蜡质层不发达或无；叶片无表皮毛或很少；叶解剖结构疏松；叶片气孔突起、开张度。

（2）生理特点

根无吸收功能或极低；叶片极易散失水分；气孔不能关闭（图 3-19），开口过大；叶片光合作用能力低。

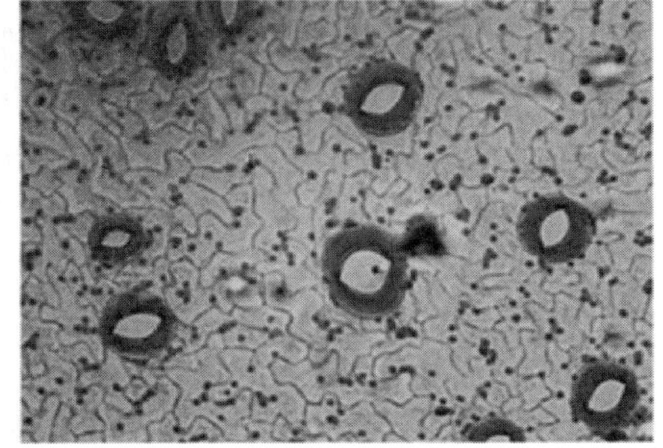
图3-19　试管苗气孔结构

4.4.2 葡萄试管苗的驯化

驯化是将试管苗置于一定的光照和空气湿度条件下，使其组织结构和生理特性发生相应的变化，逐渐地适应外界环境的过程。又称为炼苗。

（1）试管苗驯化的过程

闭瓶炼苗：将试管苗置于较强光照条件下培养。光照强度 1~2 万 Lx，约 1 周时间。最好在温室内进行。

开瓶炼苗：将瓶口打开在温室内进行光照炼苗。光照强度1~2万Lx，约3~7 d。培养基少时可加入少量凉开水。培养基出现污染前进行移栽。

以上两个阶段称为光培炼苗。

沙培炼苗：将试管苗移栽到温室苗床和营养钵中进行炼苗。2~3个月。

4.4.3 葡萄试管苗的移栽(图3-20)

(1)移栽基质

要求：具备透气性、保湿性和一定的肥力，容易灭菌处理，不利于杂菌滋生。

常用基质：珍珠岩、蛭石、砂子、苔藓、泥炭等。为了增加粘着力和一定的肥力可配合草炭土或腐殖土。

常用配方：珍珠岩：蛭石：草炭土为1：1：：0.5，砂子：草炭土为1：1。

(2)移栽方法

营养钵移栽：栽培容器可用6×6 cm~10×10 cm的软塑料钵，也可用育苗盘。基质用量较大，但便于田间移栽。

苗床移栽：适宜于规模化生产，但需要后期分苗移栽。

过渡层移栽：施足底肥，上覆5~8 cm后的河沙移栽试管苗。株行距较大，但可一次成苗。

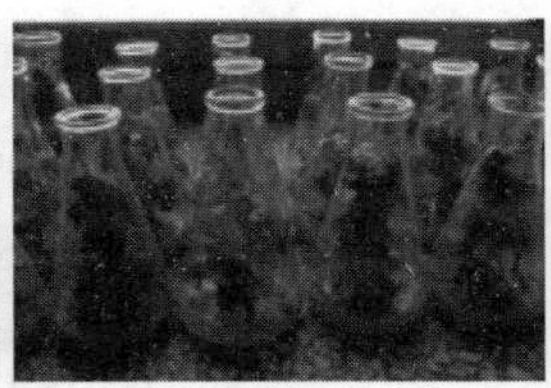
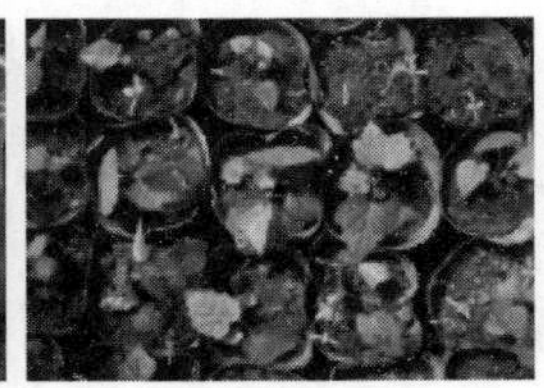

图3-20 试管苗炼苗移栽过程

4.4.4 移栽后的管理

保湿：要求小拱棚湿度栽90%以上。早晚洒水一次。

保温：要求温度在15~30 ℃之间。温度低时需要加温设施。可用电热线来加温。

遮光：夏季光强时用遮阳网对温室遮光。开始给予比较弱的光照。当小植株有了新的生长时，逐渐加强光照，促进光合产物的积累，增强抗性，促其成活。

通风：在移栽2周后逐渐通风。

补充营养液：前期喷施营养液作追肥。

防菌：用一定浓度的杀菌剂可以有效地保护幼苗，如多菌灵、托布津等；7~10 d喷一次。

4.4.5 提高葡萄试管苗移栽成活率的措施

（1）培育根系发达的壮苗

凡生长健壮、根系发达的小苗，移栽成活率高；而生长不良弱苗、老化苗、黄化苗及玻璃化苗则移栽成活率很低。

（2）注重炼苗环节

在移栽前将试管苗置于温室中生长一段时间，以提高试管苗移栽后对较低湿度和较高光强的温室环境的适应能力，这一过程称为炼苗。一般炼苗方法是：将试管苗从培养室转入温室后，在温室光照条件下适应 3~5 d，然后揭去瓶塞，锻炼 4~5 d 后进行移栽。

（3）选择适宜的移栽基质

移栽基质一般是通气透水性好的细砂或蛭石。

（4）移栽时期适宜

试管苗移栽一般要求温室最低温度在 15 ℃左右，多集中 3~7 月份进行。早春和冬季移栽要有温室和加温设备。

（5）防治污染

在炼苗期为了延长炼苗时间，揭去时瓶塞可以加入 200 倍液的双效灵防治污染。在移栽时，用清水洗去粘附在试管苗上的培养基，以防栽后污染。

（6）温湿度管理

湿度是影响葡萄试管苗移栽成活的主要因素，移栽时一般要求空气湿度在 90% 以上。为了提高湿度，移栽时在温室内搭小拱棚，并在每天早晚各洒水一次。移栽 6 周后，逐渐揭开小拱棚，使试管苗适应温室环境。温度过低和过高均不利于生长，一般要求最低温度达 15 ℃，最高温度不超过 35 ℃，夏季高温阶段，可通过遮阴网和通风措施降低温室温度。

（7）嫁接

有些植物试管内难生根，或自根苗不能在生产上应用，在移栽时通过嫁接，可以以解决生根及异砧结合问题。试管苗嫁接分为试管内嫁接和试管外嫁接两种方式，生产中多采用试管外嫁接。

5 葡萄无病毒苗的培育技术

病毒病是栽培植物的常见病害。葡萄病毒病主要通过带病接穗或砧木经嫁接传染，其种类名目繁多，包括病毒、类病毒及类菌原体等病害。据有关部门在1998年统计，危害落叶果树的病毒病害有282种，其中苹果39种，梨23种，葡萄43种，桃39种，李28种，杏19种，樱桃57种，草甸25种，扁桃9种，但在世界主要果品产区，包括我国在内，为害不同果树的病毒病害主要有：苹果锈果病、苹果花叶病、苹果绿皱果病以及苹果衰退病；梨环纹花叶病、梨脉黄病、梨茎痘病及榅桂矮化病；桃坏死环斑病、桃矮缩病、桃潜隐花叶病、桃黄化病；李坏死环斑病、李矮缩病、李痘病、李线纹病；杏流胶病、杏痘病、杏线纹病及杏簇生病；樱桃坏死环斑病、樱桃褪绿环斑病、樱桃黄花叶病、樱桃丛枝病；草莓斑驳病、草莓轻型黄边病、草莓皱缩病及草霉镶脉病。在葡萄树体上，主要存在的病毒病有以下几类，包括扇叶病、葡萄卷叶病、葡萄栓皮病及葡萄茎痘病；病毒侵染葡萄树体后，即在树体的活细胞中迅速传播增殖，需要消耗大量的能量。要从葡萄体细胞中获取大量的核糖体、核酸及蛋白质构建病毒新个体，必然会影响到树体细胞的正常代谢和生长发育，有的病毒在代谢中能产生大量的醛类、酮类或其他大分子的有毒物质，促进了葡萄活细胞的衰老和死亡，还有的病毒代谢产物能激活某些氧化酶，破坏活细胞中叶绿体的形成，造成叶片沿叶脉失绿或形成许多褪绿叶斑。另外，有些病毒产物能促进树体某些输导组织细胞迅速增生，形成一些瘤状突起，这些都能破坏葡萄的正常代谢，抑制树体的正常生长，降低果品的产量、质量，同时还能增加树体对肥料的消耗。

5.1 葡萄无病毒苗繁育意义

侵染葡萄的病毒和类菌原体种类很多，根据感染后的表现和特点，一般将病毒分为潜隐性病毒和非潜隐性病毒两类。潜隐性病毒在砧木和接穗都抗病时，感病植株无明显外观症状，表现为慢性危害，使树势衰退，树体不整齐，果实产量、质量、耐贮性降低，肥水利用率下降，氮肥利用率降低40%~60%，减产20%~60%。非潜隐性病毒在感病植株上有明显外观症状，一般容易识别（刨除）。由于迄今为止对病毒病还没有理想的治疗方法和有效药剂，葡萄树体一经感染，就终生带毒。目前，只能通过培育无病毒苗和控制病毒传播两条途径来减少病毒的危害和扩散。因此，无病毒苗木的培育具有重要意义。

5.2 培育葡萄无病毒苗的方法

5.2.1 葡萄无病毒苗木繁育体系

无病毒苗是指经过脱毒处理和病毒检测，证明确以不带指定病毒的苗木。严格讲为脱毒苗。无病毒原种的来源：

（1）国内外引进—检测—原种—保存。

（2）选择优良母株—脱毒—检测—原种—保存。

原种保存及脱毒方法：

（1）原种保存

①田间。隔离 50~100 m。

②组织培养。不断继代培养。

③ 5~10 年进行一次检测。

（2）脱毒常用方法有包括以下几种：

①热处理。38 ℃左右的高温不仅能延缓病毒的扩散，而且该温度下器官和组织的生长速度超过病毒的繁殖速度，对病毒有钝化作用。经在 37~38 ℃高温（高更好），60~80% 湿度，处理 4 周以上（长好），取顶端长出的 10~20 cm 作接穗（旺盛的生长点不带毒），嫁接后—检测—原种。

②微茎尖培养。病毒感染后，在植株内的分布并不均匀，生长点附近的分生组织（0.1~0.2 mm）多不含病毒。进行微茎尖培养可获得无毒原种。

③热处理与茎尖培养结合。

④茎尖嫁接。

5.2.2 葡萄无病毒苗木的鉴定

病毒检测常见方法：

（1）指示植物：田间检测；温室检测。接种方法：汁液摩擦；嫁接；昆虫传播。

（2）实验室检测：酶联免疫吸附法；双链 RNA 分析法；聚合酶链式反应；电镜法。

6 葡萄苗木出圃技术

葡萄苗木出圃是培育苗木的最后一关，起苗工作的好坏直接影响到苗木质量和栽植的成活率。大量苗木出圃，因此各个环节均要注意技术要求，以切实提高造林成活率、减少损失。

出圃时苗木应达到地上部枝条健壮，成熟度要好，芽饱满，根系健全，须根多，无病虫等条件才可出圃。起苗一般在苗木的休眠期。落叶树种从秋季落叶开始到翌年春季树液开始流动以前都可进行。常绿树种除上述时间外，也可在雨季起苗。在起苗时应注意以下几个问题：

6.1 出圃准备

苗木调查：出圃前，首先要做好苗木调查。苗木调查是为了掌握苗木种类、数量、规格和质量等，以便做出合格苗木的出圃计划。此项工作需要高度认真细致。春季起苗宜早，要在苗木开始萌动之前起苗。如樟树起苗时间应选择在樟树第二年生新芽苞明显突出至芽苞片出现淡绿色之前，即 11 月中旬至次年 3 月为宜。如在芽苞开放后再起苗，会大大降低苗木成活率。秋季起苗应在苗木地上部停止生长后进行，此时根系正在生长，起苗后若能及时栽植。翌春能较早开始生长。春天起苗可减少假植程序。

6.2 苗木挖掘

出圃的方法：一是起苗深度要根据树种的根系分布规律，宜深不宜浅，过浅易伤根。若起出的苗根系少，宜导致栽后成活率低或生长弱，所以应尽量减少伤根。远起远挖，若果树起苗一般从苗旁 20 cm 处深刨，苗木主侧根长度至少保持 20 cm，注意不要损伤苗木皮层和芽眼。对于过长的主根和侧根，因不便掘起可以切断，切忌用手拢苗。二是起苗前圃地要浇水。因冬春干旱，圃地土壤容易板结，起苗比较困难。最好在起苗前 4~5 d 给圃地浇水，使苗木在圃内吸足肥水，有比较丰足的营养储备，又能保证苗木根系完整，增强苗木的抗御干旱的能力。三是挖取苗木时要带土球。起苗时根部带上土球，土球的直径可为根径的 6~12 倍，避免根部暴露在空气中，失去水分。珍贵树种或大树还可用草绳缠裹，以防土球散落，同时栽后与土壤密接，根系恢复吸收功能快，有利于提高成活率。

正式起苗：已达到出圃规格的苗木，还需要移植进一步培育大苗的苗木，都要起苗。该工作是苗木生产的重要环节之一，直接影响苗木的移栽成活率，原则上都应在休眠期起苗。所以，春季起苗要早，最好随起随栽。待苗木萌动后起苗，会影响苗木栽植的成活率。起苗既可人工进行，也可机械起苗。现在一般人工起苗，主要有裸根和带土球两种方法。

裸根起苗：落叶树种和容易成活的针叶树小苗可裸根起苗。起苗时不要硬拔苗木，以免拔伤苗木根系，起出后尽量保护好根系上的土。

带土球起苗：多数常绿阔叶树和少数落叶阔叶树及针叶大树，其根系不发达、须根少、发根能力弱，而且蒸腾量较大，所以必须带土球。土球的大小因苗木大小、树种成活难易、根系分布、土壤条件及运输条件等而异。一般土球半径约为根茎直径的 5 倍 ~10 倍左右，高度约为土球直径的 2/3 左右。起大苗应先将其枝叶用绳捆好，以缩小体积，便于操作和运输；起苗深度决定苗木根系长度和数量，一般针叶、阔叶实生苗起苗深度为20~30 cm，扦插苗为25~30 cm；同时应注意，不要在刮大风时起苗，否则苗木会失水过多，降低成活率；若是干旱苗圃地，应在起苗前2~3 d灌水，使土壤湿润，以减少起苗时损伤根系。

6.3 葡萄苗木分级与修剪

挖出的苗木要尽量减少风吹日晒时间，及时根据苗木的大小、质量好坏进行分级。苗木质量的好坏直接影响栽植成活率和生长结果的好坏。分级应根据苗木规格进行，不合格的苗木应留在苗圃内继续培养。在进行分级时应同时剪除生长不充实的枝梢及病虫危害部分和根系受伤的部分。剪口要平滑。

不同地区和不同气候条件对各树种、品种出圃苗木所要求的规定虽有不同，但基本要求一致，品种纯正，砧木类型正确，地上部枝条健壮、充实，具有一定高度和粗度，芽饱满；根系发达，须根多，断根少；无严重的病虫害及机械伤；嫁接苗的接合部愈合良好。

做好分级工作：为了保证栽后园相整齐及生长的均势，起苗后应立即在背风的地方进行分级，标记品种名称，严防混杂。苗木分级的原则是：必须品种纯正，砧木类型一致，地上部分枝条充实，芽体饱满，具有一定的高度和粗度。根系发达，须根多、断根少，无严重病虫害及机械损伤，嫁接口愈合良好。将分级后的各级苗木，分别按20株或50株、100株成捆便于统计、出售、运输。

6.4 葡萄苗木检疫与消毒

（1）消毒杀菌法。用3~5波美度石硫合剂喷洒或浸苗10~20 min，然后用清水冲洗根部。苗木或种子数量少时，可用0.1%升汞液浸20 min，然后水洗1~2次，用1 ：1 ：：100波尔多液浸10~20 min再用清水冲洗根部。

（2）熏蒸剂的应用。用氰酸气熏蒸，每IOOOIT13容积（房间或箱子）可用氰酸钾300 g、硫酸450 g、水900 mL，熏蒸1 h。氰酸气毒性大，要特别注意安全。

6.5 葡萄苗木包装与贮藏

苗木经检疫消毒后，外运的应立即包装。包装材料应就地取材，一般以价廉、质轻、坚韧并能吸足水分保持湿度，而又不致迅速霉烂、发热、破散者为好，如草帘、蒲包、草袋、塑料布、编织袋等。填充物可用碎稻草、碎颖壳以及木屑、苔藓等。绑缚材料用草绳、麻绳等。包装时大苗根部可向一侧，用草帘将根包住，其内加填充物，小苗则可根对根摆放。包裹之后用湿草绳捆绑。每包株数根据苗木大小而定，一般

30~500 株。包好后挂上标签,注明树种,品种、数量和等级。运输苗木时,宜用稻草、麻袋、草席之类的东西洒水盖在苗木上,且要勤检查枝叶间湿度和温度,根据温度、湿度状况进行通风和洒水。苗木不能及时外运或栽植时,必须进行短期假植。如果来年春季外运或栽植则要进行越冬假植或贮藏。

栽前假植 :大量起苗后不能及时运走未栽植完的苗,均需要假植。假植地要选排水良好、背风向阳的地方,播种苗假植深度为 30~40 cm,迎风面的沟壁作成 45°的斜壁。长期假植时,一定要做到深埋、单排踩实,并用席、遮阳网等遮阴,降低温度。

总之,苗木是有生命的植物活体,出圃过程中我们应适时适地满足苗木生长需要,确保各个环节技术措施的落实,才能保证苗木栽植成活率提高。

第四章　葡萄园建立

酿酒葡萄质量的好坏首先决定于葡萄品种,但品种又受当地条件、气候特征、栽培技术等因素的综合影响。因此,在建立酿酒葡萄园时,必须考虑当地的气候、土壤与品种的适应性,在此基础上采取正确的栽培技术,才能获得葡萄的丰产、优质和效益。

酿酒葡萄园是作为葡萄酒厂的原料而建立的,其市场直接面对葡萄酒厂而不是消费者。酿酒葡萄的栽植规模、品种组成、产量和质量的要求,直接取决于葡萄酒厂。酿酒葡萄原料是葡萄酒厂最基本、最重要的环节,也是联系最紧密的一个整体。酿酒葡萄园与酒厂两者互相依存,缺少任何一方,都将失去存在的基础。因此,酿酒葡萄种植基地建设的先决条件是:第一,自己要建设葡萄酒厂或者周围有葡萄酒厂或发酵站,并且对酒厂的生产、经营、管理及市场有比较全面的了解。第二,要有严格的科学态度,对酿酒葡萄基地建设进行可行性论证。对当地的气候、土壤条件是否适宜,主栽葡萄品种的生长发育状况,要进行详细的调查分析。因盲目建园而导致失败的教训例子是很多的。

葡萄品种的遗传潜势要在特定的环境条件下才能充分发挥,这就要求每个品种必须种植在最适宜的栽培区域,优良品种的特性才能真正发挥和体现,这就是品种区域化。有充分地域特色的名牌葡萄酒有波尔多干红、香槟地区的香槟、德国莱茵河流域的干白葡萄酒、奥地利的冰葡萄酒、贵腐酒、意大利的雾酒等。从严格的气候区域划分,我国酿酒葡萄产区气候条件是较为严峻的,冬春季严寒、干旱,夏秋季高温多雨,这些都给葡萄的生长、糖分的积累、芳香物质和多酚物质的形成带来不利因素。我国没有一个地区属于冬湿夏干的地中海型气候。

2001 年甘肃石羊河农场开垦疏灌林种葡萄,引起沙尘暴。河北怀琢盆地 1.3 万 hm^2 葡萄埋土防寒,等于 1.4 亿 m^2 粉砂土地进行了一次深翻,引起严重土壤风蚀和沙尘天气，直接威胁京津地区大气环境。多年来，我国葡萄栽培面积及产量大幅增长的同时，也伴随着资源的高消耗和环境恶化。葡萄园土壤管理的清耕制及冬季埋土防寒都加剧了冬春葡萄园的风蚀与沙尘。

我国有13多亿人口，以世界80%的可耕地和6%的水资源养活了21%的世界人口，保障国家粮食安全，生态环境安全是国家首要的任务。中国每年需要5亿t粮食，全球粮食的国际贸易量每年约2亿t，能为中国所用的粮食不足几千吨，粮食是中国稳定和发展的基础。粮食安全关系着国家的兴亡，必须确保全国耕地面积不低于18亿亩的底线，必须仔细计算葡萄酒生产成本、葡萄酒品质、产品竞争力指数以及运输成本。中国北方葡萄冬季需埋土防寒，葡萄园机械化程度低，劳动力成本显著提高，加上雨热同季的气候，早、晚霜冻和严格控产的管理，才能获得优良品质的原料。所以，优质葡萄酒的生产成本已经相当高了。在面临世界葡萄酒生产过剩的现实，中国葡萄酒产业需要居安思危，与时俱进。在国际化的格局下，竞争的重心聚焦在产区，原产地的生态条件、品种、栽培、采收、酿造方式等决定了葡萄酒的质量和风格。创造特色和性价比高的酒，最终还得来源于自己的葡萄园。只有更好地了解每一个地块，了解具体品种在土地上的表现，中国葡萄酒才能慢慢具有自己的个性和精神，产业才会为这种个性和精神而变得更为自信和自豪。所以，不宜盲目扩大酿酒葡萄的面积。

第一节　园址的选择与规划

1 无公害果园的选址要求

葡萄是多年生经济作物，更新期长，一旦定植，生长发育几十年。园地选择是否适当对投入和产出影响很大。特别对于生产无公害葡萄产地，应当选择在生态条件良好，远离工厂、居民点、公路等污染源，并具有可持续生产能力的农业生产区域。对于建立葡萄园地的选择条件，应从选址的实际地理位置出发，尽可能避免环境污染，达到优质、丰产、高效益的目的。

其中，最主要包括以下几点（见图4-1）：

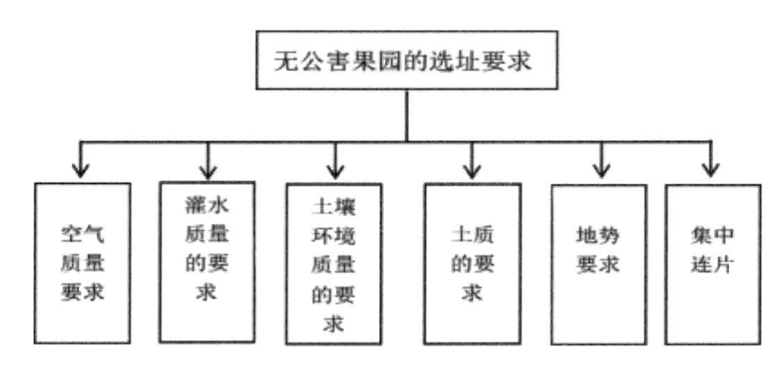

图4-1 无公害果园的选址要求

1.1 空气质量要求

在标准状态下，空气总悬浮颗粒物每立方米日平均含量不超过 0.3 mg；二氧化硫不超过 0.15 mg；二氧化氮不超过 0.12 mg，氮化物不超过 7 mg。其中，每 m^3 空气在任何 1 h 内二氧化硫平均浓度不超过 0.5 mg，二氧化氮不超过 0.24 mg，氟化物不超过 20 mg。

要达到以上要求，葡萄园的地址应远离主要公路沿线 500 m 以上，远离电厂、电站、化工厂、水泥厂、轻工业工厂、冶金厂、供暖锅炉、煤窑、炼焦厂、农村砖瓦窑厂等单位，以减少粉尘，二氧化硫、二氧化氮及氰化物的污染。

1.2 灌水质量的要求

葡萄园灌溉水必须经过卫生部门化验，取得水质检验结果报告。经水质检验，水的酸碱度 pH 应在 5.5~8.5 之间为合格。每升水中含总汞量不得超过 0.001 mg，总镉含量不得超过 0.005 mg，总砷含量和总铅量均不得超过 0.11 mg，含挥发酚和石油类物质不得超过 1 mg，氰化物不得超过 0.5 mg。

要达到以上要求，葡萄园址不但应远离造纸厂、制碱厂、电镀厂、洗染纺织厂、化工厂、居民区、医院、食品加工厂、屠宰厂、洗煤厂、制革厂、脱脂棉厂等单位，而且对水源应检查污染状况。如果采用河水灌溉，应检查上游的工厂排放污水情况；如采用地下水灌溉，应注意调查工厂用渗坑、渗井、管道、明渠、暗流等形式排放有害污水，污染地下水源问题。另外工厂堆放废渣场所，使废渣垃圾扬散、流失、渗漏地下，同样造成地下水污染。对含汞、镉、铅、砷等可溶性剧毒废渣，采用掩埋方式或排入地面水中，必须禁止。城市居民生活废水中含有大量悬浮物质、油膜和浮沫、异臭等必须消毒。其排水地点应在上游 1000 m 以上，下游 100 m 以外。

1.3 土壤环境质量的要求

土壤环境质量标准见表 4-1：

表4-1 土壤环境质量标准值mg/kg

项目	含量限值*		
	pH<6.5	pH=6.5~7.5	pH>7.5
总汞含量 mg/kg ≤	0.3	0.5	1.0
总镉含量 mg/kg ≤	0.3	0.3	0.6
总砷含量 mg/kg ≤	40	30	25
总铅含量 mg/kg ≤	250	300	350
总铬含量 mg/kg ≤	150	200	250
总铜含量 mg/kg ≤	50	100	100

*限值适用于阳离子交换量>5 cm/kg的土壤，若≤5 cm/kg，其含量为表内限值的半数。

1.4 土质的要求

选择葡萄园址,除重视安全性以外,还应重视丰产条件,对土质、地势等条件均有较高的要求。葡萄在土壤肥沃、土层深厚、有机质丰富的地块生长良好,粒大果甜,做酒也酒香浓烈。而如果建在沙滩地上,土壤含有机质偏少,漏水、漏肥。虽然沙土地通气排水好,但葡萄易患缺素症,易受冻害,建园后应注意增施有机肥料、改良土壤。旧河道冲积而成的河滩地,土壤往往混有大量砾石子,必须过筛去除砾石,然后种植。此后仍需年年扩坑筛石,工程量过大,一般不宜建园。另外,如建在低洼易涝地上,因地下水位高,排水不良,且土质黏重,性冷易存水,葡萄的根系通气不良,生长根量小,一般不提倡建园。葡萄喜带砂性的肥沃土,以石灰岩或含石灰质多的土壤,栽种欧亚种葡萄最增产。因此,选择优良的土质是丰产的保证。

1.5 地势要求

葡萄是喜光植物。地势成为影响葡萄产量和品质的重要因素。凡是生长在山地阳坡和缓坡地上的葡萄,因地势高、通风透光良好,果实早熟、含糖量高、着色度和品质均好于平地的,且耐贮藏,发生病虫害也较轻。所谓阳坡指南坡、东坡、东南坡。缓坡即5° ~20° 的斜坡地,平地即地势平坦,土层较厚的地块,这些地方通风透光,排水较好,建园地均较理想。但山地不同坡向往往光照差别很大,小气候存在明显差异,阴坡地、坡底地光照差,坡地土层薄、容易干旱和受冻害,且土壤肥力和水分变化较大,如果在这些地方建园,需增施肥料、改良土壤,增加投资和风险。

1.6 集中连片

建立葡萄园实际是创办一个企业。园地集中连片,形成专业化商品生产规模,具有宣传、品牌效应,小有名气,有利长远。个体户、少数户联合建园,一般面积较小些。但以面积与人手相适应为宜,不可盲目攀大,造成管理被动局面,需要因地制宜发展葡萄生产。

2 园址的选择

葡萄是多年生果树,一旦栽种后,即生长结果延续多年,同时要投入较多的人力、物力和财力,耗资较大,所以园址选择至关重要。在果园建立具体实施过程中要综合考虑土壤类型、地下水位、盐碱度、灌溉条件等因素,要全面了解地况地貌,包括水文、交通、气象条件、土质和土壤肥力等。除了以上几点之外,同时要考虑风、无霜期和灾害性气象因子。

葡萄是多年生果树,建园前园地的选择关系到建园的成败和效益。从国情考虑,我国人多地少,耕地不足。因此,葡萄园应坚持"上山、下滩、靠边(梯田)"不与粮、棉、油、菜争地的发展方向,这是基于我国只有 1.2 亿 hm^2 耕地,却有 3.3 亿 hm^2 荒山、荒坡、荒滩的现实。西北内陆 1 m^3 淡水可产粮 0.21 kg,而东部却能生产 1.5 kg 粮食,相差 7 倍。所以,果树生产应向土地资源丰富的西北转移,在多石少土的山地、多沙砾的河滩地,进行"客土"改良。葡萄种植必须进行生态和效益评价。

从葡萄生物学习性考虑,欧亚种的葡萄怕湿惧寒,应避免选择涝洼地、黏重土壤或风口寒地。从葡萄产品质量考虑,温暖向阳的丘陵坡地、砂质壤土,最有利于浆果糖、酸物质的积累和色素、芳香物质的形成。因此,丘陵坡地是建设酿酒葡萄园的首选土地。海拔高度每升高 100 m,气温降低 0.6 ℃,纬度增加 1°,气温下降 0.9 ℃。整个生长期活动积温(≥ 10 ℃温度总和),有效积温(>10 ℃温度总和)是决定该地区能否栽培葡萄品种的标准之一。K 值是衡量葡萄栽培适宜区的重要指标(即水热系数,该时期降水量总和 / 同期温度总和)。葡萄采收前 1~2 月的 K 值小于 1.5 时葡萄品质优良。K 值越大病害越重, K 值大于 2.5 时葡萄品质低劣。在建园时,应针对某项灾害因素出现的频率和强度,合理地选择园地和相应的规避措施。

如果计划在一个新的地区建立大面积的酿酒葡萄园,首先应该了解当地是否种植过葡萄,表现如何?生产上曾经存在哪些问题。如果以前没有种植过葡萄,必须对当地的气候、土壤条件进行详细调查。容重(土壤容重是指自然状态下单位体积干燥土壤的重量(g/cm))是评价土壤通透性的重要指标,容重过大土壤持水力和引水力均差,土壤易干易渍,妨碍根系生长;容重过小,土壤过轻灌水易被冲刷、漂浮。

土壤微生物是土壤活的有机体,是最活跃的土壤肥力因子。细菌、放线菌和真菌是土壤微生物的三大类群,其区系组成和数量变化反映出土壤生物活性水平。葡萄连作后,细菌、放线菌比例降低,真菌比例升高,说明葡萄根系分泌物对土壤中微生物的数量变化有一定影响,反过来又影响根系对养分的吸收和转化,从而对葡萄造成不利影响,表现出连作障碍。

气候因素包括:≥ 10 ℃活动积温,年平均温度,最冷月、最热月的平均温度,极端最低温、极端最高温,年平均降雨量及在全年的分布,霜冻、大风、冰雹及其他灾害性天气的发生及频率。还有土壤及水源条件,应选择利用在大水面附近建园,充分利用有利的小气候,减少灾害的发生。

在确定葡萄发展区域之后,还要对园址进行选择。葡萄园应建在交通方便的地方。只有在道路畅通、交通方便的地方,才能保证浆果及时运出。一般要求酿酒葡萄园应建在离酒厂 20~30 km 的范围内,避免长途运输造成碰伤和腐烂。若葡萄园离酒厂过远,则应在产地建立发酵站,压榨后运回酒厂。

如果是在老果园(葡萄、苹果、桃、梨等)重新栽植葡萄,因老果园土壤内积累了较多的病虫害和有毒物质,会造成新栽苗木的栽植障碍,必须进行土壤消毒,并挖掘残根、检查是否有细菌性根癌。最好先种两年豆料作物,再种植葡萄。

了解土壤结构;挖掘几个 100 cm 深的土壤剖面图,观察土层厚度和结构,有无黏土层、钙积层、沙层或石层、地下水位深浅等。

分析土壤营养状况:分别在不同地块、不同方位,分土层(0~30 cm、30~60 cm)多点取样。取 500 g 土样,装入清洁塑料袋中,送有资质的土壤检测机构检测。土壤有机质,氮、磷、钾全量及速效养分,土壤 pH,含盐量,铁元素含量等指标用于葡萄园规划、设计参考。

勘测结束后要写出书面报告,并绘制地形图,土壤分布图平面图;若为山地和丘陵地每 1 米高差应绘制一等高线。

3 园址的类型及特点

根据果园的建园地点分为平地、丘陵地和山地,对各类园地进行分析和评价,是科学选择园地的基础。

3.1 平地果园

平地是指地势平坦或是向一方稍微倾斜且高度起伏不大地带,可分为冲积平原和泛滥平原两类。

冲积平原是大江大河长期冲击形成的地带，一般地势平坦，地面平整，土层深厚，土壤有机质含量较高，灌溉水源充足，建园成本较低，果园管理方便。在冲积平原建立商品化果品基地，果树生长健壮、结果早、果实大、产量高、销售便利，因而经济效益较高。但是，在地下水位过高的地区，必须降低地下水位（1 m 以下）。

泛滥平原指河流故道和沿河两岸的沙滩地带。黄河故道是典型的泛滥平原，中游为黄土，肥力较高；下游是粉砂或与淤泥相间，砂层深度有时达数米或数十米，形成细粒状的河岸沙荒，故称沙荒地区。沙荒地区土壤贫瘠，且大部分盐碱化，土壤理化性状不良，加之风沙移动易造成植株埋根、埋干和偏冠现象，对果树生长发育有不良影响。但沙地导热系数高，昼夜温差较大，果实含糖量较高。沙荒地建园应注意防风固沙，增施有机肥，排碱洗盐改良土壤理化性状，并解决排灌问题。

3.2 山地果园

山地空气流通，日照充足，昼夜温差较大，有利于糖的积累和果实着色。山地果园排水良好，果树根系发达，有利于养分的吸收。因此，山地果园果实的色泽、风味、含糖量、耐贮性、光洁度等方面通常优于平地果园。但山地建园成本高、管理不便、水源缺乏、水土保持差等。另外，山地气候还具有明显的垂直分布和小气候特点，主要表现为：（1）随着海拔高度的变化，往往出现气候和土壤的垂直分布带。一般是气温随着海拔增加而降低，而降雨增加。由于气候的垂直分布，引起山地植被和土壤垂直分布带的形成。（2）由于坡形、坡向、坡度的变化，使山地气候垂直分布带的变化也趋于复杂化。

3.3 丘陵地果园

一般相对海拔高度在 200 m 以下的地形称为丘陵地。是界于平地和山地之间的过渡性地形。一般没有明显的垂直分布带，并难以形成小气候带。地势起伏较大，土层深浅和地下水的分布很不一致。丘陵的高度、坡向和坡度，对葡萄的生长结果有很大的影响。一般的坡上部和岭顶空气流畅，温度变化剧烈，日较差大，冬季易发生抽条和冻害；坡下部和洼地，冷空气下沉，易发生霜冻；山坡中、下部的向阳坡地，光照充足，早春温度上升快，有利于葡萄生长，但高温季节易发生日烧；阴坡的葡萄成熟期较晚，可延长采收期。

第二节　葡萄园规划与设计

葡萄是一种寿命较长的果树，一旦定植，更新周期长，因此，葡萄园规划是一切的基础，只有从建园开始订好坚实的基础，才能避免挖树重建现象。在品种（包括砧木）和与之相适宜的栽培方式及园址选定后，进行葡萄园的栽培区、道路、防护林、灌溉设施等规划工作，实地勘测园地的地形，依据园地现有道路、水电设施、建筑物等，绘制出合理的、切实可行的葡萄园总体规划图。规划图内容包括：栽植区划分、土壤改良、管理方式和道路设置、防护林建设、排灌系统、管理用房等附属设施建设。

需强调的是，葡萄园的规划、建园所采用的技术规范以及建园半年对幼苗的管理，都将对葡萄将来的产量、质量及葡萄树长寿性等方面产生深刻的影响。

1 葡萄园基本设施构建

1.1 划分栽植区

根据地形坡向和坡度划分若干栽植区（又称作业区）。栽植区应为长方形，长边与行向一致。有利于排灌和机械作业。

1.2 道路系统

根据园地总面积的大小和地形地势，决定道路等级。主道路应贯穿葡萄园的中心部分，面积小的设一条，面积大的可纵横交叉，把整个园分割成4、6、8个大区。支道设在作业区边界，一般与主道垂直。作业内设作业道与支道连接，是临时性道路。可利用葡萄行间空地。主道和支道是固定道路，路基和路面应牢固耐用。

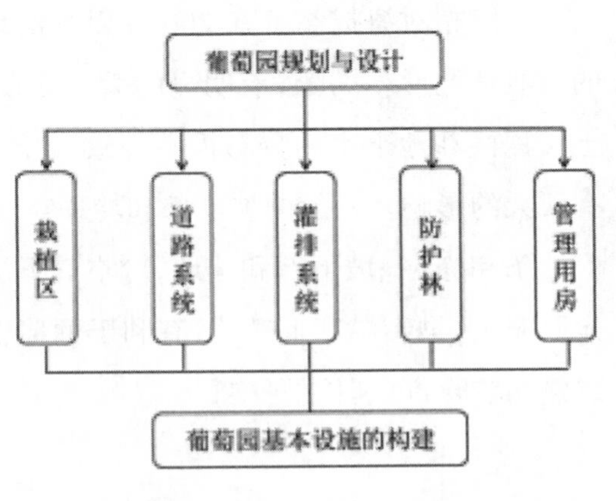

图4-2　葡萄园规划与设计

1.3 灌排系统

葡萄园应有良好的水源保证，作好总

灌渠、支渠和毛渠三级灌溉系统(面积较小也可设灌渠和毛渠二级)。按千分之五比降设计各级渠道的高程,即总渠高于支渠,支渠高于毛渠,使水能在渠道中自流灌溉。排水系统也分小排水沟、中排水沟和总排水沟三级,但高程差是由小沟往大沟逐渐降低。灌排渠道应与通路系统密切结合,一般设在通路两侧。

1.4 防护林

葡萄园设防护林有改善园内小气候、防风、沙、霜、雹的作用。百亩以上葡萄园,防护林走向应与主风向垂直,有时还要设立与主林带相垂直的副林带。主林带由4~6 行乔灌木构成,副林带由 2~3 行乔灌木构成。在风沙严重地区,主林带之间间距为 300~500 m,副林带间距 200 m。在果园边界设 3~5 行境界林。一般林带占地面积为果园总面积的 5% 左右。

1.5 管理用房

管理用房包括办公室、库房、生活用房、畜舍等。修建在葡萄园中心或一旁,由主道与外界公路相连。占总面积的 2%~3%。

2 规划与设计

2.1 土地规划

为经营管理和耕作栽培的方便,根据园区的地形、地貌和土壤类型,把葡萄园划分为不同的大区和小区。大区是一个相对独立的经营单位,面积一般不超过 1000 亩为宜。同一大区的自然条件应相对一致,便于制定统一的生产技术。小区是栽培管理的基本作业单位,地形、土壤、小气候状况基本一致,便于配置相同的品种,制定基本相同的农业技术措施。平地果园一般以 8~12 公顷为一小区,山丘地果园小区一般为 1~2 公顷,梯田地果园,每一梯田作为一个小区。小区内的葡萄行向应为南北向。葡萄行的长度不应超过 100 m,若栽植行太长,中间需用田间道路断开,便于农事管理。每个小区栽植同一个品种。

2.2 园地规划

以企业经营为主要目的的大中型果园,建园时必须进行合理的规划,以取得好的经济效益。土地使用和规划应保证果树生产用地的优先地位,尽量压缩其他附属用地。一般大型果园的果树栽植面积占 80~90% 以上,防护林 5% 左右,道路

3~4%，绿肥基地 2~3%，排灌系统 1%，其他 2~3%。

园地规划内容包括：生产小区的规划、道路系统、排灌系统、防护林建设、附属设施、绿肥和养殖基地等。

2.2.1 小区的规划

划分小区的依据主要有：同一小区内气候、土壤条件、光照条件基本一致；有利于水土保持（山地和丘陵地）；便于预防自然灾害（霜冻、风害、雹灾等）；便于运输和机械化管理，提高劳动效率。小区面积应因地制宜，大小适当，过大管理不便，过小不利于机械化作业，非生产用地增加。山地和丘陵果园小区一般为带状长方形，长边与等高线平行，随地势波动，同一小区不要跨越分水岭和沟谷。

2.2.2 道路规划

道路系统由主路、支路和小路组成。主路一般宽 5~8 m，并行两辆卡车或大型农用车。位置适中，贯穿全园，山地果园主路可环山而上，呈“之”字形，坡度小于 7°。要外连公路，内接支路。支路宽 4~6 m，能通过两辆农用作业运输车，支路一般以小区为界，与干路和小区相通。小路即小区作业道，宽 2~4 m，能通过田间作业车、小型农用机具，分布在小区内。小型果园为减少非生产用地，可不设立主路。道路一般结合防护林、排灌系统设计。

图4-3 葡萄园防护林

2.2.3 防护林的设计

（1）防护林的作用

在果园四周或园内营造防护林，可改善果园的生态条件。主要表现在：降低风速、减轻风害；提高果园的湿度；缓和气温骤变；保持水土，防止风蚀；有利于传粉昆虫传粉。

（2）防护林带的类型

一般分为紧密型林带（不透风林带）和疏透性林带（透风林带）两种类型。紧密型林带由乔木、灌木混合组成，中部为 4~8 行乔木，两侧或乔木的一侧配栽 2~4 行灌木。林带长成后，枝叶茂密，形成高大而紧密的树墙，气流较难从林带内部通过，保护效果明显，但防护范围较小。稀疏透风林带由乔木组成，或在乔木两侧栽植少量灌木，使乔、灌木之间留有一定空隙，容许一部分气流从中、下部通过。大风遇到防护林后分为上升气流和水平气流，上升气流明显减弱，越过后下沉缓慢，因此防护范围较宽。果园防护林多用稀疏透风林带。

（3）防护林树种的选择

用于果园防护林的树种，要求生长迅速，枝叶繁茂，抗逆性强，与果树无共同病虫害，也不是中间寄主，具有较高的经济价值，适应当地环境条件能力强，尽可能选择使用乡土树种。乔木可以选择杨树、榆树、松树、泡桐等，灌木可以选择紫穗槐、荆条、花椒、枸杞等。

2.2.4 灌排系统规划

果树灌溉技术主要有：地面灌溉（淹灌、畦灌和沟灌）、喷灌和微灌（滴灌、渗灌、小管出流、微喷灌）三类。地面灌溉是目前我国主要的灌溉方式。地面灌水系统包括：水源（小型水库、堰塘蓄水、河流引水、钻井取水）、灌溉渠道（果园地面灌溉渠道分为干渠、支渠和毛渠）。灌溉渠道的设计，要综合考虑地形条件，水源位置，与道路、防护林、排水系统设置的关系。一般应遵循节约用地、水流通畅、覆盖全面、减少渗漏、降低成本的原则。

排水系统包括明沟排水即由集水沟、小区边缘的支沟和干沟组成。要保持0.3~0.5% 的比降。暗沟排水是通过埋设在地下的输水管道进行排水。优点是不占用行间的土地，不影响机械作业。但修筑投资大。

2.2.5 附属建筑物建设

果园的附属建筑包括办公室、财会室、车库、工具室、肥料农药库、配药场、果品储藏库、职工宿舍、积肥场等。

第三节　品种选择与栽植

1 品种选择

1.1 品种区域化、良种化和商品化的意义

葡萄品种的区域化势必促进良种化的开展，在良种化的前提下兴建商品葡萄

园，才能提供优良的葡萄果实；为提高产品质量，良种化势必又会促进品种的标准化和商品化。因此，区域化、良种化和商品化是葡萄生产集约化和现代化的必然趋势，是发展葡萄生产必经的过程，区域化是良种化的基础，而商品化是良种化的目标。

1.2 品种选择的依据

1.2.1 生产方向

葡萄品种的选择，首先决定于葡萄的利用方式（即葡萄园的生产方向）。对生产鲜食葡萄，在色、香、味、形等质量方面要有严格的选择，要求果穗大、果粒大、排列较疏松，着色好、甜味浓、香味足，同时还要兼顾当地消费者的习惯性爱好；对酿酒葡萄的要求，根据葡萄酒种类而有所差异，要求具有一定糖度、酸度、香味、色泽，出汁率高，酒质醇厚，制汁葡萄要求糖度高，出汁率高；制罐品种宜用内脆、味甜、不易裂果的大粒品种；制干品种则最好选择无核或少核品种。

选择品种时，还应根据当地的气候条件，早、中、晚熟品种配置适当。

1.2.2 品种的生物学特性

品种的生物学特性与栽植的环境条件之间矛盾越大，这一品种在当地栽植的价值就越小。所以，应选择当地原产，或已经试种成功，有较长栽培历史，经济性状较佳的品种，就地繁殖和推广。

在选择引入新的品种时，应首先研究拟引入品种的生物学特性以及工艺特性是否与当地的自然环境条件和生产方向相一致。对于引进的品种，首先应在引种园中进行检疫，以及生物学、栽培学特性的观察。如果引入品种是用于加工（如酿制葡萄酒），则应观察其工艺特性（如单品种酿酒试验），最后综合评价。必须就地销毁有检疫对象的苗木，推广那些适应当地自然条件，优质（果实或加工产品）、丰产的品种。需要注意的是，在引种研究时，研究结果应能代表品种特性，所以引入的每一品种都应有一定的数量。

在进行品种选择时，还应该注意以下几个方面：

（1）在一个地区，可以栽培的品种可能很多，但应根据生产方向的要求，逐步推广那些最适应当地自然条件和生产方向的优质、稳产品种，淘汰其他品种。

（2）在一个地区，由于立地条件的不同和小气候条件的影响，品种的成熟期也有所改变。例如，在一定的纬度条件下，如果中熟品种能在阳坡正常成熟，在平原上就必须栽种早熟品种。

（3）对于酿酒品种，不同的品种具有不同的加工特性，如酒精度的高低、酸度的高低、单宁含量的多少、颜色的深浅等。因此，两个或两个以上品种的配合，可以获得质量更高的葡萄酒，或者相反，如果品种配合不当，则会降低葡萄酒的品质。同时，小气候条件与品种成熟期的结合，可以使各品种的成熟期分开。这样不仅能避免葡萄园短期内的集中采收，劳动力短缺，减小对葡萄酒厂的压力，防止果实积压，提高产品质量，而且对于鲜食品种，还能延长市场供应期。但是，应该避免品种的混杂栽培，不同的品种应种植在不同的葡萄园中。这样不仅有利于栽培管理和采收，而且能提高葡萄生产的商品化程度，充分体现优良品种的特性。

2 栽培模式的选择

在葡萄栽培中，模式又可称架式。葡萄主要架式有立架（篱壁式）和棚架两种模式。立架适于地下水位较低的地区采用。这种架式种植密度较大，利于早期结果，便于机械作业，管理较方便，是生产上最常用的架式。在早期资金不足的情况下，可用竹竿、竹篙搭成临时立架，待产生效益后再建成永久性架式。

目前生产上主要应用架式有：单立架、“T”形架、双十字架、“V”形架、双立架、大棚架、小棚架等。

3 栽植和栽植后的管理

3.1 葡萄的栽植

3.1.1 栽植株行距

葡萄定植的株行距及每亩株数，视肥水条件、土壤情况、品种特性、机械化程度以及当地的自然条件而定。在瘠薄土壤上种植可密些，在疏松肥沃的土壤上种植可稀些；干旱地区种植应密些，多雨潮湿地区种植应稀些，生长势弱和中庸的品种应密植，生长势旺的品种应稀植。

在冬季不埋土防寒地区，篱架株行距一般在0.8~1米 ×1.5~2米，棚架株行距1.5~3.0米 ×3~4米。在埋土防寒地区的平地葡萄园，水肥条件好，篱架栽培时，株行距为1~1.5米 ×2米，棚架株行距为2~4米 ×4~6米，在砂滩园或山薄地密度可加大。

3.1.2 栽植时期

葡萄苗在秋季落叶后到第二年春季萌芽前都可以栽植。但秋栽增加了防寒埋土与出土的用工。在冬季严寒的地区适合春栽。秋栽在落叶后进行，或者在落叶前带叶栽植，最晚必须在土壤结冻前完成。春栽可在土壤温度达到7~10 ℃时开始栽植，在干旱、土温上升慢的地区，稍迟一些（土温 >15 ℃）种植有利于成活。一年生葡萄苗通常在每年4月上中旬开始，4月底结束。营养袋苗在5月上旬即当年晚霜冻结束后立即进行，栽植时间还要依灌溉水的情况而定。

3.1.3 苗木的准备

在定植前一天将储藏或新购的苗木取出，检查苗木失水情况，如果新剪口鲜绿则不需长时间清水浸泡，否则应在清水中浸泡24 h。外购苗，必须进行苗木消毒，以免将异地病虫害带入新园内，消毒液可用5波美度石硫合剂浸泡3 min。

选择嫁接苗时应以吸收铁能力较强的‘SO4’、‘5BB’砧木等为主。葡萄根系类型，特别是根系分支角度的大小直接导致根系分布深度的差异，受地上部品种的影响较少。欧亚种栽培品种自根苗基本属于浅根性，且耐寒性较低。

3.1.4 栽植要求

栽植前根系应蘸泥浆和生根粉，若没有生根粉，可将新鲜牛粪掺和在泥浆中。苗木运输，栽植过程，必须放在塑料薄膜袋内，严禁苗木暴露空间，造成苗木失水，影响成活。

栽植时在平整好的定植沟内，用铁锨挖一个深、宽各30 cm左右的圆穴，穴中间做一个圆形的小土堆，苗木放在上面，将根系分布均匀、舒展开，然后埋土、提苗、填土踏实。不挖定植穴只用铁锨别开一条缝，将苗木插入土中的栽植方法，尽管栽植快捷，但将迫使葡萄根系一生中呈条状分布，影响树体生长发育。

栽植深度以原苗圃时深度为准，栽植过深、生长缓慢。嫁接苗栽植时，嫁接口应在地面以上至少10 cm，防止接穗部分生根；嫁接苗砧木长度应达到30 cm以上，接口离地面高，可以避免压倒埋土时从接口折断。施基肥不足或土壤瘠薄的园区，挖定植穴时，可加入适量优质有机肥，并充分拌匀。

营养袋苗栽植应先灌水，再覆地膜，最后栽植。一年生苗栽植后，再覆地膜。苗木成活率与土壤湿度和温度有很大关系，覆膜阻止了土壤水分蒸发，提高了土壤温度，从而有利于根系的发生和生长，缩短了发芽和生根的时间差距，有利于苗木成活，促进了快速生长。

地膜有白色膜和黑色膜，覆盖黑色膜省去了行内的中耕除草用工。白色地膜可提高地温，黑色地膜降低地温，原因是与透光率密切相关。春季以提高地温、加速生长为目的，应用透光率高的白色地膜。炎热的夏季应用黑色膜。

3.2 栽植后的管理

一年生苗栽植后，苗径套上小地膜袋（直径 8 cm，长 20 cm）预防风干；在地膜袋上方烫两个圆洞，以便排出热气。苗基部培土，防金龟子钻入袋内啃食芽子。若不用地膜袋，苗木需全部压倒培土防风干，待苗木萌芽时将土堆去除。幼苗由于根系小而少，对土壤和环境条件反应比较敏感，要加强管理，提高栽植成活率。农谚说“三分种，七分管”，强调苗木精细管护的重要性。主要工作有以下几项。

3.2.1 竖立支柱

栽植后未及时栽架杆的葡萄园，需立临时支柱，并拉 1~2 道铁丝。

3.2.2 及时绑缚、除萌蘖

新梢长出后，只保留 1~2 个粗壮新梢，其他抹去。新梢要及时绑缚固定，任其倒伏易招致病害。

3.2.3 中耕除草保墒

一年中要多次进行，幼苗期保持田间无杂草十分重要。杂草与幼树争肥水，影响光照。

3.2.4 及时灌溉

幼苗抗旱力差，应根据土壤墒情及时灌水和排水。

3.2.5 病虫害防治

成功防治叶片真菌病害是幼树健康生长的关键，尤其是在霜霉病多发地区，注意使用波尔多液预防。

3.2.6 防寒越冬

幼树生长旺盛、贪长，落叶晚、进入休眠迟，抗寒性差。从 7 月下旬就应及时控水、控肥，多次摘心，控制营养生长，促进枝条老熟。在早霜冻来临之前，对幼树摘除基部老叶，并基部培土防冻。

第五章 果园的土肥水管理技术

1 葡萄园土壤管理

著名土壤学家威廉斯曾提出“土壤是地球陆地上能够生长绿色植物的疏松表层”,这个定义正确地表示了土壤的基本功能和特性。土壤之所以能生长绿色植物,是由于它具有一种独特的性质——肥力。土壤这种特殊本质,就是土壤区别于其他任何事物的依据。土壤肥力虽与土壤的物质组成有所联系,但主要受土壤性状的影响。

与其他果园比较,葡萄园中的园地操作频繁,诸如抹芽、抹梢、定梢、枝蔓绑缚、摘心、副梢处理、定穗、掐穗尖、除副穗、整穗疏粒、膨大剂处理、果穗套袋、摘卷须、摘基叶、施肥、翻垦、清沟、铺草、防病治虫、采收、秋冬清园、冬季修剪、架子整理等农活,南方防病 10 次以上,一年进园操作达 50 多次;不少农活在湿地上操作,导致园土踏实板结,造成土壤通透性差,影响根系生长。因此,每年都应该进行翻垦 1~2 次,增加土壤通透性,改善土壤水、气的条件,利于根系伸展和生长,这在南方特别重要。

葡萄在土壤肥沃、土层深厚、含有机质丰富的地块上生长良好,粒大果甜。葡萄喜带砂性的肥沃土,以石灰岩或含石灰质多的土壤栽种欧亚种葡萄最增产。

葡萄园的田间管理包括很多方面,很多葡萄种植者往往把葡萄树的管理视为田间管理的全部,其实葡萄园的土壤管理是比葡萄树的管理还要重要的工作。土壤管理简单的说就是以下三个大方面:“土”、“肥”、“水”。

1.1 土壤改良(图 5-1)

图5-1 土壤改良

好的土壤养出好的根系,好的根系长出好的葡萄树,好的葡萄树长出好的叶子,好的叶子长出好的葡萄。这些环节都是环环紧扣和相互依存的,缺一不可。可见好的土壤即为种植葡萄树的关键和基础因素。

土壤通气性对葡萄的生长发育的影响：

（1）影响杂种实生苗的播种和萌芽，种子萌发的条件：水分、温度和空气；（2）影响根系的发育及吸收功能：通气良好，根系健壮，根毛多，吸收好；O2 浓度介于 9%~10% 之间，根系发育受阻；O2 浓度低于 5%，根系发育停止；（3）影响养分状况；（4）影响抗病性：O2 不足，CO2 过多，土壤酸度提高，有利于致病微生物的生长。

葡萄园土壤通气性的调整：（1）深耕并施用有机肥料，促进土壤团粒结构的形成；（2）掺砂改良土壤结构（图 5-2）；（3）合理排灌，解决水、气矛盾；（4）适时中耕。

健康的土壤必须具备以下几个基本的条件：

a. 通透性好；

b. 有机质含量高；

c. 无土传病害；

d. 全面而丰富的营养元素；

e. 活性较强的有益微生物；

图5-2　土壤掺砂

然而在实际生产环节中因为生产者急功近利和短平快的思维常常会对土壤做出错误的管理方式，一般遇到的问题有：超量连续使用化学肥料，没有真正测土配方施肥，有机质投入少，没有科学合理的补充微生物菌，微量元素投入不合理，酸雨及污染环境。当然也会有一些不可抗因素的影响，比如说，禽畜粪便做不到无害处理，难以直接使用；微生物菌肥成了工业废料和城市垃圾往农田的转移的途径；化学肥料依然是主要增产手段；有机质的补充依然没有找到合理的途径；微量元素缺少行业标准，很难起到实质作用；农业从业人员依然执着于传统的生产方式；养地投入大、周期长、见效慢；休耕还没有实质性的政策出现等等一系列人为和环境问题均对土壤的影响非常大。最终导致土壤经常面临以下几个方面的问题：

a. 严重缺乏有机质；

b. 土壤板结，污染严重；

c. 各种元素失衡严重，化肥利用率低；

d. 有益微生物减少，有害菌及自毒现象严重；

e. 微量元素投入盲目；

f. 土壤酸化。

当然植株生长不良的一系列问题应运而生：

a. 植株营养失衡；

b. 抗性降低，病害越来越严重；

c. 疑难杂症不断出现；

d. 根部病害严重；

e. 生理病害增多。

葡萄园土壤改良的常规手段有：

（1）中耕深耕

中耕锄草是在葡萄生长期中进行的土壤耕作，其作用是保持土壤疏松，改善通气条件，防止土壤水分蒸发，促进微生物活动，增加有效营养物质和减少病虫害。盐碱地还可减少盐碱上升，保持土壤水分和肥力。中耕除草正值根系活动旺盛季节，为防止伤根，中耕宜浅，一般为 3~4 cm。在灌水或降雨后应及时中耕松土，防止土壤板结和水分蒸发。全年中耕 6~8 次即可。

图5-3　生长季中耕除草

生长季节清除葡萄园的杂草是一项重要管理工作，中耕与除草应结合进行（图 5-3）。

深（秋）耕改土多在晚秋或者葡萄埋土之后进行（图 5-4）。葡萄栽后的当年或第二年起，在栽植沟的两侧按原沟边界的深度不断向外扩穴改土，篱架用 1~2 年的时间全部扩展完，可第一年扩左边，第二年扩右边，同时要结合改土及时施用有机肥，时间应该掌握在 10 月上、中旬进行。深耕的范围和深浅，要根据葡萄的树龄、根系分布和土壤粘重程度而定。如篱架行距小，可在行间全面深翻，棚架行距大，或者土壤粘重时，要结合施肥逐年向外深耕。深耕改土的效果一般能维持 3 年左右。所以，至少隔 1~2 年进行 1 次深

图5-4　土壤深耕

耕施肥，向外扩展 40~50 cm。深耕位置和深度，结合秋季施肥每年在新根顶端深挖 40~50 cm。深耕时挖断少量细根影响不大，而且能在断根处发生大量新根，增加吸收能力。实践证明，深耕施肥后的植株，在 2~3 年内能使果穗增重，提早成熟，产量有明显提高。

深耕可以改善土壤的通气性、透水性，促进好气性微生物的活动，加速土壤有机质的腐熟和分解。深耕结合施肥可提高地力，为根系生长创造良好条件，促进新根生长，增强树势。

冬翻。秋末冬初结合施基肥，对全园进行深翻，深度 20~25 cm，靠近根干的地方应该浅些。这次深翻有利根群深扎，减少杂草，杀灭越冬病原菌和虫害，积雪保墒等。

春翻。早春葡萄萌发前，根系开始活动，结合施催芽肥，根据情况对全园进行浅翻垦，深度一般 15~20 cm；也可以通过开施肥沟，达到疏松土壤的目的。这次翻垦有利提高土温，促进发根和根系吸收水分与养分。

秋翻，葡萄采收后，结合施采果肥，根据情况对全园进行浅翻垦，深度 15~20 cm；也可以通过开施肥沟，达到疏松土壤的目的。这次翻垦有利秋季发根，减少秋草。结合施膨果肥、着色肥，畦两边开沟施肥，对疏松土壤也有一定作用。

（2）配方施肥

葡萄园施肥采用科学合理有效的配方施肥技术才可事倍功半，葡萄是高需钾的果树。平均每生产 1000 公斤葡萄果实需要氮（N）12 kg、磷（P_2O_5）6 kg、钾（K_20）14 kg，（1 ： 0.5 ： 1.2）。

主要的施肥分为：a. 基肥；b. 追肥；c. 叶面喷肥

a. 基肥。在果实采摘后立即施入。如没有及时施入，也可在葡萄休眠期施入。施肥以有机肥为主，配合磷、钾肥。在施足有机肥的基础上，施 40%~60% 氮肥、60%~70% 磷肥和 30% 钾肥。

b. 追肥。每年 3~4 次。第 1 次在萌芽前，追施氮肥，主要是针对没有施用基肥的葡萄树，起到促进枝叶和花穗发育、扩大叶面积的作用；第 2 次在开花前期，施 20% 氮肥、10% 磷肥、20% 钾肥，对花穗较多的葡萄树，在开花前追施氮肥并配施一定量的磷肥和钾肥，有增大果穗、减少落花的作用；第 3 次在落花后，即幼果膨大期、果实绿豆粒大时追施氮肥，有促进果实发育和协调枝叶生长的作用，施用量根据长势而定，长势较旺时用量宜少，长势较差时用量应大一些，一般为 20% 氮肥、

10% 磷肥、20% 钾肥；第 4 次在果实着色初期，以磷、钾肥为主，施 10% 氮肥、20% 磷肥、30% 钾肥，可促进浆果迅速膨大和含糖量提高，增加果实色泽，改善果实内外在品质。

c. 叶面喷肥。叶片喷肥可以弥补根系养分吸收的不足，具有简单易行、用肥经济、肥效迅速、肥料利用率高、用量少、能与某些农药混用等优点。叶面喷肥应选在无风的阴天或晴天，晴天宜在上午 10 :00 以前或下午 5 :00 以后进行。一般在新梢生长期喷 0.2%~0.3% 尿素，以促进新梢生长；开花前及盛花期喷 0.1%~0.3% 硼砂，以提高坐果率、改善葡萄营养状况、提高产量；浆果成熟前喷 2~3 次 0.2%~0.5% 磷酸二氢钾或 1%~3% 过磷酸钙溶液。萌芽前喷 0.01% 硫酸锌防小叶病，喷 0.2%~0.5% 硫酸亚铁防黄叶病。

（3）生草栽培（图 5-5）

葡萄园生草是一种优良的土壤生态耕作方式，符合当代所倡导的生态农业和可持续发展农业，欧美地区葡萄园普遍采用生草法或生草 - 覆盖法，而我国葡萄园土壤管理仍以清耕法为主。

图5-5 生草栽培模式

主要作用有以下几个方面：

可有效改善土壤物理性状，提高土壤微生物种群数量和土壤酶活性，提高土壤肥力、减少土壤表面水分蒸发、减少硝酸盐的累积对地下水及周围环境的污染，有利于提高土壤质量，葡萄园行间生草可促进植株根系向深层土壤发展，有利于根系对水分和养分的吸收。

可有效控制植株生长势，减少夏季和冬季修剪量，改善叶幕微气候，调节营养生长和生殖生长的平衡，提高了叶片对光能和二氧化碳的利用率，提高了葡萄园生物种群的多样性，减少葡萄叶片和果实主要病害的发生，从而减少了葡萄园植株管理的劳动量，改善了葡萄园生态环境，提高了葡萄浆果质量。

提高葡萄与葡萄酒的品质。葡萄园生草提高了葡萄浆果的含糖量、降低含酸量、提高了葡萄浆果与葡萄酒中多酚化合物、花色素苷的含量，改善了葡萄酒的香气成分，葡萄酒颜色加深，结构感明显增强，品评结果优于清耕对照。

研究表明，葡萄园生草是一种先进的生态耕作技术，能够改善土壤质地、提高有机质含量、改善葡萄园生态环境、减少病虫害、提高葡萄与葡萄酒的质量，便于机械化管理,节省劳动力、减轻劳动强度,可抑制杂草,降低生产成本。

葡萄园行间生草栽培技术要点:

a. 生草模式(图 5-6)。主要采用两种生草模式:葡萄园行间人工生草,距离植株 30~50 cm 的行间播种牧草,行内(树盘)清耕或免耕;葡萄园行间自然生草,距离植株 30~50 cm 的行间保留自然优势草,行内(树盘)清耕或免耕。葡萄园生草在不埋土地区是一种最佳的土壤管理模式。

图5-6 行间生草技术

b. 草种选择。葡萄园生草要求草的高度要低矮、生长迅速、产草量大、需肥量小,最好选择有固氮作用的豆科植物,没有或很少发生与葡萄相同的病虫害。目前使用较多的有三叶草、野燕麦、紫云英、毛叶苕、打旺、白三叶、小冠花、百脉根、毛苕子、黑麦草、紫叶苋等。具体草种葡萄园应根据当地的立地条件进行选择。

c. 播种时间。草种萌芽生长需要一定的温度和较高的土壤水分,人工生草一般在春季或秋季、当土壤温度稳定在 15~20 ℃以后进行播种,且最好是在降雨(小雨)较多的时段进行播种,可有效的提高出苗率、促进幼草生长。陕西渭北地区宜种时间是春季的 4~5 月或秋季的 8~9 月。

d. 播种量。不同草种因种子大小有较大差异,适宜的播种量也就不同。葡萄园播种白三叶草每亩 0.75 kg、紫花苜蓿每亩 1.2 kg、多年生黑麦草每亩 1.5 kg 等。

e. 播种方法。园地播种前,首先应清除葡萄园内的杂草,深翻地面 20 cm,墒情不足时,翻地前要灌水补墒,翻后要用耧耙整平地面。条播、撒播均可,条播更便于管理。草种宜浅播,一般播种深度 0.5~1.5 cm,禾本科草类播种时可相对较深,一般为 3 cm 左右。条播时,开深度 0.5~1.5 cm 的沟,将草种与适量细沙(草种的 3~5 倍)混匀播种在浅沟内,用细沙或细土填沟。撒播时,将混匀的草种和细沙均匀的撒播在整平的葡萄行间,用菜耙轻轻的划过。为了保持土壤墒情、有利于出苗,有条件时可以用麦草等覆盖,不宜用大水漫灌。

(4)覆膜养菌(图 5-7)

葡萄园覆膜养菌主要的优点是可提高地温 2~4 ℃、促进葡萄根系提早生长、减少土壤水分蒸发,保持合理湿度。滴灌,省水省肥省工创造微环境、促进有益菌繁殖。

但是应注意选择地膜时，黑膜温度提升慢，不出草，保温效果好；白膜升温快，保温差。

（5）大量投入有机质

土壤中大量施用有机质对于葡萄栽培工作非常有利。有机质不仅可以为葡萄生长提供营养、增加养分的有效性，保水、保肥及缓冲土壤对酸碱的缓冲能力，还可以促进土壤团粒结构的形成、改善土壤物理性质等。有机质可降低土壤容重，增加孔隙量和通透性，提高土壤贮备、供应和保持水分能力。

土壤有机质是组成土壤肥力的核心物质，含有果树所需的大量元素：N、P、K、S、Ca、Mg及许多微量元素等养分，其含量高低是衡量土壤肥力的重要指标之一，也只有在土壤有机质的作用下，才能形成具有肥力的土壤。

土壤有机质可提供植物生长所需95%以上的氮、20%~70%的磷、95%以上的硫。随着有机质的矿质化，营养元素都成为矿质盐类，并以一定的速率不断释放，供果树利用。

有机质施用要点：成熟有机肥以包头有机质加上腐熟动物粪便最佳；豆粕，蓖麻、蓖麻粕都可以作为施用材料，但是要注意发酵后施用；基本要做到斤果斤肥。

1.2 土壤管理制度

对果园行、株间的土壤采用某种方法进行管理，常年如此，并作为一种特定的方式固定下来，就形成了果园的土壤管理制度。土壤管理制度归纳起来有果园生草制、清耕制、覆盖制、清耕覆盖作物制、免耕制和间作制等。每种管理制度各有其优缺点，生产中应根据果树的品种与砧木类型、栽植密度、树龄、土壤肥力、立地条件等选用适宜的土壤管理制度。

1.2.1 果园生草制

果园生草制就是在果园长期种植多年生禾本科、豆科等植物的土壤管理制度。生草制的种植形式有：生草—清耕制、生草—覆盖制、生草—清耕轮换制、全园生草制等。果园生草能增加土壤有机质含量，改善土壤的结构和理化性质，防止地表土、肥、水的流失；有利于改善果园的生态条件，富集和转化土壤养分，提高果实品质；还可节省除草用工等，降低生产成本。

1.2.2 果园清耕制（图5-8）

果园清耕制是果园土壤在秋季深耕、春季浅耕、生长季多次中耕除草，耕后休闲，使土壤保持疏松和无杂草的状态。果园清耕制是一种传统的果园管理制度，目前生产中仍被广泛应用。果园清耕能有效地控制杂草，避免或减少杂草与果树争肥水的矛盾；能使土壤疏松通气，促进微生物的活动和有机物分解，短期内提高速效性氮素的释放，增加速效磷、钾的含量；有利于行间作业和果园。

图5-8 果园清耕制

1.2.3 地膜覆盖制

成龄果园的地膜覆盖技术。树下覆膜能减少水分蒸发，提高根际土壤含水量，有利于提高早春土壤温度，促进根系生理活性和微生物活动，加速有机质分解，增加土壤肥力。树下覆膜还可减少部分越冬害虫出土危害，促进果实成熟和抑制杂草生长。

地膜覆盖穴贮肥水技术简单易行，投资少见效快，具有节肥、节水的特点，是旱地果园重要的抗旱、保水技术。覆膜与覆草相结合的覆盖技术。春季覆盖地膜提高地温、保墒，夏季覆盖秸秆或杂草防止高温灼伤根系，抑制杂草生长，保持水土，提高土壤肥力。覆草时揭掉地膜后再覆草。

1.2.4 果园覆草

果园土壤用杂草、绿肥、麦糠、作物秸秆、树叶、碎柴草以及其他生物产生的有机物品覆盖的方法统称为果园覆草。山地、旱地、盐碱地果园实行树盘或全园覆草有利于果树的生长发育。

1.2.5 果园清耕覆盖作物制

清耕覆盖作物制是指在一年中，某一时期清耕使园地土壤保持休闲状态，而另一时期则种植覆盖（绿肥）作物的土壤管理方法。国外采用清耕覆盖作物法，一般是冬、春使土壤保持休闲状态，而初夏播种一季短期作物（主要是播种绿肥牧草），到秋季收获。此法类似于我国果园中每年播种 1 次夏季绿肥或越冬绿肥，于花期就地压青，其他时期保持休闲的做法。

1.2.6 果园免耕制

果园免耕制又称少耕法，是近年来欧美国家应用较广泛的一种土壤耕作制度。我国近年来发展也较快，但主要在农作物上应用。

1.2.7 果园间作制

果园间作制就是利用果园行间种植适宜的作物，增加经济收入，一般在扩冠期应用。果园合理间作物能促进土壤熟化，改良土壤结构，增加土壤有机质，改善微域生态条件，抑制杂草生长，减少水土流失。

1.3 土壤耕作和园地除草

1.3.1 土壤耕作方法

（1）清耕法

每年在葡萄行间和株间中耕除草，以改善土壤表层的通气状况，促进土壤微生物的活动，同时可以防止杂草滋生，减少病虫危害。葡萄园在生长季节要进行多次中耕，一般中耕深度在 10 cm 左右。

（2）覆盖法

对葡萄园土壤表面进行覆盖（铺地膜或各种作物秸秆、杂草等），可防止土壤水分蒸发，减少土壤温度变化，有利于微生物活动，使土壤不板结。地膜在萌芽前半个月覆盖，可使萌芽早而且整齐；生长期还可减少多种病害的发生，增加田间透光度，并促进早熟及着色，减轻裂果。但这是一种消耗栽培法。地面覆稻草，同样可以增加土壤疏松度，防止土壤板结，一举多得，应大力提倡。一般覆草时间是在结果后，厚度 10~20 cm，并用沟泥压草。如先覆稻草再盖膜，那效果就更好。

（3）生草法

葡萄园行间种草（人工或自然），生长季人工割草，地面保持有一定厚度的草皮，可增加土壤有机质，促其形成团粒结构，防止土壤侵蚀，地表土流失。夏季生草可防止地温过高，保持较稳定的地温。

（4）免耕法

不进行中耕除草，采用除草剂除草。常用于生长季的除草剂有草甘膦、百草枯等。在杂草发芽前喷氟乐灵等芽前除草剂，再覆盖地膜，可以保持较长时间地面不长杂草。但使用除草剂，会对土壤和果实品质产生影响，故不提倡使用此法。

（5）深翻法

一年至少两次，一次在萌芽前，结合施用催芽肥，全园翻耕，深度为 15~20 cm，既可使土壤疏松，增加土壤氧气含量，又可增加地温，促进发芽。第二次是在秋季，结合秋施基肥，全园翻耕，尽可能深一点，即使切断一些根也不要紧，反而会促进更多新根生成。深翻可提高土壤的孔隙度、增加土壤含水量、改善土壤结构、促进微生物生长，有利于根系生长，所以除了在建园时对定植穴内的土层进行深翻改良外，定植后仍应逐渐对定植沟外的生土层进行深翻熟化。深翻的时间，以在秋季落叶期前后深翻为宜。秋季深翻，断根对植株的影响比较小，且易恢复，可以结合施基肥进行，对消灭越冬害虫、有害微生物及肥料的分解都有利。也可以在夏天雨季深翻晒土，可以减少一些土壤水分，有利于枝蔓成熟。深翻方法因架势等有所不同。篱架栽培时，在距植株基部 50 cm 以外挖宽约 30 cm、深约 50 cm 的沟，幼龄园或土层浅或地下水位高的果园可相对浅些。可以采取隔行深翻，逐年挖沟，以后每年外移达到全园放通。对沙砾土或黏重土，在深翻的同时，可以同时进行客土改良（将优质沙壤土或园田壤土拌上有机质、有机肥料填到深翻沟中）。深耕应靠近根层开始，只对无根的地方进行深翻，效果不会明显，所以深翻前应确认根系分布情况，但应注意尽量少伤大粗根。

（6）基质栽培法

通过考察，这种方法在日本葡萄栽培中是应用较普通的方法。此法的主要做法是：不对园地土壤进行翻耕、有的也不生草，每年只围绕葡萄主干根部堆放基质，并采用滴管进行水分管理。堆放的基质是用粉碎的作物秸秆加有机肥、经高温发酵后制作而成。采用这种栽培方法，葡萄根部土壤十分疏松，而且使土壤管理方面的劳动力成本大大降低。各种土壤耕作方法，均是一分二，有其优点、也有其缺陷。究竟采用哪种耕作方法，应根据各园地的情况和各自的技术掌握程度来决定。

1.3.2 葡萄园地除草

葡萄园杂草种类繁多，一旦形成草荒，不仅会与葡萄争夺土壤中的水分和养分，还会给多种病菌、害虫带来生存便利，增加农事操作难度的难度与成本。因此，如何除草，是果农们比较关心的问题。

目前葡萄园除草手段主要包括化学除草、物理除草、机械除草及生物除草四大部分。

（1）化学除草

化学除草是利用除草剂代替人力或机械使杂草生长受抑制或死亡的技术。除草的原理分为抑制光合作用、抑制脂肪酸合成、抑制氨基酸合成和干扰激素平衡等。

常用除草剂种类：精喹禾灵（单子叶杂草）、乙羧氟草醚（阔叶杂草、混生杂草）、草甘膦、草铵膦、敌草快（多年生杂草）等。

优点：省工、省力

缺点:葡萄对部分除草剂如草甘膦、2,4-D 丁酯、乙草胺等敏感,使用后易发生药害、伤害根系、长期采用化防还会对生态环境造成一定的影响。

(2)物理除草

图5-9 人力除草

图5-10 地膜除草

a. 人力除草(图 5-9):指人力依靠锄、犁耙等简单工具进行除草作业的方法。比较适合精细化管理的小园区。优点:投入成本最低、副作用为零、除草最为彻底。缺点:耗时太长、工作强度大、作业效率低。

b. 地膜覆盖除草(图 5-10):通过降低透光性来抑制杂草的生长,兼具保水保墒的作用,缺点是地膜易老化,每年需更换。

c. 园艺地布覆盖除草:与地膜除草作用类似,但更耐用。使用时应注意防火、高温季节不建议使用。

(3)机械除草(图 5-11)

是利用机械除草装置,切割杂草根茎,然后翻出地表晒干或翻入土壤深埋的除草技术。

图5-11 机械除草

除草方法:包括浅松灭草、旋耕灭草、中耕灭草和深松除草。

除草方式:分为行间除草和株间除草。

使用设备:小规模葡萄园大多采用背负式除草机,中大型葡萄种植园大多采用手推式除草机。

优点:效率高、节省人力,对浅生根杂草效果较好。缺点:效果不彻底,需要一年多次作业。

（4）物除草

a. 以草治草（图 5–12）

利用草类植物之间的竞争关系，让有益草类抑制杂草生长的方法称为以草治草。

常用草种：黑麦草、百喜草、鼠茅草和三叶草等。

图5–12　以草治草

优点：减少水土流失、促进葡萄园生态平衡、减小因昼夜和季节变化引起的土壤温度浮动、翻埋入土增加土壤有机质含量。

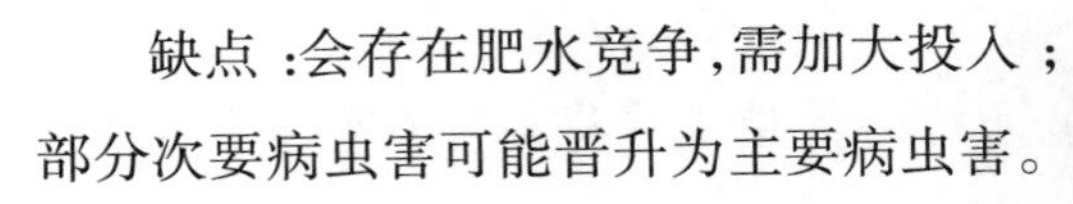

缺点：会存在肥水竞争，需加大投入；部分次要病虫害可能晋升为主要病虫害。

b. 动物除草（图 5–13）

通过放养食草性动物取食杂草，进而控制杂草繁殖和生长的除草方法。

优点：抑制葡萄园里杂草生长、提高土壤有机质含量、增加收益。

图5–13　动物除草

缺点：多数动物对杂草会有取食偏好，部分杂草需要人工清除；果园长期受到踩踏易引起土壤板结；损伤树体等。

2 葡萄植株营养与施肥

2.1 营养元素对葡萄生长发育的影响

葡萄是多年生植物，每年需要吸收大量的营养元素，满足其生长、结果的需要。其中需要较多的有碳、氢、氧、氮、磷、钾、钙、镁、硫、铁等，称为大量元素；需要较少的有硼、锰、锌、铜等，称为微量元素。碳、氢、氧来源于空气中的二氧化碳和水，其余元素取之于土壤和肥料中。其中几种主要元素的功能如下：

（1）氮：氮是生成氨基酸的重要元素之一。氨基酸又是合成蛋白质和酶的物质基础。氮也是构成磷脂、核酸、叶绿素、生物碱、维生素的重要成分。氮素对整个葡萄植株的生长发育、产量和品质具有重要作用。适时、适量供应氮素，是保证葡萄植株正常生长发育的首要条件。

（2）磷：磷是构成磷脂、核酸、酶的重要元素，是原生质和细胞核的主要成分。磷在葡萄代谢过程中起能量转化和贮藏作用。它可以促进细胞分裂、芽分化、根系生长，提高浆果品质，增加糖分，减少酸度，着色好，耐贮藏，提高葡萄酒的风味和整个葡萄植株的抗旱、抗寒、抗病性能。

（3）钾：钾与碳水化合物的合成、运转、转化有直接关系。对浆果含糖量、风味、色泽、成熟度、耐贮性以及根系的生长和枝条成熟均有重要影响。葡萄需要钾肥量大，有“钾质作物”之称。

（4）钙：钙是细胞壁和细胞间层的组成成分，能调节重量活动有利于氮、磷的吸收。钙对分生组织的生长，尤其是对根尖的生长，有不可忽视的作用。近期研究指出，钙对葡萄植株的作用不次于磷和钾。

（5）铁：铁是植物体内氧化还原的触媒剂。铁虽不是叶绿素的组成成分但叶绿素含氮物质被氧化时，它起催化作用。铁是多种氧化酶的组成成分，参与细胞内的氧化还原过程；铁在有氧呼吸和能量释放中起重要作用。

（6）硼：硼能促进花粉粒的萌发，使花粉管迅速进入子房，有利于授粉受精和浆果的形成，防止或减少落花落果现象。能增加果实中维生素和糖的含量，提高果实品质。能提高光合作用强度，促进光合产物的运转，增加叶绿素含量，使韧皮部和木质部发达，导管数目增多，加快新梢成熟。

（7）镁：镁是叶绿素和某些酶的很需要组成部分，参与光合作用，促进植物体内磷的转化，能消除钙过剩的有害作用。

（8）锌：锌是多种酶的组成成分，参与氧化还原过程，对叶绿素和生长素的形成有一定影响，是葡萄植株不可缺少的营养元素，它直接影响葡萄植株的呼吸作用。

（9）铜：铜是部分氧化酶的组成成分，参与蛋白质和碳水化合物的代谢过程，直接影响叶绿素的形成。

（10）硫：硫是蛋白质的组成成分，硫在植株中以还原状态存在，硫是维生素 B1 的主要成分，同铁一样参与氧化还原作用。

2.2 肥料的种类

我国葡萄园常用的肥料分为有机肥和无机肥两大类。

2.2.1 有机肥料

圈肥、厩肥、禽肥、饼肥、堆肥、农家肥、土杂肥等等。此类肥料含有机质多，营养元素比较完全，故称“完全肥料”。多数有机肥要通过微生物分解才能被植株吸收利用,因此属迟效性的,宜作基肥。有机肥料中,饼肥肥效最好,鸡粪次之,农家肥腐熟后肥效快,可作追肥用。有机肥不仅能供应葡萄植株生长发育的营养元素、生长激素,而且可以不断增加土壤肥力,为土壤微生物活动创造物质基础,对改良土壤结构起到重要的作用。

2.2.2 无机肥

也被称为“化肥”。具有成分单纯、含量高、易溶于水、根系吸收快等优点,故称速效性肥料。此类肥料于生长期追肥,作为有机肥料的补充,有着不可忽视的作用。

2.3 施肥时期、施肥方法以及施肥量

葡萄园施肥技术如图 5-14 所示。

图5-14　葡萄园施肥技术

土壤肥力的狭义定义,就是土壤供给作物所必需养分的能力。而广义的土壤肥力的概念,则包括土壤的水、肥、气、热等诸多因素,是在综合观点基础上对土壤肥力的认识。与施肥直接有关的土壤养分,在肥料实验中,不施肥处理的产量,即表现为该地块的土壤肥力,也是土壤对产量的贡献。

(1)催芽肥 :一般在葡萄萌动前施入,此次以氮肥(大量元素水溶肥为宜)为主,目的促发芽整齐,叶片厚大,花序大而壮。如果树势过旺,春季又不甚干旱,此次肥水可以省去,以免造成新梢徒长。

(2)膨大肥 :在葡萄坐果后,即果粒似绿豆大,最晚如黄豆大时施入。此次肥料以氮为主,兼施入磷、钾肥。可施入高氮复合肥,也可施普通三元素复合肥,并酌情加入尿素等氮肥。此次肥量要大,可占全年施入化肥量的 50% 左右。

(3)催熟肥 :分两次进行。成熟前 20~30 d,施入高钾型水溶肥,在葡萄浆果开始发软,尚未着色时再施入 1 次肥。不少果农施膨大肥后,不再施入催熟肥,会造成葡萄抗性差,易得病,丰产而不丰收。或着色不良,含糖不高,卖不出好价等等。可直接施入功能性肥料,如龙灯大量元素水溶肥转色(推荐高磷高钾型,同时含微量元素硼和锌)。

(4)月子肥(图 5-15):指在葡萄采收后,抓紧施入 1 次肥料,通常施大量元素水溶肥(高氮型)15 kg,此次肥料的作用不仅用于恢复树势,并促花芽分化,为翌年丰产奠定基础。

（5）基肥：施肥时期因栽培形式而异，一年一熟的，在8月下旬至落叶前均可进行；一年两熟的，应在第一茬果采收前（10月初）施用。亩施优质有机肥3000~5000 kg。

（6）追肥：开花前，追第一次肥；落花后，幼果开始生长期，进行第二次，这两次均以氮肥为主，适当配合磷钾肥；枝条开始成熟，浆果开始着色，进行第三次追肥，以磷钾肥为主，适当追氮肥；果实采收后，进行第四次追肥，以恢复树势，增加根系营养贮备，此期宜氮、磷、钾混合施用。

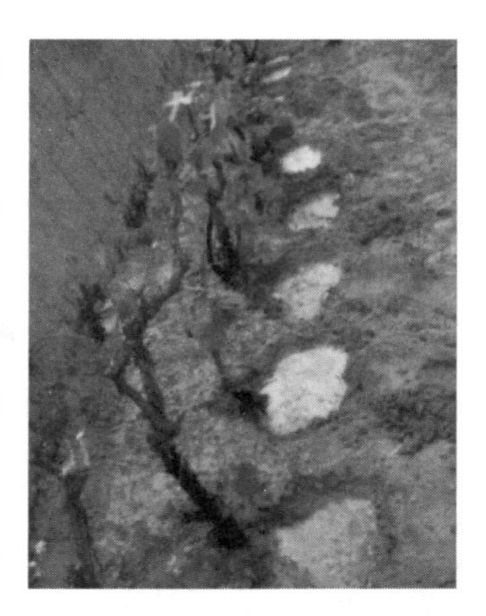

图5-15　月子肥

表5-1　葡萄物候期施肥时间表

物候期	施肥时期	肥料种类（元素）	施用方法及注意事项
萌芽期	催芽肥（4月）	氮素肥料为主	结合深翻畦面，在植株周围进行土壤追肥，以促进芽眼萌发整齐。目的促发芽整齐，叶片厚大，花序大而壮。如果树势过旺，春季又不甚干旱，此次肥水可以省去，以免造成新梢徒长。
开花前期	花前肥（5月）	氮素肥料为主（农家肥混合尿素或硝酸铵）	葡萄萌芽开花需要消耗大量的营养物质。但在早春，吸收根发生较少，吸收能力也较差，此时主要消耗树体内贮存的养分。若氮肥供应不足，会导致大量落花落果，影响营养生长。此次宜施用腐熟的人粪尿混掺硝酸铵或尿素，肥量占全年用肥量10%~15%。
果实第一次膨大前期	花后肥（5月下旬）	氮素肥料为主	花后幼果和新梢均迅速生长，需要大量氮素营养，施肥可促进新梢正常生长，扩大叶面积，提高光合效能，有利于糖类和蛋白质的形成，减少生理落果。可与花前肥相互补充
果实膨大期	膨果肥（6月）	以氮素肥料为主，兼施入磷、钾肥。	此次追肥即可保证当年产量，又为翌年结果打下良好基础，对克服大小年结果也有良好的作用。可施入高氮复合肥，也可施普通三元素复合肥，并酌情加入尿素等氮肥。此次肥量要大，可占全年施入化肥量的50%左右。
果实第二次膨大期	催熟肥（8月）	钾肥为主	此次追肥分两次关键时期。成熟前20~30天，施入高钾型水溶肥，葡萄浆果尚未着色时再施入。不少果农施膨大肥后，不再施入催熟肥，或造成果实转色或因缺肥，葡萄抗性差，易得病，丰产而不丰收。着色不良，含糖不高，卖不出好价等等。可直接施入功能性肥料，大量元素水溶肥转色（推荐高磷高钾型，同时含微量元素硼和锌）。
成熟后期	采果肥（9月）	以氮肥为主	葡萄采果后，果树会相对虚弱，而采果肥可使树体快速恢复，并且有利于花芽的分化在葡萄采收后，抓紧施入1次肥料，通常施大量元素水溶肥（高氮型）15千克，此次肥料的作用不仅用于恢复树势，促花芽分化，为翌年丰产奠定基础。
埋土防寒前期	越冬肥（10月）	有机肥为主（辅助钙肥）	葡萄根系生长第二高峰，可促葡萄生出大量须根，以壮树势，更利于越冬。此次肥料以有机肥（若施用农家肥，注意腐熟）为主，同时施入钙肥，或再加入少量三元素。

3 葡萄园灌水与排水

葡萄是比较耐旱的果树，但在干旱季节和葡萄需水期适时灌水可获得高产和更优质的产品。我国各地降雨很不均衡，而灌水受降雨量和降雨时期的影响很大，多雨地区可以少灌水或不灌水，干旱地区则主要依靠灌水。因此，应根据葡萄各物候期对水分的要求进行灌水和控水。

3.1 葡萄对水分的需求

土壤水分方面，水分充足，植株萌芽快，新梢生长迅速，浆果的颗粒大而饱满，是保证葡萄的丰产条件之一，所以葡萄园中必须有灌溉条件。水是一切物体成长不可或缺的一部分。水在葡萄的生命活动中起着重要的作用。首先营养物质通过水溶解运送到各个器官，因此水是营养物质的载体。

其次，通过水分的蒸腾作用，可以调整树的温度，促进水、肥料的吸收。当葡萄园中的水分缺失的时候，枝叶的生长量就会减少，引起落花落果，从而影响浆果的质量和数量。值得注意的是，如果葡萄园长期处于缺水的状态，突然下了一场大雨或者被灌溉，那么就会造成很多的裂果。

对于葡萄来说，不同时期其需水量各不相同。不同时期选择合适的浇水时机对于提高葡萄的品质和产量至关重要。当年开花前后至翌年萌芽前后是葡萄花芽分化阶段，适宜的水分和管理有利于花芽的分化，促使植株生长健壮成熟、萌芽后有足够的花芽，花后座果稳定，疏穗定穗时有足够、优质的果穗。根据葡萄各个时期阶段的特点，控制好水分以满足葡萄植株生长和果实膨大对水分的正常要求，从而减少葡萄成熟前后的裂果、烂果、落果对体现葡萄品种的色、形、味十分重要。

（1）休眠期严重积水（图 5–16）的影响。葡萄休眠期长期严重积水，将导致部分枝条干枯，成熟花芽数量减少，植株生长势衰弱。

图5–16　休眠期遇到严重积水

（2）萌芽期前后干旱的影响。萌芽期前后是花芽分化第二阶段花芽发育阶段，需要一定的水分，如干旱、土壤水分过少，将影响花芽的进一步发育和降低发芽率。

（3）开花期前后干旱或水分过多的影响。葡萄开花前后花序、花穗需要一定的水分和光照，微风能使花粉正常授粉受精。如长期阴雨天气，水分过多，葡萄园内枝叶过度郁蔽易造成严重的落花落果。葡萄授粉受精时需要一定的水分,干旱缺水同样会落花落果严重。

(4)水分对果实第一次膨大期的影响。第一次膨大期是指葡萄花后座果稳定至果实硬核期前的时期,在江南地区一般雨水能够满足葡萄植株和果实第一次膨大期的需求,不及时摘心、疏梢,地面透光度过低,葡萄园内湿度过高加上适宜的温度易发生黑痘病、炭疽病、白腐病等。长期下雨不及时排水,积水对该膨大期正常生长会造成负面影响,此时正值葡萄枝条低节位花芽分化初期,连续阴雨天气,排水不畅,摘心疏梢不到位,枝条过密,地面透光度差,将降低成熟枝条低节位花芽形成的几率。

(5)水分对果实第二次膨大期的影响。一般为葡萄开始硬核至成熟初期,这时候果实迅速膨大,对水分要求比较高。江南地区第二次膨大初期正值黄霉季节,雨水较多。如在雨季前不及时套袋,雨隙时不及时喷药防治病虫害,将导致病害的严重发生。排水不畅、枝叶徒长,将降低枝条中上节的花芽分化几率和影响植株、果实的正常生长。黄霉后至葡萄成熟初期气温较高,葡萄枝叶、鲜果对水分需要量多,如果不采取及时补充一定的水分,干湿不匀或长期积水易造成葡萄严重裂果、烂果、落果。水分过少将影响植株枝叶的正常生长和果实的膨大。

(6)水分对葡萄鲜果成熟中后期的影响。在理想的气候环境条件下,通过较好的综合管理技术,可生产出优质的葡萄。葡萄成熟中后期,需水量较少,如水分太多,将使采摘的成熟葡萄中的含糖量降低,风味变差。

(7)采摘后至落叶前的水分要求。这一段时间,葡萄正处于枝条充分成熟的关键时间,一般江南地区的雨水状况基本能满足葡萄植株枝叶生长的正常要求,应及时摘去抽发的小枝条,保持一定的透光度,降低葡萄园内的湿度,培养来年优质的结果母枝。

(8)气候条件和葡萄园内小气候影响病虫害的发生。葡萄的大部分主要病虫害是真菌病,如黑痘病、炭疽病、灰霉病、白腐病、白粉病等。在有病菌存在的条件下,病害的发生与温度、湿度和枝、叶、果的不同生长期有很大关系。无锡地区一般在5月下旬、7月上旬、8月下旬易发生霜霉病,主要是在雨后园内湿度过大,突然高温时发生。灰霉病主要在开花前后及浆果着色期至成熟期,阴雨多湿,葡萄园内透光度差,湿度大的状况下易发生。生长期葡萄园内郁蔽,透光度差、湿度大易发生多种真菌性病害。

3.2 灌水时期、灌水量、灌水方法(图 5-17)

图5-17　灌溉技术

(1)花前灌水期:这段时间从树液流动、萌芽到开花前。此期芽眼萌发,新梢迅速生长,花序发育,根系也处在旺盛生长阶段,是葡萄需水的高峰时期。此时又正值我国北方春旱季节,干旱少雨,应适时灌水供应葡萄生长需要。这段时间可在萌芽前、萌芽后、开花前各灌一次水。

(2)开花控水期:从初花至末花期 10~15 d。葡萄花期遇雨影响授粉受精,同样花期灌水会引起枝叶旺盛生长,营养物质大量消耗,影响花粉发芽和授粉受精,导致落花落果,因此在开花期应避免灌水。

(3)浆果膨大期灌水:这段时间从生理落果到浆果着色前。此期植株生长旺盛,叶片蒸腾量大,浆果进入生长高峰。这时应每隔 10~15 d 灌水一次。如降雨较多,可以不灌或少灌。

(4)浆果成熟期控水:浆果成熟期如水分过多,将影响果实着色,降低品质,并易发生各种真菌病害,某些品种还可能出现裂果。此时我国北方正值雨季,一般不需要灌水。如雨水过多,应注意及时排水。此期控水可提高浆果含糖量,但如遇天旱,也应当适当灌水。

(5)秋冬灌水期:这段时间很长。果实采收后,树体养分、水分消耗很大,而枝叶再次旺长均需要补充水分。秋季施肥也需要灌水,埋土前如土壤干旱,应适量灌水以便取土。埋土后要灌冻水,保持冬季土壤湿度,以保葡萄安全越冬。

(6)灌水技术要点

a. 萌芽期:需水较多,要浇透水。

b. 开花期:要求空气干燥,地下暂时停止灌水。

c. 座果后:新梢和幼果生长均需水,可小水勤灌,10 d 一次。

d. 果实膨大期:需水量较大,可灌透水 1~2 次。

e. 果实着色期:一直到采收前,一般停止灌水。

f. 落叶修剪后:灌一次越冬水。

(7)灌水方法

a. 漫灌:这是我国大多数果园采用的灌水方式。缺点:费水,肥效低,污染地下水,让土壤通透性变差。建议:仅用于萌芽水或冬灌。

b. 沟灌：在没有滴灌条件的地区，沟灌是不错的选择，比漫灌省水省肥，有利于土壤通透性，降雨过多时有利于及时排水。沟灌要注意控制灌水量，以畦面上无水，沟里有水，很快就干为宜。这种水量，根系带着肥料到根系时后再往下渗漏少，省水省肥料。若沟灌时灌水量过大，和漫灌无异。据研究，葡萄有三分之一的根系健康，吸收的水分和营养即能满足葡萄生长，因此建议沟灌时宜采用隔行沟灌，交替进行。这种让根系处于干湿交替环境，既能促进根系生长，又最大限度地有利于土壤通透性。

c. 滴灌：这是近年推广应用比较成功的一种灌水方式，省水，肥效高，操作方便，成本低，便于自动化控制等优点。但是滴灌对肥料要求高，必须是液体肥料或者水溶性好的肥料才能用。一些质量差的滴灌设备只有滴头周围湿润比较好，根系发达，其他地方根系分布很少，造成营养吸收范围缩小，且根系分布比较浅。这种根系分布状况，一旦肥料浓度稍高，就易产生肥害。滴灌加地膜覆盖的模式，土壤水分不易散失，很容易出现水分过大、土壤通气不良、沤根严重情况，尤其是新栽果园易出现水分过大沤根现象。所以滴灌必须根据土壤的水分状况严格控制滴水量。如果每次的给水量都很小，会造成滴头附近的根系发达，而其他区域根系很少的现象，所以要缺水时再给水，给水时，要一次把水给足量，才能让湿润范围大，根系分布广。

不同滴灌条件下土壤水分下渗分布图

单管滴灌条件下干土和湿土土壤湿润体形状大体相似，单管滴灌土壤湿润体在干土和湿土中下渗分布图都呈坛状，湿润体面部湿润面积较小，而下部湿润面积较大。如图 5-18 所示，滴灌的水分进入土壤后，其移动过程呈倒扇形扩散，开始阶段土壤湿润体很小，随着灌水量增大湿润体越来越大。

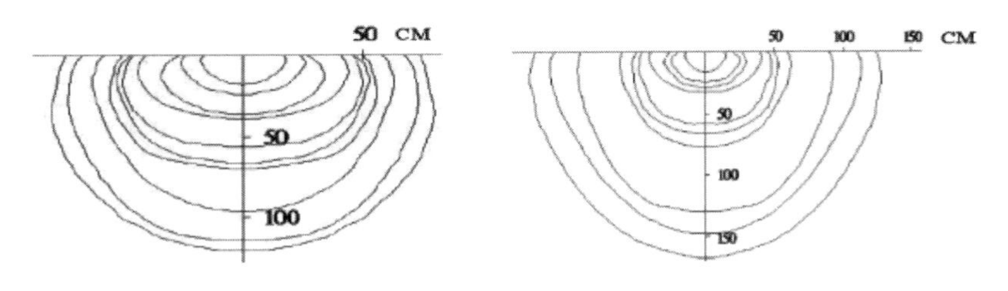

图5-18 单管滴灌水分下渗分布图

双管滴灌条件下干土和湿土土壤湿润体形状大体相似，双管滴灌土壤湿润体在干土和湿土中下渗分布图在灌水量较小时呈现并扣的两个半坛状，干土中滴灌水分分布在灌水量达 600m^3/hm^2 后呈坛状，而湿土土壤水分分布图在灌水量达 300m^3/

hm^2 时呈坛状。如图 5-19 所示，坛状湿润体面部湿润面积较小，而下部湿润面积较大，随着灌水量增大湿润体越来越大。

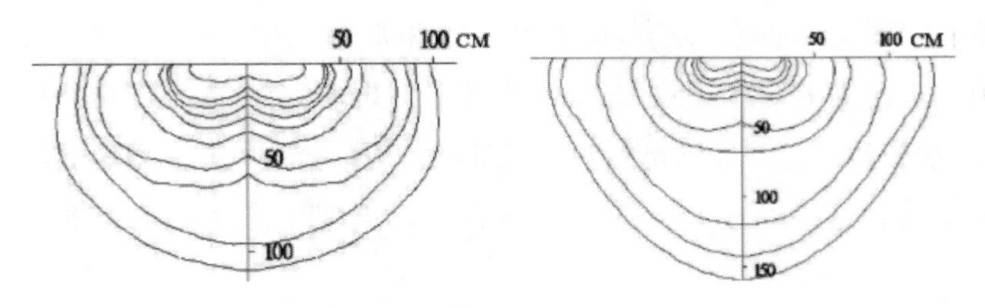

图5-19　双管滴灌水分下渗分布图

表5-2　滴灌模式下葡萄物候期灌水时间表

灌水时期	总灌水量（m^3/hm^2）	物候期（灌水时间）	主要作用及注意事项
萌芽水	900	萌芽期（4月中旬至下旬）	促进芽眼萌发整齐，为当年生长结果打下基础。需一次灌透。
花前水	900	开花期（5月上旬至中旬）	一般在开花前5~ 7天进行，为葡萄开花坐果创造一个良好的水分条件，促进新梢生长。
膨大水	1050	果实第一次膨大期（5月中下旬至6月上旬）	从开花后10 d到果实着色，果实迅速膨大，枝叶旺长,外界气温高，叶片蒸腾失水量大，植株需要消耗大量水分一般应隔10~15天灌水一次。
催果水	600	果实第二次膨大期（7月至8月）	
增产水	750	果实成熟期（8月下旬至9月）	促进果实酸糖之间的转化和果实的成熟，防止裂果。
越冬水	1200	冬季修剪后（11月）	葡萄在冬剪后、埋土防寒前应灌一次透水，可使土壤和植株充分吸水，保证植株安全越冬。对于沙性大的土壤，严地区在埋土防寒以后，当土壤已结冻时最好在防寒取土沟内再灌。防止根系侧冻，保证植株安全越冬。
合计	5400		

d. 交替滴灌：一种能在葡萄树两边交替滴灌的灌水方式。这种方式能让葡萄树两边的根系，一直处在干湿交替的环境下，有利于根系生长和土壤通透性。让肥料的吸收利用更高效。

3.3 葡萄园排水

葡萄园缺水不行，灌水很重要，但园地水分过多则会出现涝害。防止葡萄园涝害的措施和注意事项有：低洼地不宜建园，已建的葡萄园要通过挖排水沟降低地下水位，抬高葡萄定植行地面；平地葡萄园必须修建排水系统，使园地的积水能在 2 d 内排完；一旦雨量过大，自然排水无效，会引起地表大量积水，要立即用抽水机械将园内积水人工排出。

在地势比较低的地方和南方的梅雨季节地势较低的葡萄园也要做好排水的工作。因为当葡萄根系的土壤里面含有25%以上的含氧量时，根系生长迅速；当土壤含氧量为5%时，根系的生长受到抑制，有些根开始死亡；当含氧量低于3%时，根系因为窒息而死。

当土壤的水分饱和的时候，土壤孔隙里面的氧气就被驱逐，这样根系不得不进行无氧呼吸，无氧呼吸积累的酒精就会使蛋白质凝固起来，引起根系死亡。并且在缺氧的情况下，土壤里面的好氧性细菌就会受到抑制，影响有机质的分解，引起土壤大量囤积一氧化碳、甲烷、硫化氢等还原物质，从而使根系死亡。

因此葡萄园的管理者一定要重视洪涝灾害。一般葡萄园排水系统可以分为明沟与暗沟两种。

（1）明沟排水（图5-20）：明沟排水就是在葡萄园的适当位置挖沟，降低地下水从而起到排水的作用。明沟由排水沟、干沟、支沟组成。它的优点是投资小、见效快。缺点是占地面积比较大，容易生长杂草，还容易造成地下水排水不流畅，维修困难。我国的许多地区都采取这种方法排水。

图5-20　明沟排水

（2）暗沟排水：暗沟排水是在葡萄园的地下安装管道，将土壤里多余的水分通过管道排出的方法。暗沟排水系统主要由干管、支管、排水管组成。它的优点是不占地、排水效果好、养护的负担不重，有利于机械化的管理。缺点是它的成本太高，投资大，管道容易被泥沙堵塞，植物的根系也容易深入管道里面，形成堵塞，影响排水效果。

3.3 葡萄园水肥一体化技术

水肥一体化设备是新型农业技术生产的，能广泛应用于田地、温室大棚、果园等，其工作原理就是将水和肥料按比例融为一体，通过设备，供给植株生长所需的营养，省力又不费心，将灌溉与施肥融为一体的农业新技术，是借助低压灌溉系统（或地形自然落差），将可溶性肥料与灌溉水一起，通过滴灌设施形成滴灌，均匀、定时、

图5-21 园地水肥一体化

定量的输送到作物根系生长区域，使根系土壤始终保持疏松适宜的含水量。同时根据不同作物的需水需肥规律，把水分、养分定时、定量，按比例直接提供给作物（图 5-21）。

水肥一体化设备是由云平台、数据采集、施肥机、滴管器、水容器、阀门、控制器、管道等等组成（图 5-22）。

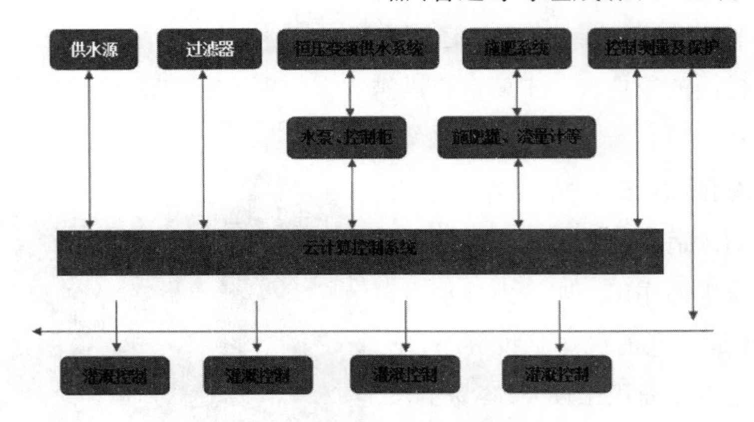

图5-22 水肥一体化设备组成

水肥一体化设备的优点：

a. 省人工成本。人工一般费用都比较偏贵，而且还可能费时费力。水肥一体化设备能快速、高效地完成工作。而且水肥一体化设施能提高水的利用率，节水灌溉，节约成本。

b. 减少病虫害。有些病菌会随着人力活动和风力作用侵染葡萄植株，而水肥一体化设备能大大降低空气湿度，减少病菌滋生。

c. 改善土壤环境。水肥会顺着滴管口把水肥渗入土壤，能及时供给作物养分和水分，改善土壤环境，不会造成因施肥不当而造成土快板结和根系烧伤，从而提高作物的产量和品质。

当然水肥一体化使用也是有误区的，使用时要尽量避免以下这些事项，才能保证葡萄的生长和产量品质：

a. 水肥一体化设备中一般滴管都是两个孔的，但有些也有一个孔的，有些农户就直接把孔口朝下，其实这是不对的。一个孔时要把孔眼朝上浇水，另外一定要带上过滤设施，这样能避免沉淀物堵住孔口，增长滴管使用寿命。

b. 其设备使用时间也是有要求的，为保证产量和果实品质，应在上午十点之前和下午四点之后进行浇水，避免在中午浇水，中午浇水温差过大，会对葡萄造成不良影响。

c. 水肥一体化设备一天只开三四小时时间就可以了，不用二十四小时开着。

d. 使用水肥一体化设备施肥时一定要先浇水在施肥再浇水，保证水肥供养和营养吸收，能减少肥料浪费。

水肥一体化设备可以帮助农户实现田间水肥自动管理，提高水肥利用率，减少浪费，实现节水、节肥、改善土壤环境，提高作物品质的目标。

3.3.1 葡萄水肥一体化灌水方案

酿酒葡萄节水调质技术主要适用于年降雨量不足 300 mm 的西北干旱产区。该技术较传统栽培模式节水 50% 左右、节肥 42%，增产 30%，同时果实品质得到显著改善，可溶性固形物提高 2% 以上。

从葡萄的生育期来看，萌芽前灌水主要满足葡萄萌芽抽枝的需要，花前水主要结合施肥进行，以提高授粉效果和坐果率。果实第一次膨大时，气温不断升高，新梢也处于快速生长时期，蒸发量较大，需要大量灌水以满足树体生长和果实发育的需要。果实转色后，结合施肥进行灌水，并适当控制灌水量，促进果实成熟，同时提高果实品质。

表5–3　酿酒葡萄水肥一体化灌水定额

灌水时期	总灌水量（m^3/亩）	灌水日期	灌水量（m^3/亩）
萌芽前	45	4月15日	15
		4月20日	15
		4月25日	15
开花前	60	5月5日	10
		5月10日	15
		5月15日	10
		5月20日	15
		5月25日	10
果实第一次膨大期	50	6月5日	10
		6月12日	10
		6月19日	10
		6月26日	10
		7月3日	10

续表：

灌水时期	总灌水量（m^3/亩）	灌水日期	灌水量（m^3/亩）
副梢生长期	16	7月15日	10
		7月25日	6
果实第二次膨大期	24	8月5日	6
		8月11日	6
		8月17日	6
		8月23日	6
越冬水	80	冬剪后	80
合计	275		275

3.3.2 葡萄水肥一体化配肥方案

结合成龄葡萄树的生长规律，灌水主要是在萌芽前、开花前、果实第一次膨大期、副梢生长期和果实第二次膨大期进行，果实采收后，还要浇灌越冬水。

1. 萌芽前

葡萄萌芽期对氮素的需求量较高，还需要补充适当的磷和钾。葡萄第一阶段的水溶肥一般为高氮型的水溶肥，养分形态易于吸收，能迅速补充萌芽、新梢和幼叶生长对氮和钾的需求，加快器官建造。辅助以腐殖酸液体肥促进土壤形成有益土壤团粒，迅速提高根系活力，促进葡萄生根。肥料配比一般为高氮水溶肥（N ： P_2O_5 ： K_2O=27 ： 10 ： 13+TE）5kg/ 亩 + 腐殖酸液体肥 10L/667 m^2。

图5-23 萌芽前期滴灌

2. 始花期

葡萄在始花期对硼、锌等微量元素的需求量较大，且为根系生长的第一次高峰，需着重补充微量元素，配施氮、磷、钾肥。同时使用中量元素液体肥和生物能叶面肥，有效快速的补充钙、硼、锌、镁等元素，提高光合效率。配料配比一

图5-24 开花期滴灌配肥

般为高氮水溶肥（N ： P_2O_5 ： K_2O=27 ： 10 ： 13+TE）5kg/667m^2，高磷水溶肥（N ： P_2O_5 ： K_2O=12 ： 40 ： 10+TE）5kg/667m^2，生物能叶面肥 50mL/ 亩，中量元素水溶肥 10L/667m^2。

图5-25　果实膨大期配肥

3. 膨大期

果实膨大期对磷的需求达到高峰，该时期应以高磷、高钾肥为主，并适当补充钙、镁等微量元素。肥料配比为高钾水溶肥（N ： P_2O_5 ： K_2O=10 ： 5 ： 38+TE）5kg/667m^2，中量元素水溶肥 10L/667m^2，磷酸二氢钾叶面肥 50g/667m^2。

4. 着色期

果实着色期需要大量的磷钾肥，秋梢和根系的生长需要氮肥和磷肥，该时期施肥应注重补充磷钾肥，并配合以叶面喷施磷酸二氢钾。高钾水溶肥（N ： P_2O_5 ： K_2O=10 ： 5 ： 38+TE ）5kg/667m^2，中量元素水溶肥 5L/667m^2，磷酸二氢钾叶面肥 100g/ 亩。

5. 采收后

果实采收后应全面补充氮、磷、钾肥以及中量元素钙、镁等，使树体快速恢复养分。平衡型水溶肥（N ： P_2O_5 ： K_2O=20 ： 20 ： 20+TE）5kg/667m^2，有机肥 3m^3，微生物菌剂 100kg/667m^2，过磷酸钙 50kg/667m^2。

具体配肥方案总结如表 5-4。

表5-4　水肥一体化施肥方案

时期	肥料类型	施肥量
萌芽期	高氮水溶肥（N：P_2O_5：K_2O=27：10：13+TE）	5 kg/667m^2
	腐殖酸液体肥	10 L/667m^2
始花期	高氮水溶肥（N：P_2O_5：K_2O=27：10：13+TE）	5 kg/667m^2
	高磷水溶肥（N：P_2O_5：K_2O=12：40：10+TE）	5 kg/667m^2
	生物能叶面肥	50 mL/667m^2
	中量元素水溶肥	10 L/667m^2
果实膨大期	高钾水溶肥（N：P_2O_5：K_2O=10：5：38+TE）	5 kg/667m^2
	中量元素水溶肥	10 L/667m^2
	磷酸二氢钾叶面肥	50 g/667m^2

续表：

时期	肥料类型	施肥量
转色期	高钾水溶肥（N：P_2O_5：K_2O=10：5：38+TE）	5 kg/667m^2
	中量元素水溶肥	5 L/667m^2
	磷酸二氢钾叶面肥	100 g/667m^2
采收后	平衡型水溶肥（N：P_2O_5：K_2O=20：20：20+TE）	5 kg/667m^2
	有机肥	3–5 m^3/667m^2
	过磷酸钙	50 kg/667m^2

第六章　葡萄冬季整形修剪

第一节　葡萄冬季整形修剪的目的与意义

葡萄的树体结构由主干、主蔓、侧蔓、结果母枝、结果枝、发育枝和副梢组成。根系为地下部分，其余的均在地上部分生长。这些器官在整个植株的生长发育时期，均具有各自的功能，为葡萄的多年生长奠定营养或生殖基础。因此科学的整形修剪，将有助于营养物质在这些器官之间协调运输，保证在合适的时间和空间下能达到最佳的园艺性状和产品性状。

主干是指从植株基部（地面）至茎干上分枝处的部分。主干的有无或高低因植株整形方式的不同而不同，依据主干的有无，可分为有主干树形和无主干树形。主蔓是着生在主干上的一级分枝。无主干树形的主蔓则直接由地面处长出。主蔓的数目因树形和品种的生长势而异。侧蔓是主蔓上的分枝。侧蔓上的分枝称副侧蔓。主蔓、侧蔓、副侧蔓组成植株的骨干枝。结果母枝是成熟后的一年生枝，其上的芽眼能在翌年春季抽生结果枝。结果母枝可着生在主蔓、各级侧蔓或多年生枝上。将结果母枝下方成熟的一年生枝剪留 2~3 个芽，即可作为预备枝，发生的新梢将成为下年的结果枝。

各级骨干枝、结果母枝、预备枝上的芽萌发抽生的新生蔓，在落叶前称为新梢。带有花序的新梢为结果枝，不带花序的新梢为发育枝（或生长枝）。结果母枝抽生结果枝的比例与品种、栽培条件有关。落叶前，从新梢叶腋间着生的枝条称为副梢。直接着生在新梢上的副梢称为二次梢，二次梢上的副梢称为三次梢。在良好的条件下，许多品种的副梢也可着生花序，并能结二次果。

葡萄的新梢在同一节上能够形成两种芽，即冬芽和夏芽。夏芽无鳞片包裹，随着新梢的生长不断形成，而又相继萌发抽生夏芽副梢。冬芽外被鳞片，除了受强刺激外，一般当年不萌发，需要通过越冬到次年春季才能萌发。冬芽是几个芽的复合体，又称芽眼。冬芽内位于中央的最大一个芽称为主芽，其周围有 3~8 个大小不等的副芽（有的称为后备芽）。主芽分化较深，有的可分化出花序原始体。带有花序原始体的冬芽称为花芽，属于混合芽类型；不带花序原始体的冬芽为叶芽。副芽分化较浅，如营养条件良好也能形成花序原基，但质量较差；春季通常是主芽萌发生长，但有时副芽也同时发出，因而所有芽中有时可能出现 2~3 个新梢。生产上只保留一个生长发育最好的新梢，其余的抹除。

冬季修剪又叫休眠期修剪，此时被剪掉的枝条养分消耗最少。在入冬之后，需要将葡萄树上过长的枝条剪短，并且将其上已经干枯的枝条、病变的枝条剪除。这样能够帮它节约出很多养分。另外，还应当对它进行一次疏剪，长得过密的侧枝剪掉。这样更利于它来年的生长。葡萄整形修剪作为果树综合管理中一项技术性较强的作业。

葡萄冬剪的意义主要在于：（1）葡萄冬季整形修剪可以改善葡萄枝条在空间中的合理分布，来年能够充分有效地利用光能，改善通风条件，增加单位光照面积利用率和时间，调节葡萄与温度、土壤、水分等环境因素之间的关系，有利于生长发育，提高果实的充分着色，进而提高果实的品质和等级；（2）调节树体器官之间营养均衡关系。修剪可以打破原有的库源平衡，建立新的动态平衡，保证留下的枝芽相对得到更多的营养物质，向着有利于人们生产需要的方向发展。选优去劣，去密留稀，集中养分，调节生长和结果的关系，调节树体养分的供应，减少不必要的营养消耗，从而确定产量；（3）局部控制病虫害的发生，合理的修剪可以改善通风透光条件，有利于农药喷施、夏季修剪、除草松土等作业的进行，进而达到防治葡萄病虫害的目的。另外，通过冬季修剪，还可以减少越冬病原菌和害虫，减少果园施肥、打药、收获等果园管理的强度，从而降低生产成本。

几十年来，由于其技术复杂多变，难于掌握，常被神秘化、夸大化，而土、肥、水的作用被轻视。总结历史经验与教训，我们应重视冬季整形修剪的作用，改变繁杂的整形修剪技术，使其朝着简易、省工、优质的方向发展，让广大果农从难学、费力的修剪中解放出来。

通过整形修剪，把葡萄的营养生长和生殖生长的平衡关系调整好，以达到稳定、高产、优质的目的。葡萄的修剪要按照整形方式进行，减掉的枝蔓恰当，留芽的数目适量，可以达到增强树势的目的。而冬季修剪作用是调整树形走向，调节来年生长与结果的位置，改善通风透光条件，减少病虫危害，提高浆果品质。为使葡萄早结果、早丰产，提高果实品质，减少用工。近几年，葡萄冬剪树形的选择，主要依据种植区光照和立地条件、架式、栽植密度和品种特性等而决定。无论采用哪种树形，都必须维持葡萄园良好的群体结构，这是实现稳产、丰产和优质的关键之一。

第二节　葡萄冬季整形修剪的一般原则

葡萄冬季修剪能够控制葡萄树体的生长极性，防止枝蔓秃裸，避免枝蔓过度延伸和结果部位快速上移，合理利用架面，调节植株生长和结果关系，培养和维持良好的树形，有效利用光能，为葡萄持续优质丰产创造条件，冬季修剪的正确与否直接关系到来年果实产量品质及劳动强度，直接影响其经济效益。冬季修剪应当注意修剪时期，需结合本地区的气候环境来确定冬剪的时间。不同区域冬剪时间不同。一般说来，埋土防寒区，葡萄树落叶后 1~2 周内，其体内贮藏的养分从成熟新梢向老蔓及根部流转。因此冬剪时期以落叶后 10~15 天到翌年春伤流期前 1 个月为宜。此外，还要仔细观察树体的生长方向和结构，确定来年的新枝位置和结果部位。

1 冬季修剪的留芽量

葡萄修剪时对花芽着生部位较高的品种，一般多采用中短梢混合修剪；对花芽着生部位较低的品种，可采用短梢修剪；如果为了扩大结果部位，可采用中、短梢混合修剪。如果为了稳定结果部位，防止结果部位的迅速上升和外移，则采用短梢修剪。一般短梢修剪留 2~3 个芽，中梢修剪留 4~6 个芽，长梢修剪留 7 个以上芽。

2 修剪方法

结果母蔓的剪留长度应依据品种的结果习性、整枝方式、树势强弱、新梢生长和

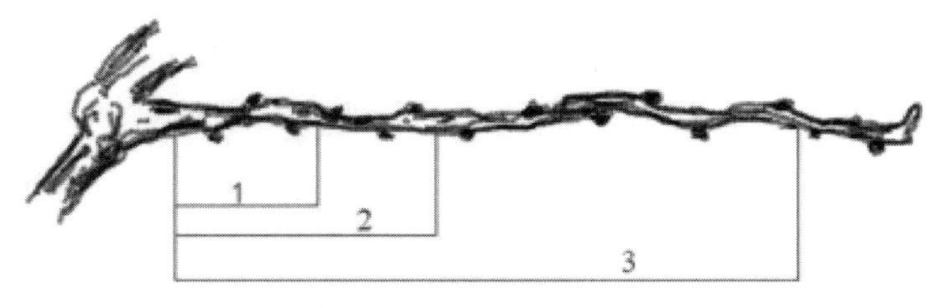

图6-1　葡萄不同枝梢修剪留芽原则

（1）短梢修剪（2~3个芽）；（2）中梢修剪（4~6个芽）；（3）长梢修剪（7个芽以上）

成熟状况、枝蔓疏密及粗细、立地条件、栽培技术等实际确定。修剪顺序，从干到蔓、从主到侧，后结果枝，疏枝→回缩→短截(图6-1)。

图6-2　葡萄冬季修剪方法

3 枝蔓在空间的分布

葡萄冬剪整形的目的就是把树冠外围多余枝蔓，病蔓，弱蔓和不规整的枝蔓提出，使其被培养成一定形状，使枝蔓生长合理，分布均匀，来年能够充分利用空间和光照，确定结果部位，最终形成能够获得高产优质的树体骨架结构。

4 一般的修剪依据为

（1）确定来年预期产量：根据品种、树龄、树势、最佳果穗重、粒重等确定预期产量。一般成龄优质果园确定 1250~2250 kg/ 亩为宜；第一年结果的幼树确定为 750~1500 kg/ 亩为宜。

（2）确定结果母枝及芽眼量：根据品种、架式、树龄、树势、芽眼饱满度、枝条、邻树生长状况、品种的花芽分化特点确定结果母枝和芽眼量。'维多利亚'、'红宝石无核'、'户太八号' 等第一年的幼树，水平棚架整形为一般每亩 1800 个结果母枝，每个结果母枝上留 3~4 个芽，每亩留 6000 个有效芽。'红地球'、'夏黑'等品种，高、宽、垂或"V" 字形架，第二年结果以上的树，一般每亩留 1200~1500 个结果母枝，每个结果母枝上留 8~10 个芽，每亩留 10000~15000 个有效芽。'美人指'、'金手指' 等品种，高、宽、垂或"V" 字形架，第二年结果以上的树，一般每亩留 1200~1500 个结果母枝，每个结果母枝上留 10~12 个芽，每亩留 18000~24000 个有效芽。

冬季修剪步骤分为：一"看"、二"疏"、三"截"、四"查"。"看" 是看品种、看树龄、看树势、看树形、看架势、看芽眼、看枝条成熟度、看邻树生长状况，并根据每个品种确定的结果母枝及芽眼数量、预期产量，确定修剪量和修剪标准。"疏" 是根据各品种及架式等整形方式疏除病虫枝、细弱枝、过密枝，位置不当的枝及需要更新的枝。

“截”是将已保留下的结果母枝或更新枝剪除顶部以下部分,并根据确定的修剪量和品种的花芽分化特点,保留单个结果母枝或更新母枝的芽眼数。“查”是对已修剪的树,检查是否有漏剪、错剪的情况,并及时纠正补剪。

4.1 更新的方法

为了防止和纠正结果部位前移和基部空秃的弊端,在整形修剪中还要不断进行枝蔓更新,以保持整个架面上各部位枝蔓的生长势和固有的部位。下面介绍几个最常用的枝蔓更新法 :

4.2 结果环节的更新

这种更新法只限于在结果环节上进行。其目的 :一是保持结果部位稳定 ;二是保持结果母枝的生长优势。一般采用下面两种方法。

4.2.1 双枝更新

这一方法多用于固定枝蔓类整形中的头状整形、长梢剪水平整形和龙杠整形中的中梢剪等。为了不使结果部位外移,必须在长结果母蔓的下面再留一个具有两个芽的短枝做预备枝,当长结果母枝抽梢结果后,把这一结果母枝连同其上的一年生枝及其下的一段三年生枝缩剪掉,而把预备枝抽生的两个新梢再前长后短进行剪截,这样年复一年就可保持结果部位不向外移。

4.2.2 单枝更新

此法多用于结果母枝连年采用 1~3 个芽短剪的整形植株,因结果母枝本身很短,不需再留预备枝就可保持结果部位不外移。此法一般适用于立架水平形、棚架龙杠形和高、宽、垂架双臂形等。双梢单枝更新留 2 个有效芽眼和 2 个新梢 ;单梢单枝则留 1~2 个有效芽眼和 1 个新梢。

4.2.3 骨干枝更新

各种不同整形方法生长到一定时期骨干枝就易形成局部衰弱和空秃,必须进行不同程度的更新以充实空秃部位和复壮生长势。因更新部位和程度不同又分小更新、中更新和大更新三种。现分别介绍如下 :

4.2.3.1 小更新,在主蔓和侧蔓前段更新的为小更新。

这是在整形修剪中用得最多的一级更新方法,特别是对主、侧蔓都不固定的扇形整枝,经常要用缩前留后的修剪方法使结果部位不前移太快。

4.2.3.2 中更新,在主蔓的中段和大侧蔓近基部进行更新的为中更新。

一般在下面两种情况下使用。一是主、侧蔓后部枝蔓生长衰弱,剪去前端部分以复壮中、后部枝蔓的生长势；二是防止基部空秃，缩剪去中部以上枝蔓把顶端优势转移在基部以复壮基部枝梢。

4.2.3.3 大更新，剪去主蔓的大部或全部的为大更新。

一般是在主蔓基部以上枝蔓因受严重冻害或病害而损伤，或因枝蔓老朽衰弱，而基部有新枝和萌蘖可接替的情况下，可剪去主蔓以新枝代替。这种更新法要慎重而行，可以先培养好新枝再把老蔓去掉，如果老蔓已枯死或无生产价值，也可先剪去老蔓以待萌蘖发生而取代之。

5 冬季修剪具体操作方法

葡萄冬季修剪时应注意的事项：葡萄枝蔓的髓部大，木质部组织疏松，修剪后水分易从剪口流失，常常引起剪口下部芽眼干枯或受冻。为了防止这种现象发生，短截一年生枝时，最好在芽眼上方 2~3 cm 处剪截；疏剪或缩剪时，也应尽量避免造成过多的伤口；去除大枝时，更要注意不要过多造成机械伤口，尤其不要在枝干的同侧造成连续的多个伤口。

5.1 新栽一年的葡萄园修剪

（1）已经生长成形的树，即主干粗度 1.5 cm 以上，两侧主蔓已经生长至 80~90 cm，其上 8 根二次副梢直径已达 0.6 cm 以上的树。每株树留 6~8 根结果母枝，根据冬芽饱满状况，留 3~5 芽修剪，并剪除其余副梢。

（2）两侧主蔓已生长至 80~90 cm，顶端直径 0.6 cm 以上，其上 8 根二次副梢直径在 0.6 cm 以下的树，修剪时剪除主蔓以外副梢，留两侧主蔓即可。

（3）两侧主蔓生长未达 80~90 cm 或达到 80~90 cm 而顶端直径未达到 0.6 cm 粗的树，修剪时从 0.6 cm 处剪除，并剪除其余副梢。

5.2 成龄葡萄园修剪：

（1）‘红宝石无核’、‘户太八号’、‘维多利亚’等花芽分化好的品种从主干分叉处两侧，结果母枝按 30 cm 左右间距留 2~3 个芽修剪，每树留 12 个结果母枝。

（2）‘红地球’、‘夏黑’等花芽分化中等的品种，从主干分叉处两侧，每树留 8~10 根直径 0.8 cm 以上枝条成熟度好且芽眼饱满的枝条留 8~10 芽修剪，并可在主干分叉处两侧留 2~4 根的弱枝留 2~3 芽修剪培养更新枝。

（3）‘美人指’等花芽分化差的品种，从主干分叉处两侧，每树留 12~16 根直径 0.8 cm 以上枝条成熟度好且芽眼饱满的枝条留 10~12 个芽修剪，并可在主干分叉处两侧留 2~4 根弱枝,留 2~3 个芽修剪培养更新枝。

第三节　葡萄冬季整形修剪方法

葡萄通过冬剪能够调整树形结构达到在生长期充分利用光能和空间,协调营养生长与生殖生长,平衡树势,确定合理负载量,使葡萄能够稳产优质。冬剪过程中要围绕留芽量确定修剪树形,且根据当年树势和架面,结合品种,确定一个合理的留芽量,保证翌年结果产量和品质。一般冬剪要保证夏季的每平方米架面大致容纳 15~20 根新梢,此外还要根据树势适当增减。

1 修剪时间

冬季修剪的时间各地有差异,北方一般是 10 月中旬到 12 月上旬 ;南方地区可至来年 1 月份。对需要埋土防寒的品种应在秋季落叶后土壤封冻前进行,不需防寒埋土的品种可以在落叶后至次年春树液流动期(伤流期)前进行。

2 修剪方法

2.1 结果母枝

2.1.1 超短梢修剪

即只保留 1 个芽或只保留母枝基芽的修剪方法。其余枝条部分全部去除。

2.1.2 短梢修剪

即结果母枝修剪后保留 1~4 个芽。棚架栽培采用此修剪法,结果母枝宜用单枝更新修剪法,即每个短梢结果母枝上发出的 2~3 个新梢,修剪时回缩到最下位的一个枝,并保留 2~3 个芽作为下一年的结果母枝。

2.1.3 中梢修剪

结果母枝修剪后保留 5~7 个芽。篱架栽培、基芽结实力较低的品种,其花芽形成的部位稍高,多采用短梢修剪和中梢修剪相结合。

2.1.4 长梢修剪

结果母枝修剪后保留 8 个芽以上。此方法多用在主蔓局部光秃和延长修剪上。修剪时,结果母枝一般采用双枝更新修剪法,将结果枝组上的 2 个结果母枝下位的枝留 2~3 个芽短剪，作预备枝，处于上位的枝进行中、长梢修剪。第 2 年冬剪时，上位结完果的中、长梢可连同母枝从基部疏剪，下位预备枝上发出的 2 个新梢再按上年的修剪方法，上位枝长留，下位枝短留，留 2~3 个芽，以后每年如此循环进行。

2.2 枝组更新

葡萄枝组每隔 4~6 年更新 1 次，在冬剪时分批分期轮流地将老化、弯曲、结果能力下降的枝组疏除，使新枝组有生长空间。从主蔓潜伏芽发出的新梢中选择部位适当、生长健壮的来代替老枝组，培养成新枝组。

2.3 主蔓更新

2.3.1 局部更新

冬剪时，将生长衰弱、芽眼较多、结果能力下降的枝组进行局部更新，在开始衰弱的地方下面选留生长势强壮的枝条培养成新的主蔓，将衰弱的部分剪去。

2.3.2 主蔓更新

一般主蔓结果 10 年以后就会衰老，需要进行主蔓更新及培育新的主蔓换掉老蔓。主蔓上留有侧蔓且出现结果枝的情况，有计划的选留适当的壮条加以培育，连续培养 2 年左右，其结果量接近或超过老蔓时，将老蔓全部疏除。

2.4 棚架葡萄修剪

棚架葡萄采用龙干树形，主蔓上有规则的分布着结果枝组、母枝和新梢，在每 1 m 长的主蔓范围内，选留 3 个结果枝组，每个结果枝组保留 2 个结果母枝。每个结果母枝冬剪时采用单枝更新、短梢修剪，剪留 2~3 个芽，再通过抹芽、定枝去掉一部分新梢，达到合理的留枝量。

3 母枝剪留长度和母枝数量

冬季葡萄修剪中，母枝剪留长度与葡萄整枝形式、品种习性、花芽分布、枝条生长、枝蔓部位等有密切的关系。如棚架多主蔓自然扇形整枝形式，以长、中梢为主的方法修剪；龙干整枝形式，以短梢和极短梢的方法修剪；篱架多主蔓自然扇形整枝，以长、中、短梢结合。对结果率低、生长旺盛的东方品种，如“龙眼”、“白牛奶”等，适于长、中梢为主的修剪方法；对结果率较高的西欧品种群和黑海品种群葡萄，如“大可满”、“安吉文”等适于中、短梢修剪的方法；“玫瑰香”、“粉红太妃”等品种，适于中、长、短梢结合修剪；欧亚杂交品种，如“巨峰”、“新玫瑰”等，棚架适于中、长梢修剪，篱架宜用中、长、短梢混合修剪。

经过多年的实践摸索，总结出每亩（1 亩 =667m^2，下同）葡萄留母枝数的公式，即：

$$每亩留枝数=\frac{每亩产量（kg）}{每条母枝平均留果枝数\times每条果枝平均穗数\times每个果穗平均重量（kg）}$$

上述公式中的这几个数据，在生产中经过一两年的调查即可得到。只要在正常管理条件下，气候无异常变化，这些数字即作为常数，代入上述公式即可计算每亩留母枝数量。考虑到葡萄生产中枝条和果穗的损耗，实际修剪时要比计算结果多留母枝 20%~30%。

4 修剪时的注意事项

4.1 修剪口的影响

修剪时尽量使剪刀的窄刀面朝向被剪去的部分，宽刀面朝向枝条留下的部分，如会平整、光滑，有利于迅速愈合伤口。修剪时要避免伤口过多、过密，影响树体恢复，影响水分和养分运输，且易感染病虫害。

4.2 修剪位置的影响

由于葡萄枝蔓组织疏松易失水，剪口下往往有一小段干枯，为了保护芽眼，修剪时需在芽眼上方 3~5cm 处剪截，以保证芽眼正常萌发和生长，修剪时要避免伤口过多过密，而影响树体恢复，易得病虫害，影响水分及养分运输。

4.3 选留结果母枝

选留生长健壮、成熟良好的 1 年生枝作为结果母枝，枝条粗的适当长留，弱的应短留。

4.4 修剪病弱枝条

剪去病虫枝、细弱枝、干枯枝、过密枝、方位不正枝以及无利用价值的萌蘖枝，刮除主干和主蔓上病树皮，并将其带离葡萄园地或烧毁，以免感染健康植株。

第四节　葡萄的树形与架形

葡萄的架式主要分篱架和棚架两大类，各具有自身的特点，大面积生产中篱架应用广泛，观赏型和庭院主要是以棚架式栽培。篱架架式的架面与地面垂直，形如篱笆故名篱架，一般采用南北走向。这种架式的优点是管理方便，通风透光条件良好，有利于浆果品质的提高，果实品质较好。篱架分单篱架和双篱架。单篱架是用支柱和铁丝拉成一行行的篱架，葡萄枝蔓分布于架面的铁丝上，形成一道绿色的篱笆，此架式为单篱架。支柱高 1.5~2.5 m，埋入土中 50~60 cm，每 4~6 m 建立一个支柱，柱上每隔 40~60 cm 拉一道铁丝，一般拉 4 道铁丝。主蔓、结果母枝及新梢部分分别引缚在各层铁丝上，行距 2.5~5 m。单篱架的优点是便于密植，光照及通风条件好，早期产量高，管理方便，便于运输、机械化作业。缺点是寒冷地区需要埋土防寒越冬，必须加大行距，因而影响单位面积的株数和产量。双篱架是在定植沟的两面都设立篱架，植株栽种在两篱架之间，枝蔓分别向两侧架面上爬。制作方法同单篱架相同。两侧架面的距离（小行距）为 0.6~1 m，大行距为 3~5 m，根据具体要求可伸缩。双篱架比同样高度的单篱架增加一倍的架面积，枝蔓增加一倍，产量也增加一倍，更能经济的利用行间空地，有利提高单位面积产量。其缺点是操作不如单篱架方便，小行之间光照也差。

1 篱架多主蔓扇形整形

冬季修剪时期：埋土防寒地区一般在 10 月下旬至 11 月上旬，土壤结冻之前进行；不埋土地区，从落叶后至翌年 2 月底之前进行，最晚不得晚于 3 月上旬，修剪过晚，容易引起伤流，影响植株的生长。

1.1 结果母枝剪留长度

结果母枝剪留长短与生长结果有密切关系，一般根据结果母枝的部位、发育状况及成熟度决定剪留长度，原则是强枝长留，弱枝短留，有病虫害或成熟度差的枝蔓疏除或短截更新，外围枝视空间可长留，中下部枝宜适当短留。无论采取什么长度的修剪，均应保证单位面积上有较多较好的枝芽数，且分布合理，翌年萌发枝梢生长势均衡。结果母枝的剪留长度还与品种有关。品种不同，其结果母枝芽眼结实能力不同。对于芽眼结实能力强的品种，如“‘玫瑰香”、“莎巴珍珠”、“巨峰”等，可采用短梢修剪；而“牛奶”、“红鸡心”、“无核白”等品种，生长势强，结实率低，一般多采用中梢修剪和长梢修剪。

1.2 结果母枝留量

结果母枝的留量可从修剪后下年能发出新梢的数量来推算。例如以一个短梢结果母枝发出两个新梢计算，如果需要 16 个新梢，可留 8 个结果母枝。为防止机械损伤和自然灾害，可适当多留一些结果母枝，供春季萌芽后选择。架面上新梢的密度与品种生长特性有关，一般架面上每 10 cm 分布一个新梢。生长势弱的品种新梢间隔可小些，一般 8~10 cm 即可；生长势强的品种，新梢间距 10~12 cm 为宜。肥水条件好的葡萄园间隔可大些，否则间隔应小些。

1.3 结果母枝的更新修剪

结果母枝更新修剪分为双枝更新和单枝更新。双枝更新修剪时以一长一短两个结果母枝为一组，长的在前，剪留 4~6 节用于第 2 年结果，结果后冬剪时疏除；短的靠近枝蔓基部，剪留 2~3 芽作为预备枝，第 2 年春季在预备枝上选留两个健壮新梢，不留果穗，冬剪时再进行一长一短修剪。该更新法可防止结果部位外移，但预备枝不能留过多，否则架面郁闭，影响通风透光。单枝更新就是冬剪时每一枝组只留靠近主蔓的 1 个结果母枝，进行短梢修剪，第 2 年结果的同时，兼作预备更新枝。目前生产上多用此法。主蔓更新修剪：分为大更新和小更新两种。大更新就是将衰老主蔓从地表基部疏除代之以新蔓。在大更新之前，必须先培养从地表发出的萌蘖或从主蔓基部发出的新梢，使其成为新蔓。在新蔓可以代替老蔓时，才可将老蔓自基部除去。小更新是在架面上利用一个侧蔓或结果枝组对主蔓进行的局部更新。一般是用所留的预备枝进行缩剪换头。主要用于结果部位过分外移或枝头衰弱的主蔓更新。

1.4 修剪时应注意的几个问题

（1）修剪的剪口与芽眼要有一定距离，一般剪口在芽上 2~3 cm，以保护剪口芽。

（2）老蔓上的剪口不宜过大、过密，特别是不留大的对口伤，以免削弱树势。

（3）及时更新衰老的结果枝组和老蔓。对生长势弱的品种及植株，应尽量选择健壮的枝条作结果母枝；对生长过旺的品种或植株，宜选用中庸的结果母枝。一般尽量不选用长枝，以避免造成瞎眼等不良后果。

（4）一般粗度在 0.7 cm 以上的副梢可利用短梢修剪，过细或成熟不良的应尽量疏除。

2 单臂篱架整形

单臂篱架就是在每一个行间设立一个架面并且与地面垂直。架子的高度根据行距进行设立。行距 3 m 以上时，架高 2~2.2 m；行距 2 m 时，架高 1.5~1.8 m；行距 1.5 m 时，架高 1.2~1.5 m 设立单臂篱架的方法很简单，就是沿着行向的方向，每隔

4~6 m 设立一根柱子，边柱则用坠石固定。埋入地面的深度为 50~60 cm，然后再在立柱上面设立横拉铁线，第一道铁线离地面高度为 60 cm，往上每隔 50 cm 就拉一道铁线。然后把枝蔓固定在铁线上。单臂篱架的优势是可以通风顺畅，光照充足，葡萄很容易上色，能够提高浆果的品质。适合密植，有利于早期生产，并且适合田间操作。

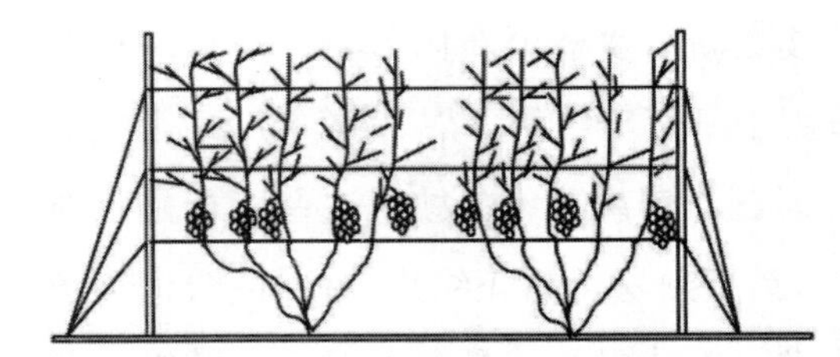

图6-3 多主蔓扇形篱架整形

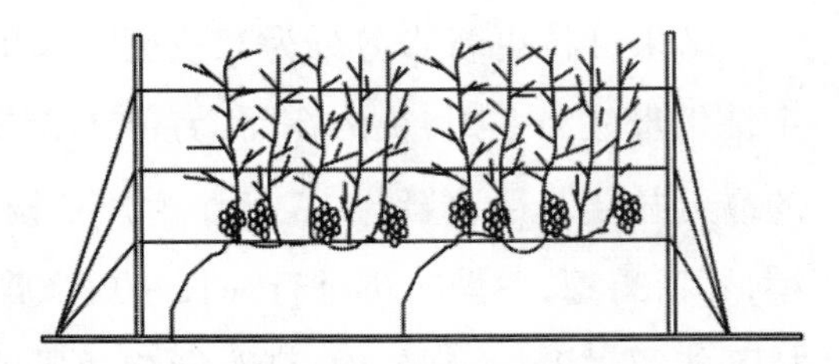

图6-4 单主蔓“厂”字形篱架形整形

3 双臂水平篱架整形（图 6-5）

行距 3~3.5 m，株距 0.3 m，单行栽培，行向南北为宜，亩用苗 635~740 株。顺种植行中心线垂直栽一排立柱，间隔 5 m 栽 1 根，柱高 1.8 m，或根据管理者的身高来决定。柱上东西向固定 4 根横担（木棍）下边第一道横担离地 0.6 m，其余每 0.4 m 固定一根。横担的长度应截成上长下短，即近地面第一根长度 0.6 m，第二根 0.7 m，第三根 0.8 m，最上边一根 0.9 m。在横担的两端分别将铁丝南北平行拴牢固定，共 2 × 4 道铁丝，呈倒八字型。在所有种植行南北两端第一立柱上分别设立戗柱或地锚揪线。

图6-5 双臂水平篱架整形

苗木萌芽生长后每株只培养一个主蔓生长，隔株交替分别引绑在两侧架面上，当主蔓逐年生长到位后封顶。该架型栽培蔓距 0.6 m，高度满架后单株结果架面为 0.7 m 左右，用独龙干整枝方法每株选留 4~5 个结果枝组，每个枝组平均保留两个果穗，在整穗疏果时将单株结果量控制在 4 kg 左右，亩产为 2540~2964 kg。

该架式栽培通风透光条件好，各项操作管理方便，并因合理密植，使单株负载量减轻，可提前进入和延长生长年限，并可产出品质较高的商品果，稳产高产。是目前当地葡萄生产上应用较多的一种新型架式。

4 双主蔓“Y”形篱架整形(图 6-6)

双篱架的优点是单位面积上能增加架面,可容纳较多的枝蔓,能提高空间的利用率,从而产量高。该树形主要应用于葡萄的篱架栽植,一般南北行向栽植。

栽边杆:苗木定植后,在每树行两头栽方柱形水泥边杆。横行、纵行两头都栽。边杆向外倾斜,栽后再拉一地锚。水泥边杆顶部留钢绞线穿孔。双股合成的钢绞丝逐一穿过边杆顶部穿孔,围成一圈。然后沿规划好的纵横行以边杆顶部钢绞丝穿孔为固定点纵横交叉架设钢丝。再在每一道横向钢丝的两侧处各拉一道钢丝垂直于纵向钢丝,平行于横向钢丝,两头固定在钢绞丝上。

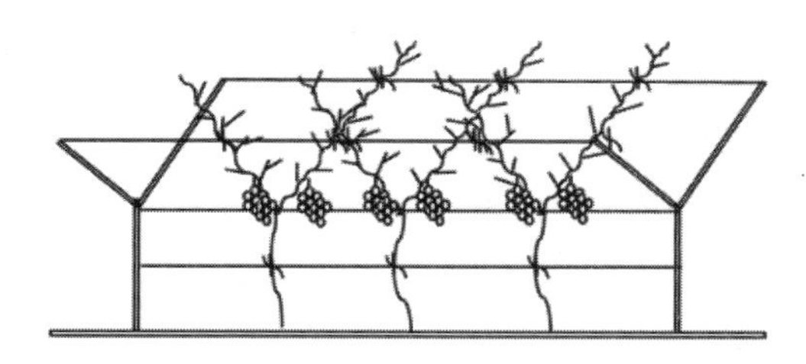

图6-6　双主蔓Y形篱架整形

栽撑杆:纵横钢丝相交处栽一水泥方柱。钢丝棚架即搭成。

4.1 整形

栽后第 1 年,留一个强梢顺旁边的水泥柱向上直立牵引,等其长到架面高度后,在架下 20~30 cm 处剪头。重点培养两个芽,等其萌发后分别沿行向向左右两边引缚于钢丝上,其余萌芽摘除。若树苗健壮,水肥管理好,第 1 年即可定干成形。

4.2 修剪

4.2.1 冬剪

架面上左右两边生长的主蔓各留 0.5 m 长。如果生长较弱,冬剪时剪到枝条粗壮处。树形培养完成后的形状是,水泥撑杆左右两边各 1 条主蔓,长度约为 0.3 m。冬剪时每一结果母枝留 3~5 个芽短截。

4.2.2 夏季修剪

萌芽后 1 个结果母枝留 3 个新梢作为结果枝,多余的抹去。当新梢长度超过 20 cm 后,将其引缚到钢丝上,使其与主蔓垂直并沿棚架面水平向前延伸。及时摘除卷须。在开花前 5 天摘心,保证新梢有 10 片完整的叶片,萌生的副梢留 2~3 片叶摘心。新梢顶端留 1 个副梢延长生长,其余副梢反复摘心。当新梢长到 1 m 时,为使其不与邻树新梢交结,要及时剪梢。

4.2.3 老蔓更新

主蔓衰老时,在其茎部选一强旺新梢,使其顺主蔓生长,长成后剪去老主蔓。缺点是光照及通风状况不及单篱架,肥水条件要求高,管理操作等(如土壤管理、喷药、修剪)不方便,易发生病虫害,而且架材费用高。

5 篱架主干“T”形整形(图 6-7)

篱架主干“T”字形是在“Y”字形的基础上,在顶部加一横担,使顶部变宽,又名宽顶单篱架。宽顶单篱架的基本结构是由立柱和横担组成。一般立柱长 2.2~2.5 m,入地 0.5~0.6 m,在离地 1.1~1.2 m 处设第一道铁丝,再向上 0.6~0.7 m 设一横担,横担长 1.5~2.0 m,在横担的中间及两端各拉一道铁丝(平行三道丝),全架为四道丝。上层中央的一道丝的高度,还可以因品种的生长势不同作调整,对于生长势较弱的品种,上层铁丝的高度可低于横担高度 10~20 cm。从每道铁丝的可能的负载量考虑,以横担两端的铁丝承载质量最大,应使用较粗的 10#(3.35 mm)铅丝,其次是横担中央的一道和下层的一道铁丝,可用 12#(2.64 mm)铅丝。如横担长超过 1.5 m,建议在横担中央与两端之间再增加一道丝。立柱可用直径 10 cm 见方的水泥柱或直径 5~6 cm 的钢管或 5 cm×3 cm 的角钢(涂上防锈漆),每行两端的柱子应粗些,行中间的可细些。如要设立防鸟网或避雨棚,立柱高还应增加 50 cm。栽柱拉丝资金不足时可分两年完成。

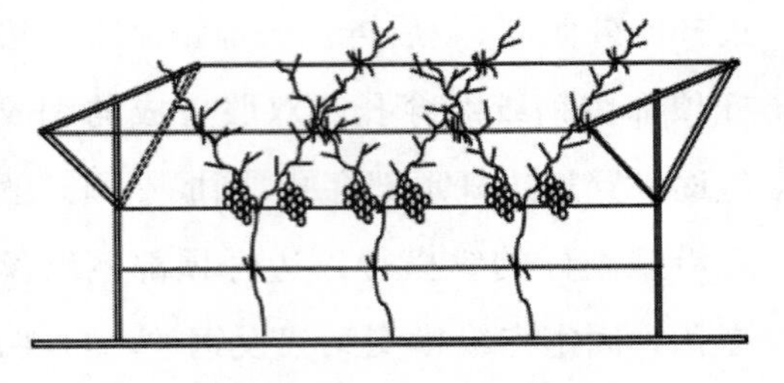

图6-7 篱架有主干“T”形整形

6 篱架主干“V”形整形(图 6-8)

“V”形架具有早成形、早结果、早丰产。“V”形架主干高度 0.8~1 m,无论扦插苗、嫁接苗或营养袋苗,只要苗壮、根系好并认真管理,栽苗当年“V”形架的骨架就可以基本形成,次年结果每亩产量可达 500 kg。

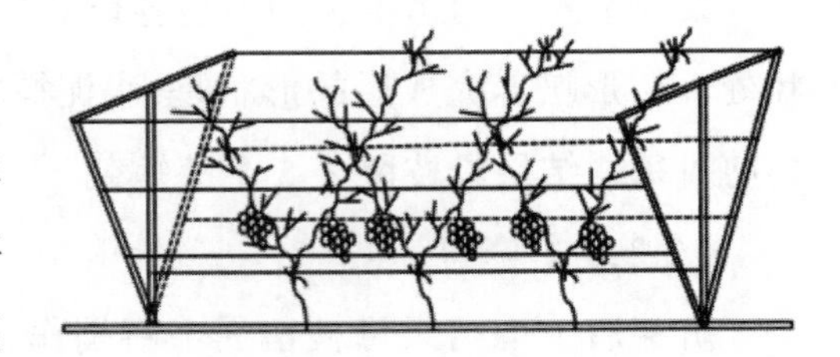

图6-8 篱架有主干“V”形整形

6.1 架形结构及特点

行距 2.5~3 m,株距 1.5 m,主干高 0.8~1 m,南北行栽植。支柱高出地面 1.7 m,支柱顶端架 1 根 1.5~1.7 m 的长横担,在长横担与第一道钢丝中间再架 1 根 0.8~0.9 m 长的短横担,两个横担的两端各拉 1 道钢丝。整个架面共有 3 层 5 道钢丝,就构成“V”形架。该架形光照充足,为防止果穗日烧,当前主要采用套袋法。但篱架上的果穗多数暴露在阳光下,中午和午后 2~3 时的高温烈日,使得架面西边和西南方向的果穗即使套上纸袋也难免发生日烧,而"V"形架上的果穗因为枝叶遮阳而不会发生日烧。此外,"V"形架枝条分布均匀,互不重叠,通风透光良好,可减轻病虫危害,提高商品率。

6.2 整形修剪要点

第一年栽苗(扦插苗、嫁接苗或营养袋苗均可)选留个壮梢,在不埋土防寒的地区,当苗高 0.8~1 m 时摘心打顶,并垂直固定在每一道钢丝上。以后上部萌发的 2 个副梢枝,分别水平引缚在每一道钢丝上,将来成为"V"形架的双臂主枝。冬剪时按照其老化程度短截。如果在冬季埋土地区,当苗高超过 0.8 m 时,成一定角度斜向固定在第一道钢丝上,不摘心,使其单向顺钢丝水平生长 # 翌年单、双臂上就会有部分新梢结果。

7 篱架主干"U"形整形(图 6-9)

"U"形整枝是一种改良式的少主蔓式扇形整形。其方法是 :在苗木栽植后修剪时,剪留基部 3~4 个饱满芽,春季萌发后,从中选留 2 个壮梢引缚向上生长,呈"U"形。当新梢长度达 1.0~1.2 m 时进行摘心,促使新梢上副梢萌发,而在副梢有 4~5 个叶片展开时即时摘心,促进副梢生长充实,培养为来年的结果母枝,对以后抽生的二次副梢进行适当的疏枝和摘心。冬季修剪时,在两个主蔓上按适当的负载量选留结果母枝。这种整形方法的主要特点是主蔓较少,适于密植,当年完成整形,第二年即可进入丰产阶段,而且也便于埋土防寒。

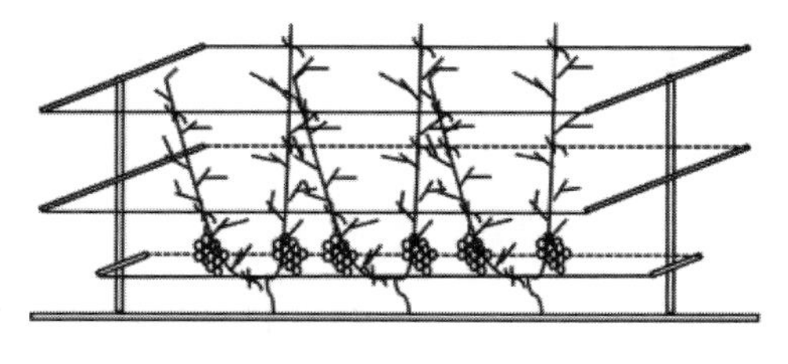

图6-9 篱架有主干"U"形整形

8 篱架主干"干"形整形(图 6-10)

葡萄篱架主干"干"字整形,主要是在"Y"字整形的基础上,在支架的两端的顶部平行再添加一个支架,是"Y"字整形架的延伸。实际上与"Y"形架的树形无区别。夏剪和冬剪与"Y"形树形无区别。

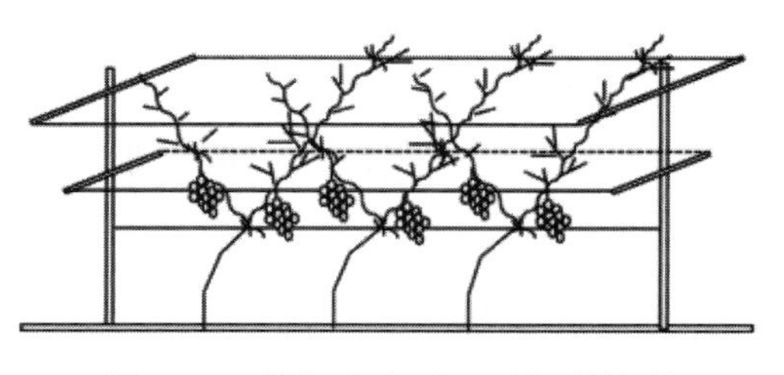

图6-10 篱架有主干"干"形整形

此树形主要是能够有效的固定篱架，防止由于主蔓枝条过多产生的负载重量对篱架产生的变形影响。

9 棚架整形

棚架是用支柱和铁丝搭成的，葡萄枝蔓在棚面上水平生长。一般架面长 6 m 以上为大棚架，6 m 以下为小棚架。小棚架的株行距为 1.5 m × 4.5 m，每亩定植 99 株；或株行距 1.0 m × 4.5 m，每亩定植 148 株；或株行距 1.2 m × 5.0 m，每亩定植 111 株；或株行距 1.5 m × 5.0 m，每亩定植 89 株。棚架栽培产量高，树的寿命也长。在庭院栽植的情况下还可利用院内建筑、树桩作为支架。棚架的缺点是在埋土防寒地区上架下架较为费工，管理不太方便。

大棚架整形主要是可利用较高的空间，且架面有倾斜和水平两种。倾斜式大棚架一般后部高约 0.8~1 m，前部高约 2~2.2 m，水平式棚架一般前后一样高，无倾斜状态，高度约为 2.5 m。昌黎凤凰山一带葡萄园全部采用倾斜式大棚架，架长 8~15 m 或更长，葡萄栽在梯田上或零散栽植于树坪中，架下土壤管理集中在植株附近 4~10 m^2 的范围内，地上部枝蔓借助于大棚架充分利用山坡地或山间沟谷的广阔空间。这种架式可以多占天少占地，在庭院成地形比较复杂的丘陵山坡、沟谷栽植更有明显的优越性。只要栽植穴土壤得到改良，便可栽植葡萄，且枝蔓能很快布满整个空间，能充分发挥生长旺盛品种的增产潜力。平地栽植时，因行距较大不利于早期充分利用土地和早结果、早丰产。

9.1 独龙干坡式棚架整形

独龙干坡式棚架（图 6-11）是一株留一个主蔓，结果母枝呈龙爪状均匀的分布于主蔓两侧。独龙干形在密植条件下能够凸显出已掌握和早期产量上升较快的特点。

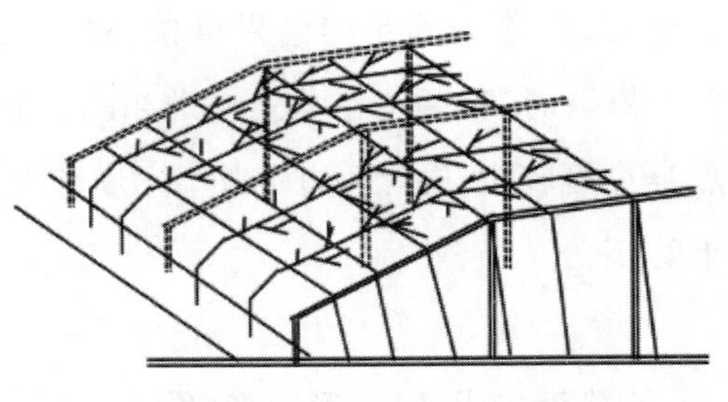

图6-11　独龙干坡式棚架整形

9.1.1 苗木定植

一般在 4 月上旬进行。苗木必须纯正，1 年生枝上有 4~5 个饱满芽，粗度 >0.5 cm，根长 >20 cm，根数 >6 个。定植沟深、宽均为 80 cm，行距 4 m，株距 0.6 m。

9.1.2 第 1 年整形修剪

夏剪。定植当年，夏剪的主要任务是抹芽和摘心，苗萌芽后留 1 个壮芽作为主蔓培养,其余芽全部抹除。6 月底主蔓长到 1.2~1.5 m 高时进行第 1 次摘心,主梢前端留 1 个副梢延长生长。主蔓长度达到 2 m 左右时进行第 2 次摘心,立秋后进行第 3 次摘心。一次副梢保留 2~3 片叶反复摘心,二次副梢留单叶后摘心。

冬剪。冬剪一般从 10 月下旬开始,持续到 11 月上旬。葡萄第 1 年生长势弱,剪口粗度要达到 1.0 cm 以上,壮枝可剪留 1~1.5 m,剪除所有副梢,弱枝可视情况适当短剪,主蔓粗度在 0.6 cm 以下的植株留 3~4 个芽平茬。葡萄后期贪青,应在霜降后带叶进行冬剪,并将叶片全部去除。第 1 年埋土防寒下架时一定要将基部尽量压平贴近地面,以便形成 "压弯脖" 结构。

9.1.3 第 2 年整形修剪

夏剪。4 月 5 日(清明)之前葡萄出土。5 月上旬进行抹芽,抹去副芽、弱芽及过密芽(平茬的只留 1 个壮芽作主蔓),主蔓距地面 50 cm 以下不留新梢,距地面 50 cm 以上新梢按间隔 10~15 cm 两侧对称分布,主蔓顶端 50 cm 以内的新梢最好不让结果,以加速整形进度,中间的新梢可适量挂果。第 1 次主梢摘心在 6 月上中旬进行,此时主蔓延长枝长度可达到 1.5 m,顶端留 1 个副梢作为延长枝。第 2 次主梢摘心在立秋前后延长枝长到 1 m 左右时进行。最后 1 次摘心在立秋后 20 d 左右进行。主梢延长枝上的副梢按间 10~15 cm 两侧对称分布,作为预备枝,长到 7~8 片叶时保留 5~6 片叶摘心。二次副梢除顶端留 3~4 片叶反复摘心控制外,其余二次副梢留单叶绝后摘心。结果枝果穗以上留 8~10 片叶摘心,果穗以下不留副梢,果穗以上的副梢留单叶绝后摘心,顶端副梢留 3~4 片叶反复摘心。营养枝摘心长度和结果枝相当,顶端副梢留 3~4 片叶反复摘心,其余副梢留单叶绝后摘心。

冬剪。冬剪一般在 10 月底至 11 月初进行。冬剪时,主蔓延长枝剪留长度视生长势而定,健壮的可留 2 m 以上,弱的可以适当短留;主蔓上间隔 30 cm 左右留一个 2~3 个芽短橛,剪口粗度 0.8 cm,粗度达不到 0.5 cm 的副梢从基部去除。埋土防寒下架时,将基部尽量压平贴近地面。

9.1.4 第 3 年整形修剪

葡萄通常第 3 年完成整形任务,出土绑蔓时基部与架面要有一定的倾斜度,与地面呈 45° 角,基部可形成 "压弯脖" 结构。

夏剪。4 月 5 日之前葡萄出土上架。夏剪的任务是定梢、疏花疏果和摘心。抹芽在 5 月上旬进行,5 月中旬新梢长到 15~20 cm 时进行定梢,对衰弱结果枝进行疏除,主蔓延长枝直接放条,到立秋摘一次心即可。主蔓距地面 0.5 m 以下不留新梢,

0.5 m 以上每隔 20~30 cm 保留一个结果枝组。延长枝上的副梢达 3~4 片叶时，将副梢每隔 1~2 个保留 1 个，保证副梢间距 15~20 cm。当副梢叶达 7~8 片时，留 5~6 片叶摘心，二次副梢顶端 1 个留 3~4 片叶反复摘心，其余二次副梢留单叶绝后摘心。5 月底开花前，对过多的花序进行疏除，每个结果枝只保留 1 穗果，及时抹除副梢上的二次花果，细弱新梢要及早疏除。当细弱新梢的位置很特殊，又不得不利用它占领架面空间时，应及早疏除其上的花序并摘心。6 月份花后 5~7 天，对结果枝进行摘心，自花序算起留 10~13 片叶摘心，营养枝长度达到 40 cm 轻打尖，通常按 2 个结果枝配 1 个营养枝的比例进行搭配为宜。结果枝上的副梢，果穗以下全部抹去，果穗以上留 2~3 片叶摘心，二次副梢留单叶绝后摘心，营养枝顶端副梢留 3~4 片叶反复摘心，其余副梢留单叶绝后摘心，对于需遮盖果穗的副梢视果穗大小、位置灵活掌握其数量。

冬剪。果实采收后，从 10 月下旬开始冬剪，最晚持续到 11 月上旬。顶端延长梢剪留 1~1.5 m，鉴于 1 年生枝基部花芽发育质量较次，为确保产量和品质需每隔 1 m 左右剪留 1 个中梢（剪留 3~5 个芽），其余 1 年生枝采用短梢修剪（剪留 2 个芽）。延长梢副梢粗度达到 0.8 cm 以上的剪留 2 个芽，粗度不足 0.5 cm 的去除。

9.2 独龙干水平棚架形（图 6-12）

9.2.1 第 1 年修剪

幼苗定植后留 2~3 个芽短截，使植株在地面处萌生新梢，选 1 个生长健壮的新梢留作独龙干主蔓，其余均抹除。

当新梢长到 13~15 片叶时，留 10~12 片进行摘心，顶副梢留 4~5 片叶摘心，采取对基部近地面 30 cm 以下的副梢均留 1~2 片叶连续摘心，在距地面 30 cm 以上部副梢采取“3–2–1”摘心法摘心，抑制副梢生长，辅助主蔓老化成熟。

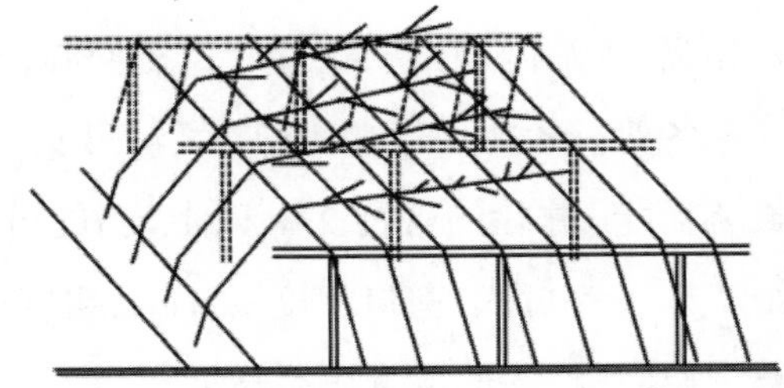

图6–12　独龙干水平棚架形

冬剪时，剪口粗度要到达 0.8 cm 以上，剪留长度 1~1.5 m。若剪口粗度不足 0.8 cm，则尽可能向下部剪截，使剪口粗度到达 0.8 cm。

对主蔓上 30 cm 以下的副梢，均留基部芽剪除；对 30 cm 以上至第 1 次摘心部位的副梢。视副梢粗度进行剪留，粗度在 0.6 cm 以上的，则留 2~3 个芽剪留，以促使副梢结果；若粗度在 0.6 cm 以下，则留主蔓上基部芽，利用主蔓上冬芽结果。

9.2.2 第 2 年修剪

春季发芽后，独龙干基部 30 cm 之内的萌芽一律抹除，50 cm 以上的左右交替选留健壮结果新梢。

主蔓延长蔓在长到 15~20 片叶时摘心，增进主蔓增粗；主蔓延长蔓上构成的副梢，均采取“3–2–1”摘心法，控制副梢生长；对 2 年生枝段上的营养枝和结果枝均留 8~12 片叶摘心，其上构成的副梢采取“3–2–1”摘心法，主蔓及结果梢上，顶端副梢，留 4 片叶摘心，2 次副梢留 3 片叶摘心，3 次副梢留 2 片叶摘心，即“4–3–2–1”摘心法。

冬剪时，主蔓延长蔓剪留 0.8~1 m，剪口粗度必须到达 0.8 cm 以上，延长蔓以下各侧蔓均每 15~25 cm 留 1 个结果母蔓，剪留 2~3 个芽。

延长蔓上的副梢粗度够 0.7 cm，则留 1~2 个芽剪留，不足 0.7 cm 的，则留基芽，剪除副梢。

9.2.3 第 3 年修剪

在主蔓延长蔓上继续选留结果新梢，方法同第 2 年。对上 1 年培养的各结果母蔓干春季各留 1~2 个结果新梢，冬剪时，每一个结果部位选近基部的 1 个硬朗新梢作结果母蔓，留 1~2 个芽短截。冬剪时，也按上 1 年的方法选留主蔓延长蔓和结果部位。

10 “X”树形整形

“X”树形（图 6–13）是日本水平连棚架上普遍采用的葡萄树形。根据园地地形、地势的不同，可分成平坦地主蔓均衡“X”形、缓纹地主蔓不均衡“X”形、陡坡地双主蔓半“X”形。平坦地主蔓均衡“X”形整枝，已在我国江苏镇江市被广泛应用。

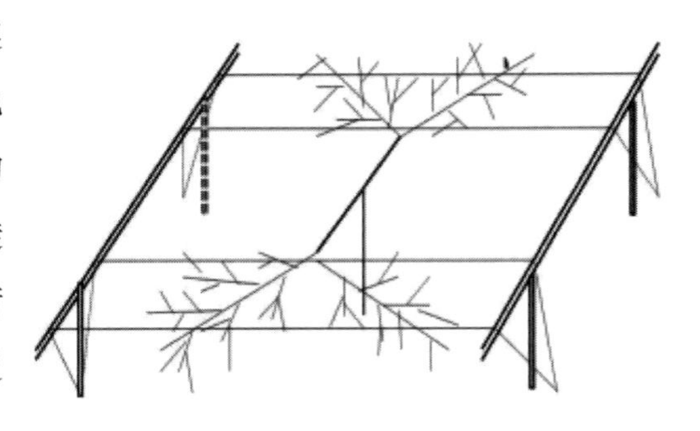

图6–13 “X”树形整形

11 “H”形树形（图 6–14）整形

“H”形整形规范，修建简单，结果部位整齐，新梢超过架面 30 cm 时摘心，并引缚于架面铁丝上。在这新梢上选一强势副梢，待其长到 30 cm 时也摘心。培养 4 个

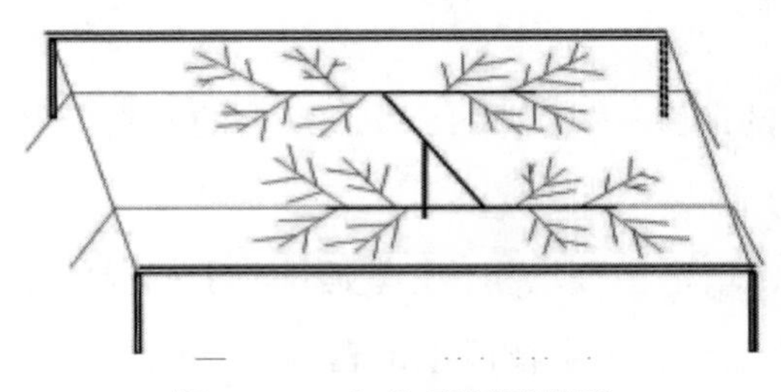

图6-14 "H"形树形整形

平行主蔓，当4个主蔓超过40 cm时，将其绑缚于内侧两道铁丝上，使在架面上呈H形分布。主蔓培养完成之后，在其上每隔20~25 cm配置一结果枝组。

第七章　葡萄的夏季修剪与花果管理技术

第一节　葡萄夏季修剪

1 夏季修剪的意义

夏季修剪可调节养分流向，调节生长与结果的关系，改善通风透光条件，减轻病虫害，保证合理的果穗负载量，促使果穗和果粒充分发育，有利于花芽分化，使浆果按时着色成熟，创造良好的经济效益。

2 夏季修剪的方法

2.1 抹芽

抹芽是指在芽已经萌动但尚未展叶时，对芽进行选择性的去留操作，一般需进行1~2次。芽生长会消耗营养，影响植株生长，多余的应及时抹去，所以要趁早进行。抹芽的时间多在芽体膨大到1 cm左右以后至展叶之前进行，在芽萌动后10~15 d。首先应抹除明显的无用芽，如主蔓基部、主干和多年生老蔓上无用的萌芽。彻底清除主蔓第一道铁丝以下至根颈处产生的所有新梢和萌蘖，在整个生育期内抹芽4~5遍，保证底部通风透光。对于准备进行主蔓更新的植株，留下位置和方向好的萌芽，以作来年更新用。

图7-1　葡萄抹芽

对结果母枝上的芽，按抹去弱芽（枝）、双芽（枝）、密集芽（枝），保留壮芽原则进行。抹除双芽或三芽中较弱小的芽，只保留一个壮芽；抹除结果母枝之间萌发的不定芽。一般第一次抹芽后，要多保留30%左右的芽，以防风折、人为碰撞等。要求是：留稀不留密（结果母枝稀的部位多留芽，密的部位少留芽）；留强不留弱（留健壮芽、饱满芽，去掉弱芽）；留正不留斜（水平主蔓一般要留垂向上的芽）。

2.2 定梢

定梢是指当新梢生长到15~20 cm,能分辨出有无花序时,对新梢进行选择性去留的操作。定梢要求保留相应数量的生长健壮、花序发育良好的结果枝,疏除无果发育枝、弱枝和潜伏芽发出的徒长枝。

抹芽和定梢主要是对冬季修剪的补充,因冬季修剪时,植株留芽量一般偏高,发芽后要适当疏剪,以调整植株的负载量,防止因结果太多而削弱树势,进一步把枝梢调整到更加合理的水平。此时,应根据树势强弱和负载量大小最后确定留枝量。

定梢的依据是树势和负载量,做到以产定梢,避免留梢过多。具体留芽量与管理水平、品种特性、树势强弱、修剪轻重和果枝多少均有密切关系。一般肥水条件好、架面大、树势生长旺盛的,留芽宜多;土地瘠薄、肥水条件差、架面小、生长衰弱的,留芽宜少。植株上花序量多时,可按预定产量指标留足结果枝,当花序量不足时,应尽量保留有花序的果枝。对生长势强的品种,少留些新梢,如赤霞珠、霞多丽等每米长架面留10~12个新梢;对生长势弱的品种,多留些新梢,如黑比诺、贵人香等每米长架面留15~20个新梢。定梢标准由计划亩产量、每亩株数和品种结果习性等确定。一般结果新梢之间的距离7~12 cm为宜。

2.3 绑蔓(老蔓和新梢)

把蔓或新梢宽松绑缚在固定的支架上称绑蔓。在出土后1~2 d即可进行绑蔓上架,将主蔓顺埋压的方向倾斜,臂水平固定在第一道铁丝上,使葡萄主蔓在一道丝上形成首尾相连。生长过程中,把新梢要及时引缚在架面上,使其在架面上均匀分布,充分受光,避免风吹折断果枝。

固定的材料多种多样,可用细绳、麻线、麻皮、细铁丝、铁钩等。但不管使用什么材料,不能固定得太死,以免影响植株的生长。

绑缚比较费工,最好采用双线法(双铁丝)。双线法有两种,一种是固定双线法:第二道铁丝使用双线,支柱的两端各安1根,固定在支柱上,新枝的顶端在2根铁丝之间;另一种是非固定双线法:与固定双线法相似,但只是在每行两端的支柱上固定,中间只是放在支柱的铁钩上,可升可降。在萌芽前降下双线,然后随着新梢的生长逐渐上升双线,此种方式可实现机械化绑蔓。但在升双线时,应避免折断新梢。不管是固定双线法,还是非固定双线法,在2个支柱之间,双线的2根铁丝应用铁钩合拢。新梢由于其卷须的生长而自然地固定在两根铁丝之间。

在任何情况下,都不能将枝蔓成堆地固定在同一铁丝上,因为这样会导致病、虫害的发生发展。

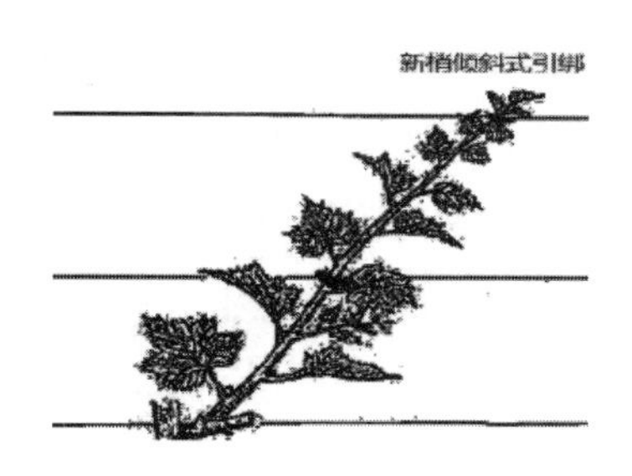

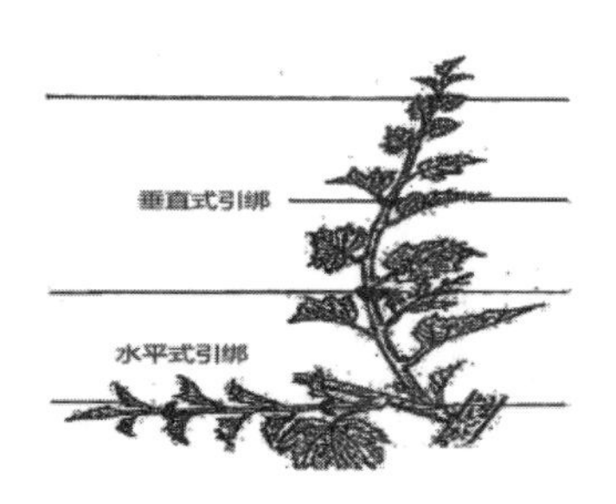

图7-2　葡萄绑蔓

2.4 摘心和截顶

摘心就是把主梢嫩尖至数片幼叶一块儿摘除。而截顶就是将高于预定叶幕层顶端的部分完全剪除。摘心和截顶的目的是：通过去除新梢顶端的生长部分，节省新梢生长所需的大量养分，防止落花落果；改善果穗的通风透光条件。摘心是在将新梢引缚到架面后进行的，其次数决定于长势、品种和产地的土壤、气候等自然条件。截顶是在新梢生长超过架高后进行机械化摘心。

图7-3　摘心

2.5 除萌和徒长枝

除萌就是早春抹除主干或根隐芽萌发的徒长枝或根蘖，它们不但消耗养分，也会扰乱树形。如果该处光秃无结果枝，可留下培养成预备枝，如准备大更新主蔓，可进行培养为预备枝。嫁接苗砧木极易萌发根蘖，如果任其生长，会导致上面品种死亡，一旦发出来，尽快全部除去。

图7-4　除萌

2.6 果穗修剪

果穗修剪主要用于提高鲜食葡萄的外观质量（果穗形状和果粒大小），果穗修剪包括去除部分果粒、保证果穗形状和剪除果穗，有些结实率高的酿酒葡萄品种也可以通过疏穗来限制产量。如果一个新梢上果穗较多，在花序明显伸出后进行定果穗，

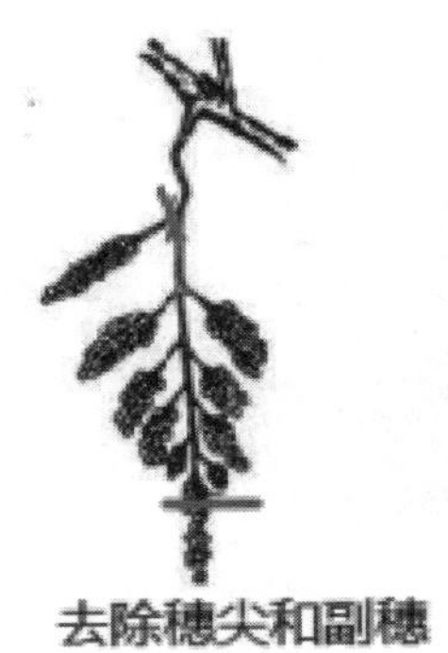

图7-5　果穗修剪

每个结果新梢根据新梢长势定穗，壮梢留1~2个，弱梢留0~1个，一般去除上部弱小的，留下部的果穗。如果产量还高，应在即将转色时剪除30%以上的果穗。疏果应该及时，这样会提高植株的长势和冬芽的结实性，也可以提高葡萄产量和品质；疏果太迟，如在转色期以后，往往会浪费了树体营养，但对于一些结实率高的品种转色期进行疏果时，葡萄品质一样会有提高。疏果程度如果低于25%，则对产量没有明显的影响，必须达到30%，才有减产的效果。但疏果后，由于留下的果实重量增加，疏果程度与减产的程度并不是直线关系。同时，疏果后，在降低产量的同时，明显地改善了葡萄的质量。

2.7 副梢处理

葡萄冬芽在正常生长时当年不萌发，而是等到次年春天才萌发。夏芽在当年生长季就萌发成副梢，副梢上的夏芽再萌发成为二次副梢，二次副梢再长出三次副梢。

图7-6　去除副梢

主梢摘心或截顶后，抑制主梢顶端的生长，加强副梢的生长。为了改善光照条件，需对副梢进行处理，常用省工办法是初期清除果穗以下副梢后，任其生长，在达到一定长度后，用机械进行修剪，同时进行截顶和副梢修剪，保持叶幕宽在0.5 m左右。

2.8 摘老叶

摘叶就是在近葡萄成熟期，摘除果穗附近的叶片。在生长后期，葡萄基部的老叶光合能力下降，其消耗的营养物质超过自身产生的营养物质，为了节省养分，以改善果穗的通风透光条件，提高其温度，防止果穗病害，提高果实的着色和成熟度，便于打药、采收等作业。进行摘叶操作后，一般使90%的果穗暴露在阳光之下。摘叶在采前一个月进行，如果摘叶太早或太多，就会降低有效叶面积，从而降低产量和质量。但在光照强烈的地

图7-7　摘老叶

区，摘叶过早也容易引起果实的日灼。一般光照越强的地区摘叶会越晚。

第二节　花果管理技术

1 疏花疏果

1.1 疏花

1.1.1 疏花的目的

疏花序的目的是在抹芽定枝的基础上进一步调整产量，达到植株合理的负载量，节省营养，提高坐果率和果实品质以达到生产优质、高效的目的。

图7-8　疏花

1.1.2 疏花的原则

疏花序原则是去除发育差、分布过密或位置不当的花序。一般弱枝（直径小于 0.6 cm）上不留花序，生长势中等（直径为 0.6~1.0 cm）的枝上留一个花序，强枝（直径大于 1 cm）上可以留两个花序。如果中庸枝上出现两个花序，通常将小的疏除。

1.1.3 疏花的时间

疏花要在新梢的花序多少、大小能辨别清楚时，尽早进行，以节省养分促进生长，避免造成不必要的营养浪费。

1.1.4 葡萄疏花序的方法

疏花序时将不要的花序从茎部用手掐除或用修枝剪剪去。切忌用手使劲拽，避免折伤新梢。

1.1.5 掐序尖

掐序尖是对葡萄花序进行疏花和改善穗形的重要措施，掐序尖后去除了部分花蕾，有利于养分对剩余花蕾的供应，可以提高坐果率，使果穗紧凑美观。掐序尖通常在开花前一周左右进行，过早花序尚未足够伸展，操作和控制掐留量都不太方便，过晚促进坐果的效果差。掐序尖时，可掐除尖端长度为果穗的 1/5~1/4。一般强枝上的果穗可掐尖端长度为果穗的 1/5 左右，中等

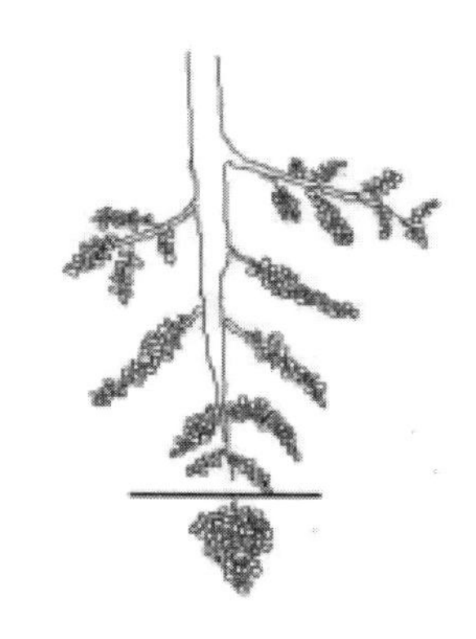

图7-9　掐花序7

枝上果穗可掐尖端长度为果穗的 1/4 左右，弱枝可掐尖端长度为果穗的 1/3 左右。

1.2 疏果（疏粒）

疏果在经过掐序尖和花序整形后，花序中坐住的果粒数，一般减少很多，在生产中为了果穗整齐，果粒硕大的葡萄，还必须剪除部分果粒。

1.2.1 疏果的目的

葡萄结果过多不仅影响糖度和着色，而且会引起树体贮藏养分不足，树势衰弱，造成翌年减产。疏果能有效控制产量，提高浆果质量，做到年年稳产优质。疏果的时间要尽可能早。通过限制果粒数，使果粒大小符合所要求的标准。果形、果粒匀整，提高商品性能。

1.2.2 疏果时间

疏果最好在果实绿豆粒大小时进行第一次疏果，果粒坐住（果粒黄豆粒大小时）后进行第二次疏果（定量）。疏果可与掐穗尖和花序整形配合进行，这样可以达到理想的效果。但对面积大的、劳动力紧张的果园来说，要仔细完成这项工作比较困难。美国加利福尼亚州的鲜食葡萄生产，主要采用坐住果后疏果的办法，对‘托凯’、‘无核白’等品种，将果穗先端的一半（占果穗整体长度的一半或更多）除去，能收到显著控制果量的效果。

图7-10 疏果

1.2.3 疏果标准

疏粒的方法是把小果粒疏去，留下大的、个头均匀一致的果粒；个别突出的大粒因着色差也应疏去。另外，为使果粒排列整齐美观，选留果穗外部的果粒。大果穗每隔一个支轴间掉一个，这样整好穗形后再疏粒，效率较高。一个支轴上留的粒数，按品种不同应有所区别。一般‘巨峰’葡萄每穗留 30~35 粒，‘藤稔’葡萄每穗留 25~30 粒。单穗重保持在 350 g 左右，‘牛奶’葡萄在花后疏果，疏去果穗 1/4~1/2 的果量，每穗果量保持在 80~100 粒，‘维多利亚’葡萄留果量在 60~70 粒。

2 保花保果

葡萄花序上的花蕾很多，适当的落花落果是葡萄的正常的生理现象，其主要原因是授粉受精不良、发育不正常的花或果粒缺乏营养和内源激素而导致的。但是，如果落花落果严重，不能维持葡萄植株正常的负载量，将会严重的影响当年的产量，给生产者带来损失。落花落果与品种也有很大的关系，如'巨峰'胚珠异常，部分花粉不育，其落花落果是与自身的遗传性状有关。另外，异常的气候条件也是引起落花落果的原因之一，如低温、干旱、花期降雨，直接影响花序的发育和生长，正常的授粉受精过程不能顺利进行，导致落花落果。

在栽培措施上，抹芽定枝，摘心没能及时进行，氮肥施用量偏多，新梢徒长，开花期浇水或喷施对花朵有刺激的农药，上年度负载量过大，病虫害严重造成落叶，新梢不充实，花芽分化不良，储存营养不足等也会造成落花落果。由于气候异常和品种特性原因引起的落花落果难以控制，但通过科学的栽培管理技术，可以减轻落花落果发生过程。

2.1 合理负载、改善树体营养

葡萄树体负载量大、消耗的营养物质多，树体营养的积累就会减少。因此，控制产量是减少落花落果的措施之一。一般情况下，每 667 m^2 控制产量在 1500 kg，最多不超过 2000 kg，既能保证丰产稳产，又能保证枝蔓充分成熟、花芽分化良好，树体营养积累充足，最大限度的满足来年生长、开花、授粉受精对养分的需求。在肥水管理上，要增施有机肥，每生产 1 kg 果实要施用有机肥 4 kg，改善土壤理化性状，为根系生长创造良好的条件，增强根系的吸收能力。在萌芽后至开花前，追施氮、磷为主的速效肥料，并根据天气及土壤情况及时灌水。

2.2 及时抹芽、定枝、摘心

及时抹芽、定枝及摘心，可减少营养的消耗，促进花序进一步发育，调整营养生长和生殖生长的关系。控制了营养生长，能使更多的养分转向花序，保证开花、授粉、受精有足够的养分供应。

2.2.1 抹芽

主蔓前部芽生长旺盛，往往抑制后部芽的萌发或新梢抽生，为了平衡主蔓各部位的生长势，将顶端优势强旺的上位芽之主芽抹除，其副芽生长势较为缓和，可以平衡生长势，保证主蔓后部的萌芽能够发育成结果新梢。芽眼萌动后（一般在 4 月下旬至 5 月上旬）即可进行。抹除双芽或三芽中比较弱小的芽，每个芽眼只保留一个壮芽；抹除结果母

图7-11　抹芽

枝之间的不定芽；抹掉老蔓上距地面 30 cm 以下的潜伏芽(作预备枝的除外)。抹芽时应保留靠近主蔓的萌芽。

2.2.2 定枝

在新梢长至 10 cm 左右，能明显辨明花序状况时及早进行，一般从 5 月上旬开始，可分两次进行。方法及标准：距地面 45 cm 以下的部位不留新梢，以形成通风带。母枝延长枝一般定一个新梢，特殊强壮的可以定两个新梢，主枝延长枝一般定 2 个新梢。定枝数量应根据母枝、主枝的距离和数量，本着“去远留近，去弱留强”的原则灵活掌握，不宜过多。为保证果品质量，产量控制在每亩 1500 kg 为宜。一般每平方米架面的留枝量应掌握在 16 个左右。

2.2.3 主梢摘心

花期，花前 5~7 d 开始，过早，会使副梢恢复生长，争夺养分，过晚则易造成落花落果。方法：花序以上留 6~8 片叶摘心，以减少新梢生长，使养分集中供应花序，提高坐果率。

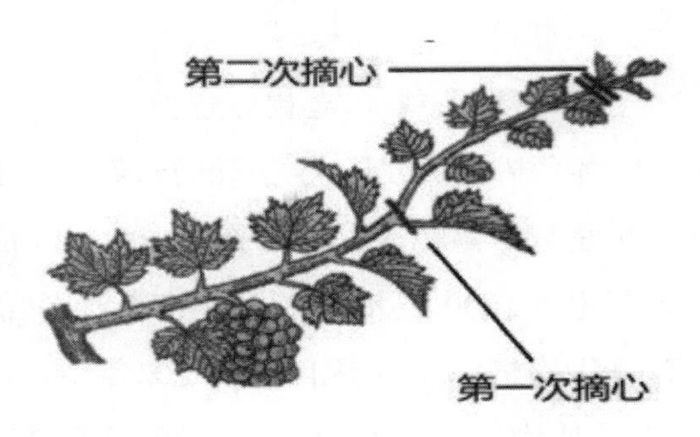

图7-12 主梢摘心

2.3 及时疏整花序

根据负载量及新梢生长情况，及时疏除多余的花序，对留下的花序要及时的去副穗、小穗、穗尖，使养分的供应更加集中在留下的花序上，满足开花、授粉、受精、坐果的养分需求。开花前进行。每个强壮结果枝上保留 2 个花序，中庸枝上只留一个花序，弱枝上不留花序，整个植株上叶果比保持在 25 ∶ 1 左右(25 个片叶 1 个果穗)。花序展开后，掐去花序的顶端 1/5~1/4，同时除去副穗，并适当除去部分过密、过小的小分枝，使花序大小整齐，紧凑。

图7-13 疏整花序

2.4 花期喷硼

在开花前两周，喷布益植硼稀释液，可促进花粉萌发和花粉管的伸长，对提高坐果率及增加产量都有显著地作用。

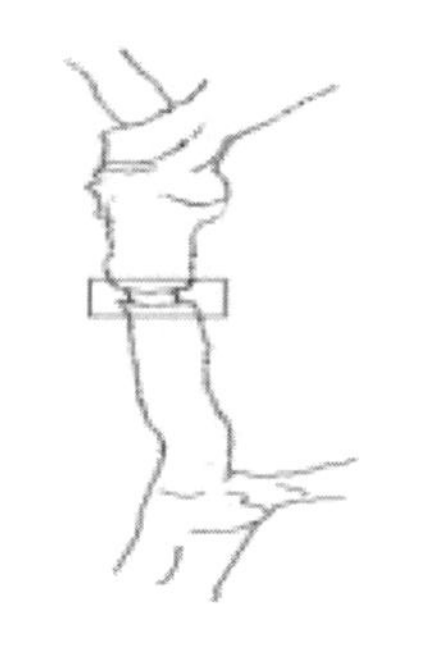
图7-14　枝蔓环剥

2.5 枝蔓环剥

葡萄环剥应在始花期进行，即在结果枝着生果穗的前面75 cm处或前几个节间，用环剥刀或嫁接刀进行环剥，剥口宽0.2~7.5 cm，深达木质部，剥口立即用塑料条包严，有利于剥口愈合。此法可明显提高坐果率，尤其是对巨峰系品种，效果更显著。

图7-15　落花现象

2.6 催花肥

开花前一周，全园追肥一次，以保证足够的营养开花坐果。

3 落花落果的原因及防止措施

3.1 落花落果的原因

葡萄落花落果是果树的自疏现象。但是，生产中有时由于某些原因，存在葡萄落花落果过多，造成严重减产的局面。

3.1.1 品种原因

有些品种胚珠发育不完整，胚珠异常率高达48%，花丝向后退回，不利于授粉。有些有雌花结构缺陷，有些雄蕊退化。如果授粉树配置不合理，将导致花和果实落下。在葡萄生长的早期阶段，营养储存不足，导致花不完全生长，胚珠发育不良，花粉萌发率低，导致坐果率下降。葡萄的生长量很大，水和营养元素的消耗量也很大。当开花期缺乏微量元素时，花的受精能力降低，容易使花落下。

3.1.2 栽培管理措施不当

如上一年果实负载量过大、未能及时摘心、早期落叶等，引起树体贮藏营养严重不足，本年度新梢徒长或极度衰弱，病虫害防治不力，导致缺乏开花坐果所需的足够营养，授粉受精不良，落花落果严重。

3.1.3 气候条件恶劣

如遭遇阴雨、干旱、大风、高温、低温等恶劣气候条件，对花期官分化和生长有严重影响，破坏正常授粉和受精进程，甚至使胚囊败育，导致大量落花落果。

3.2 预防落花落果的措施

3.2.1 强化栽培措施

一是选择优良品种。葡萄结果早晚与品种有关。一般欧美、美洲种群易形成花芽,坐果率高,早期丰产。如‘康太’、‘红香蕉’、‘红密’、‘白香蕉’等。二是培育壮苗。健壮的苗木不但成活率高,而且定植当年恢复生长快,形成旺盛的地上部和根系。近年来,人们采用催根措施,如激素、日光温、酿热、火炕或电热床来培育壮苗。三是科学施肥。选择适宜的地点和土壤建园,园内开通大沟,施足基肥,幼龄期每年改土,施足基肥,培肥土壤。有机肥不少于 75~150 t/hm^2,并混入适量过磷酸钙或钙镁磷肥,生长期多次施复合肥,才能使葡萄根系发达,促进上部旺盛的营养生长与生殖生长,早期形成大量花芽,进行正常开花与结果。四是合理密植。只有实行计划密植,发挥群体优势,才有可能早期充分利用土地和光能,迅速占据架面,提高覆盖率和叶面积指数,获得早期丰产。

3.2.2 改善树体营养状况

葡萄生长结果和花芽分化是以营养为物质基础的,因此加强管理,健全树体,改善和充实树体的营养水平是保花保果的根本措施。一是改土施肥。不断供应树体需要的各种营养元素,逐步实行以有机肥为主体的配方施肥制度,控制结果量。留果太多,叶果比失调,将导致落果。通过疏果,保持合理叶果比(20 ∶ 1),使足够多的叶片来制造养分,供花芽分化。二是保叶片。叶片是制造同化养分的主要器官,加强保叶管理,避免提前落叶和延长叶片寿命,提高叶片的光合能力。三是增施微量元素。在葡萄花期缺乏微量元素,特别是硼元素,也会落花落果。缺硼时花粉发芽率低,到开花时花冠仍不开张,与子房紧贴在一起,然后变成褐色而枯死。硼肥以基肥施用时,以 1 kg 硼砂与 25 kg 细土拌匀,于早春葡萄发芽前施于植株周围,或叶面喷施 0.3% 的硼砂液,在花蕾期、初花期、盛花期各喷 1 次。

3.2.3 调节树体营养

主要调节生长与结果之间竞争养分的矛盾,使体内的养分及时满足各个时期要求,使生长、开花、结果与花芽分化保持协调平衡地发育。一是摘心。可暂时地使新梢不与花序发生养分竞争,增加供给花序的养分,达到保花保果的目的。摘心强度愈大,坐果率愈高,摘心过轻,起不到应有的效果,摘心要适度。对粗壮结果枝,以强摘心处理的坐果率高,果实品质也佳,中摘心次之,弱摘心最差;对中等结果枝,以弱摘心处理最佳,中摘心次之;对弱结果枝不必进行摘心处理。二是控制新梢生长。

新梢生长过旺会导致营养生长与生殖生长失去平衡，大量有机养分流向新梢先端刺激生长，花器缺乏养分而中途夭折，从而导致大量落花落果；新梢生长过弱，叶面积太小，制造同化养分少，花器和幼胚得不到足够养分而造成大量落花落果。造成新梢过旺或过弱的因素主要是施氮肥过多或修剪不当。

导致落花落果的树体内部条件是开花时新梢中的水溶性氮素含量高，碳水化合物含量低，从而诱发新梢旺盛生长。相反，葡萄体内水溶性氮素少，碳水化合物含量多时，则落花落果少。因此，应合理施用氮肥。修剪量不合理会引起枝梢的过旺或过弱，也是造成落花落果原因之一。修剪量是以剪去部分占修剪前枝梢的比率。一般以剪去 90% 为重剪，剪去 75%~80% 为中剪，修剪量轻重要根据品种特性而定。

4 花果管理技术

根据葡萄的品种特性、生长势、立地条件等做好花果管理工作，是保证果品优质、高产、稳产的重要管理环节。现将几项葡萄花果管理措施介绍如下：

4.1 调节花量

4.1.1 留适宜结果母枝

根据栽培管理水平等确定单位面积产量指标，所栽品种的结果习性、果穗的大小等，推算出单个结果母枝的结果量，根据单位面积计划产量推算出单位面积留结果母枝量(多留 10% 左右)。例如大穗型品种‘藤稔’，平均每结果母枝发 1.5 个结果枝，每个结果枝结 1.5 个穗果，平均单穗重 600~700 g，一般要求每 667 m^2 产 250~300 kg，即可算出单位面积留结果母枝量。

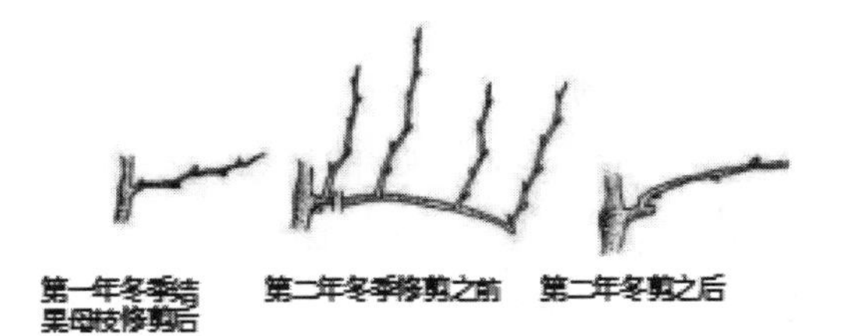

图7-16 结果母枝的整形修剪

4.1.2 抹芽定梢

抹芽：根据计划产量留足需要发枝的壮芽，一般多留 30% 左右。在此前提下，疏除密挤芽、副芽、弱芽等，在萌芽后至展叶时进行。长梢修剪母枝留 4~5 个芽，中梢修剪母枝留 3~4 个壮芽，短梢修剪母枝留 2~3 个芽。

定梢：第 1 次在新梢长到 15~20 cm 左右时进行，抹除密挤梢、弱梢、着生花序小或无花序的梢，比计划多留 10% 左右。第 2 次在旺长梢长到 30 cm 左右时，对新梢

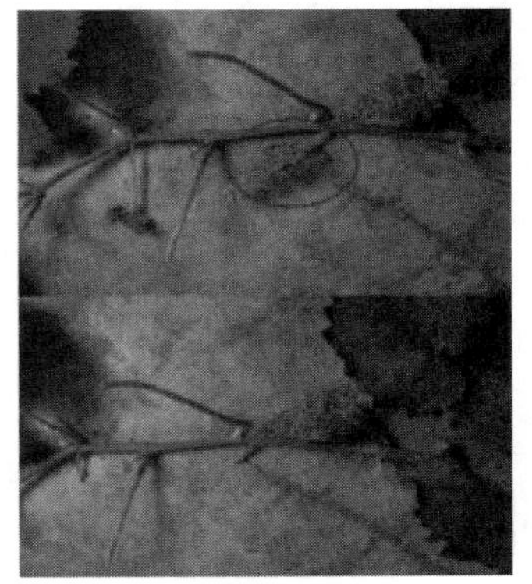
图7-17 疏花序

量稍做调整即可。

4.1.3 留适量花序

在花序完全分离后至开花前进行。根据计划产量确定每株的负载量，再根据结果枝的强弱确定花序的留量。强结果枝每梢一般留 2 个花序，中庸结果枝每梢留 1 个花序，弱梢多不留花序作营养枝，弱树要多留营养枝；也要根据品种果穗大小留花序，大穗型品种可适当少留，小穗型品种应适当多留（多留 15% 左右）。有些地区在葡萄开花坐果期常发生灾害性天气，如河床、谷地、山区洼地（霜眼）等，更要适当多留花序。

4.1.4 整果穗与疏果粒

花谢后 2 周左右，在坐果稳定时进行整果穗。

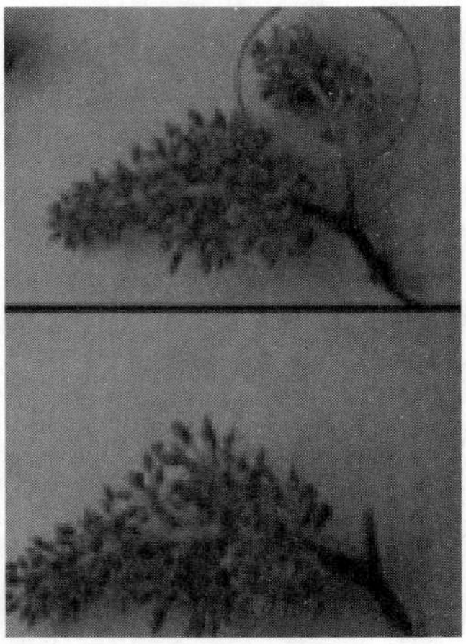

整形前

整形后

图7-18　果穗整形

整果穗：一是确定果穗的大小，做到大小比较均匀，结果枝合理负担；二是把果穗整成一定的形状，一般多整成圆锥形；三是把坐果多而密的整成稍松散的果穗，防止果粒拥挤、变形，以防发生病虫害。整果穗首先要顺穗，使自由下垂，防止拉丝、叶柄、枝梢等夹在果穗中。坐果量多的果穗，要疏除过密的果穗分枝（支轴果穗），一般疏除副穗，过长穗梢掐去一段穗尖，使果穗梢松散，穗型美观。如‘藤稔’葡萄，粒重 15 g 左右，多要求穗重 600~800 g，整穗时一般留 50 个左右的果粒即可。

图7-19　新梢摘心、副梢处理

疏果粒：整穗后 1~2 周进行，整穗后若还显密挤，要疏除密挤果粒、小果粒、畸形果粒。此法费工，多在细致整穗后不进行此项工作。

4.2 结果新梢摘心、副梢处理

这两项措施有减少营养消耗、促进坐果的作用。新梢摘心多在开花前 3~5 d 进行，坐果率低的品种应适当早摘心，多在开花前 5~7 d 进行，一般在花序上留 5~7 片叶摘心，摘心后所留叶片一般不小于正常叶片大小的 1/3。如果大叶片少，可适当少留叶片，待坐果后多留副梢叶片，补足所需叶面积。坐果率很高的品种，可在开花后 3~5 d 摘心，适当降低坐果率，使果穗不过度密挤。副梢处理与摘心同时进行，坐果率低的品种，摘心后只留顶部 1~2 个副梢，留下的副梢留 1~2 片叶摘心，严控副梢生长，促进坐果；坐果率高的品种，可多留副梢。

4.3 应用植物生长调节剂

正确应用植物生长调节剂，能显著提高产量和质量。根据葡萄品种、长势及调节剂的种类，严格掌握施用时期、方法、剂量、次数等，最好试验后再普遍应用，以防发生药害或达不到预期效果。

4.3.1 拉长花序

对坐果率高、果穗紧的葡萄品种，于开花前 10~15 d 花序分离时，使用奇宝（含 GA_3 20%）4000 倍左右，浸蘸花序或用小喷雾器喷布花序，使穗轴加长生长，使果穗疏松，减少疏除小穗和果粒的工作量，常在‘夏黑’、‘碎金香’、‘藤稔’等葡萄上使用。

图7-20 拉长花序

4.3.2 提高坐果率

对坐果率低或灾害性天气频发地区种植的葡萄品种，喷施激素能显著提高坐果率、膨大果粒、提高果实品质等。例如，‘巨峰’、‘京亚’等落果严重的品种，于花前 2~3 d 用 20~30 mg/L 赤霉素（GA_3）喷或蘸花序，能显著提高坐果率。

4.3.3 膨大果实

多用激素膨大果粒来提高粒重，常用激素有奇宝（GA_3）、吡效隆（CPPU）、塞苯隆（TDZ）等，还有复配剂膨大素、葡丰灵等。如葡萄小粒品种‘夏黑’，在盛花期用赤霉素 30~50 mg/L 蘸穗能有效膨大果粒，一般能增加粒重 2~3 g。

4.3.4 生产无籽果实

有核葡萄进行无核化处理，多用赤霉素（GA_3）、吡效隆（CPPU）、塞苯隆（TDZ）或复制品去核剂等。施药处理多分 2 次进行，第 1 次多在初花期至盛花末期进，处理得越早去核效果越好，但处理过早或施用调节剂浓度过高对穗轴有扭曲、木栓化、果梗增粗硬化、脱粒等副作用，多用 15~30 mg/L 赤霉素液蘸穗，为降低副作用，可加入 2~3 mg/L CPPU 液蘸穗。第 2 次多在第 1 次施药后 10~15 d 进行，主要促进果粒膨大，一般用 20~30 mg/L 赤霉素加 3~5 mg/L CPPU 液蘸穗。

5 套袋与除袋

5.1 套袋的作用

葡萄套袋栽培已成为当前生产优质绿色高档果品的一项重要技术。葡萄套袋尽管费时费力,但能取得更大的收益。

5.1.1 葡萄套袋可预防和减轻果实病害

套袋后的葡萄果实被果袋与外界隔绝,利用物理的方法,阻断了其他物体的病菌传播到果穗、果实上的渠道,降低病害对果实的侵染机会,可有效防止黑痘病、炭疽病、白腐病、霜霉病等在葡萄果实上的发生次数和程度。

图7-21　果穗套袋

5.1.2 葡萄套袋能减少农药使用量,降低农药残留

套袋后各种农药不能喷洒到果实上。特别是套袋后如果使用的药剂没有内吸性,喷洒的农药基本不会影响到果实,如果是内吸性药剂,传导到果实上的药剂量也会大大减少。实践证明,在葡萄的旺长季节,套袋葡萄栽培的防病环节可减少用药 4~5 次。所以葡萄的套袋,会大大减少果实中农药的残留,是生产安全食品、增加农产品信任的重要措施。

5.1.3 葡萄套袋能改善果面光洁度

葡萄果实套袋后,果实处在一个与外界相对隔绝的小环境中,温度、湿度相对稳定,光照强度相应降低,延缓果实表皮细胞、角质层、胞壁细胞的老化;同时果实在袋内可以避免风雨、尘埃、药剂的污染,减少蚊蝇病虫害的侵蚀和鸟类的危害。套袋的葡萄果实表面光洁,果粉厚而均匀,外观质量得到改善。

5.1.4 提高优果率,增加经济效益

套袋的葡萄果实,在套袋前要进行疏花疏果、花序和果穗处理,可大幅度提高葡萄果实的优果率;其次,葡萄果实套袋可以明显提高葡萄果实外观品质和商品价值。

5.1.5 葡萄套袋后可减轻裂果

葡萄果实裂果的轻重首先与品种有关,其次是受环境条件的影响,主要是水分条件的影响。对于裂果严重的葡萄品种,果袋阻止了果皮直接吸水,向时又可保持果粒周围环境湿度的相对稳定,能够减轻葡萄裂果程度。尤其对‘乍娜’品种更为

明显，可减少裂果13%左右。

5.1.6 葡萄果袋对鸟害、冰雹具有一定的防护作用

5.2 葡萄套袋的时期

尽可能早套袋，一般在果实坐果稳定、整穗及疏粒结束后立即开始，在北方埋土防寒地区以防止早期侵染的病害及日灼。套袋的最迟时间要在浆果第二次膨大期前就应套上。如果套袋过晚，果粒生长进入着色期，糖分开始积累，不仅病菌极易侵染，而且日灼及病害均会有较大程度地发生。在葡萄套袋期间要避开雨后的高温天气，在阴雨连绵后突然晴天，如果立即套袋，会使日灼加重，因此要经过2~3 d，使果实稍微适应高温环境后再套袋。

5.3 套袋的方法

袋子处理：将袋口端5~6 cm浸入水中，使其湿润柔软，便于收缩袋口，提高套袋效率，并且能够将袋口扎紧扎严，防止害虫及雨水进入袋内。

操作技术：左手托住纸袋，右手撑开袋口，令袋体膨起，使袋底两角的通气放水孔张开，手执袋口下2~3 cm处，袋口向上或向下，套入果穗。套上果穗后，使果柄置于果袋开口的基部，然后从袋口两侧依次按“折扇”方式折叠袋口于切口处，将捆扎丝扎紧袋口于折叠处，于线口上方从连接点处撕开，将捆扎丝返转90°，沿袋口旋转一圈扎紧袋口。

需要注意的是，注意铁丝以上要留10~15 cm的纸袋．不要将捆扎丝缠在果柄上；套袋时勿将叶片和枝条装入袋子内。绝对不要用手揉搓果穗。使幼穗处于袋体中央，在袋内悬空，以防止袋体摩擦果面。

5.4 套袋后的管理

套袋后不再喷施针对果实病虫害的药剂，重点是防治叶片、新梢病虫害，如叶蝉、黑痘病、霜霉病、白腐病和炭疽病等。

5.5 去袋时期及方法

葡萄套袋后可以不去袋，带袋采收；也可在采收前10 d左右去袋，应根据品种、果穗着色情况以及纸袋种类而定。

红色品种要注意仔细观察果实颜色的变化，一般应在采收前10 d左右去袋，促进良好着色。如果袋内果穗着色很好，已经接近最佳商品色调，则不必去袋，以防着色过度，紫色加深。

‘巨峰’等品种使用的纸袋透光度较高，一般不需要去袋，也可以通过分批去袋

的方式来达到分期采收的目的。

为防止鸟类危害和灰尘污染可先将果袋底部打开，撑成伞状，待采收时，再全解。使用聚乙烯纤维袋，解下保存起来，第二年蒸气消毒后重复使用。

5.6 摘袋后的管理

葡萄去袋后一般不必再喷药，只要注意防治金龟子危害，并密切观察果实着色进展情况。在果实着色前，剪除果穗附近的部分已经老化的叶片和架面上的过密枝蔓，可以改善架面的通风透光条件，减少病虫害为害，促进浆果着色；摘叶不宜过多、过早，以免妨碍树体营养储备，影响树势恢复及来年的生长与结果。

第八章　葡萄的病虫害

第一节　葡萄病害及防治技术

1 葡萄主要病害的产生、发展和诊断

1.1 葡萄病毒病 - 卷叶病

葡萄卷叶病是一种分布在欧洲、美洲、亚洲，及德国、新西兰等国家，危害最为严重的葡萄病毒之一。

1.1.1 发病症状

图8-1　卷叶病

在春季和幼嫩的新叶中，症状不明显，但整个植物表现出矮小或衰老现象，发芽迟。夏季症状较为明显，尤为成熟叶片，其表现为叶片卷缩，叶片中间凸起，叶缘卷向叶背。红色葡萄品种，叶片褐斑逐渐增多最后连片变红，叶脉仍成绿色；白色葡萄品种叶片逐渐失绿变黄，而叶脉均保持绿色，叶片变脆。果穗表现为色泽不正，果粒变小，果点数量增加，着色不齐，含糖量低和成熟期推迟等。

图8-2　卷叶病

1.1.2 病原

全世界已报道 11 种葡萄卷叶病毒，分被为 GLRaV-1、-2、-3、-4、-5、-6、-7、-8、-9、-Pr 和 -De，病毒颗粒的长度为 1800~2200 nm，分类上属于长线病毒科，它们能单独或复合侵染从而引起葡萄卷叶病的发生。

图8-3　卷叶病

1.1.3 病害传播

病害的接穗、芽及砧木都可通过嫁接引起病毒的传播。田间的菟丝子也可以传播。在昆虫方面，3 种粉蚧（长尾蚧粉、无花果粉蚧和橘粉蚧）可以传播一种或多种不同的卷叶病毒。

1.1.4 防治方法

图8-4 卷叶病

（1）选择抗病毒的砧木或已脱毒的接穗。

（2）出现感染病毒的植物，要及时移除销毁，并用熏蒸剂甲基溴和二氯丙烷对该根系周围的土壤进行熏蒸，1年后栽种。

（3）热处理。将整株苗木或试管苗在38℃下经3个月培养，然后将新梢尖端剪下放于迷雾环境中生根并长成植株，经过检测无毒后可母株繁育。

2 葡萄病毒病－扇叶病

葡萄扇叶病又称之为葡萄退化症，世界葡萄产区均有分布，扇叶病的最大危害是严重影响坐果，使果穗松散，果粒大小不齐，成熟期不一致。病树易落花，形成无核果。植株感病后，生命力衰退，果实产量、品质降低，严重时甚至整株枯死。据报道，认为欧亚种的霞多丽最易感病。在我国，该病普遍发生且是影响葡萄生产的主要病害之一。

2.1 发病症状

主要表现为扇叶、黄化叶及脉带三种症状类型。

2.1.1 扇叶

图8-5 扇叶病

早春表现为扇叶症状，其特征是叶片畸形、不对称、叶齿极尖、叶柄凹大张开、主脉集中、呈扇子状、叶片上常出现多种形状的褪绿斑点、扩散成黄绿花斑叶。枝蔓畸形、丛生、矮化、节间缩短。有时部分症状在夏季潜隐。

2.1.2 黄化叶

图8-6 黄化病

为早春与扇叶并发的症状，叶片呈黄绿相间花叶，叶面散生各种形状褪绿斑块以至整个叶片呈乳黄色。病树的叶、穗、蔓均黄化，因而在相当距离以外都能清晰可辨。

2.1.3 脉带叶

春末夏初，成熟叶片沿主脉产生褪绿黄斑，渐向脉间扩展，形成黄带，叶片轻微畸形，体积变小。

除叶片外，病株的枝蔓也常变成畸形，有的新梢节间缩短，叶片簇生；枝条上有时出现二芽对生于单芽的位置上，枝条分叉，呈“Y”字形。

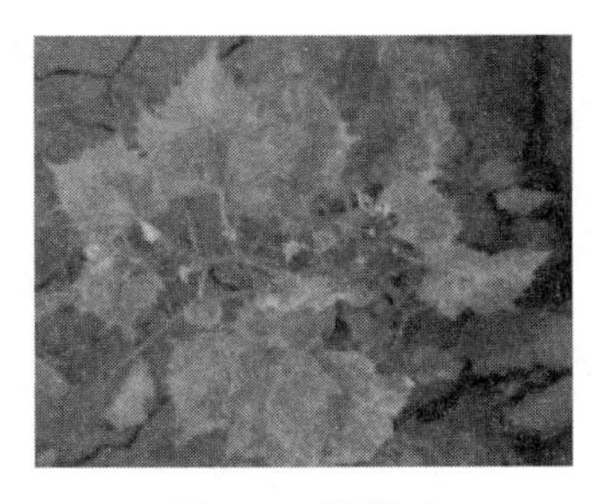
图8-7　脉带叶

2.2 病原

葡萄扇叶病毒，为线传多面体病毒组。

2.3 病害传播

葡萄扇叶病毒主要通过带毒繁殖材料远距离传播，也可通过土壤线虫传播，且病毒和线虫之间具有专一性。在自然条件下，葡萄扇叶病不能远距离扩散。

2.4 防治方法

（1）建园时，选择无病毒苗木结合热处理是最有效的防治措施。

（2）嫁接时挑选无病毒的接穗或砧木。

（3）由于该病通过土壤线虫传播，因此，要进行有必要的土壤熏蒸处理；或进行5% 克线磷颗粒剂 100~400 mL/L 有效成分浸根 5~30 min；或穴施 250~300 g 线磷颗粒剂；或用 1.8% 阿维菌素乳油 1000 倍灌根防治。

3 葡萄病毒病－花叶病

葡萄花叶病毒病见于葡萄品种保留区中。

3.1 发病症状

（1）新梢：新梢萎缩。

（2）叶片：春季叶片黄化并散生受叶脉限制的褪绿斑驳，进入气温高的盛夏褪绿斑驳逐渐隐蔽或不明显。致叶片皱缩变形，秋季新叶又现褪绿斑驳。

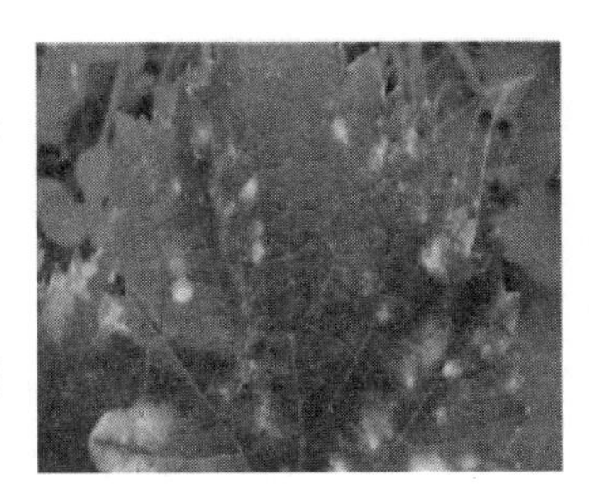
图8-8　葡萄花叶病的叶片

（3）果实：幼果期果面及深达果肉多发生浓绿色斑点，影响成熟期的果实饱满度及着色，果肉品质变差。

（4）植株：染病株植株矮小。

3.2 病原

番茄坏斑病毒。

3.3 病害传播

图8-9　葡萄花叶病的叶片

通过汁液渗入或破损接触传播，烟蓟马、豆蓟马等也可传播。草本寄主摩擦容易传毒，远距离传播主要靠种子、种苗传毒。蚜虫也可传播。剑线虫在土中也传播此病毒，如果葡萄园有这种线虫，要进行有必要的土壤熏蒸处理。

3.4 防治方法

（1）清除发病的植株。

（2）选择无病毒的健壮接穗和砧木。

（3）加强检疫。

图8-10　葡萄花叶病的果实

4 葡萄病毒病 – 葡萄病毒 A

葡萄病毒 A 在表现茎痘症状、卷叶病危害的葡萄植株中常常被发现。在葡萄病毒属中，该病毒具有最广泛的寄主范围。

4.1 发病症状

植株矮小，生长势减弱，春季萌芽延迟，某些染病品种种植几年后就会衰退死亡；嫁接口附近的木质部和树皮形成层常可见凹陷的茎沟槽或茎痘斑；部分植株嫁接口上部肿大，形成“小脚”现象；有的嫁接口上部树皮增厚，木栓化，组织疏松粗糙。染病植株萌芽延迟，生长受到抑制，产量降低，嫁接成活率低。

图8-11　葡萄病毒

4.2 病原

GVA 是线型病毒科，葡萄病毒属，韧皮部限制型病毒，长线型病毒粒子。

4.3 病害传播

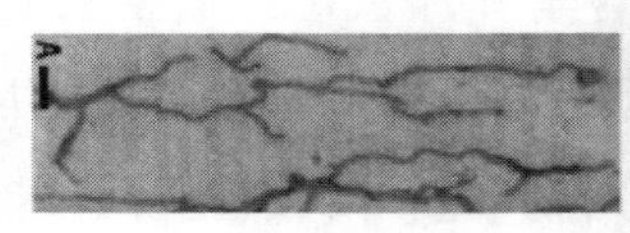

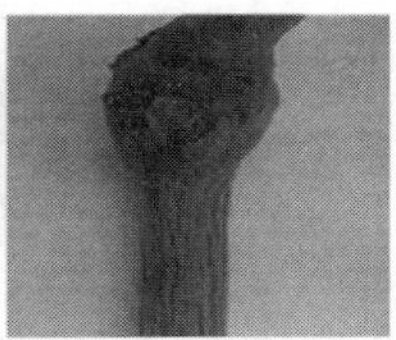

图8-12　病原

葡萄病毒 A 主要通过嫁接传染，随同接穗、插条和苗木远距离传播，带毒植株繁殖的数量越大，病毒的传播速率也越快。在一些国家观测到田间的自然传播现象。但只在实验室内发现该病毒也能够通过各种伪蚧、粉蚧、介壳虫以半持久的方式从葡萄向草本寄主进行生物学传播，或者通过机械摩擦传播。

4.4 防治方法

（1）加强检疫。

（2）及时清除发病植株并销毁。

（3）选择无病毒的接穗、砧木。

（4）建园前对穴土进行熏蒸。

5 葡萄病毒病－葡萄病毒B

葡萄病毒病在我国各葡萄产区发生十分普遍，这些病毒可导致葡萄果实品质与风味变劣，植株生长势降低，甚至死亡。葡萄栓皮病的病原为葡萄病毒B，该病毒与葡萄病毒A无血清学上的关系。

5.1 发病症状

病株表现为植株矮小、生长衰弱、萌芽晚，定植数年后，植株逐渐枯死。嫁接的植株，嫁接口上部枝梢肿大，接穗和砧木的生长不协调，常常出现粗细不均的现象。葡萄的木质部呈现典型的洼陷和沟槽，与树皮形成层表面的狭长的隆起部分相对应。叶片无特殊症状，部分品种叶片的变化有时和卷叶病相似，出现卷叶、黄化、叶肉变红等。果穗小，果粒着生较少。

图8-13 葡萄病毒病B发病症状

5.2 病原

线性病毒属和葡萄病毒属。

5.3 病害传播

主要通过无性繁殖材料如葡萄插条、接穗嫁接等容易传播。自然传播的媒介尚不清楚。不同品种的症状表现不尽相同，多数品种表现不典型。常用作植物检验品种为‘LN33’和‘品丽珠’。‘LN33’很易感染，表现症状严重而典型，容易识别。

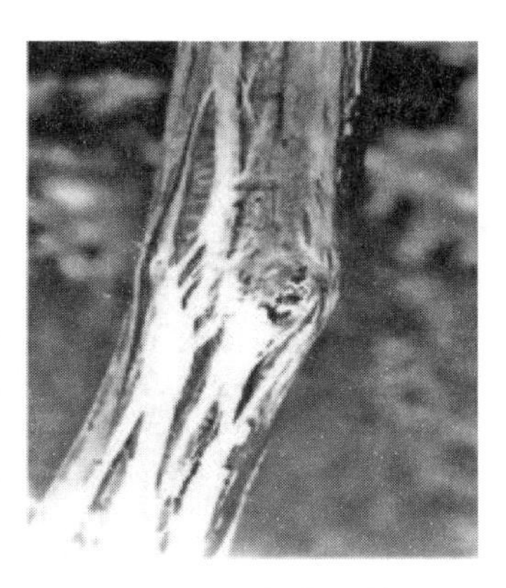

图8-14 发病症状

5.4 防治方法

（1）建立无病母园，选用无病毒的母本树，进行嫁接繁殖。

（2）必要时进行脱毒处理。在38℃、适当光照条件下，处理98 d或更长时间，取茎尖进行组织培养，经检测无毒后，再扩大繁殖。

6 葡萄病毒病－葡萄茎痘病

6.1 发病症状

葡萄染茎痘病后长势差，病株矮，春季萌动推迟月余，表现严重衰退，产量锐减，不能结实或死亡。砧木和接穗愈合处茎膨大，接穗常比砧木粗，皮粗糙或增厚，剥开皮，可见皮反面有纵向的钉状物或突起纹，在对应的木质部表面现凹陷的孔或槽。

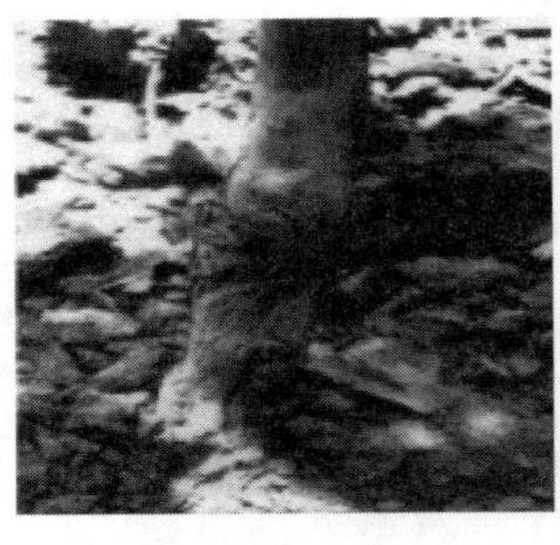

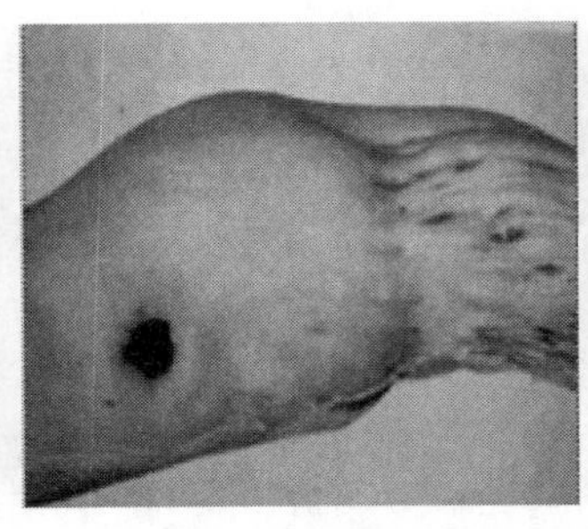

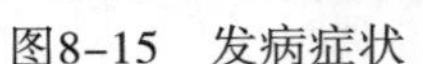

图8-15　发病症状　　图8-16　发病症状　　图8-17　发病症状

6.2 病原

沙地葡萄茎痘相关病毒是葡萄茎痘病的病原。

6.3 病害传播

嫁接可传病，至于汁液是否传病还有待明确。在田间，茎痘病主要借带病插条、接穗或砧木进行传播。

6.4 防治方法

（1）建立无病母园，繁殖无病母本树，生产无病无性繁殖材料。建园时，选择 4 年以上未栽植过葡萄的土地，以防止残留在土中的线虫作为感染源；园址应离其他葡萄园 20 m 以上，以防止粉蚧等媒介从带毒葡萄园中传带病毒。

（2）进行热处理。热处理脱毒的方法是，用一年生盆栽葡萄，在 38~40℃的温度条件下处理 60 d 或 150 d 后，然后进行嫩梢扦插或微型嫁接或分生组织培养，以获得无毒苗木。

（3）对已染病的葡萄园，如发现病株，应及时拔除。在拔除病株时，应将所有根系清除，并用草甘膦等除草剂处理，防止根蘖的产生。

7 葡萄炭疽病

葡萄炭疽病在中国各葡萄产区发生较为普遍，危害果实较严重。在南方高温多雨的地区，早春也可引起葡萄花穗腐烂。

7.1 发病症状

葡萄炭疽病主要危害果实，同时危害果梗、穗轴、嫩梢和叶柄。初发病时可见果实上有水渍状浅褐色斑点或雪花状病斑，以后逐渐扩大而呈圆形，并变成深褐色，感病处稍显凹陷，并有许多黑色小粒点排列成圆心轮纹状。病害严重时，病果逐渐失水干缩，极易脱落；发病花穗自花序顶端小花开始，沿花穗轴、小花、小花梗侵染，最初呈现淡褐色湿润状，渐变黑褐色并腐烂，有时整穗腐烂，有时只剩几朵小花不腐烂，腐烂小花受震易脱落；湿度大时，病花穗上长出白色菌丝和粉红色黏稠状物；嫩梢、叶柄或果枝发病，形成长椭圆形病斑，深褐色；果梗、穗轴受害重，影响果穗生长或引起果粒干缩；叶片发病多在叶缘部位产生近圆形暗褐斑，直径 2~3 cm，湿度大时也可见粉红色分生孢子团，病斑较少，一般不引起落叶。

7.2 病原

葡萄炭疽病为真菌性病害，病原菌为围小丛壳菌，无性期为胶孢炭疽菌，属子囊菌亚门真菌。

7.3 病害传播

葡萄炭疽病病原菌主要是菌丝体在树体中的一年生枝蔓中越冬。翌年春天随风雨大量传播，潜伏侵染于新梢、幼果中。夏季葡萄着色成熟时，病害常大流行；降雨后数天易发病，天旱时病情扩展不明显，日灼的果粒容易感染炭疽病；株行过密，双立架葡萄园发病重；施氮过多发病重。该病先从植株下层发生，特别是靠近地面果穗先发病，后向上蔓延，沙土发病轻，黏土发病重；地势低洼、积水或空气不流通发病重。

7.4 防治方法

7.4.1 果穗套袋

套袋是防葡萄炭疽病的特效措施。套袋的时间宜早不宜晚，以防早期幼果的潜伏感染。

7.4.2 喷药保护

春季萌动前，结合其他病虫害防治，喷施波美 3°　~5°　石硫合剂加 0.5% 五氯酚钠；初花期开始喷。从 6 月上旬开始喷，每隔 15 d 左右喷 1 次，连续喷 3~5 次，在葡萄采收前半个月应停止喷药。

7.4.3 药剂防治

①秋季彻底清除架面上的病残枝、病穗和病果，并及时集中烧毁，消灭越冬菌源。

②加强栽培管理，及时摘心、绑蔓和中耕除草，为植株创造良好的通风透光条件，同时要注意合理排灌，降低果园湿度，减轻发病程度。

8 葡萄白粉病的症状及防治

8.1 发生特点

葡萄白粉病的症状的主要特点是在受害组织上生长白色的粉状物。

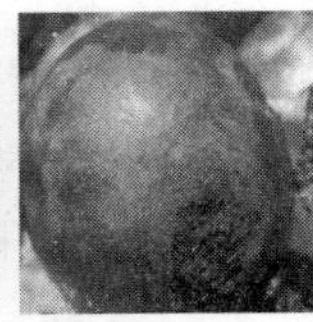

图8-18 果实病状

图8-19 果实病症

一般葡萄果实上发病，首先是从果穗轴受侵染开始，然后病菌由穗轴，再通过果柄向幼果基部伸延，最终蔓延到大部分幼果甚至使全穗的果实都受染遭害。幼果受害以后，除果体上遍生粉状物和果面上产生锈斑外，果斑处组织停止生长，质地坚硬，有的病果还开裂，使内部的种子表露。

生长季节后期，菌丝丛中形成细小、黑色、球形子实体，即闭囊壳，它是病原菌的有性繁殖结构，在病叶、新梢和果穗上均可产生闭囊壳。

8.2 发病原因

葡萄白粉病菌是一种专性寄生菌，可寄生葡萄科数个属，即葡萄属、爬山虎属、白粉藤属、蛇葡萄属。能够侵染葡萄的幼蔓、叶、叶柄、穗轴、果实、卷须等所有绿色组织，病菌只透过表皮细胞，伸出吸胞吸收养料。虽然细胞只在表皮细胞，但邻近细胞也会坏死。

8.3 发病规律

该病害以菌丝体在受害组织或芽鳞内越冬，干旱的夏季和温暖而潮湿、闷热的天气有利于白粉病的大发生。一般 6 月开始发病，7 月中下旬至 8 月上旬发病达盛期，9~10 月停止发病，当温度在 20~30℃、大面积种植感病品种有利于病害流行。

8.4 防治方法

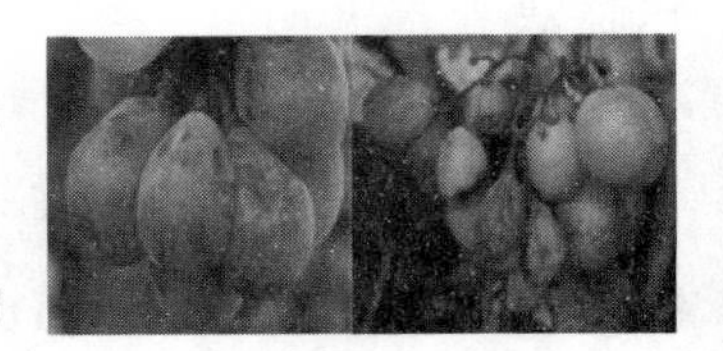

图8-20 果实病症

（1）合理控制和调节负载量，及时疏花穗、掐穗尖、疏小穗、疏果粒以及合理使用化控技术。

（2）坚持以有机肥为主，化肥为辅，微肥调节的原则。

图8-21 叶片病症

（3）葡萄年生育期内要及时浇好开墩水、花前水、果实生长水、采后水、越冬水等 6 个关键水。

（4）对植株生长旺盛、通风透光差、小气候和土壤湿度大的地块要加以重点防治。

（5）加强葡萄防病栽培技术，在葡萄白粉病发病初期采用杜邦福星、12.5% 敌力康可湿性粉剂、40% 信生可湿性粉剂高效低毒农药进行统防统治，喷药 2 次，间隔 10 d 喷一次，可以有效控制葡萄白粉病。

9 葡萄白腐病防治技术

葡萄白腐病又称腐烂病，是葡萄生长期引起果实腐烂的主要病害，在全国各葡萄园地发生较普遍，果实损失率在 10~15%，在严重的年份里可损失 60% 以上，甚至失收，高温高湿季节，该病危害相当严重。

9.1 发病症状

果梗和穗轴上发病处先产生淡褐色水浸状近圆形病斑，病部腐烂变褐色，很快蔓延至果粒，果粒变褐软烂，后期病粒及穗轴病。表面产生灰白色小颗粒状分生孢子器，内部溢出灰白色分生孢子团。病果易脱落，病果干缩时呈褐色或灰白色僵果。枝蔓上发病，初期显水浸状淡褐色病斑，形状不定，病斑多纵向扩展成褐色凹陷的大斑，表皮生灰白色分生孢子器，呈颗粒状，后期病部表皮纵裂与木质部分离，表皮脱落，维管束呈褐色乱麻状，当病斑扩及枝蔓表皮一圈时，其上部枝蔓枯死。叶片发病多发生在叶缘部，初生褐色水浸状不规则病斑，逐渐扩大略成圆形，有褐色轮纹。

图8-22　白腐病果实病症

图8-23　白腐病发病症状

图8-24　白腐病枝蔓病症

9.2 病原

病菌为无性态白腐垫壳孢，半知菌亚门垫壳孢属。

9.3 传播途径

白腐病的分生孢子可借风雨传播，由伤口、蜜腺、气孔等部位侵入，经 3~5 d 潜育期即可发病，并行多次重复侵染。该病菌在 28~30℃，大气湿度在 95% 以上时适宜发生。高温、高湿多雨的季节病情严重，雨后出现发病高峰。在北方，自 6 月至采收期都可发病，果实着色期发病增加，暴风雨后发病出现高峰。

9.4 防治方法

（1）选择抗病品种：在病害经常流行的田块，尽可能避免种植感病品种，选择抗性好、品质好、商品率高的高抗和中抗品种。

（2）增施有机肥：增施优质有机肥和生物有机肥，培养土壤肥力，改善土壤结构，促进植株根系发达，生长繁茂，增强抗病力。

（3）升高结果部位：使结果部位尽量提高到 40 cm 以上，可减少地面病源菌接触的机会，有效地避免病源菌的传染发生。

（4）药剂喷施：

①发病初期，使用相关杀菌农药稀释喷雾，每 5~7 d 喷施 1 次，喷药次数视病情而定。病情严重时，加入大蒜油 15 mL，兑水 15 kg 进行全株均匀喷雾，3 d 一次，连用 2~3 次。

②土壤消毒对重病果园要在发病前用 50% 福美双粉剂、硫磺粉 1 份、碳酸钙 1 份三药混匀后撒在葡萄园地面上，每亩撒 1~2 kg，或 200 倍五氯酚钠、福美砷、退菌特，喷洒地面，可减轻发病。

10 葡萄黑痘病防治技术

葡萄黑痘病又名疮痂病，俗称“鸟眼病”，是葡萄上的一种主要病害。主要危害葡萄的绿色幼嫩部位如果实、果梗、叶片、叶柄、新梢和卷须等。

10.1 发病症状

叶受害后初期发生针头大褐色小点，之后发展成黄褐色直径 1~4 mm 的圆形病斑，中部变成灰色，最后病部组织干枯硬化，脱落成穿孔。幼叶受害后多扭曲，皱缩为畸形。绿果感病初期产生褐色圆斑，圆斑中部灰白色，略凹陷，边缘红褐色或紫色，多个小病斑联合成大斑；后期病斑硬化或龟裂。感病后最初产生圆形褐色小点，以后变成灰黑色，中部凹陷成干裂的溃疡斑，发病严重的最后干枯或枯死。

图8-25　果实病症　　　　图8-26　果穗病症

10.2 病原

葡萄痂囊腔菌，属子囊菌亚门痂囊腔菌属，无性阶段为葡萄痂圆孢菌，属半知菌亚门。病菌的无性阶段具有致病性，而有性阶段病菌很少见。

10.3 发病规律

（1）病菌主要以菌丝体潜伏于病蔓、病梢、病果、病叶痕等部位越冬。病菌生活力很强，产生的分生孢子借风雨传播。孢子发芽后，芽管直接侵入幼叶或嫩梢，引起初次侵染。侵入后，菌丝主要在表皮下蔓延。以后在病部形成分生孢子盘，突破表皮，在湿度大的情况下，不断产生分生孢子，通过风雨和昆虫等传播，对葡萄幼嫩的绿色组织进行重复侵染，病菌远距离的传播则依靠带病的枝蔓。

（2）黑痘病的无距离传播主要通过带病菌的苗木或插条。

10.4 防治方法

（1）苗木消毒：黑痘病的远距离传播主要是通过带病菌的苗木或插条，因此，葡萄园定植时应选择无病的苗木，或对苗木进行 10~15% 的硫酸铵溶液浸泡 3~5 min。

（2）彻底清园：冬季修剪时，剪除病枝梢及残存的病果，刮去病、老树皮，彻底清除果园中的枯枝落叶和烂果。

（3）选择抗病品种：因不同葡萄品种对黑痘病的抗性不同，因此，要依据建园条件选择具有抗病的品种，如‘巨峰’具有中抗性，‘康拜尔’、‘玫瑰露’、‘吉丰 14’等也具有抗病性。

（4）加强田间管理：合理施肥。定植和每年采收后都要施足有机肥，保持树体健壮。对于杂草和枯草及时清除。

11 葡萄灰霉病防治技术

葡萄灰霉病是引起春季花穗腐烂的主要病害，流行时发病品种花穗被害率达 70% 以上。成熟的果实也常因此病在贮藏、运输和销售期间引起腐烂。葡萄酿酒时如不慎混入灰霉病的病果，可造成葡萄酒颜色改变、酒质变劣。

11.1 发病症状

灰霉病主要为害葡萄花穗、幼小及近成熟果穗或果梗、新梢及叶片。

（1）枝干：发病冬芽和幼梢可能坏死。新梢二次发病的绿色新梢产生淡褐色、不规则形的病斑，病斑有时出现不太明显轮纹，亦长出鼠灰色霉层。成熟后的新梢为黄白色，并带有黑色的菌核。

（2）叶片：在 4~6 月份为害叶片。发病叶片首先在边沿形成红褐色病斑，初呈水渍状，灰褐色斑，上生灰色霉层，然后逐渐引起整个叶片坏死，脱落。病害严重时，可引起全部落叶。

（3）果实：花穗和刚落花后的小果穗易受侵染，发病初期被害部呈淡褐色水渍状，很快变暗褐色，整个果穗软腐，潮湿时病穗上长出一层鼠灰色的霉层，晴天时腐烂的病穗逐渐失水萎缩、干枯脱落。成熟果实及果梗被害，果面出现褐色凹陷病斑，很快整个果实软腐，长出鼠灰色霉层，果梗变黑色，不久在病部长出黑色块状菌核。

11.2 病原

病原为灰葡萄孢霉，属半知菌亚门。有性世代为富氏葡萄核盘菌。

11.3 发病规律

病原灰霉菌是一种寄主范围很广的兼性寄生菌，其菌核是病菌主要的越冬器官。病害侵染的病菌来源于葡萄园内越冬的病菌和其他场所及空气中。春季温度回升，遇降雨或湿度增加，菌核萌动产生新的孢子被风传播到新梢，发生初次侵染，之后产生的新的孢子继续侵染。

11.4 防治方法

（1）果园清洁：病残体上越冬的菌核是主要的初侵染源，因此，结合其他病害的防治，彻底清园和搞好越冬休眠的防治。

（2）加强果园管理：控制速效氮的使用，防止枝梢徒长，抑制营养生长，搞好果园通风透光，降低田间湿度。

（3）药剂防治：花前喷 1~2 次 50% 多菌灵可湿粉剂 500 倍液有一定的防治效果。每亩用 700~1000 倍液的 50% 农利灵可湿粉剂在花结束时、幼穗期至收获前 3~4 周共喷 3~4 次，对灰霉病具有很好的防治效果。

12 葡萄霜霉病防治技术

葡萄霜霉病是一种世界性的葡萄病害。我国各葡萄产区均有分布，尤其在多雨潮湿地区发生普遍，是葡萄主要病害之一。发病严重时，叶片焦枯早落，新梢生长不良，果实产量降低、品质变劣，植株抗寒性差。

12.1 发病症状

叶片病害，初生淡黄色水渍状边缘不清晰的小斑点，以后逐渐扩大为褐色不规则形或多角形病斑，数斑相连变成不规则形大斑。天气潮湿时，于病斑背面产生白色霜霉状物，即病菌的孢囊梗和孢子囊。嫩梢受害，形成水渍状斑点，后变为褐色略凹陷的病斑，潮湿时病斑也产生白色霜霉。病重时新梢扭曲，生长停止，甚至枯死。

图8-27　果实

图8-28　叶片

卷须、穗轴、叶柄有时也能被害，其症状与嫩梢相似。幼果被害，病部褪色，变硬下陷，上生白色霜霉，很易萎缩脱落。果粒半大时受害，病部褐色至暗色，软腐早落。果实着色后不再侵染。

12.2 病原

图8-29　嫩梢

图8-30　植株症状

图8-31　叶柄

葡萄霜霉菌，属鞭毛菌亚门，卵菌纲霜霉目，单轴霉属。

12.3 发病规律

病菌主要以菌丝体潜伏在芽或以卵孢子在病变组织中越冬，病菌也随病叶残留于土壤中越冬。次年在适宜条件下卵孢子萌发产生芽孢囊，再由芽孢囊产生游动孢子，借风雨传播，自叶背气孔侵入，进行初次侵染。孢子囊萌发适宜温度为 10 ℃ ~15 ℃。游动孢子萌发的适宜温度为 18 ℃ ~24 ℃。秋季低温，多雨多露，易引起病害流行。果园地势低洼、架面通风不良树势衰弱，有利于病害发生。

12.4 防治方法

（1）清除菌源，秋季彻底清扫果园，剪除病梢，收集病叶，集中深埋或烧毁。

（2）加强果园管理，及时夏剪，引缚枝蔓，改善架面通风透光条件。注意除草、排水、降低地面湿度。适当增施磷钾肥，对酸性土壤施用石灰，提高植株抗病能力。

（3）调节室内的温湿度。在葡萄坐果以后，室温白天应快速提温至 30℃以上，并尽力维持在 32~35℃。下午 16 时左右开启风口通风排湿，降低室内湿度，使夜温维持在 10~15℃，空气湿度不高于 85%。

第二节　葡萄营养缺素症防治

1 葡萄缺钾症状及防治技术

1.1 发生特点

葡萄是高钾作物，葡萄缺钾时，植株矮小、生长缓慢、抗性降低；葡萄叶片向下、向后反卷；初期基部叶片叶缘变黄，随着植株的生长，在叶缘产生褐色坏死斑，分散在叶脉组织上，叶缘焦枯，向上或向下卷曲，生长中期缺钾，枝梢部老叶叶脉间出现紫褐色或暗褐色，尤其果穗多和靠近果穗的叶片较严重。

图8-32　叶片缺钾症

症状多数先从老叶开始，幼龄叶片随着叶片生长，也逐渐表现出缺钾症状。严重缺钾的葡萄，果实小，穗紧，果实着色差，含糖量低，味酸，果皮易裂，成熟前落果严重，降低产量和品质。

1.2 发生原因

（1）有机肥施用少，即失衡性缺素，单纯大量施用氮肥的葡萄园。

（2）多雨或排水不良的土壤也易缺钾。

1.3 防治方法

（1）改善排水通风条件，适当修剪，控制养分消耗。

（2）增施有机肥和钾肥。改善土壤结构，提高土壤肥力。生长期缺钾可施用草木灰（0.5~1.0 kg/ 株）或硫酸钾（0.1~0.15 kg/ 株）；也可叶面喷施硫酸钾溶液（0.3%~0.5%）或草木灰溶液（1%~3%）或磷酸二氢钾（0.3%）。

2 葡萄缺镁症状及防治技术

2.1 发生特点

最初从植株基部的老叶开始发生，首先叶脉间明显失绿，出现网状清晰脉网，接着脉间发展成带状黄化斑块，大多从叶片的内部向叶缘扩展，逐渐黄化，最后叶肉组织黄褐坏死，仅剩下叶脉仍保持绿色。从果实膨大期开始明显表现症状，浆果着色差，成熟期推迟，糖分低，品质差。

2.2 发生原因

（1）钾肥和氮肥施用过多，影响镁的吸收。

（2）大雨过后，缺镁现象时有发生。

（3）酸性土壤中镁易流失。

（4）低温下镁的吸收降低。

图8-33　叶片缺镁症

2.3 防治方法

（1）减少钾肥施用量。

（2）落花后每隔 10~15 d 叶面喷施 0.1%~0.2% 硫酸镁溶液 3~4 次。

（3）缺镁严重的土壤中可开沟施入硫酸镁，每株 0.9~1.5 kg，连施二年，可与有机肥混施。

3 葡萄缺锌症状及防治技术

3.1 发生特点

葡萄缺锌主要表现在枝条下部的叶片常有斑驳或黄化，新梢顶端叶片狭小失绿，枝条细弱，新梢节间变短，叶小簇生，俗称“小叶病”。叶脉间叶肉黄化，呈“花叶”。严重时枝条死亡，花芽发育不良，落花落果严重，果穗松散，果粒大小不均，小粒始终坚硬色绿不成熟。

图8-34 叶片缺锌症

3.2 发生原因

（1）土壤中含有效锌较低。

（2）碱性土壤中锌常被固定，不易被根系吸收。

（3）大量施用磷肥也会引起葡萄缺锌。

3.3 防治方法

（1）土壤中增施有机肥，加强田间管理，改善土壤结构，提高地温，促使土壤中有效锌的增加。

（2）也可在花前2~3周及花后数周喷施0.3%的硫酸锌溶液，或冬剪后随即用10%的硫酸锌溶液涂抹剪口或结果母枝。

图8-35 叶片缺硼症

（3）在施用有机肥的时候，亩施100 kg硫酸锌，若因缺镁、缺铜引起的缺锌，必须同时施用含镁、铜、锌的肥料效果好。

（4）根外喷施可用0.2%硫酸锌溶液喷雾。

4 葡萄缺硼症状及防治技术

4.1 发生特点

葡萄缺硼主要表现为枝蔓节间变短，植株矮小，副梢生长弱，根系分布浅。幼叶出现油浸状黄白斑，中脉木栓化、变褐色，老叶向后弯曲，叶缘出现失绿黄斑，叶片皱缩不平或向背面翻卷并发生焦枯。严重时引起大量落蕾，即使结果也表现为果粒小，种子发育不良或无籽，果梗细，果穗弯曲。

4.2 发生原因

（1）土壤有机质含量低或土壤含硼量低。

（2）土壤贫瘠，干旱地区易缺硼。

（3）pH 在 7.5~8.5 之间；土壤偏碱性而板结，硼呈不溶性被固定而不能被根吸收。

4.3 防治方法

（1）深耕多施有机肥，改良土壤结构，促进根系对硼的吸收。

（2）生长期每株施 30 g 硼砂后浇水。

（3）根外追施，也可在蕾期和初花期各喷一次浓度为 0.2% 的硼砂溶液。

（4）适时浇水，提高土壤中可溶性硼的含量，利于根系吸收。

5 葡萄缺磷症状及防治技术

5.1 发生特点

葡萄植株缺磷，蛋白质合成下降，糖的运输受阻，使叶片中糖的含量相对提高，形成较多的花青素，使叶片呈深墨绿色、叶面波浪状、叶洼交错重叠闭合，部分叶片裂刻也重叠闭合使叶片皱缩呈圆形。缺磷时老组织先表现症状，且自下而上加深。叶片较小，茎叶暗绿色或紫红色，老叶上生有枯斑，易早落。生育期推迟，花芽分化不良，萌芽晚，萌发率低；果实成熟晚，含糖量低，品质下降。

图8-36　叶片缺磷症

5.2 发生原因

（1）土壤本身有效磷不足，特别是酸性土壤或碱性土壤中磷易被固定，降低了磷的有效性。

（2）土壤熟化程度低，有机质含量低，气温较低易缺磷。

（3）长期不施有机肥或磷肥，偏施氮肥也会加重缺磷。

5.3 防治方法

（1）主要从土壤中补给，基施腐熟有机肥或磷肥（30~40 kg/ 亩）。

（2）如出现暂时性的缺素现象，可进行叶面喷布 3%~5% 的过磷酸钙浸出液。

（3）中耕排水，提高地温，促进葡萄根对磷的吸收。

6 葡萄缺铁症状及防治技术

6.1 发生特点

葡萄缺铁性叶片失绿由上向下发生，与缺镁相比，成龄叶叶缘上翘，叶面呈下凹形。新叶脉间失绿，初期全叶（除叶脉外）失绿均匀，先呈淡绿色，逐渐成为黄绿色到黄色，最后发展至整叶呈淡黄或白色，但叶脉仍保持绿色。叶片有坏死斑出现，似灼烧状，最后干枯死亡。坐果减少，果实着色浅，粒小。

图8-37　叶片缺铁症

6.2 发生原因

（1）在盐碱土或钙质土中，土壤偏碱性而板结。

（2）铁呈不溶性从而被固定不能被根吸收，而且铁在植株内移动性较差，所以，粘土，地势低洼，排水不畅，冷凉的土壤易发生缺铁。

6.3 防治方法

（1）应增施绿肥、有机肥等，保持土壤湿润；合理灌水、排水。

（2）用 0.3%~0.5% 的硫酸亚铁溶液叶面喷施或浇灌根部土壤。

（3）土壤盐碱较重可多施有机肥或酸性肥料。

7 葡萄日烧病

7.1 症状表现

其症状发生部位主要在阳光直射面。果穗基部果粒发生较为严重，果穗的中下部果粒发生较轻。症状起初是果实的下表皮及果肉组织开始变白，而后变褐，症状一般出现在果粒的中部，严重时症状向果梗部位蔓延，随后出现凹陷、皱缩症状。病斑颜色较深。

图8-38　葡萄日烧症

7.2 发生原因

日灼是在较高气温的基础上，由强光照射诱发的，常被称为“日烧病”。

7.3 防治方法

（1）合理树体与叶幕结构

树体上保持枝条的均匀分布，及时进行摘心、整枝、缚蔓等。生产中可采用除顶部 1~2 个副梢进行适当长留外，其余副梢留 1 片叶，这样既可以减少冠内郁蔽，又能有效降低果穗周围的光照强度，减轻日灼病的发生，还增加了功能叶，增强了光合作用。对篱架式栽培的葡萄，要注意选留部位较高的果穗，保持果穗下部一定数量的叶片，降低果穗裸露、防止下部果穗接受长时间的太阳光照，特别要尽量避免 12：00~14：00 太阳光照，以

图8-39　葡萄日烧症

降低日灼病的发生。

（2）合适的果袋

选用透光率低的深色袋、双层袋等，并采用尺寸较大的果袋。

8 葡萄生理裂果病

8.1 葡萄裂果原因

图8-40 葡萄裂果症

（1）葡萄缺钙，细胞壁薄而脆弱，易造成葡萄裂果。

（2）土壤含水不匀，一些地区春季干旱，土壤含水量低，此时正是葡萄果实一次膨大期，限制生长。葡萄生长后期，突然浇大水或天降大雨，使土壤中含水量突然上升，过多的水分，果实膨压增大，致使果粒纵向裂开。

图8-41 果实套袋

（3）果粒相靠过紧。在葡萄成熟期，浆果二次膨大，果粒靠的太紧相互挤压过重而裂开。

（4）与白腐病、炭疽病危害有关。

8.2 防治葡萄裂果的措施

（1）合理修剪，控制产量

果穗以上副梢可留 1~2 片叶，达到每果枝正常叶片 25 片以上。增强叶片调节水分的能力，减少因水分调节能力差造成裂果。合理控产，适当疏穗疏粒可使葡萄生长健壮。减少因挂果过多树势衰弱引起的裂果和果穗过于紧密造成的挤压裂果。

（2）果实套袋

套袋能减轻裂果程度，但一定要选用透气性好，沥水性好的果袋。

（3）病害防治

在膨果期重视和加强病害防治也是减少裂果的重要措施。

（4）补钙

图8-42 葡萄补钙

对土壤缺钙的地块，施入钙肥，例如重施“夏氏蓝得土壤调理剂”和钾肥，不仅能防葡萄裂果，而且还能提升葡萄糖度。也可以叶面喷施几次“果蔬协同钙”。

（5）保持土壤含水量相对稳定

天气干旱时，对葡萄园浇小水，勤浇水。也可以在葡萄近成熟时，行间盖土地膜，既可防旱，也可排涝，还可防止大雨后病菌繁殖。或者在葡萄树下盖草使土壤水分稳定。

9 葡萄水罐子病

葡萄水罐子病其实是葡萄生理性的不良反应。

9.1 发病原因

该病是因树体内营养物质不足所引起的生理性病害。结果量过多,摘心过重,有效叶面积小,肥料不足,树势衰弱时发病就重;地势低洼,土壤粘重,透气性较差的园片发病较重;氮肥使用过多,缺少磷钾肥时发病较重;成熟时土壤湿度大,诱发营养生长过旺,新梢萌发量多,引起养分竞争,发病就重;夜温高,特别是高温后遇大雨时发病重。

9.2 发病症状

水罐子病一般于果实近成熟时开始发生。发病时先在穗尖或副穗上发生,严重时全穗发病。有色品种果实着色不正常,颜色暗淡、无光泽,绿色与黄色品种表现水渍状。果实含糖量低,酸度大,含水量多,果肉变软,皮肉极易分离,成一包酸水,用手轻捏,水滴溢出。果梗与果粒之间易产生离层,病果易脱落。

9.3 发病规律

一般表现在树势弱、摘心重、负载量过多、肥料不足或有效叶面积小的树体上。在一次果数量较多,又留较多的二次果时,尤其是土壤瘠薄又发生干旱时发病严重;地势低洼、土壤黏重,易积水处发病重;在果实成熟期高温后遇雨,田间湿度大、温度高,影响养分的转化,发病也重。总之,此病是由诸多因素综合作用所致。

图8-43 葡萄水罐子病症

9.4 防治方法

(1)注意增施有机肥料及磷钾肥料,控制氮肥使用量,加强根外喷施叶面肥,增强树势,提高抗性。

(2)适当增加叶面积,适量留果,增大叶果比例,合理负载。

(3)果实近成熟时,加强设施的夜间通风,降低夜温,减少营养物质的消耗。

(4)果实近成熟时停止追施氮肥与灌水。

(5)加强果园管理。增施有机肥和磷钾肥,适时适量施氮肥,增强树势;及时中耕锄草,避免土壤板结,是减少水罐子病的基本措施。

(6)合理调节果实负载量,增加叶片数,尽量少留二次果。

(7)合理进行夏季修剪,处理好主副梢之间的关系。适当多留主梢叶片,因主梢叶片是一次果所需养分的主要来源,在保证产量的前提下,采用“一枝留一穗果”

的办法，以减少发病，提高果实品质。

（8）干旱季节及时灌水，低洼园子注意排水，勤松土，保持土壤适宜湿度。

（9）在幼果期，叶面喷施磷酸二氢钾 200~300 倍液，增加叶片和果实的含钾量，可减轻发病。

10 葡萄早期落叶病

早期落叶对葡萄的危害极大，严重影响产量和树势，造成葡萄种植经济效益大减。

图8-44 葡萄早期落叶病

10.1 病害原因

造成葡萄早期落叶的主要原因为葡萄褐斑病和葡萄霜霉病。

10.2 防治方法

（1）加强葡萄园管理。合理施肥，增施磷、钾肥，及时整枝、绑蔓，改善通风透光条件，增强树势，提高抗病能力。

（2）冬季清园。彻底清除田间枝条，落叶和杂草集中烧毁，减少越冬病原菌。冬季休眠期用波美 5° 石硫合剂加 1% 五氯酚钠喷布树体、架材和地面，杀灭越冬病原菌。春季绒球期再次用波美 3° 石硫合剂加 0.5% 五氯酚钠消毒。

（3）喷药保护。抓住病菌初侵染的关键时期喷药。

11 葡萄旱害

主要发生在当年新栽苗或扦插苗上。大树也有发生，多发生在瘠薄土壤上。

11.1 发生症状

图8-45 葡萄旱害症状

旱害的最初表现是新梢生长缓慢，植株生长矮小，叶片小。在持续干旱时，基部叶片边缘变黄，逐渐焦枯并向内扩展，严重缺水时，可造成全叶变黄、干枯、脱落。在山岭薄地遇上干旱，有时整株出现萎蔫，生长受抑制或完全停止生长，若干旱持续时间过长，将会造成整株死亡。

11.2 发病原因

生理病害，由土壤缺水和大气干旱所引起。新栽幼苗或扦插苗发生旱害常常是由于春天气温回升快，地温回升慢，新栽幼苗或扦插枝条先发芽，后生根，在还没有形成吸收根之前，地上部芽的生长主要依靠苗木或插条本身贮藏的水分和养分，这时生长缓慢，节间短，叶片小；待根系长出后，地上部和地下部的生长发生失调，叶片常因得不到充足的水分而发生上述旱害症状。山岭薄地，因保肥、保水能力差，若遇干旱，植株的蒸腾失水超过根系吸水时，水分平衡失调，也会出现以上症状，甚至出现萎蔫，代谢过程受到破坏，植株的生理机能和结构遭受损伤。持续干旱，最后导致死亡。

11.3 防治方法

（1）经常保持园地的土壤湿润、疏松，促使新栽苗木早生根，可减轻基部叶片的枯焦。

（2）根据土壤墒情及时灌水。春天为提高和保持地温，浇水次数不要太多，但每次浇水要浇透，灌水后要及时松土，减少水分蒸发和增加通透性。

（3）多施有机肥，增施磷钾肥，增强植株的抗旱能力。

（4）在育苗或扦插定植建园时，应采用地膜覆盖，能提高地温，保持土壤水分，促进根系生长，这是防止旱害的有效措施。

12 葡萄盐害

葡萄盐害是葡萄园常见的一种生理伤害，包括土壤中盐分浓度过高、高温期频繁灌溉而水分蒸发后盐分积累和施肥不当等引起的葡萄生理失调。其中，金属盐离子、氯、氨和硫等常单独或复合对葡萄造成毒害。

12.1 发病症状

葡萄盐害各种各样，因不同盐类、不同浓度和不同品种的耐盐程度不同而异。

图8-46　葡萄盐害症状

（1）叶边呈黄色焦枯，严重时整个叶片干枯死亡，呈火烧状，易脱落；

（2）叶片表面或果面局部发生褐色或红褐色烧伤状坏死斑点或斑块；

（3）根系变褐、坏死，进而导致地上部植株叶片黄化、褪绿，新梢枯萎或生长不良。

（4）在空气潮湿的情况下，这些枯死的组织和器官易被病原菌或一些腐生微生物感染而导致腐败或腐烂。

12.2 发病规律

（1）土壤中盐类物质积累浓度过大，超越了葡萄所能够忍耐的程度，如单盐毒害和复合毒害等等。

（2）施肥不当，如化肥使用时接触根系或根系太近，施用量过大，使根系周围土壤溶液浓度增高，有时施用未腐熟的农家肥，在发酵过程中产生有害物质等均可造成根系灼伤、腐烂。

（3）在高温季节进行叶面施肥或喷灌盐分偏高的水也易引起外源盐分的伤害，在蒸发高峰期若用含盐量超过 3 mmol 的水进行喷灌将十分危险，复合叶面肥若品种选择不当、浓度过大、杂质较多或与农药随意混合，极易引起毒害。不同葡萄品种对盐的敏感程度差异明显。

12.3 防治方法

（1）科学施肥。施用化肥时应尽量均匀，避免与根系接触；适当增施充分腐熟的或经过无害化处理的农家肥；叶面施肥时应避开葡萄蒸发作用高峰期，防止随意与农药混用，应严格按说明操作，避免在烈日下喷洒。

（2）科学灌水。提倡微、滴管或小管促流等节水灌溉。提醒大家在平时要多注意观察，以做到早发现早防治，避免造成不必要的损失。

13 葡萄药害

药害主要发生在叶片和果实上，有时嫩梢上也可发生。具体药害症状因药剂种类不同而差异很大。灼伤型药剂的药害主要表现为局部药害斑或死亡；激素型药剂的药害主要表现为抑制或刺激局部生长，甚至造成落叶及落果。从生产中常见表现来看，有变色、枯死斑、焦枯斑、畸形、衰老、脱落等多种类型。

13.1 药害分类

药害症状从时间上分，可分为急性药害和慢性药害。急性药害是指喷药后 10 d 以内发生的药害，症状明显；慢性药害指数十天以后才出现药害，症状不明显，主要影响树体的生理活动。

图8-47　葡萄药害

13.2 药害病症

葡萄染药后，很快出现药害症状，主要表现为：叶片向背面卷缩，叶片的尖端、边缘及中间产生不规则的斑枯，严重者整个叶片干枯，幼嫩部分症状较重，萌芽早的症状略显轻些，萌芽晚的则较为重。

13.3 缓解措施

（1）叶面喷施清水冲洗，叶片受害，可在受害处连续喷洒几次清水，以清除或减少葡萄叶片上的肥料残留量。

（2）足量浇水，灌水排毒，灌水洗土，同时让葡萄根系大量吸水，增加细胞水分，从而降低土壤、植株体内药物的相对含量，起到缓解肥害、药害的作用。

（3）中耕松土，促进根系生长，增加土壤通透性，更利于根系呼吸，增加能量促进根系发育，加速植株迅速恢复吸水吸肥的能力。

（4）局部摘除，对花穗、果粒或叶片局部受害，可摘除药害果粒和被害枝叶，如主茎（干）产生药害还应清水冲洗消毒。

（5）追施黄腐酸肥料，喷施或结合浇水追施提高植株自身抵抗药害的能力，同时还能促进葡萄根系生长。

第三节　葡萄虫害的综合防治

1 葡萄根结线虫防治技术

根结线虫是一类高度专性寄生的线虫，很少致死植株，通常是植株由旺盛到衰老，容易出现逆境反应。新建或更新栽植的葡萄园由于根结线虫的损害，幼株不能成长，有些虽然勉强生长，但不能充分长大和达不到架面，以致不能整形修剪。

1.1 发病症状

葡萄根结线虫侵染葡萄植株根系后，地上部的茎叶均不表现具诊断特征的症状，但葡萄植株生长衰弱，表现矮小、黄化、萎蔫、果实小等。根结线虫在土壤中呈现斑块型分布；在有线虫存在的地块，植株生长弱，在没有线虫或线虫数量极少的地块，葡萄植株生长旺盛，因此葡萄植株的生长势在田间也表现块状分布。从病根及其周围土壤中常可分离到数量较多的根结线虫成虫和幼虫，将这些线虫回接到寄主葡萄根部，植株表现与田间相似的症状。

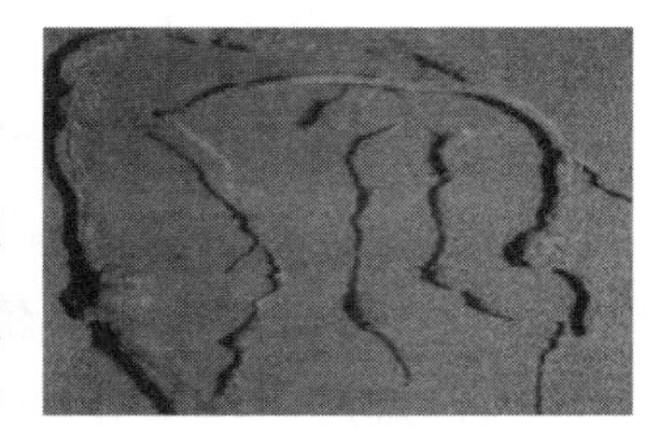

图8-48　葡萄根结线虫

图8-49　葡萄根结线虫

根结线虫为害葡萄植株后，引起吸收根和次生根膨大和形成根结。单条线虫可以引起很小的瘤，多条线虫的侵染可以使根结变大。严重侵染可使所有吸收根死亡，影响葡萄根系吸收。线虫还能侵染地下主根的组织。

1.2 病原

对葡萄产生影响的主要有四种：南方根结线虫、爪哇根结线虫、北方根结线虫、泰晤士根结线虫。

1.3 侵染

雌虫体外产卵于基质中。当幼虫脱皮 1 次长形,从卵孵出成为 2 龄幼虫。这些幼虫迁移在新部位取食,通过皮层,并完成作为静止的内寄生的生活史。幼虫进一步取食,迅速蜕皮 3 次,变成雌虫,呈梨形。线虫主要在基质中的卵内作为发育中的幼虫越冬。根结线虫在果园内蔓延,或随着感染的根或栽培管理区扩展到新地区。

1.4 防治方法

(1)选择园地时,前作作物避开番茄、黄瓜、落叶果树等线虫良好寄主。

(2)使用抗性品种或砧木,已选出的有‘Dogridge’、‘Ramsey’、‘1613C’等。

(3)严格检疫,不从病区引种苗木,确需引种应严格消毒,一般用 50 ℃的热水浸泡 10 min。也可通过引种种条避开危害。

(4)植后发病,可用灭线灵、克线磷、克线丹等杀线虫药,也能起到控制进一步蔓延的效果。每公顷施药量 45~90 kg,先与 3~5 倍细土混匀,在树根集中分布区开沟施入,覆土后浇少量水。

2 葡萄根癌病防治技术

葡萄根癌是一种细菌性病害,发生在葡萄的根、根颈和老蔓上。

2.1 发病症状

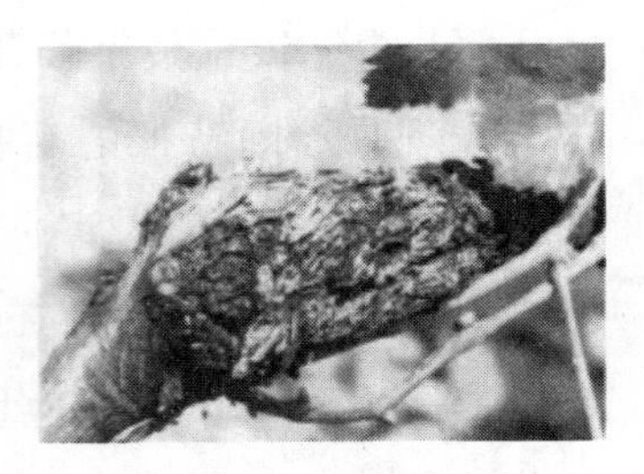
图8-50 葡萄根癌病

发病部分形成愈伤组织状的癌瘤,初发时稍带绿色和乳白色,质地柔软。随着瘤体的长大,逐渐变为深褐色,质地变硬,表面粗糙。瘤的大小不一,有的数十个瘤簇生成大瘤。老熟病瘤表面龟裂,在阴雨潮湿天气易腐烂脱落,并有腥臭味。受害植株由于皮层及输导组织被破坏,树势衰弱、植株生长不良,叶片小而黄,果穗小而散,果粒不整齐,成熟也不一致。病株抽枝少,长势弱,严重时植株干枯死亡。

品种间抗病性有所差异,‘玫瑰香’、‘巨峰’、‘红地球’等高度感病。

2.2 发病规律

根癌病由土壤杆菌属细菌所引起。病菌随植株病残体在土壤中越冬,条件适宜时,通过剪口、机械伤口、虫伤、雹伤以及冻伤等各种伤口侵入植株,雨水和灌溉水是该病的主要传播媒介,苗木带菌是该病远距离传播的主要方式。细菌侵入后,刺激周围细胞加速分裂,形成肿瘤。病菌的潜育期从几周至一年以上,一般 5 月下旬开始发病，6 月下旬至 8 月为发病的高峰期，9 月以后很少形成新瘤，温度适宜，降雨多，湿度大，癌瘤的发生量也大。

2.3 病原

癌肿野杆菌。

2.4 侵染途径

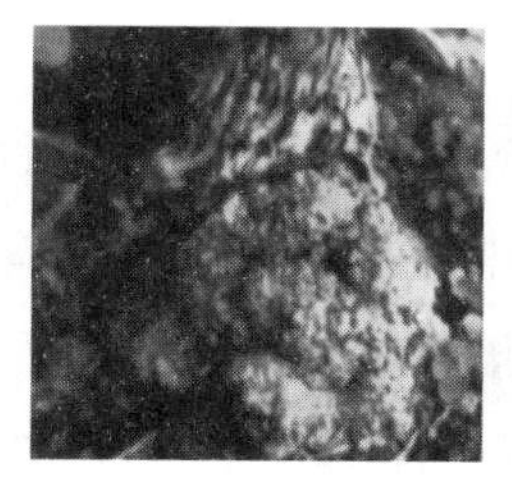

图8-51　葡萄根癌病　　图8-52　葡萄根癌病

癌肿细菌在肿瘤组织的皮层内越冬，或当肿瘤组织腐烂破裂时，细菌混入土壤中，土壤中的癌肿细菌亦能存活一年以上。由于癌肿细菌的寄主范围广，因此，土壤带菌是病害的主要来源。细菌主要通过雨水和灌溉流水传播；此外，地下害虫如蛴螬、蝼蛄和土壤线虫等也可以传播细菌；而苗木带菌则是病害远距离传播的主要途径。

2.5 防治方法

（1）繁育无病苗木。繁育无病苗木是预防根癌病发生的主要途径。在繁育时，苗床土壤用 1% 硫酸铜溶液消毒。

（2）苗木消毒。在苗木或砧木起苗后或定植前将嫁接口以下部分用 1% 硫酸铜浸泡 5 min，再放于 2% 石灰水中浸 1 min，或用 3% 次氯酸钠溶液浸 3 min，以杀死附着在根部的病菌。

（3）加强田间管理。田间发现病株时，可先将癌瘤切除，然后抹石硫合剂渣液、福美双等药液，也可用 50 倍菌毒清或 100 倍硫酸铜消毒后再涂波尔多液。

3 葡萄锈病防治技术

3.1 发病症状

病症初期会使叶面出现零星单个小黄点，周围水浸状，之后病变叶片的背面形成桔黄色夏孢子堆，逐渐扩大，沿叶脉处较多。夏孢子堆成熟后破裂，散出大量橙黄色粉末状夏孢子，布满整个叶片，致叶片干枯或早落。秋末病斑变为多角形灰黑色斑点形成冬孢子堆，表皮一般不破裂。偶见叶柄、嫩梢或穗轴上出现夏孢子堆。

图8-53　葡萄锈病　　图8-54　葡萄锈病

3.2 病原

葡萄层锈菌，属担子菌亚门真菌。

3.3 传播途径

葡萄锈病菌以冬孢子越冬，初侵染后产生夏孢子，夏孢子堆裂开散出大量夏孢子，通过气流传播，叶片上有水滴及适宜温度，夏孢子长出芽孢，通过气孔侵入叶片。潜育约一周后再侵染。在生长季适宜条件下多次进行，至秋末又形成冬孢子堆。冬孢子堆在天气转凉时发生，台湾7月有见。夏孢子萌发温限8~32℃，适温为24℃。冬孢子萌发温限10~30℃，适温15~25℃，适宜相对湿度99%。生产上有雨或夜间多露的高温季节利于锈病发生，管理粗放且植株长势差易发病，山地葡萄较平地发病重。

3.4 防治方法

（1）清洁葡萄园，加强越冬期防治。秋末冬初结合修剪，彻底清除病叶，集中烧毁。枝蔓上喷洒波美3~5° 石硫合剂或45%晶体石硫合剂30倍液。

（2）结合园艺性状选用抗病品种。一般欧洲种抗病性较强，欧美杂交种抗性较差。抗性强的品种有'玫瑰香'、'红富士'、'黑潮'等。此外'金玫瑰' '新美露'、'纽约玫瑰'、'大宝' 等中度抗病，'巨峰'、'白香蕉'、'斯蒂苯' 等中度感病，'康拜尔'、'奈加拉' 等高感锈病。

（3）加强葡萄园管理。每年入冬前都要认真施足优质有机肥，果实采收后仍要加强肥水管理，保持植株长势，增强抵抗力，山地果园保证灌溉，防止缺水缺肥。发病初期适当清除老叶、病叶，既可减少田间菌源，又有利于通风透光，降低葡萄园湿度。

（4）药剂防治。发病初期喷洒波美0.2° ~0.3° 石硫合剂或45%晶体石硫合剂300倍液、20%三唑酮粉锈宁乳油1500~2000倍液、20%三唑酮硫悬浮剂1500倍液、40%多硫悬浮剂400~500倍液、20%百科乳剂2000倍液、25%敌力脱乳油3000倍液、25%敌力脱乳油4090倍液+15%三唑酮可湿性粉剂2000倍液、12.5%速保利可湿性粉剂4000~5000倍液，隔15~20 d喷1次，防治1次或2次。

4 葡萄毛毡病的症状及防治

4.1 发生特点

图8-55 葡萄毛毡病

毛毡病主要危害葡萄叶片，也危害嫩梢、幼果。叶片被害后，最初于叶背出现苍白色病斑，形状不规则，病斑直径2~10 mm，随着病情发展，病斑在叶背逐渐扩大，叶表面形成泡状隆起，背面病斑凹陷处密生一层毛毡状白色绒毛，绒毛加厚时，颜色由白色变为褐色，最后变成暗褐色。受害严重时，叶片皱缩，质地变厚、变硬，叶表面凹凸不平，有时干枯破裂，常引起早期落叶。

4.2 发病原因

葡萄毛毡病又名葡萄瘿螨、葡萄潜叶壁虱、葡萄锈壁虱。该病实际上是一种虫害锈壁虱寄生所致，而人们习惯列为病害。锈壁虱属节肢门、蛛形纲、甲螨目、瘿螨科。雌成螨体长 0.1~0.3 mm，白色，圆锥形似胡萝卜，生有 80 多条环纹，近头部有两对软足，腹部细长，尾部两侧各生一条细长的刚毛。雄虫体形略小，卵椭圆形、淡黄色。若螨与成螨相似，体小。

图8-56 葡萄毛毡病

4.3 发病规律

瘿螨以成虫在芽鳞或枝蔓粗皮缝隙内越冬。翌年春季，随着芽的萌动，成螨由芽内转移到幼嫩叶背面绒毛内潜伏危害，吸食汁液，刺激叶片产生绒毛，以保护成虫，成螨在被害部绒毛里产卵繁殖。之后，成、若螨在整个生长季同时危害葡萄，一般喜在新梢先端嫩叶上危害，严重时扩展到幼果、卷须、花梗上，全年 5~6 月及 9 月受害较重，秋后，成螨陆续潜入芽内越冬。

4.4 防治方法

（1）加强葡萄毛毡病监测工作，定期预报毛毡病发生情况及成螨盛发期和高峰期，常年监控瘿螨发生动态。

（2）用农业防治的方法。

①选用无病苗木建园时，为了保证所用苗木或枝条是无病害的，先放入 30~40 ℃温水中浸 3~5 min，然后再移入 50 ℃温水中浸 5~7 min，杀死潜伏于芽内越冬的成螨。

②清洁田园。落叶修剪后彻底清园，将被害叶及其病残物集中烧毁或深埋，消灭越冬虫源。

③加强管理，在葡萄生长期，及时修剪葡萄，保证通风透光良好，以减少葡萄毛毡病发生。此外，要加强水肥管理、合理灌水，增施有机肥，以增强葡萄植株自身抗虫、抗病能力。

（3）用化学防治的方法

早春葡萄萌动后、展叶前、展叶后，分别喷 45% 晶体石硫合剂 100~150 倍液，以杀灭越冬成虫，药液中加 0.3% 洗衣粉，可提高药剂附着力。喷药时注意全面周到，以葡萄枝蔓、叶片喷湿为度。葡萄毛毡病发病初期，要及时摘除病叶，并深埋或烧毁，以防止病情扩大，及时喷施 15% 哒螨灵 2000 倍液，或 1.8% 阿维菌素 3000 倍液，或20%三磷锡2000倍液等杀螨剂。发生严重的葡萄园，在葡萄发芽后，再喷1次0.3~0.4波美度石硫合剂，或25%亚胺硫磷乳油1000倍液。

5 葡萄斑衣蜡蝉防治技术

斑衣蜡蝉是同翅目蜡蝉科的昆虫，小龄若虫体黑色，上面具有许多小白点。大龄若虫身体通红，体背有黑色和白色斑纹。成虫后翅基部红色，飞翔时可看到。

5.1 形态特征

（1）卵。长椭圆形，长3 mm左右，状似麦粒，背面两侧有凹入线，使中部形成一长条隆起，隆起之前半部有长卵形之盖。卵粒排列成行，数行成块，每块有卵数10粒，上覆灰色土状分泌物。

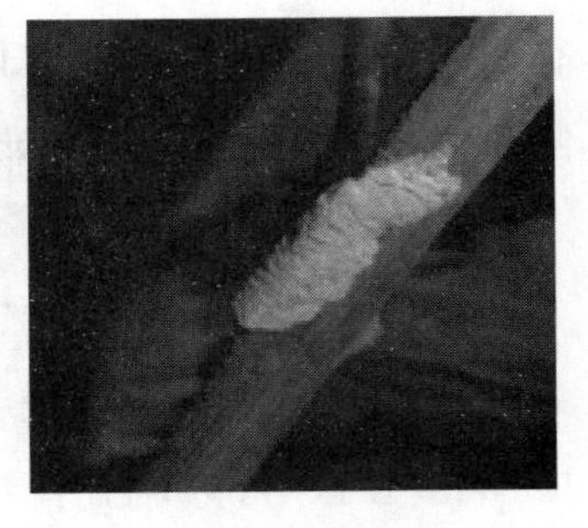
图8-57 葡萄斑衣蜡蝉卵

（2）若虫。与成虫相似，体扁平，头尖长，足长。1~3龄体黑色，布许多白色斑点。4龄体背面红色，布黑色斑纹和白点，具明显的翅芽于体侧，末龄体长6.5~7 mm。

（3）成虫。体长15~20 mm，翅展39~56 mm，雄较雌小，暗灰色。

图8-58 葡萄斑衣蜡蝉若虫

5.2 危害特点

成、若虫刺吸枝、叶汁液，排泄物常诱致霉污病发生，削弱生长势，严重时引起茎皮枯裂，甚至死亡。中秋节前后，成虫群集在葡萄叶背和枝干上取食为害，并且在葡萄树杈附近阴面以及葡萄架水泥柱中下部阴面开始产卵。

图8-59 葡萄斑衣蜡蝉成虫

5.3 生活史

1年生1代，以卵块于枝干上越冬。翌年4~5月陆续进行孵化。若虫喜欢群集嫩茎和叶背危害，若虫期约60 d，脱皮4次羽化为成虫，羽化期为6月下旬至7月。8月开始交尾产卵，多产在枝叉处的阴面。以卵越冬。成虫、若虫均有群集性，较活泼，善于跳跃。受惊扰即跳离，成虫则以跳助飞。多在白天活动进行危害。成虫寿命可达4个月，危害至10月下旬陆续死亡。

5.4 防治方法

（1）结合冬季修剪和葡萄园管理，剪除有卵块的枝条，或者抹除枝条及葡萄架水泥柱上的卵块。9月下旬到10月上旬是成虫产卵的高峰期,此期进行人工捕捉成虫,可有效减少虫源。

（2）结合防治其他害虫兼治此虫,可喷洒菊酯类、有机磷等及其复配药剂,常用浓度均有较好效果。虫体特别是若虫背有蜡粉,所用药液中混入0.3%~0.4%柴油乳剂或粘土柴油乳剂,可显著提高防效。

6 葡萄根瘤蚜防治技术

6.1 葡萄根瘤蚜的介绍

葡萄根瘤蚜属于同翅目,根瘤蚜科;是一种单食性害虫,虫体很小(长度小于1 mm,宽0.4~0.6 mm),呈梨型和卵型,黄绿色或黄棕色,卵为长椭圆型;原产于北美洲西部。葡萄根瘤蚜被认为是葡萄上最严重的害虫,是我国植物检疫性有害生物。

图8-60　葡萄根瘤蚜

6.2 危害特点

葡萄根瘤蚜主要为害根部、在部分地区也能为害叶面。叶部只有新生叶片、卷须受害,在葡萄叶背形成许多粒状虫瘿,称为"叶瘿型",根部受害,以危害新根为主,近地表的主根也可受害,危害症状在新根的顶部形成米粒大小的略呈菱角形的黄白色瘤状结,虫体多在凹陷的一侧;在主根和侧根上则形成大的瘤状突起,虫体多在突起的缝隙处。一般受害后,树势明显的衰弱,提前黄叶、落叶,在高温天气下表现为缺钾症状,新根被害后形成菱形根瘤,过一段时间根系腐烂,葡萄产量受到不同程度的影响,最终导致整株枯死。葡萄一旦感染葡萄根瘤蚜后,葡萄就没有存活的可能。

6.3 生活史及习性

葡萄根瘤蚜分为有性和无性两种。卵经孵化为第1龄若蚜,1龄若蚜的活动能力特别强,孵化后就开始移动到临近根系或叶片上为害,一旦找到合适的部位开始为害,蚜虫便不再移动,为害后形成根瘤或叶瘿。若蚜共4龄,全部为雌蚜,以孤雌生殖方式繁殖后代;在夏末秋初(9月初~10月底),部分葡萄根瘤蚜在根部蜕皮3次后成为有翅型蚜虫。有翅蚜不危害葡萄,而是转移到葡萄地面产卵;有性卵孵化出来后若蚜并不取食,蜕皮3次后发育为无翅型成蚜并在24 h内完成交配,一雌蚜仅产一个越冬卵;翌年春天,越冬卵孵化为干母,并转移到葡萄植株或叶片上,待其发育至成蚜开始产卵,进行无性繁殖。

6.4 防治方法

（1）选用抗性砧木，在使用抗砧之后，葡萄根部以上完全没有被根瘤蚜为害。

（2）白僵菌、绿僵菌和拟青霉菌能够侵染葡萄根瘤蚜，尤其是卵粒的效果更明显；另外，利用绿僵菌控制葡萄根瘤蚜时，则很好的降低了该虫在葡萄园中的种群数量。

（3）葡萄根瘤蚜可通过土壤粘附在机械、农具和鞋子上进行短距离传播，同时通过已侵染的枝条和种苗进行远距离传播。及时清洗粘有蚜虫的农具和鞋子等物品能有效控制根瘤蚜的传播。苗木运输前用50%辛硫磷1500倍液或80%敌敌畏乳剂1000~1500倍液，或用溴甲烷熏蒸或在52 ℃~54 ℃的热水里浸泡3~5 min，可以全部杀死根瘤蚜；或40%乐果乳油1000倍液，浸泡1~2 min，取出阴干。此外，在冬季，葡萄园中连续灌水60 d，能有效杀死越冬蚜虫；灌水40 d后，仅有28%蚜虫存活。

7 葡萄绿盲蝽防治技术

绿盲蝽属半翅目，盲蝽科，杂食性害虫，为害多种经济作物，随着葡萄种植面积的扩大，绿盲蝽在葡萄上的危害日益严重。

图8-61 葡萄根瘤蚜 　图8-62 葡萄根瘤蚜

7.1 危害特点

绿盲蝽主要以成虫、若虫的刺吸式口器为害葡萄的幼芽、嫩叶、花蕾和幼果，造成细胞坏死或促使其畸形生长。被害嫩叶先出现枯死小点，随叶芽伸展，小点变成不规则的多角形孔洞。花蕾受害后即停止发育，枯萎脱落。受害幼果粒初期表面呈现不很明显的黄褐色小斑点，严重地块幼果表面布满黄褐色物，随着幼果粒的生长，黄褐色物扩大，呈黑色，随果粒的继续生长，受害部位发生龟裂，严重影响葡萄的产量和品质。

7.2 生活史及习性

绿盲蝽以卵越冬，极少量产于葡萄枯枝、落叶内。翌年日均气温在10 ℃以上时孵化为若虫，随后出现成虫。绿盲蝽1年发生4~5代，在葡萄整个生育期均有发生，1、2代为主要危害代。

7.3 防治方法

（1）在9月份彻底清除园中或园边的寄主杂草，如藜、蒿类，减少最末一代的发生量，从而减少越冬卵量。多雨季节注意开沟排水、中耕除草，降低园内湿度。大多葡萄同行距是 2 m，必须搞好管理（抹芽、副梢处理、绑蔓），改善架面通风透光条件。对幼树及偏旺树，避免冬剪过重；多施磷钾肥料，控制用氮量，防止葡萄徒长。

（2）利用其成虫的趋光性，可在成虫发生期统一采用频振式诱杀成虫，以减少卵的基数。也可在葡萄树上悬挂粘板粘附绿盲蝽或释放性激素诱集成虫。

（3）于绿盲蝽若虫发生期利用植物源农药 1% 苦参碱可溶性液剂 1000 倍液或 0.3% 印楝 2000 倍液喷雾，间隔 7 d 喷 1 次，于傍晚时分喷药。

第四节　葡萄果园鸟类为害与防治措施

一些杂食性鸟类啄食葡萄果实，不仅直接影响果实的产量和质量，而且导致病菌在被啄果实的伤口处大量繁殖，使许多正常果实生病，鸟类危害已成为影响葡萄生产的一大问题，调查显示，陆地栽培葡萄遭受鸟害后，减产可达 30% 以上。

图8-63　鸟害

1 主要鸟害的种类及危害特点

1.1 灰惊鸟

常结群活动，食物以树种子、虫子和葡萄、桑葚、枣等各类果实为主，尤喜欢葡萄，发现一片成熟的葡萄园，往往疯狂啄食，破坏性极大。

图8-64　灰惊鸟　　图8-65　喜鹊

1.2 喜鹊

分布在平地、山丘的高树或农田中。长单独或小群于田野空旷处活动，性凶猛粗暴。经常三三两两在大树之间来去。杂食性，主要危害是啄食葡萄粒。

1.3 灰喜鹊

分布在平地、山丘的高树或农田中。长单独或小群于田野空旷处头和后颈亮黑色，背上灰色；翅膀和尾巴呈天蓝色，属杂食性鸟类，主要啄食葡萄粒，早晨和黄昏活动。

图8-66　灰喜鹊　　图8-67　大山雀

1.4 大山雀

食物以昆虫、植物性物质为主。

1.5 麻雀

麻雀经常三三两两或成群或独自采实葡萄。只要发现成熟的果穗，一周之内便可造成果穗上的果粒啄伤和腐烂。

图8-68 麻雀

图8-69 乌鸦

1.6 乌鸦

乌鸦包括：红嘴乌鸦、寒鸦、大嘴乌鸦。它们均是杂食性鸟类，主要危害是啄食葡萄粒。

篱架栽培的葡萄鸟害要重于棚架，在棚架上，外漏的果穗受害程度又较内膛果穗重。套袋栽培葡萄园的鸟害程度明显减少。且鸟类的活动在一年中，尤为葡萄成熟期时间段最多。一天中，早晨和傍晚鸟类活动最多。

2 防护对策

（1）果穗套袋。果穗套袋，不仅可防治鸟害，也能减少病虫害对果粒的伤害。

（2）架设防鸟网。

（3）增设隔离网。

（4）改进栽培方式。在鸟害发生地，多采用棚架和用叶片遮盖果穗的方式减少葡萄被害。

（5）驱鸟。鞭炮声、敲打声等。

3 葡萄园常用和重要药剂简介

（1）78% 科博可湿性粉剂

葡萄首选杀菌剂科博对霜霉病特效，且能同时防治炭疽病、白腐病、黑痘病、穗轴褐枯病等多种病害，是防治葡萄病害的首选杀菌剂。优点：对葡萄的叶片、果实、枝蔓均有优异的保护效果；杀菌谱广且药效优异，可同时防治多种病害；不产生抗性；具有营养作用，能够促进营养积累和提高抗病性，具有促进枝条老化作用；粘着性好；药效好、持效长。

（2）70% 甲基硫菌灵（甲托）和 50% 多菌灵

甲托和多菌灵是广谱性内吸杀菌剂，对大多数子囊菌和半知菌有效，可防治黑痘病，炭疽病，白腐病，白粉病，灰霉病，穗轴褐枯病，褐斑病等病害，但对卵菌（如霜霉病）无效。它们杀菌谱比较广但药效一般，且注意与其他内吸性杀菌剂的交替使用，避免抗性产生的发展。（推荐使用纯的甲基硫菌灵和多菌灵，不要使用混配制剂）。

（3）80% 喷克

喷克是发芽后到开花前首选杀菌剂。因为：喷克对葡萄前期病害（如黑痘病，穗轴褐枯病等）有很好的防治效果，且能杀灭锈壁虱防治毛毡病（防治毛毡病是葡萄前期工作的重要内容），对葡萄安全性好，在任何条件下都不会对葡萄产生伤害，适合葡萄幼嫩组织、花期用药。

喷克是葡萄着色期（尤其是鲜食葡萄）的优秀杀菌剂。因为：喷克对葡萄后期病害（如炭疽病，褐斑病，霜霉病等）有很好的防治效果；具有促进葡萄着色和使葡萄果皮光洁的作用；混配性好，与很多杀虫杀菌剂可以混合使用，有增效作用，有利于后期病害的综合控制；有营养作用，有利于提高葡萄品质；喷克通过欧洲ISO14001 环境保护认证，适合生产优质、安全，有利于环境保护，适合后期使用。

喷克是混配性很好的杀菌剂。喷克可以与大多数杀菌剂、杀虫剂、叶面肥等混合使用，并且很多时候有增效作用，所以需要混合使用农药时，比如病害发生时治疗性杀菌剂与喷克混合使用、发生虫害时杀虫剂与喷克混使用、需要增加树体营养时使用叶面肥和喷克混合使用等。单独使用 600~800 倍，混合使用 800 倍。

（4）波尔多液

波尔多液是硫酸铜和熟石灰（Ca(OH)2）按不同比例配制成的蓝色胶状悬浊液，用作杀真菌剂。波尔多液自 19 世纪末期于法国波尔多地区的葡萄酒庄首先使用，故此得名，后来广泛用于苹果、梨、柑橘和香蕉的防护。

葡萄离不开铜制剂，铜制剂对很多葡萄病害有效，如霜霉病、黑痘病、炭疽病、细菌性病害等。

波尔多液是成本最低的铜制剂；对霜霉病、黑痘病有效，是不错的葡萄园药剂；药效不稳定；污染叶片和果面，影响光合作用。

有一种错误观点或看法，认为铜在酒中的残留与铜制剂的使用有关，主张酒葡萄要尽量少使用或不使用铜制剂。这种观点是非常片面的或错误的，大量的实验已证实，葡萄酒中的铜离子的含量与铜制剂的使用无关。

波尔多液是套袋后、果实采收后的主要药剂。

（5）必备

必备是目前最好的“铜离子释放系统”的杀菌剂，所以不但药效优异，而且安全性好；必备是目前唯一防治酸腐病的药剂；必备有优异的营养和边际效应。所以，幼芽、幼梢、幼果需要铜制剂时，可以使用必备；需要铜制剂和其他药剂混合使用时，使用必备；防治酸腐病时，使用必备。一般使用400–500倍。

（6）硫制剂

利用硫原子或硫化氢杀菌。最先应用的是石硫合剂：1821年开始使用，1851年基本定型，在20世纪得到广泛应用。最著名的硫制剂有：石硫合剂，多硫化钡，硫胶悬剂，硫超微可湿性粉剂，硫水分散粒剂等。

在葡萄上，硫制剂用于防治白粉病、锈病等病害，及锈璧虱（毛毡病）、短须螨、蚧壳虫等虫害。在发芽前使用石硫合剂或多硫化钡是优秀的防治措施，但葡萄的生长期使用硫制剂要注意使用浓度和对葡萄的安全性问题。

（7）10%美安

美安是季铵盐类杀菌剂，具有内吸传导性，能杀多种真菌、细菌、病毒，广泛用于医疗、工业、畜牧、农田中，在葡萄上使用，对白粉病、炭疽病防治效果优异，兼治霜霉病、白腐病等，且对多种腐生杂菌防效优异。对葡萄安全性好，从发芽到落叶，都可以使用；混配性好，可以与很多常用农药混合使用；对果面没有污染，特别适合结果期使用。一般使用600~800倍。

（8）EBDC类产品

代森锰锌，代森锌：是葡萄的有效杀菌剂，对霜霉病、黑痘病、褐斑病、炭疽病等有效，但应注意安全性问题。该药可引起严重落花落果，还易造成叶片或果面伤害。

福美双，福美锌，炭疽福美：这三类药对葡萄果穗有很好的保护作用。尤其是对白腐病和炭疽病，对霜霉病也有一定药效。是不错的葡萄园杀菌剂。但希望注意这类产品造成的污染，注意食品的安全性，后期应谨慎或禁止使用。

EBDC类：喷克、丙森锌、克菌丹等都是这一类杀菌剂。这类进口杀菌剂有些相似性，但作者认为喷克在这类产品中表现最为优异（如药效，安全性，持效性等）。

（9）12.5%烯唑醇（禾果利）和25%咪酰胺（使百克）

禾果利：是防治葡萄白腐病、白粉病、黑痘病的特效药剂，对炭疽病也有效。使用3500–4000倍。

使百克：是治疗炭疽病的特效药剂，但要注意残留问题（酒葡萄采收前45天内，鲜食葡萄采收前20天内禁止使用），使用1500倍。

（10）25%戴挫霉

戴挫霉是内吸治疗性杀菌剂，主要是向上传导，由根系吸收向上传导，或由枝蔓叶片吸收，向上输到果穗、新梢；向下运输的戴挫霉量很少，叶片使用戴挫霉也可以到达根部,但量很少。戴挫霉对白粉病、炭疽病特效,对曲霉、青霉、镰刀菌造成的果实、穗轴的腐烂特效;对白腐病、灰霉病、穗轴褐枯病防效优异。使用浓度:150~250ppm(1000~1500倍)。使用方法:1、套袋前喷果穗或涮果穗;2、摘袋前喷果穗基部、果实穗轴;3、摘袋后采收前:涮果穗,或喷果穗及果穗下部枝条;4、采收后:1500倍浸泡30秒左右,捞出后风干、凉干后储藏。

(11)42%喷富露

属于EBDC类,高效广谱性保护剂;对葡萄各时期非常安全;含有一种特殊的油(Banole100),提高药效20%以上,展着性、粘附性、抗雨水冲刷非常优秀;SC剂型,对果面没有药斑污染;能促进果实上色、果面光洁;欧盟ISO14001环保认证,是环保产品。非常适合后期使用。使用时选择400-600倍,一般在葡萄上使用500倍。可以作为套袋葡萄摘袋后使用药剂,也可作为不套袋葡萄的成熟期的药剂。

(12)50%科克

防治霜霉病的内吸性杀菌剂,是目前最优秀药剂这一。使用2000~4000倍。混配性好,可以和喷克、必备、多菌灵、甲基硫菌灵、稳歼菌等混合使用。在霜霉病的大发生点,比如南方多雨地区的6月上中旬和7月上旬、北方地区的7月中旬左右,科克与保护性杀菌剂混合使用;霜霉病发生后,科克是治疗、控制霜霉病危害的最优秀的杀菌剂之一。

(13)25%敌力脱和爱苗

敌力脱属于丙环唑,是内吸、渗透性杀菌剂,对灰霉病、白粉病药效优异。在花前、花后使用,可以单独使用,也可以和喷克、喷富露、多菌灵一起使用。使用剂量为3000~4000倍。

爱苗是丙环唑的混配制剂,对灰霉病、白粉病、黑痘病防效优异。可以作为芽前喷干枝,也可以作为花前花后的药剂,使用3000倍。

(14)40%稳歼菌

稳歼菌是氟硅,内吸性杀菌剂,对白腐病、白粉病、黑痘病等有优异防效,能兼治炭疽病。使用8000-10000倍。注意,浓度大会有副作用,所以不能低于8000倍。2~3叶期、花前、花后使用,也可以作为黑痘病发生后的治疗、控制的杀菌剂。可以和保护性杀菌剂如喷克等混合使用。

(15)5%霉能灵

霉能灵为亚胺唑,内吸性杀菌剂,对黑痘病有优异防效,能兼治炭疽病,白粉病。

在2~3叶期、花前、花后使用，单独使用或混合使用。

（16）10%宝丽安

宝丽安为多氧霉素，有渗透性，用于葡萄灰霉病、穗轴褐枯病、白粉病等。在花前、花后与保护性杀菌剂如喷克、必备等混合使用。

（17）复配制剂

目前，因葡萄效益较好，出现了很多号称防治葡萄各种病害的复配制剂。因此葡萄种植者在使用这类农药时一定要了解：复配制剂是什么配制的（含有哪类有效成分？）这种复配的优势在哪里？应当仔细筛选。

注：与硫磺、低质量代森锰锌、退菌特、百菌清的复配制剂，不能在无公害葡萄生产中使用。

（18）其他优秀或有特点的药剂：

防治霜霉病的药剂：烯酰马啉（安克）、氟吗啉（灭克）、乙磷铝、霜脲氰等。

防治白粉病的药剂：稀唑醇、十三吗啉、特富灵、三唑酮等。

防治白腐病的药剂：稀唑醇、氟哇唑、亚胺唑等。

防治黑灰霉的药剂：嘧霉胺、乙烯菌核利（农利灵）、腐霉利等。

防治黑痘病的药剂：稀唑醇、亚胺唑等。

防治炭疽病的药剂：咪酰胺、溴菌清等。

（19）硼肥

速乐硼：混配性好，可以与其他措施一起使用，比如在花序分离期可以和科博、必备混合使用，花前可以与甲基硫菌灵、多菌灵混合使用，套袋前可以和戴挫霉、嘧霉胺混合使用等；溶解性、速溶性、吸收率等比较高；硼的含量高、利用率高。使用剂量为700~1000倍。

（20）朵美滋

属于石灰氮，是南方葡萄打破休眠的药剂。近年来发现，对花序分化和形成有促进作用。冬季低温量少（休眠不够）的地区，可以使用朵美滋10~20倍，在发芽前用毛笔抹芽，发芽整齐、花序好。对于花芽分化不好的葡萄，可以使用促进花序形成。

编者注：

1.目前，作者在市场上见到很多防治葡萄病害的药剂，有很好听的名字，并且标明防治葡萄上的多种病害。据查证,这些药剂大部分是多菌灵、福美双、炭疽福美等药剂或它们的复配制剂,但价格成倍增长。请大家选择新名称的农药时节,一定要谨慎,查明后再决定是否使用;2. 百菌清是保护性杀菌剂,对葡萄炭疽病、白粉病等病害有效,对霜霉病也有一定的保护使用。据河南及河北果农反映:某些葡萄品种使用易引起药害,并且据有关资料介绍,百菌清对大白鼠有致癌、致突变作用,所以尽量不要在葡萄上使用。

第九章　葡萄的防灾减灾技术

第一节　冬季低温冻害及防止措施

1 冻害防治

冻害主要有冬季低温冻害和早晚霜冻害，我国埋土防寒区冬季极限最低温远远低于酿酒葡萄枝芽所能耐的限度，冻害时常发生，早晚霜也经常来袭，因此，埋土防寒区种植酿酒葡萄来说，防止冻害应作为一项重要技术措施，并做到常备不懈，才能防止冻害的发生。

2 冬季低温冻害

冬季低温冻害发生在12月至翌年1月，冻害部位为根系、芽及枝蔓；葡萄植株的耐寒能力较差，因为根系冬季不休眠，特别是欧洲种葡萄，当根际温度低于 -5 ℃时，就会出现冻害，因此，冻害以根系发生最多。另外，如果芽眼和枝蔓分别在温度低于 -15 ℃～ -20 ℃时也会出现冻害。原因是由于气温下降到一定程度或气温下降速度太快，植物细胞内水分（细胞液）凝固成冰，造成细胞迅速死亡。

2.1 症状

依据受冻程度不同，植株表现症状也有差异。

2.1.1 轻微冻害

根断面呈浅褐色，但木质部仍有存活的白色组织，木质部与韧皮部结合较紧密；枝蔓发生轻微冻害后，形成层仍为绿色，木质部和髓部变为褐色，枝新剪口有少量伤流，滴水极慢，芽内主芽受伤不能萌发，而副芽和芽垫层还可萌发出新梢，主蔓下部能正常萌芽,可恢复生长,但生长势会较弱,坐果率降低。

2.1.2 严重冻害

根断面全部呈褐色,但形成层部位变色较浅,手捏感到组织坚实,仍有少量恢复生长能力;枝形成层变为褐色,会造成枝条枯死。新剪口有极少量伤流。受冻严重导致芽垫层受冻,芽变为褐色,整个芽眼将会死亡,脱落,不能萌发长出新技,但主蔓基部可萌发枝条。

2.1.3 受冻死亡

根断面全部变黑褐色,并呈水渍状,木质部与韧皮部软而易分离,说明根系无恢复生长能力;枝蔓既没有伤流,芽眼也不萌发,枝条干缩皱皮,剪口断面全部变黑褐色。

2.2 受冻植株的判断

及时识别受冻植抹,并采取有效的补救措施,可使受冻植株再生,并可获得一定的产量。受冻植株的识别:葡萄出土上架后,将一年生枝剪下一小段检查。如果枝条剪口断面为绿色,出现伤流,且速度越来越快,说明无冻害。如果伤流量少或没有,应立即挖土验根。伤流极慢且枝条及根系断面部分浅褐色,说明植株发生了轻微冻害。如果只有少量伤流,枝条及根系断面而均呈褐色,则为严重冻害。如无伤流且枝条及根系断面褐变,根系木质部与韧皮部易分离的,说明已受冻害致死。轻微受冻的植株可立即上架,只要加强管理,可逐渐恢复生长。根系冻死量在40%以下时,可采取措施补救。根系冻死量达50%以上时,一般很难恢复活力,必须从基部平茬催根或重新定植。

图9-1 葡萄植株受冻死亡

3 防冻技术要点

选择抗寒品种或选用抗寒砧木的嫁接苗。

3.1 增加树体贮藏营养积累

适时采收,适当控制结果量;采后及时防治病虫害保叶,加强肥水管理,促进后期营养积累,尽量延长叶光合作用时间,增加入冬前的养分积累,提高抗寒性。

3.2 加强田间管理

前促后控,促进枝条成熟,提高技条抗寒能力。7 月中旬前加强肥水,保证供应氮肥、水分,促进多长枝叶,而 7 月中旬后不施氮肥,多施磷钾肥,并控制水分,及早摘心,促进枝条成熟,使枝条在入冬前成熟,抗寒能力提高。

3.3 埋土防寒

采取深沟栽植,在土壤结冻前,将枝蔓沿行压倒于沟面上,然后埋土,春季再撤除培土,栽植沟深和埋土深度取决于当地极限最低温。历史极限最低温在 -20 ℃的区域,种植沟深不少于 0.1 m,枝蔓表面土层在 0.2 m,宽 0.6 m;极限最低温在 -30 ℃的区域种植沟深不少于 0.2 m,枝蔓上埋土高度在 0.4 m,宽 1.2 m;极限最低温在 -40℃的区域种植沟深不少于 0.4 m,枝蔓上埋土高度在 0.6 m,宽 1.5 m。

4 冻后补救措施

4.1 清沟排水

开好四周排水沟,降低地下水位,促进地温回升。

4.2 催根

发现葡萄受冻后可进行催根措施,促进恢复。一是压蔓待根。对受冻植株先不要上架,在架下顺主蔓上架方向挖 30 cm 左右深的沟,宽度能容下枝蔓就行。把主蔓放入沟内后,填半沟土覆盖,然后灌水,水渗下后将沟填平。这样,可以降低沟内地温,延缓萌芽,等待新根长出,并可使枝蔓充分吸水,促进生根。二是地下催根。地上部主蔓埋完后,将根颈周围 1.5~2.0 m 内的土挖开,仔细检查葡萄根系,发现死根则全部剪除,尽量保留半死根,避免伤害加重。然后在根部铺上腐殖土,厚约 10 cm,再灌水,根系上面最好用架设塑料小拱棚,提高地温,促进半死根恢复生长。三是采取待根、催根措施后,通常 l5 d 左右就可以产生大量新根。这时就可将主蔓出土上架。及时填平根部土坑,每株葡萄可施入复合肥 0.2 kg,并适当灌水。1 个月后就可以撤掉小拱棚。在日常管理上对受害植株要加强肥水管理,疏花疏果少留果穗,适当控制营养生长,减少养分消耗,促进树势恢复。

4.3 及时修剪

遭受严重冻害后,进行回剪,先用专用剪口涂抹剂涂抹剪口,从好芽以上 1 个节处剪去。若整个枝蔓上无明显萌动的芽眼,则从基部疏掉。集中树体营养,促进好芽、健康枝条恢复生长,有利于树势快速恢复。地上部枝条发生冻害后,基部会萌发许多萌蘖。根据树的实际情况,一般每个主蔓保留 1~2 个萌蘖,多余者疏掉。如果树较大,可适当多留,待长势恢复后,再根据架面调整。选留的萌蘖长至 1.0 m 左右时摘心,作为预备枝。

4.4 根外追肥

施叶面肥可促进根系和植株恢复。葡萄上架后,新梢叶片长至成熟叶 2/3 大小时可叶面喷肥。用 0.3% 尿素 +0.3% 磷酸二氢钾溶液喷施叶片背面,隔 5~7 d 1 次,连续喷到 6 月下旬至 7 月初。也可喷施高效光合微肥,促进受冻葡萄恢复。

4.5 加强管理

受过冻害的葡萄在整个生长季中都要加强肥水管理,并于 6 月上中旬地下追施复合肥。促进植株恢复。受冻后的葡萄园要及时浅锄松土,切断地下毛细管,增加土壤的通气性,防止水分蒸发,并有利于土壤升温,防止土壤板结,改善根系的生长环境,有利于根系恢复生长。

第二节　早霜与晚霜的危害及防止措施

1 早霜冻害

早霜冻害多发生在秋天,冻害部位为根颈(指地面以上 0~10 cm 处)及根系,使葡萄生长期缩短、早期落叶,新梢不能充分成熟。

1.1 预防早霜对葡萄危害的方法

葡萄生长后期严格控制施氮肥和灌水,防止徒长,促进枝芽木质化;没充分成熟枝蔓提前下架，防寒物提早进地，注意收听当地天气预报，一旦有霜冻气象，将葡萄枝蔓用防寒物覆盖。待霜冻解除后再撤除防寒物，使枝芽得到抗寒锻炼。在埋土防寒区，往往在第一次霜冻后。有 2~3 周的相对应高温时期，此时高温极有利于养分回流到根系和多年生枝蔓贮存。

1.2 预防

秋季于 7 月底至 8 月初提早控水、控肥，促进枝条、根系成熟；对于幼树可在 9 月中旬实行人工落叶，使幼树提早进入体眠；或根颈培土：霜前 1~2 d，于根颈部位培土 20 cm，或提前修剪，浅埋土。

1.3 不同品种在早霜冻危害后的生理表现

2017 年 10 月初，武威地区发生大面积的早霜冻危害，调查发现，本次早霜冻危害造成酿酒葡萄品种及砧木叶片干枯，新梢顶部严重冻伤。早霜冻发生后采集了‘品丽珠’、‘马瑟兰’、‘黑比诺’、‘美乐’、‘白玫瑰香’、‘霞多丽’、‘小味儿多’、‘雷司令’、‘北冰红’ 9 个品种和‘5BB’、‘101-14’、‘SO4’ 3 个砧木的一年生枝，比较了不同品种和砧木早霜冻后枝条的生理表现。

图9-2 马瑟兰早霜冻后表现

1.3.1 葡萄枝条电导率及 MDA 含量

‘5BB’ 丙二醛含量最高，为 0.53 μmol/L，显著高于其他品种，‘马瑟兰’、‘美乐’、‘白玫瑰香’、‘北冰红’、‘101-14’ 和 ‘SO4’ 丙二醛含量次之，‘品丽珠’ 和 ‘黑比诺’、‘霞多丽’ 和 ‘小味儿多’ 丙二醛含量无显著差异，‘雷司令’ 丙二醛含量最低，为 0.30 μmol/L（图 9-3A）。不同品种电解质渗出速率差异较大，‘品丽珠’、‘小味儿多’、‘黑比诺’ 和 ‘101-14’ 电解质渗出速率较高，‘美乐’、‘白玫瑰香’、‘霞多丽’、

‘5BB’ 和 ‘SO4’ 电解质渗出率无显著差异。酿酒葡萄品种中 ‘北冰红’ 电解质渗出率最低,为 42%,其次为 ‘马瑟兰’,电解质渗出率为 54%,砧木中 ‘5BB’ 电解质渗出率最低,为 65%（图 9–3B）。

1.3.2 葡萄枝条总水含量束缚水与自由水的比值

霜冻后枝条总含水量指标在不同品种和砧木间表现不同,9 个酿酒品种中,‘品丽珠’总含水量最低,为 35.6%,其次为‘霞多丽’,总含水量为 38.8%。‘马瑟兰’、‘黑比诺’、‘美乐’ 总含水量无显著差异,‘美乐’、‘白玫瑰香’、‘小味儿多’ 总含水量无显著差异。3 个砧木中,‘101–14’ 总含水量最低,为 37.2%,‘5BB’ 和 ‘SO4’ 总含水量显著高于 ‘101–14’,总含水量平均为 41.7%（图 9–4A）。束缚水 / 自由水比值酿酒葡萄品种和砧木间差异较大,9 个品种中 ‘北冰红’ 和 ‘马瑟兰’ 束缚水 / 自由水比值分别为 2.0 和 1.8,显著高于其他 7 个品种,其他品种束缚水 / 自由水比值依次为雷司令＞白玫瑰香＞霞多丽＞小味儿多＞品丽珠＞美乐＞黑比诺,其中,‘品丽珠’、‘白玫瑰香’、‘霞多丽’、‘小味儿多’ 和 ‘雷司令’ 差异不显著。3 个砧木中,‘5BB’ 束缚水 / 自由水比值显著高于其他砧木,为 2.48,‘101–14’ 和 ‘SO4’ 差异不显著,束缚水 / 自由水值为平均为 1.28（图 9–4B）。

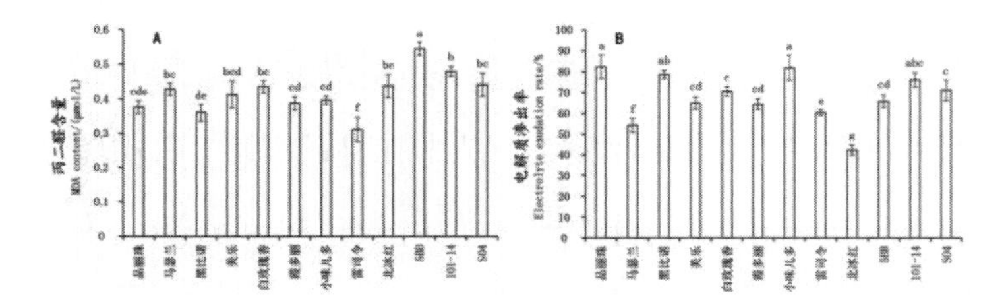

图9–3 早霜冻后各品种枝条丙二醛及电解质渗出率

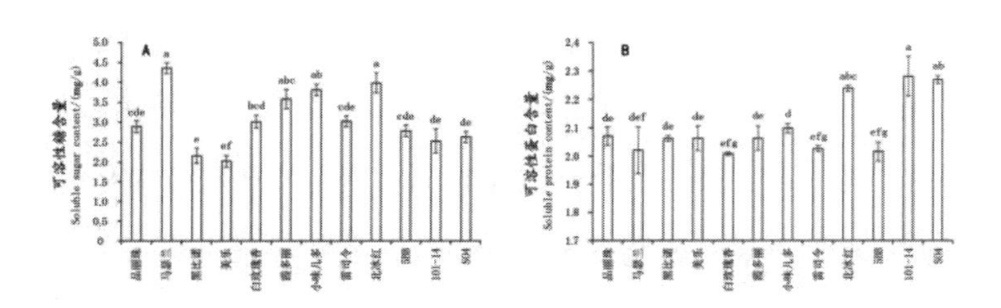

图9–4 早霜冻后各品种枝条水分含量

1.3.3 葡萄枝条可溶性蛋白及可溶性糖含量

早霜冻后不同品种及砧木枝条可溶性糖含量差异明显，9 个酿酒品种中‘马瑟兰’、‘北冰红’、‘小味儿多’、‘霞多丽’枝条可溶性糖含量较高，‘黑比诺’和‘美乐’可溶性糖含量较低，二者无显著差异，可溶性糖含量平均为 2.1 mg/g。‘5BB’、‘101–14’和‘SO4’可溶性糖含量无显著差异（图 9–5A）。不同品种可溶性蛋白含量在早霜冻后差异显著，‘北冰红’可溶性蛋白含量最高，为 2.25 mg/g，‘小味儿多’、‘霞多丽’、‘美乐’、‘黑比诺’、‘马瑟兰’、‘品丽珠’次之，‘白玫瑰香’和‘雷司令’可溶性蛋白含量最低，为 2.01 mg/g。早霜冻后砧木可溶性蛋白差异较大，‘101–14’和‘SO4’可溶性蛋白含量显著高于‘5BB’，其中‘101–14’可溶性蛋白含量最高，为 2.31 mg/g，‘SO4’为 2.26 mg/g，二者可溶性蛋白含量无显著差异（图 9–5B）。

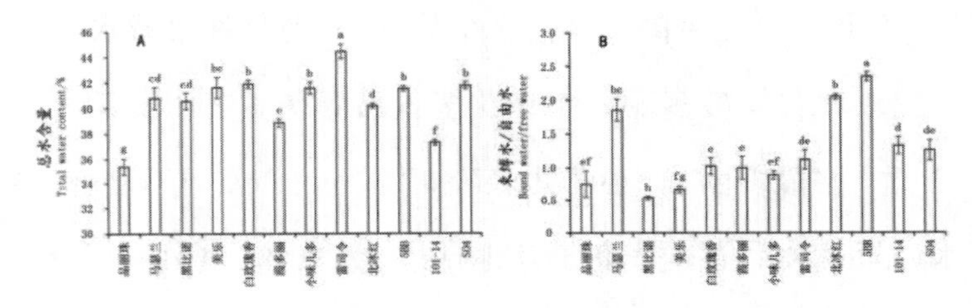

图9–5　早霜冻后枝条可溶性糖及蛋白含量

植物组织在逆境条件下时，会发生膜脂过氧化作用，在植物体内膜脂过氧化经过一系列的反应，最终分解为 MDA，其含量可表明植物在逆境条件下遭受的伤害水平。对武威地区 9 个酿酒葡萄品种和 3 个砧木在早霜冻后‘白玫瑰香’MDA 含量最高，为 0.43 μmol/L，‘雷司令’MDA 含量最低，为 0.30 μmol/L。对 3 个砧木比较发现，‘5BB’MDA 含量最高，显著高于其他 2 个砧木，‘SO4’MDA 含量较低。

植物组织在低温胁迫时，细胞质膜选择透性改变或丧失，从而使电解质大量外渗。膜透性增大程度与低温胁迫强度和抗寒性有密切关系，在低温胁迫下，抗寒性强的植物膜透性变化相对较小，而抗寒性弱的植物膜透性明显增大。常温下细胞膜是具有选择性的半透膜，当植物遭受低温胁迫时，细胞类囊体结构瓦解，植物膜的选择性降低，细胞内溶液外渗。膜脂受损后，细胞内某些物质的外渗引起细胞导电性的变化，是电导率法测定植物抗寒性的主要依据。根据细胞外渗液导电性的差异，确定膜透性的大小，从而推测膜的受伤程度和对寒冷的抗性强弱，是检验植物抗寒性的经典实验方法。抗寒性强弱，基本上与其质膜透性的大小呈负相关，即相对电导率与抗寒性成负相关。在低温条件下，葡萄细胞电解质渗出率都随温度下降而上升，呈明显的‘S’型曲线，每一品种的相对电导率变化曲线都有一个明显的跃升阶段，随后便达到平缓状态。早霜冻危害后‘北冰红’电解质渗出率为 42%，‘101–14’电解质渗出率最高，为 76%。

植物的抗寒性与其体内代谢及生理过程有密切的关系，而这些生理代谢活动都是在水的参与下进行的，因而，检测不同温度条件下植物组织水分状况的变化特点，是植物抗寒生理研究的重要部分植物含水量与抗寒性的关系早已被许多学者所肯定，自由水和束缚水含量常与植物的生长和抗逆性有关，自由水含量愈高，植物代谢活动愈强，生长也较快，但抗逆性较差。相反，束缚水含量越高，则抗逆性越强。雷司令 > 白玫瑰香 > 美乐 > 小味儿多 > 马瑟兰 > 黑比诺 > 北冰红 > 霞多丽 > 品丽珠。不同品种间束缚水 / 自由水差异较大，‘黑比诺’束缚水 / 自由水最小，‘美乐’次之，‘北冰红’和‘马瑟兰’该比值显著高于其他品种，是‘黑比诺’的 3.6 倍。砧木与酿酒品种相比，束缚水 / 自由水比值显著升高，‘5BB’束缚水 / 自由水之比最高，为 2.4。

可溶性糖在植物抗寒机制上的作用可从 3 个方面阐述 ：一是通过糖的积累降低冰点，增强细胞的保水能力 ；二是通过糖的代谢，产生其他保护性物质及能源 ；三是细胞的生命物质及生物膜起保护作用。因此随着温度的降低，淀粉粒水解成可溶性糖，淀粉向糖的转化与植物的抗寒性有密切关系。植物在低温环境下，可溶性糖积累并储存在植物组织细胞中，降低水势，从而提高细胞间抗寒能力。低温下可溶性糖含量与可溶性蛋白含量密切相关，具有保护蛋白质避免低温引起的凝固作用，进一步提高植物抗寒性。可溶性蛋白具有较强的亲水能力，可减少低温对组织的损害。‘马瑟兰’可溶性糖含量积累最多，和‘北冰红’差异不显著，‘黑比诺’和‘美乐’糖含量最低，这两个品种在低温后，可溶糖积累较慢，容易冻害。‘小味儿多’可溶性蛋白积累最多，砧木与酿酒品种相比，可溶性蛋白含量积累显著增加，这也可以更好的解释砧木对低温的适应性优于品种的特性。

2 晚霜冻害

晚霜冻害是指发生在春末有较强寒潮天气活动时的晚霜，对已萌发的葡萄嫩梢、芽、幼叶和花序造成危害。

2.1 预防措施

适期出土：对于地势较低，气流不畅，经常出现晚霜冻的地块，适期晚撤防寒土，出土后连续多次灌水降低地温，延迟萌发。

熏烟防霜：冻出土前从架面上取下冬季防风的葡萄枝蔓，分散均匀堆放园地内，或用柴草等作为烟雾剂，在注意收听当地气象部门的天气预报，在降霜前1~2小时点火熏烟，防止降霜。注意不让柴草完全燃烧，只让其冒烟，让烟雾笼罩在果园上方，可以提高大气逆辐射，减少地面失热速度，烟雾最好能保持至太阳升起。熏烟时，如果没有逆温层，烟雾直升天空而不进果园时，可利用鼓风机吹风，将烟吹进果园，以免气温下降过快。

另外，还可采用寒流来的当夜灌水的方法缓解霜冻危害。

2.2 晚霜冻危害的表现

发芽较早的嫩梢，在霜冻时生长量已经达到10~20 cm，在受到霜冻时，花序以上的新梢及叶片全部冻死或冻伤，花序以下的叶片基本没有受到伤害，冻伤的叶片在2~3 d后干枯，症状明显。发芽较晚的嫩梢在受冻时基本刚开始展叶，在遭受到霜冻时基本上全部被冻死。

受害较轻的果园，新梢生长较长，霜冻后只有梢部冻伤死亡，将梢顶部受害死亡的梢尖连同幼叶剪除，相当于摘心，促使副梢萌发、生长。对于受害较重的葡萄园，新梢长度在10 cm以下，嫩梢全部冻死，虽然梢部新梢冻坏，但母枝基部芽仍没有萌发时，抹除冻死芽和嫩梢，促进母枝基部主芽和梢部副芽重新萌发。有条件的可喷赤霉素和6-BA，促进基芽和副芽萌发。对于发生冻害非常严重的葡萄园，嫩梢全部冻死，并且主蔓已老化时，对主蔓进行必要的短截；如果主蔓上没有合适的芽眼时，则可以从根部萌蘖中培养营养枝，翌年回缩老蔓。

第三节　冰雹及防止措施

冰雹灾害是由强对流天气系统引起的一种剧烈的气象灾害。葡萄生长季节遇到冰雹天气时,不但受到冰雹机械伤害,且常常伴随着狂风、强降水急剧降温等阵发性灾害性天气过程,会加重伤害程度。雹灾主要危害表现在枝蔓折断、劈裂,叶片破损、脱落,果粒破伤、脱落,架面歪斜、倒塌等,严重影响当年葡萄产量和品质,进一步影响植株光合作用,导致树势衰弱。

目前,防止雹灾的最有效方法是在树冠上方设置防雹网,如果面积过大无法覆盖防雹网时,只能采用人工防雹,用火箭、高炮或飞机向暖云部分撒凝结核,使云形成降水,这需要政府的重视和支持。另外,在多雹地带,种植牧草和树木等农业措施,增加森林面积,改善地貌环境,破坏雹云条件,也可达到减少雹灾目的。对于没有使用防雹网的葡萄园,如遇雹灾,应及时进行补救工作。

1 防止措施

1.1 及时清园

冰雹灾后,及时清除园中的断枝、落叶、落果,以减少病害的侵染。对于受损较轻,还有一定产量的田块,在做好肥水管理和病虫害防治的基础上,要加强现有枝梢和幼果的管理,合理修剪,疏除或短截残伤枝蔓,已折断、劈裂的新梢,应在伤口处剪平,有利于伤口愈合;促发和培养新生枝蔓,新发的嫩梢多留功能叶,满足幼果、枝梢的生长需要,促进花芽分化,同时疏除带伤果、小果、僵果,防止烂果危及其他健康果粒,将产量损失降到最低限度。对于受损严重,绝产的田块,也不能立即重回缩或放弃管理,相反更应注重枝梢的培养和保护。方法是:上部新发的嫩梢多留功能叶,增加营养积累,促进枝条生长和花芽分化,确保来年能正常挂果。

1.2 加强病虫害预防

雹灾后,葡萄叶片、茎蔓和果实上有较多伤口,应防止病菌从伤口侵入,造成二次危害。首先要全面喷施 1 次保护剂和叶面肥，增强植株抗性；3~4 d 后再全园喷施 1 次治疗剂和叶面肥，杀灭植株上存在的病菌；可用保护剂（如保倍福美双、万保露等）+40% 氟硅唑 8000 倍液全园喷施，3 d 后再单用 1 次 37% 苯醚甲环唑 3000 倍液待树势恢复后再喷布等量式波尔多液 2~3 次。

1.3 加强肥水管理

为进一步增强植株抗性，尽快恢复树势，对低洼田块应及时清沟排水，中耕松土，增强葡萄根系活力。同时，适量追施化学肥料，促进副梢生长，增加功能叶片。一般挂果葡萄亩增施尿素 10 kg，普钙 20~30 kg，硫酸钾 10 kg。新植葡萄要采取勤施薄施、少量多次的办法，适当增加浇肥和叶面喷肥次数，促进葡萄枝叶、根系生长和花芽分化。浇肥和喷肥时，应注意用肥浓度，避免一次性补肥量过多而产生肥害。

第十章　果品的储藏及运输

1 葡萄采收前的准备

采果前 20 d 喷 1500 倍液甲基托布津，采前 3~5 d 再喷 100 倍液萘乙酸，以防止裂果、落果，增进果实着色，提高糖分和防止发生孢霉病、赤霉病和白腐病。在采收前 10~15 d 停止灌水，如遇到降雨注意防雨和排水尽量避开雨天采收，以免降低浆果含糖量和耐贮性。采摘前 1 周摘除果袋，疏除不符合标准的果粒，包括青果（有色品种）、小果、软果、伤果、日灼果、裂果、病虫果和畸形果。要在入贮前天把库温降至 -1 ℃待贮。

2 采收期的确定和采收技术

2.1 采收时期的确定

2.1.1 葡萄成熟期

葡萄成熟期分开始成熟、完全成熟和过熟期（图 10-1）：

（1）开始成熟期。有色品种果实开始上色为标志，白色品种果实开始变软为标志。此时不是食用采收期，含糖不高，含酸较高，不好食用。

（2）完全成熟期。有色品种果实完全呈现该品种特有的色泽、风味、芳香气时即达到了完全成熟。白色品种果实变软，近乎透明，色泽由绿转黄，种子外皮变得坚硬并全部呈现棕褐色时即达到了完全成熟，果实糖分含量达到最高点，此为最佳采收期。

（3）过熟期。已经完全成熟以后不采收，果实果粒因过熟而落粒或易落粒，水分通过果皮散失浆果开始萎缩。

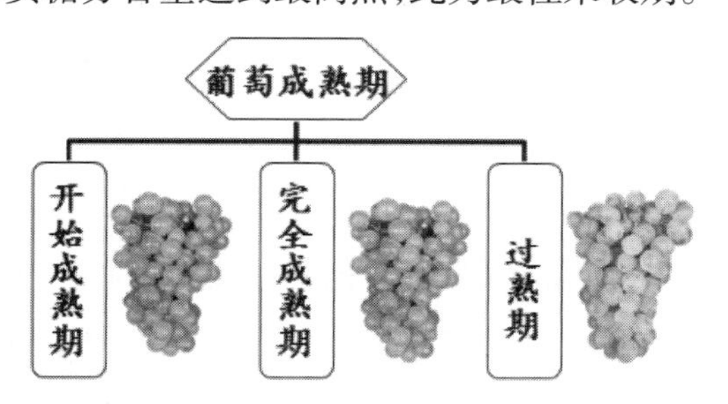

图10-1　葡萄成熟期

2.1.2 根据用途确定采收时期与标准

（1）鲜食品种。鲜食品种主要是根据市场的需求决定采收时期。一般供应市场鲜食的浆果，要求色泽鲜艳，果穗、果粒整齐，糖酸比适宜，有香味，口感好。早熟品种为了提早供应市场，在八至九分成熟即可采收。

贮藏用的鲜食品种，多为中晚熟和晚熟品种，在果实具有本品种果实的香味，有弹性，含糖量较高的完全成熟时采收，此时气温冷凉，有利于长期贮藏。果实的成熟度可根据色泽、硬度、含糖量等来判断，同一地区，果实色泽、含糖量基本上可反映品种的成熟度。总之，用于贮藏的葡萄成熟度愈高，糖分积累愈多，浆果冰点愈低，穗轴木栓化程度愈高，耐贮性愈强。

欧亚种的晚熟品种，在不受冻害的前提下，采收时期越晚越好，欧美种应充分成熟，适期采收，如采收过晚，果实硬度下降，贮藏过程中落粒较重。

（2）酿酒品种。根据酿酒的种类不同，对酿酒原料的糖酸含量及采收期的要求也不同。在理论上，葡萄含糖量达每 19 g/L，才能酿造出 1° 酒，因此要求酿酒葡萄的含糖量至少要达 17%，即 170 g/L，才可能酿出 10° 酒。普通干白葡萄酒为 11°，酿造干白葡萄酒，应在浆果完全成熟前采收，适宜的酸度是确定采收期的主要指标。对于甜型葡萄酒，则需尽量提高原料的含糖量，应在过熟的适当时期采收，浆果含糖量是确定采收期的主要指标。干红葡萄酒为 12°，因此要求酿酒葡萄的含糖量至少要达到 19%~20% 时才能采收。如酿制利口酒或天然甜酒要求的糖度高达 22% 以上。充分成熟的葡萄，不仅含糖量高，糖酸比适宜，而且葡萄酒品质的芳香、色素、酚类物质等都明显增加。这些物质使葡萄酒香气优雅，色泽鲜艳，酒体丰满，口感醇厚。相反，用不充分成熟的葡萄，加糖酿制的葡萄酒，不仅缺少应有的典型性，而且口味寡淡，酒体不丰满、不协调，还不耐存放。用于蒸馏白兰地的葡萄原酒，要求自然酒精度偏低，仅 8~9°，但蒸馏出酒的出酒率也偏低，因此栽培酿造白兰地酒的品种，产量可适当增加，但必须充分成熟时采收，酿制的酒质柔和爽口，回味绵延。

2.1.3 葡萄成熟度的标准鉴别

（1）外观皮色。紫黑色品种如‘巨峰’、‘巨玫瑰’、‘玫瑰香’等果实都是由绿色变浅绿浅红、紫红、紫黑色；红色品种是由绿色变浅红、红色、深红色、紫红色；黄色品种则由绿色变成浅绿、黄绿、绿黄变金黄色等，各色品种应在达到完全成熟的标准色泽时再采收。如紫黑色品种应在紫红、紫黑色，红色品种应在深红。紫红色、黄色品种应在绿黄、金黄色时采收，此时，果实含糖量均在 15%~17%。

（2）果粒硬度。浆果成熟时不管脆肉型还是软肉型品种，果粒硬度都有所变化，如‘巨峰’和‘红地球’两个代表品种的果粒都是由较硬的绿色逐渐变成有弹性的紫黑色或紫红色为适宜采收时期。

（3）糖酸含量。浆果含糖量是确定果实成熟度的重要指标，同一品种在不同地区，浆果含糖量也不同。如‘巨峰’和‘红地球’品种在河北东部地区，可溶性固形物分别都应在 15% 和 17% 以上，酸度在 0.6% 和 0.5% 以下，鲜食葡萄成熟采收应达到上述指标。

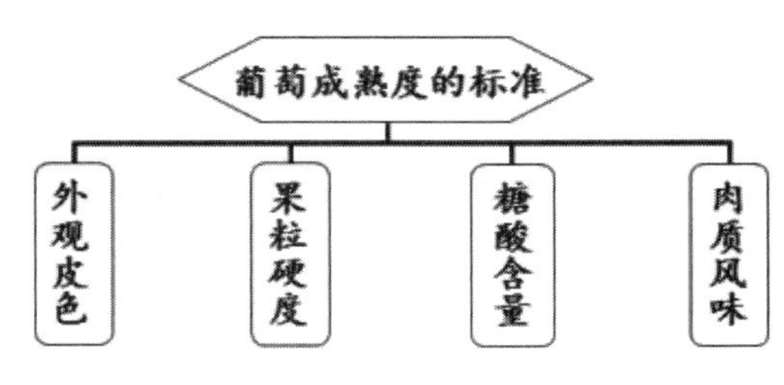

图10-2　葡萄成熟度的标准

（4）肉质风味。根据口尝葡萄果肉的甜酸、风味和香气等综合感，评定是否达到本品种固有的特性风味。

总之，要按上述 4 项综合性状确定其成熟度和采收期较为准确。

2.2 采收技术

2.2.1 采收时间

在晴天早晨露水干后开始到 10 点以前和下午气温凉爽后进行采收，切忌雨天、有露水及炎热的中午采收，否则浆果容易发病腐烂而不耐贮藏。

2.2.2 采收方法

根据成熟度差异分批采收。选择果穗紧凑、穗形适宜、果粒均匀、无病虫害的果实，一手持采果剪，在贴近果枝处将果穗剪下，并立刻剪除病粒、坏粒和青粒，然后轻轻放入果篮中，注意不要擦掉果粉，待果篮装到 2~3 层后，由分级人员及时按各级标准轻轻放入果箱之中。

总之，葡萄采收工作，要突出“快、轻、准、稳”4 个字，“快”就是采收、剪除坏果粒、分级、装箱、包装入库、预冷等项都要迅速；“轻”是采收、装箱等项作业都要轻拿轻放，尽量不擦掉果粉，不碰伤果皮和不碰掉果粒；“准”是下剪位置、剪除坏果、分级、称重等都准确无误；“稳”是采收时拿稳果穗和分级装箱时将果穗放稳，运输、贮藏码果箱时一定垛稳、码实，不能倒垛。同时要注意，凡高产园、氮肥施用过多、成熟不充分；含糖量低于 14% 的葡萄和有软尖、有水罐子病的葡萄；采前灌水或在阴雨天采摘的葡萄；灰霉病、霜霉病及其他病害较重的葡萄园的果穗遭受霜冻、水涝、风灾、雹灾等自然灾害的葡萄；成熟期使用乙烯利促熟的葡萄不能用于贮藏。

3 葡萄果实的分级与包装

3.1 分级

葡萄在全年发育过程中，虽是同一品种，同在一个架上生长，但仍有果穗大小，果粒是否整齐等差异。在优种、优质、优价的原则下，鲜食品种的葡萄，采收后要进行分级。

分级前先剪除病虫果粒，干枯腐烂果粒、破裂果粒，以及发育不全的小果粒和绿果粒（青粒），然后按果穗大小、松紧度分级，一般分为三级（表 10–1）：

①一级品。果穗典型而完整，穗梗上的果粒基本上没有破损，果粒大小均匀，全穗有 90% 以上的果粒呈固有色洋，可以贮鲜，果穗重量在 0.5 kg 以上。

②二级品。对果穗、果粒大小及成熟度要求不严格，但基本无裂果，不能用于贮藏。穗重在 0.5 kg 或以下者。

③三级品。一二类淘汰下来的果穗为三级，一般不能远运，应在当地销售对酿造葡萄品种，除按不同品种的酒质好坏来定价以外，近年来各地都采用了以糖度计价的方法，即按品种确定基本糖度价格（同品种在各地表现糖度不一致），然后再根据糖度增加或减少收购价格，从而促进葡萄栽培者在提高产量的同时，注重提高品质，确保优质酒的原料。

表10–1　葡萄果实的分级

葡萄果实的分级	
一级品	果穗完整，大小均匀，90%果粒呈固有色泽，可贮鲜，果穗重> 0.5kg
二级品	果穗、果粒大小及成熟要求不严，不能贮藏，果穗重≤ 0.5kg
三级品	一二类淘汰下来的果穗，不能远运。

3.2 包装

包装是商品生产的重要环节。葡萄果实含水量高，果皮保护组织性能差，容易受到机械损伤和微生物侵染，包装可以减少病虫害的蔓延和水分蒸发，保持良好品质的稳定性，提高商品率和卫生质量。合理的包装有利于葡萄货品标准化，有利于仓贮工作机械化操作和减轻劳动强度，有利于充分利用仓贮空间和合理堆码。

3.2.1 包装容器的要求

葡萄浆果是不耐挤压的果品，包装容器不宜过深，一般多采用小型木箱或纸箱包装，鲜食品种多用 2~5 kg 的包装箱，箱内要有衬垫物或包装纸。有的用木板箱、塑料箱或具有本地特色的小包装。酿造葡萄为产地加工，因此多为厂家提供的一定规格的塑料周转箱。

包装容器应该清洁、无污染、无异味、无有害化学物质；内壁光滑、卫生、美观、重量轻、易于回收及处理等；容器要有通气孔，木箱底及四壁都要衬垫瓦楞纸板，将果穗一层层、一穗穗挨紧摆实,不窜动为度,上盖一层油光薄纸,纸上覆盖少量净纸条,盖紧封严,以保证远途运输安全。包装容器外面应注明商标、品名、等级、重量、产地、特定标志及包装日期。

3.2.2 包装方法与要求

采后的葡萄应立即装箱,集中装箱时应在冷凉环境中进行,避免风吹、日晒和雨淋。装箱后葡萄在箱内应呈一致的排列形式,防止其在容器内滑动和相互碰撞,并使产品能通风透气,充分利用容器的空间。目前我国葡萄在箱内摆放大多采用两种方法:一种是整穗葡萄平放在箱内,还有一种是将穗梗朝下。采用双层或单层的包装箱要避免装箱过满或装箱过少造成损伤。装量过大时,葡萄相互挤压,过少时葡萄在运输过程中相互碰撞,因此,装量要适度包装的重量:木板箱、塑料箱容量为5~10 kg,纸箱容量为1~5 kg。装箱时,果穗不宜放置过多、过厚,一般1~2层为宜。

3.2.3 包装技术

修整。挑选出等内果穗进行修整,剪掉栏粒、软粒、青粒(青色品种)、小粒和缺陷粒。

装箱。单层装箱,松紧度适中。

放保鲜剂。根据葡萄装箱量和保鲜剂类型,按保鲜剂说明要求,足量不多量地放入保鲜剂。

塑料袋封口。根据保鲜剂种类和用量,选用绳扎口、塑料袋口折封或塑料胶带纸粘封。

4 葡萄采后的贮藏保鲜

4.1 影响葡萄贮藏效果的主要因素

影响葡萄贮藏的因素很多,主要体现在用于贮藏的葡萄品种与栽培条件、贮藏温度、环境中相对湿度以及化学剂的应用等方面的因素。

4.1.1 品种和栽培条件对贮藏的影响

品种之间的耐贮性差异较大,一般而言,欧亚种强于美洲种,晚熟种强于早熟种,耐贮性好的品种,多具有果皮厚韧、着色好、果皮和穗轴蜡质厚、含糖量高、不易脱粒、果柄不易断裂等特点。市场销售看好的‘红地球’的耐贮性相当好,在贮藏过程中,即使穗轴干枯,果粒仍然紧密地着生在果柄上。耐贮性较好的品种还有‘龙眼’、‘巨峰’、‘玫瑰香’、‘意大利’、‘红意大利新玫瑰’、‘秋红’、‘摩尔多瓦’等。

肥料的种类与贮藏性能密切相关，钾元素能使果肉致密、色艳芳香，钙和硼元素能保护细胞膜完整，抑制呼吸防止某些生理病害。采前根外施钾、硼肥和微量元素有助于提高贮藏性，氮肥过多不利贮藏。土壤含水量高，采前灌水或遇雨导致浆果含水量大，含糖降低，不利贮藏，因此采前半个月至 1 个月严格控制灌水，遇雨要推迟采收。

成熟度好的葡萄，在贮藏期无呼吸高峰，属于非呼吸跃变型浆果，充分成熟、果皮厚韧、着色度好、耐贮性强。旱地产的葡萄比湿地产的葡萄耐贮；采前控水比采前灌水的葡萄耐贮。葡萄在树上的着生部位与树龄对耐贮性也有一定的影响。如葡萄的果穗着生在蔓的中部和梢部比基部的耐贮；壮年盛产园采收的葡萄比老年低产园采收的葡萄耐贮藏。受晚霜、冰雹、高温、日灼危害，影响贮藏效果，旱地葡萄因土壤含水量低比较耐贮藏，北方葡萄较南方葡萄耐贮藏。

4.1.2 温度对贮藏的影响

在贮藏过程中，温度对葡萄的影响很大。浆果的呼吸强度会随着温度的升高而增强，使果实提前进人到衰老的过程中。对一般水果而言，温度每升高 10 ℃，呼吸强度就增加 1 倍，温度超过 35~40 ℃时，呼吸强度反而下降，如果继续升高温度，果实中的酶就会被破坏，呼吸作用会停止。若温度过低，果粒内部结冰，严重影响贮藏质量。因此，在一定的温度范围内，呼吸强度是随着温度的降低而减弱，降低温度可以延迟呼吸高峰的出现，延长果实的贮藏期限。同时，低温抑制致病微生物的生长发育，也有利于延长贮藏期。

4.1.3 相对湿度对贮藏的影响

相对湿度表示在一定的温度条件下，空气中水蒸气的饱和度。葡萄果实在贮藏过程中，浆果仍然在不断地进行水分蒸发，如果果实得不到足够量的水分补充，浆果会因失水过多而出现萎蔫。在葡萄失水 1%~2% 时，在外观上几乎看不出来，但当果实损失其原有水分的 5% 时，浆果表面就明显地出现皱缩。果实失水不仅重量减轻，商品价值降低，而且浆果的呼吸作用也受到了影响，果肉内部酶的活性趋向于水解作用，从而影响贮藏果实的抗病性、耐贮性。浆果内部的相对湿度最少为 99%，因此，当果实贮藏在相对湿度低于 99% 时，果实内部的水分就会蒸发到贮藏环境中去。贮藏环境越干燥，水分蒸发越快，果实失水的速度也越快，越容易使果实萎蔫。

4.1.4 保鲜药剂应用

（1）二氧化硫及其衍生物。市场上常见的贮藏保鲜剂有天津研制的 CT 型保鲜药片和辽宁生产的 SM、SPM 保鲜片。使用时用纸将保鲜片包装好，均匀放在贮藏容器内，每 5 kg 葡萄放 8~10 片（每袋 2 片）再加仲丁胺固体剂 2 g，调好温度（-1~0 ℃）进行预冷 10~20 h 后封袋、封箱，再置于低温冷库贮藏保鲜，葡萄贮藏 4 个月以上好果率达 98% 以上

（2）仲丁胺及其衍生物。仲丁胺又名二氨丁烷是一种高效、低藤、广性熏蒸型的杀菌剂。仲丁胺是一种碱性的表面杀菌剂，在动物体内有吸收快、代谢快的特点，属无积累、低毒的化学防腐剂。罐属、青霉属、丛梗孢属、囊孢属、疫霉属、根霉属等病菌均有杀死和抑制作用。但仲丁胺的应用无法控制释放速度，在运输保鲜和短期保鲜中应用效果较好。如长期保鲜要与二氧化硫保鲜剂配合使用，有明显的增效作用。使用仲丁胺注意勿与贮藏物体直接接触，否则将会产生药害。

（3）化学试剂对贮藏的影响。据试验表明，在葡萄采收之前 3~5 d 用 50~100 mg/kg 的萘乙酸或萘乙酸加 1 mg/kg 的赤霹素处理果梗，可以使果梗较好地保持新鲜而不脱粒；喷 1.5% 的多菌灵可防止在贮藏期葡萄腐烂，使果实的耐贮藏性更好。但要注意这些药剂的使用安全间隔期

（4）其他影响因素。果实上的微生物的污染程度、贮藏室内空气的流通情况对浆果的贮藏性也有影响。如果采收粗放，有较多的果实受到了损伤，或运输不及时使浆果受到了日晒或雨淋，使果原有的抗病力消弱，不利于贮藏。采收过程中，病烂果的剔除不彻底或将已严重污染的果品用于贮藏，也会影响其耐贮性。

在贮藏室中，空气的流动速度与果实表面的水分丧失正相关，过快的流速使果实表面失水较快；过低的流速，不利于保持贮藏室内二氧化硫的均匀度。因此，在隔热良好密闭的贮藏室内，要保持适当的空气流动速度。一般 3~8 m/min 的流速即可。

4.2 贮藏方法

贮藏葡萄的方法很多，应用得较多的有传统贮藏法、冷藏法和气调贮藏法。

4.2.1 传统贮藏

（1）土窖贮藏

用土药贮藏葡萄是我国山西省的阴高、天镇，河北的阳原县，辽宁的熊岳、北镇，新疆的和田等葡萄产区普遍采用的方法。窖侗能维持较稳定的低温和较高的空气相对湿度，保存的葡萄新鲜度较好。但出入窖洞有所不便，所以只限于小规模贮藏。

其做法是，在背阴、高燥的地方，挖深 2.0~2.5 m，长 3~5 m，宽 2.5~3 m 的窖。窖

顶架上横梁，铺上秸秆，然后覆土 30~50 cm。窑顶的中部每隔 1~2 m 留一个内径 20 cm 的通气孔。通气孔高 50 cm，用砖砌成。室内用木杆搭成支架，在支架上每隔 30 cm 平放一层葵花秆或木杆，绑扎结实。剪取果穗时带 1~2 节果枝，将葡萄挂在横杆之间，互不相靠。也可在窑里利用秫秸编成贮藏架，把葡萄穗轻轻摆放在分层架上贮藏。

当室内温度下降到 1 ℃左右时，将果穗入室贮藏。贮藏期间，室内温度需保持在 –1 ℃左右。要经常检查贮藏室内温度，当室外气温高时，室内的气温也高，需在晚间打开通气孔来调节窑温。如发现霉烂果穗，要随时取出，以避免污染其他果穗。

（2）室内贮藏法

室内贮藏法是新疆和田的群众常使用的方法。采用这种方法可将葡萄贮藏到次年 4 月份以后，并使 80% 以上的浆果仍保持新鲜状态。

贮藏室应建在地势较高、通风好、地下水位较低、离葡萄园近的地方。贮藏室长 8 m、宽 4 m、高 4.5 m。四周墙厚 1 m，并在墙上每隔 1.5 m 设有直径为 30~40 cm 的调气孔，孔的位置对准室内葡萄挂行的行间，上下排列以便空气对流。室顶设横梁，梁宽 20 cm，梁上铺厚约 10 cm 的苇席和杂草，其上再压 20 cm 厚的泥土。室顶设两个天窗，通风换气之用。室门设在东西墙上或住室相连。

葡萄入室之前，需将室内打扫干净，室内挂枝多为葡萄徒长枝，剪下后晒 2~3 d 绑到横梁上。挂枝长 1~3 m，枝间距 20 cm，距地面最少 40 cm。

把充分成熟、无病虫害、无损伤的果穗吊在挂枝上，穗距 10 cm 左右，交错吊挂，以利于通风，减少霉烂。贮藏期间注意随气温变化开关调气孔调节室内温度和湿度。

4.2.2 冷藏法

用冷藏库贮藏水果是目前广泛应用的贮藏食品的方法之一。选择的贮藏条件适宜，可以获得理想的贮藏效果。因为冷藏库内的温度、湿度可以满足不同水果的要求，再加上其他技术的应用，使鲜食葡萄的供应期越来越长，几乎可达到周年供应。葡萄在低温下，其生理活性受到抑制，物质消耗少，贮藏寿命可以得到延长。葡萄的适宜库温为 –1~0 ℃。冷库内的相对湿度控制在 90%~95%，可以减少果实表面失水，使浆果处于新鲜状态。但是由于湿度高，容易引起霉菌的繁殖和生长，招致果实霉烂。为了克服这一矛盾，一般采用施加防腐保鲜剂的方法，有很好的效果。除了温度、湿度对冷藏效果有影响之外，冷库内空气的流速、贮藏品种的成熟度以及所贮藏葡萄的品种、是否预冷及二氧化硫处理等都关系到冷藏的效果。所以要达到理想的冷藏效果，必须认真做好每一步工作。

冷库贮藏最佳温度为0~1.5 ℃、相对湿度90%~95%，库房内温度、湿度要尽可能均匀。果实采后立即用100 mg/kg萘乙酸溶液浸泡15 s，取出装入0.07 mm厚的聚乙烯薄膜袋中，袋内可放几片保鲜剂。膜袋装箱或筐后入库，将箱或筐交叉叠高，并留有通风道。罩上塑料薄膜罩。码好箱或筐后库房消毒，充入二氧化硫气体（二氧化硫的体积占罩内气体的0.5%为宜）熏蒸20~30 min，开罩通风，以后每隔15 d熏蒸1次，二氧化硫的浓度可降至0.1%~0.2%，效果较好，不伤果实。

4.2.3 气调贮藏法

气调贮藏法是通过调整气体中各成分的比例，达到较理想的贮藏效果。当浆果在最适的温度和相对湿度下，降低氧的含量，升高二氧化碳的浓度会延长葡萄的贮藏寿命。适宜葡萄贮藏的气体成分比是，二氧化碳为3%，氧气为3%~5%。但不同的葡萄品种所需的气体成分比会有所不同。如'玫瑰香'最适为8%的二氧化碳和3%~5%的氧，'意大利'为5%~8%的二氧化碳和3%~5%的氧。

气调库和冷藏库一样，要求有良好的隔热保温层和防潮层，库房内要有足够的制冷能力和空气循环系统。一般气调库比冷调库要小一些，因为产品入库后要求尽快装满密封。另外，气调库要有很好的气密性，防止漏气。

气调库建设成本较高，目前国内应用较多的是在冷藏库或其他贮藏场所采用塑料薄膜袋（帐）进行贮藏，即果实贮存在密封的塑料袋（帐）中，由于果实自身的呼吸作用，消耗氧而放出二氧化碳，形成一个自发的气调环境，抑制果实的呼吸代谢和衰老过程。由于这种贮藏方法气体成分不能精确控制，所以一般叫做"限期贮藏"（MA）。

4.2.4 几种处理相结合的贮藏方法

近年来，随着消费者对食品安全的日益关注，一种绿色环保的贮藏保鲜方法兴起，即辐照保鲜技术。此方法是通过照射诱导果实，不但能降低果实的呼吸速率，消除贮藏环境中的乙烯气体，杀死病菌，还能提高果实自身抗病性，减轻采后腐烂损失，延缓果蔬的成熟衰老，延长其贮藏保鲜期，是一种无化学残留、方法简单而又不损伤果实的贮藏方法。选择适当剂量的辐射处理或者与其他技术（如冷藏等）结合使用，能有益于葡萄的贮藏保鲜。研究表明，辐照检疫处理剂量为400~600戈瑞对葡萄呼吸强度、硬度和糖酸度等贮藏品质效果较好。现在无核白葡萄的贮藏中用10戈瑞和20戈瑞的 γ 射线处理的效果最好，不易发生褐变。

臭氧(O_3)具有杀菌作用,用于果实贮藏保鲜,可以降低果实的腐烂率,减慢果实硬度下降,延缓果实成熟衰老。有研究表明,冷藏葡萄果实采后经O处理后5℃贮藏,选择八成熟果实的保鲜效果最好。浓度为81.41 mg/m^{3}的O_3处理葡萄果实可有效抑制其呼吸强度,延缓葡萄成熟衰老进程,减少了贮藏过程中的腐烂变质现象。

4.3 绿色产品的贮藏

(1)需进行长期贮藏的葡萄必须进行预冷,在短时间内把葡萄体温降到5 ℃,以利于贮藏。

(2)存放时必须在阴凉、通风、清洁、卫生的地方进行,严防日晒、雨淋、冻害及有毒物和病虫害污染。

(3)长中期贮藏保鲜,应在常温库和恒温库中进行,库内堆码应保证气流均匀地通过,出售时应基本保证果实原有的色、香、味。

4.4 有机产品的贮藏

(1)仓库应清洁卫生、无有害生物、无有害物质残留,7 d内未经任何禁用物质处理过。

(2)允许使用常温贮藏、气调、温度控制、干燥和湿度调节等贮藏方法。

(3)有机产品尽可能单独贮藏。与常规产品共同贮藏时,应在仓库内划出特定区域,并采取必要的包装、标签等措施,确保有机产品和常规产品的识别。

(4)应保留完整的出入库记录和票据。

第十一章 葡萄果品加工技术

第一节 制干

葡萄干在我国已有悠久的历史，是畅销国内外的著名特产。它的优点是重量显著减轻，体积显著缩小，便于运输，可较长期保存，食用方便，营养丰富。

1 澳大利亚葡萄干制技术

1.1 加工流程

葡萄采摘或枝条修剪→浸渍或喷洒预处理→干燥→收集葡萄干→按质量进行分级→装箱→加工。

1.2 收获系统

澳大利亚的葡萄干制方法主要有两种：一种是架晒系统，另一种是格架干燥系统。用于架晒系统葡萄的采摘需要手工进行，并在干燥前用手放入 36 cm × 25 cm × 18 cm 的容器中。这种容器可以是浸渍罐，也可以是浸渍桶。它们一般由钢板做成，在其底部开有一些小孔，用于在浸渍完成后，排出浸渍用油类乳化剂。底部不开孔的容器，不能在浸渍过程中使用。格架于燥系统是等葡萄在蔓上干燥至可以用机械采收时，才进行收获的。从格架上振摇下来的葡萄的最终干燥过程在架晒系统中完成。

1.3 晾晒架

葡萄干燥架的长度一般为 46 m 或 92 m，8~12 排，高 23 cm。架子是用铁丝焊接而成，宽 1.2 m，网孔为 5 cm，每孔直径为 1.4 mm。在架子上，每隔 3 m 焊接一个高 2.4~3.0 m，宽 1.5 m 的交叉架，用于支撑晾晒网。如果其上有顶棚，则另有支撑。

在架子上放置葡萄时，需要在所有架子的最底层放一层黄麻布或聚丙烯筛网用以收集散落下来的葡萄粒。摆放葡萄时，将葡萄直接从桶中倒在晒网上。每排每天可以摆放10~14桶葡萄。倒在晒网上的葡萄需要均匀地铺平,厚度约为一串葡萄。特别大、特别密实的葡萄在放置时,需要从根部将其分开。在这一操作过程中剔除叶子等杂质。

1.4 干燥过程

颗粒小的无核葡萄可以直接放在晾晒架上进行干燥,要进行预处理。颗粒较大的无核葡萄,则要在干燥前先用化学溶液进行一下预处理。这种预处通常可以用于加快干燥过程的进行。其处理是葡萄在一种碱液和油的混合液中进行浸泡。通常所用的葡萄浸泡油为一种商品性葡萄浸渍用油,其组成中大多数是脂肪酸乙酯和游离油酸。这些酯类和酸类与碳酸钾的水溶液进行混合和乳化。这种浸渍溶液的标准配方为100 L水中加入2.4 kg碳酸钾和1.5 L浸渍用油。经过这种处理以后,葡萄在相同条件下的平均干燥时间由未处理前的4周缩短至8~14 d。

1.5 乳化剂的使用方法

①大量浸泡法。将葡萄装入带孔的桶中,然后将其全部浸入盛有乳化油的大缸中。每天要往缸中补加一定量的乳化剂,以使其在缸中的含量保持在一个相对稳定的水平。乳化剂中的加碱量需要用pH试纸来测定。新鲜混合液的pH为11,如果浸渍液的pH低于9.5,浸渍后的葡萄就易于发酵。这时,要在浸渍液中补加一定的碳酸钾,使其pH增加至10以上。通常情况下,当雨水已使处理后的葡萄产生严重损坏时就需要这种操作。

②在架子上进行喷洒。这种方法是在葡萄上架以后,用一种多喷嘴的喷洒器在葡萄上喷洒用于前处理的乳化剂。这种操作最好在每天结束或架子装满时进行。乳化剂的使用量为每800 kg葡萄喷洒450 L处理液。

如果在葡萄放置几天以后再喷洒乳化剂会导致葡萄干燥速度很慢,而且未喷洒的葡萄在高温天气下易发生太阳灼烧损伤。在架喷洒时,葡萄摆放均匀很重要。

改良后的在架喷洒方法是,第一次喷洒2/3强度的标准液,4 d以后再喷洒1/3强度的标准液。第一次喷洒量为每8000 kg葡萄喷洒450 L液体,第二次喷洒量为每800kg葡萄喷洒360~450 L液体。

无论是浸渍处理,还是在架喷洒处理,在第一次处理后4 d时再喷洒一次,有助于加快干燥。这时所用乳化剂强度为标准液的1/3,喷洒量为每800 0kg葡萄喷洒100 L液体。

③雨后处理。如果浸渍或喷洒后的葡萄在完全干燥前遭受到雨水的冲洗,必须

在天气好转后用标准度的乳化剂对受影响的面积再喷一次。

1.6 格架式干燥

这种干燥方法有时也称为夏季修枝法。它是在葡萄没有成熟之前,将葡萄果实附近的叶子和枝条剪掉,从而有利于乳化剂喷洒,使葡萄在蔓干燥。虽然这种做法会使鲜葡萄的产量降低 10%,但其对葡萄干的最终产量没有影响。用这种干燥法干燥的葡萄一般是用机械收获。

这种干燥法的第一步是剪掉那些在通常情况下本应在冬天剪掉的枝条。在这一步中,必须要保证葡萄藤上的叶面减少量不能大于 50%,通常情况下,干燥乳化液的喷洒要在枝条修剪完的 2 d 以内进行。喷洒较晚会导致葡萄串变软,而不利于乳化剂透过到达每个葡萄粒表面。那些没有喷洒到的葡萄串也易于被太阳灼伤。

在一些条件下,特别是受到雨水破坏以后,种植者总是喜欢在剪枝之前就进行喷洒。这种情况下,应在后续的 4 d 内完成枝条的修剪。之后,还需按照以下步骤进行喷洒：

为了使干燥快速而均匀,必须使每串上的葡萄粒均得到彻底湿润。建议此时所用喷洒剂为其标准强度的 2/3(即在 100 L 水中加入 1.7 kg 碳酸钠和 1 L 浸渍油)。

在两次喷洒程序中,第二次喷洒必须在第一次喷洒完后的 5 d 以内进行,其强度为标准强度的 1/3(即在 100 L 水中加入 0.8 kg 碳酸钠和 0.5 L 浸渍油)。

那些处于葡萄蔓中间而喷洒不到的少量葡萄,需要用人工采摘下来,用架晒法进行干燥。

采用这种方法,葡萄干燥时间为 2~3 周。干燥结束后,最简单的收获方法是在茎秆变脆时用机械进行采收。一般在下午时分进行收获较好。机械收获的葡萄干中通常会带有一些茎秆和叶子等杂质,通过鼓风机可以将杂质去除。

1.7 防霉控制

解决这一问题的另一种方法是用硫黄进行熏蒸。熏蒸时,要用亚麻布盖住葡萄,以尽量保持其中的气体不产生泄漏。每天需要燃烧 2 kg 硫黄。如遇下雨,需在雨停之后把盖在葡萄上面的亚麻布拿开,从而防止黏在湿亚麻布和烂果上面的霉菌和果蝇发生扩散。

1.8 装箱

在晾晒架上干燥好的葡萄干,可以先通过震荡的方法使其从葡萄蔓上掉落下来,同时用收集布进行收集。收集到的葡萄干可以通过装箱机进行装箱,再倒入包装棚里进行包装。

1.9 按质量进行分级

每 100 g 葡萄干中即使含有 100 mg 50 μm 的颗粒是尝不出来的；然而当颗粒大于 250 μm 的细沙，即使其含量只有 20~30 mg，也能感觉到。这些尘土主要来自于加工过程中、用具和空气，因此，在操作过程中需要时刻注意装葡萄的容器和操作人员脚上所带泥土不要进入葡萄浸渍液中；同时，在刮大风时要用布将葡萄盖起来。

1.10 加工

对于葡萄干的加工包括从好的葡萄干中剔除茎秆、质量差的果子、粗沙和其他杂质。其操作流程一般为：先将产品通过一种较粗的筛网，以除去较大的葡萄梗；然后通过电力传送带将物质提升到较高的地方，然后落在一种旋转的机器上，通过离心力的作用除去小的轻型杂质。铁质、钢质等杂质可以通过磁铁进行去除。之后，将葡萄干放在传送带上，再进行人工挑选出坏的果子和其他肉眼可见杂质。挑选完以后，要对葡萄干进行清洗。这一过程是通过一个缓慢旋转的带网眼的转鼓来进行的。在葡萄干随着转鼓转动的同时，用水进行喷淋。同时，可以去除一些较重的杂质。

清洗机的末端有一个沥水网，以沥去清洗用水。再通过一个转子进行进一步脱水。然后再在葡萄干表面喷洒一层石蜡油或稳定的植物油，以使产品具有诱人的光泽，同时避免产品之间产生粘连。在这一过程中，还需要加入甲酸乙酯，用于防虫。

完成这一步骤之后，就可将产品进行分装和进行零售或批发。在葡萄干进行包装之前，还需要进行进一步包装，即去核。量少时，水多数包装公司并不进行去核处理，而是在初加工以后，将葡萄干送给一个果中加工者或合作的干制水果销售商进行进一步加工。去核和包装以后用于出口的葡萄干还要在交货以前再进行一次检验。

1.11 葡萄干贮存过程中的防虫措施

除在每批清理干燥的葡萄干上加入甲酸乙酯以外，贮藏过程中也要有一些必要的防虫措施。一般做法是，每隔一段时间用溴甲烷气体对包装好的产品进行烟熏。操作时，先用一层防水油布将堆码好的箱子或盒子盖起来，然后在油布下方通入甲基溴气体。其使用剂量一般为每 100 m 用甲基溴 2.4 kg 熏 15 min 以上。其前提条件是定期用一种特殊的雾化枪在贮藏库中通入除虫菊雾气，以保证库中没有昆虫。

为了防止幼虫从未加工的果实进入纸箱包装好的干净的葡萄干中，要在未加工原料周围的地上用油脂涂一些线。这种涂抹使用油脂中含有除虫菊。

2 新疆葡萄干制技术

国内的葡萄干加工主要集中在新疆地区,特别是吐鲁番地区。根据干燥地点和所得产品不同,主要可以分为晒干和阴干两种,其中晒干主要用于生产红葡萄干或黑葡萄干,阴干主要用于生产绿葡萄干。而使用烘房烘干的很少。

2.1 工艺流程

红葡萄干 :葡萄→晒干→去梗→筛选→人工分选→清洗→杀菌→脱水→包装

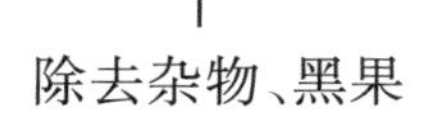

绿葡萄干 :葡萄→晾干→去梗→筛选→人工分选→包装

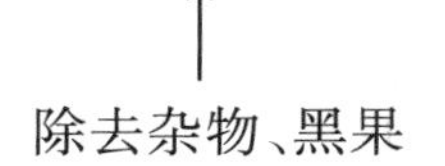

黄色葡萄干(熏硫葡萄干):葡萄→熏硫—晾干(晒干)→去梗→筛选→人工分选→包装

↑

除去杂物、黑果

2.2 原料

加工所用葡萄品种最多的是无核白,其次是马奶子和少量无核葡萄等其他品种。当葡萄中含糖量达到 20 白利度以上开始采。葡萄在采摘前的一个月停止灌溉。葡萄在采摘前遇到下雨,要立即,并及时送入晾房,干制葡萄原料的要求 :8 月葡萄的糖度在 20 白利度以上,9 月葡萄的糖度在 18 白利度以上即可。

葡萄原料的处理 :对于红、绿葡萄干来说,在晒干和晾干时对其均不做任何处理,只需在干制过程中除去杂质和黑果、破损以及变质的果实。为了加快干燥速度和提高产品得率,在干燥前一般都要用促干剂进行处理。促干剂一般为商业化促干剂,其中主要成分是碱液和乳化剂。但是,如果葡萄的糖度低于 20 白利度时不建议使用促干剂,因为这种葡萄用促干处理后所得葡萄干比较干瘪,阴干的葡萄干很可能会变成黑色的。

制干比例 :8 月,葡萄 :葡萄干 =5~5.5 :1 ;9 月,葡萄 :葡萄干 =4.5~5 :1。基本上葡萄干的晒干和晾干的比例为葡萄 :葡萄干 =5 :1。

2.3 干燥

2.3.1 晒干

晒干主要是在水泥地板上和平整的砖地上进行。夏季温度高时，水泥地板的地面温度能够达到60~70℃，葡萄很快就可以晒干。所得葡萄干褐变严重，而成为红色葡萄干。

目前科研所和葡萄干加工厂正在试验一种新型的葡萄干燥设施，钢丝网。它是将1m宽的不锈钢钢丝网置于支架上，将葡萄放于钢丝网上晒干，整个设施只有一层钢丝网。晒制时将预处理的葡萄放在水泥地地面或者悬空的铁纱网上，整穗葡萄只放1层，曝晒约10 d之后，当有部分果粒已干时，用一空盘罩上，迅速翻转，曝晒另一面，如此反复翻晒，直到用手捻挤葡萄不出汁时，叠置阴干1周，待葡萄干含水量达15%~17%时，收集果穗，摘除果梗，堆放回软10~20 d，即可送到厂家进行后处理。

2.3.2 阴干

阴干是在荫房中自然通风干燥。常用荫房为用土砖盖成的四面通风、顶上用竹席盖顶的土坯房。房中有铁丝晾架，收回来的葡萄呈单串挂在铁丝上。荫房设在房顶或阳坡上，高3 m、宽4 m、长6~8 m，用土坯砌成，四壁布满通风孔道，室内有一排木架，把成熟的葡萄一串串挂在上面，在干热风的吹拂下制成葡萄干，著名的新疆无核绿葡萄干即以此法制成，其含糖量高达69.71%，含酸1.4%~2.1%。葡萄的干制时间与当地的天气和温度有关，8月将葡萄晒干和晾干所需时间约为1个月，而10月由于温度降低，则需要40~60 d。

2.3.3 烘干

可用烘房或隧道式干制机，初温为45~50 ℃，终温为70~75 ℃，终点相对湿度为25%，干燥时间仅18~24 h

2.3.4 去梗、筛选

当葡萄粒中的水分降低至一定程度，如13%左右再通过适当的方法把葡萄粒从葡萄串上震落下来，进行收集，通过筛网风选后除去其中的杂叶或梗。然后用人工或色选机将同种颜色以及大小一致的葡萄干选出，同时除去黑色的葡萄干。筛选后的葡萄干再根据葡萄的颗粒大小、饱满度、色泽以及所含的杂质将葡萄干分成不同的等级，做成高、中、低档葡萄干。

2.3.5 清洗

不论是晒干的葡萄干还是阴干的葡萄干在销售、包装之前需要对其清洗。绿色的葡萄干如果进行清洗则在干燥时会严重褐变而改变其原有的绿色，而红葡萄干清洗后几乎观察不到颜色的变化，因此目前只对红葡萄干进行清洗。

清洗过程：红葡萄干晒干（熏硫葡萄干晒干或阴干）后→加洗涤剂清洗→清水清洗→涂抹食用油→清水清洗→沥干→晒干。

加洗涤剂的目的：用清水清洗并不能完全将葡萄干表面的杂质完全清洗干净，加入洗涤剂有利于完全除去葡萄干表面的杂质，而清洗之后的葡萄干颜色比较鲜亮、有光泽，因此可以提高葡萄干的市场价值。

涂抹食用油的目的：夏季温度较高，葡萄干容易因渗糖面发黏结块，涂抹食用油之后可以防止葡萄干渗糖面发黏结块，也可以增加葡萄干的色泽，稍微涂抹一些食用油就可以增加葡萄干的价格，因此一些葡萄干在上市时，特别是在夏季时需要涂抹食用油。

此外，清洗时可用20%酒精清洗5 min，沥干，再用冷风吹干。此法清洗、杀菌同步进行，葡萄干复水量少，效果较好。

第二节　制罐头

果品的罐藏是一种食品保藏方法，是将果品封闭在一种容器中，通过灭菌，维持封闭状态，可以长期保存，这就是制罐的目的。罐藏葡萄原料用于罐藏的葡萄应具有良好的罐藏特性，具有成熟度一致、果粒硬度大、糖酸度适中、良好的运输性和耐破损性。

1 常见的罐藏葡萄品种

1.1 苏丹玫瑰

欧亚种，果皮为黄色，果粒重8g，表面光滑，硬度大，果汁白色，可溶性固形物16%，充分成熟具有良好的香气。

1.2 卡它库尔干

欧亚种，果穗、果粒均大，果粒重9g以上，果肉硬，无涩味，汁少，白色，果皮为黄绿色，硬度大，可切片。

1.3 白马拉加

欧亚种，果粒7.5g，果皮薄，黄绿色，果肉脆，汁少，白色，可溶性固形物17.0%，可滴定酸含量为0.93%。

2 主要工艺操作要点量

2.1 葡萄罐制品的基本工艺流程

选料→预处理→装罐→注入糖水→排气→密封→杀菌→冷却→包装→成品

2.2 原料选择、装罐

要求原料新鲜，成熟适度，可食部分大，糖酸含量高，单宁含量低，果实组织致密，大小均匀，形状整齐，上色充分、无病虫。

装罐前应做好空罐的清洗消毒工作，保证罐的清洁。空罐清洗最好在装罐前，过早长期搁置会造成二次污染。装罐前应对罐进行检查，罐口、罐盖有变形的将其拣出。

首先要配制糖液，用糖液填充罐内葡萄空隙。用于配制糖液的糖要求是高纯度的白砂糖，可以用夹层锅将糖用少量水溶解为一种清亮浓厚的糖浆，稀释到装罐要求的浓度。

装罐操作。葡萄装罐剔选的果粒要求大小、颜色要均匀。不要装得过满，要保留一定的空隙以便注入糖液。糖液表面至罐盖顶部的距离称顶隙，顶隙不能太大也不能太小，顶隙太小在密封杀菌时会因为膨胀造成罐体变形或爆破，也就是俗称的胀罐。

2.3 装罐应注意的问题

罐装时的物料温度很重要，封罐后要求罐头内有一定的真空度。真空度的大小与罐装时温度有关。高温度灌装其真空度相对要高，在同样温度下装料多的比装料少的冷却后真空度要高。真空度越小罐内空气就越少，对铁质罐体的腐蚀也少。

2.4 排气、密封

为了保证罐内较高的真空度，需要尽量排出顶隙间的空气。常用的排气方法是将原料和注液灌入后将罐头盖盖上，但不封盖，然后送进排气箱加热升温，让罐头里的物料膨胀，使原料中的气体排出，原料升温一般要求达到75~80 ℃。依据原料的耐热性来确定加热温度。排气过程运行要均匀平稳，要求真空度达到26.7~40千帕。当原料品温度达到要求温度后即可封盖。

机械化封装设备，一般都是装料、加温、排气、封盖等操作在一条线上完成。罐头的封盖是罐头制作最后一道工艺，也是罐头保证质量及能够长期贮藏和运输的重要的一道技术工艺。罐头封盖有专用的封盖机械，要按照瓶型选择合适型号的封盖机。排气与密封的加热也是一个灭菌的过程。

2.5 冷却、成品存放

罐制品热封杀菌结束后必须迅速冷却，以利色泽、风味和质地的保持。一般采用冷水冷却到 38~40℃，然后用干净的手巾擦干罐面的水分。成品罐头进入库房应按品种整齐堆放，堆与堆之间应有一定距离，按生产日期排列以便出库、检查、管理。

第三节　葡萄汁

葡萄汁是国际上仅次于橙汁和苹果汁的主流产品。葡萄汁成分非常复杂，不仅富含多种必需氨基酸和维生素，而且还含有铁、钙、磷、钾等矿物质，营养价值高，味美可口。大量的流行病学资料显示，葡萄汁中的酚类物质有利于抑制人体退化，特别是降低某些癌症和心血管及脑血病的发生率和死亡率。在一项动物（仓鼠）的模型试验中，研究者在物制动脉粥样硬化和改善脂质和抗氧化方面，含有同样含量多酚质的葡萄汁比红葡萄酒或脱酒精红葡萄酒更有效。

近年来，果汁在发达国家的消耗增长很快。2006 年世界果汁的销量 370 亿升，人均消费量为 6L，美国、德国及加拿大超过 40 L。如今，世界上的葡萄约有 65% 用于酿酒和制汁，2% 于鲜食，10% 用于生产葡萄干。我国的葡萄生产则以鲜食为主，8% 左右，仅 20% 的用于酿酒或加工。虽然在国内葡萄酿酒已经风靡一时，但是我国的葡萄汁产业是在 20 世纪 80 年代才逐渐发展起来，和世界发达国家相比仍相当落后。葡萄汁的生产和消费主要集中在意大利、法国、德国、西班牙、瑞士和英国，而中国葡萄汁生产量很少。目前国内市场上流通的葡萄汁主要依靠进口，2008 年，我国出口葡萄汁 2872 t，出口额为 383.1 万美元；而进口葡萄汁为 11723 t，进口额 2027.9 万美元（FAO 统计数据）。进口额远远高于出口额。2008 年葡萄汁出口较多的国家有意大利、阿根廷、西班牙、美国、智利和法国，意大利的出口量是 270912 t，中国仅为意大利的 1.06%。如今，葡萄汁、葡萄酒等葡萄制品在我国的普及程度和受欢迎程度远不如国外其他国家，尤其是欧美国家，这与我国的葡萄汁产业发展较晚，以及重视不够等原因有关，同时，设备、工艺以及品种原料等的缺乏也是其中的重要原因。近年来，国内有多个单位从国家葡萄种质资源或国外引种制汁葡萄品种，进行葡萄汁生产基地的建设，显示了我国葡萄汁产业有了良好开端。随着中国经济的高速发展、人民生活条件和保健意识的不断提高，对葡萄汁的需求也会不断增多，葡萄汁在国内具有巨大的潜在的市场与广阔的发展前景。

1 葡萄汁的成分和技术要求

葡萄汁是由葡萄浆果可食部分提取出的健康饮品。其感官特性和营养价值由其化学成分和粒子大小决定，这主要取决于葡萄品种、浆果成熟度和生产过程。葡萄汁成分复杂，不仅能提供能量和营养价值，而且还具有多种生物活性。葡萄汁中主要的化学成分见表 11–1。

葡萄汁的主要成分是水，占 81%~86.9%。其次是糖类，主要是葡萄糖和果糖，在葡萄汁中，葡萄糖与果糖的平均比值为 0.92~0.95，葡萄汁中主要的有机酸是酒石酸、苹果酸和柠檬酸，使得葡萄汁的 pH 很低（3.3~3.8）。较低的 pH 降低了病原体的危害，但是腐败微生物却能够在葡萄汁中生长。糖具有甜味，酸提供酸味，而糖酸比预示着葡萄汁的适口性。果汁中约 50% 的可溶性含氮物质是游离氨基酸，葡萄中主要的氨基酸是脯氨酸和精氨酸。葡萄汁含脂质很贫乏，因为其仅有 1%~2% 的葡萄脂质含量。最丰富的脂质类型是磷脂（65%~70%）、中性脂（15%~25%）和糖脂质（10%~15%），其在多聚不饱和脂肪酸中含量很高。葡萄汁中的矿物质以盐的形式存在，通常钾高钠低。与脂溶性维生素相比，葡萄汁中水溶性维生素的含量较高，最丰富的是维生素 C。在脂溶性维生素中，葡萄汁仅含有少量的胡萝卜素。多聚不胞和脂肪酸和胡萝卜素参与了葡萄汁芳香的形成。

虽然葡萄汁的脂质和含氮量很低，但它们与葡萄汁的感官质量的损失有关。葡萄汁加工过程中涉及氨基酸和不饱和脂肪酸的间接反应，温度越高，这些副反应越重要。其结果，氨基酸不仅参与了葡萄汁的非酶褐变，还产生出还原性的硫化氢、氨基甲酸乙酯等；不和脂肪酸产生醛、酮和醇等，使最终的产品带有不良的风味和口感。

表11–1　葡萄汁中主要的化学成分（引自Hui等，2006）

物质	含量范围（g/L）
水	700 ~ 850
糖类	120 ~ 250
有机酸	3.6 ~ 11.7
挥发酸	0.08 ~ 0.25
酚类物质	0.1 ~ 1
含氮	4 ~ 7
矿物质	0.8 ~ 3.2
维生素	0.25 ~ 0.8

另外，葡萄汁中还存在着其他一些生物活性成分，是产生葡萄汁颜色、风味和抗氧化活性的主要原因。葡萄汁中最普遍的风味物质是萜烯，含量主要取决于葡萄品种，变化范围为 500~1700 ug/L。主要的烯是单萜（C1）和倍半萜烯（G5），它们通常与多聚糖结合，以没有气味的糖苷形式存在，释放时需要糖苷酶的参与。葡萄汁颜色最主要的贡献者是类黄酮物质，含量范围 500~3000 mg/kg。类黄酮是一类具有同样核心结构 2- 苯基苯并吡喃环的物质，花色素是葡萄皮的成分，是造成红色、蓝色或紫色的原因，其取决于分子类型、pH 和连接的基团（如羟基或甲氧基）。

葡萄花色素苷的含量随基因型变化很大，也受环境和农艺措施影响。花色素很不稳定，受加工条件的影响很大，如 pH、温度、光、氧气、酶、抗坏血酸、类黄酮、蛋白和金属离子。黄酮醇和二氢黄酮醇稍带黄色，主要赋予白葡萄浅浅的颜色，也存在于深色葡萄中，它们仅存在于葡萄皮中，以 3- 葡糖苷或 3- 葡糖苷酸的形式存在。黄烷 -3- 醇是无色物质，以单体和多聚体大量存在于葡萄皮和种子中，黄烷 -3- 醇的多聚体形式是花色素的前体。它们不影响葡萄汁的颜色，却是造成不必要涩味的原因。

葡萄汁中的类黄酮物质，如儿茶素、表儿茶素、栎精和花色素苷已被证实具有抗氧化、消炎和抑制血小板作用，也能降低低密度脂蛋白胆固醇（LDL）氧化和对 DNA 的氧化损伤。但是，酚类物质也是造成葡萄汁不稳定的“潜在因素”，因为它们也参与了沉淀、褐变等的形成。酚类物质的含量和组成根据葡萄的种、品种和成熟度，以及天气、栽培措施和葡萄生长的区域而不同。葡萄汁加工中不同的方法和处理也会严重影响最终的酚类物质的组成。这包括提取的类型和接触时间，与热和酶处理一样。提取、贮藏和巴斯德灭菌期间的高温往往导致花色素苷的降解，从而引起颜色和总酚含量的下降。

2 葡萄汁的分类和技术要求

2.1. 葡萄汁的分类

2.1.1 澄清汁

葡萄压榨所得汁液经采用物理化学方法将易沉淀的胶体、悬浮物去除，所得的具有原水果果肉色泽、风味、外观澄清透明的液体。

2.1.2 混浊汁

压榨所得汁液经均质、脱气等特殊工艺处理，外观混浊均匀，内含果肉微粒的果汁。

2.1.3 浓缩汁

用物理方法从葡萄汁中除去一定比例的天然水分制成有果汁应有特征的制品。

2.2 葡萄汁的技术要求

目前,还没有有关葡萄汁质量属性的国际贸易法规,只有食品法规中有关葡萄汁的世界标准(Codex Stan821981)、浓缩葡萄汁(Codex Stan83-1981)和美洲葡萄浓缩汁(Codex Stan84-1981)。这些标准提供了可溶性固形物、酒精和挥发酸的含量,以及一般的感官特性。一些国家和地区有自己的葡萄汁质量法规,这些法规通常定义葡萄汁的质量属性以及能够反映所在区域葡萄典型属性的数值。

根据《浓缩葡萄汁》(SB/T10200-1993)规定(不适用于加糖的浓缩葡萄汁),浓缩汁所获的清汁:汁液清澈透明,无杂质,无沉淀;所获得的浊汁:汁液浊混均匀状,允许有少量沉淀,但不得有杂质和明显的晶体析出。有关技术要求如下:

2.2.1 原料

应采用新鲜、成熟的葡萄,不得使用腐烂变质及有病害的葡萄。

2.2.2 感官要求色泽

具有该品种应有的色泽,并随浓缩度的提高,色泽随之加深。

2.2.3 组织状态

清汁(清澈,无杂质,无沉淀)、浊汁(混浊均匀,允许有微量沉淀,但不得有杂质和明显的晶体析出)。

2.2.4 香气

具有典型的葡萄水果香。

2.2.5 滋味

加水复原成原汁后,滋味纯正柔和,酸甜适口,无异味。

2.2.6 杂质

不允许有肉眼可见的外来杂质,不得含有果梗、果皮及碎屑。

3 葡萄汁的生产

1863 年,Luis pasteur 发明了著名的巴氏灭菌法或巴斯德灭菌法,成为了工业化生产无酒精果蔬汁饮料的新纪元。1869 年,美国新泽西的一名牙科医生成功地运用了巴氏灭菌理论,以榨汁、过滤、装瓶、巴氏杀菌这一简单工艺开创了葡萄汁加工工业，并迅速发展起来。到了20世纪20年代初期，果蔬原料和含碳酸清凉饮料的消费量大大增加，到30年代，果蔬原汁制造工艺的研究取得了一系列重大进展，无菌工艺实现了常温下对微生物的分离，酶法澄清工艺出现并迅速投入用等。20世纪60年代起，发展中国家的果蔬汁饮料的产量迅速扩大，我国则于80年代开始生产葡萄汁。如今，在国际贸易中，多以浓缩葡萄汁进行。

3.1 影响葡萄汁生产质量的因素

影响葡萄汁生产质量的因素可分为采前因素和采后因素。采前因素主要包括气候、品种、葡萄园管理措施和葡萄的成熟度，也包括一些偶然因素如病虫害和自然灾害。目前世界上主要的的制汁品种是格兰德（Gorda）、汤姆森无核（Thompson Seedless）和麝香葡萄（ Muscat）。在美国，康克葡萄栽培最广，主要的原因是消费者已经习惯了康克葡萄典型的颜色和狐臭香气，而且这些特性在整个生产期间非常稳定。目前国内用于榨汁的品种较少，主要有‘巨峰’、‘玫瑰香’、‘玫瑰露’等。近年来除了引进国外的优质制汁品种外，我国自己又培育了一些品种，如‘北紫’（蘡薁葡萄与玫瑰香杂交育成）、‘北丰’（历山大杂交育成葡萄与玫瑰香杂交育成）和‘北香’（蘡薁葡萄与亚历山大杂交育成等）。事实上，每个因素都有各自的影响，但是要特别注意上述因素间的复杂的相互作用。通过优选气候、品种、葡萄栽培管理措施和葡萄成熟度，可实现葡萄汁的生产和质量最优化。另外，品种、施肥和灌溉等措施应能降低病虫害或自然灾害对葡萄汁质量的不利影响，采后因素包括采收、贮藏和运输条件。由于葡萄采后会发生不良变化，所以葡萄的成熟度和采收时间至关重要。葡萄在工业成熟度时采收，原料质量和产量最高。目前，预测葡萄最佳采收时机的研究也提出了一些葡萄成熟度的感官指标（如葡萄软化度、颜色、口感等）和理化指标，其中化学指标应用最广。在化学指标中，常通过测定糖含量和葡萄汁酸度来确定葡萄的成熟度。糖酸比提供了有关葡萄汁适口性的信息，虽然因葡萄品种而有差异，一般值为10时常赋予葡萄汁清爽的口感。近年来，也出现了一些测定葡萄特征风味物质（主要是芳香物质和酚类物质）的指标，如酚类成熟系数，以辅助确定葡萄的成熟度。

3.2 葡萄汁的生产工艺流程

葡萄汁加工的总体工艺流程见图11-3。需要注意的是，终产品决定了使用的生产工艺，换句话说，葡萄汁、葡萄浓缩汁或葡萄汁制品的生产工艺并不唯一，而是各具特色，实际中要根据原料和产品的要求来确定最佳的生产工艺。

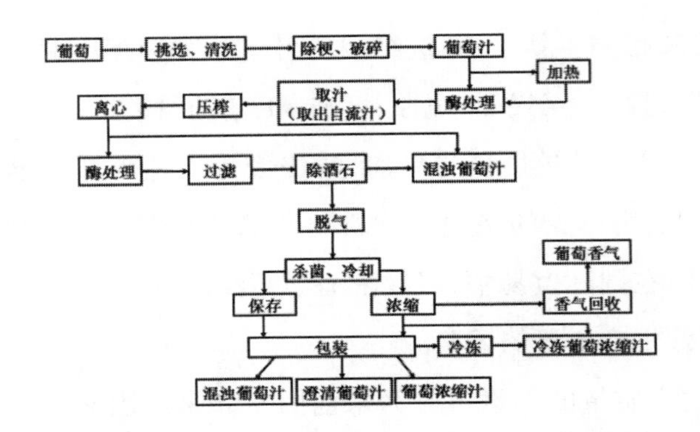

图11-3　葡萄汁加工的总体工艺流程（引自刘凤之等，2006）

4 葡萄汁生产工艺的操作要点

4.1 原料的选择

选新鲜、成熟度适宜、色泽良好、无腐烂及无病虫害的果穗。未成熟果实色、香、味较差，酸味过强；过于成熟果实机械部位易引起酵母菌繁殖，风味不正。雨天裂果、长霉果以及发酵的原料也不适合加工果汁。

4.2 挑选、清洗

通过水洗和手工挑选除去葡萄采收期间混杂的无用无机质（泥土、石子或金属块），以及除去腐烂、有病虫害和未成熟的果穗。有机质（树皮、枝条、叶片、叶柄和果梗）则通过除梗器进行机械分离。通过预先设定旋转速度，在浆果移动通过孔时将不必要的原料保留下来，收集后丢弃。葡萄用水冲洗后，通常是用氯水、0.03% $KMnO_4$ 清洗（以降低浆果上的微生物），然后再用水冲洗干净。

4.3 除梗、破碎

除梗是为了防止压榨时果梗混入果浆，在加热时容解出大量单宁等物质使果汁色泽发黑，涩味增加。为提高葡萄汁的榨汁率，应将葡萄进行适当的破碎，但不能使葡萄籽破碎，以避免粒中的油脂、单宁等物质溶出，影响葡萄汁的风味。为了防止葡萄汁的氧化褐变，在生产过程中还应注意避免使用铜、铁等器具，通常添加 50~100 mg/L 二氧化硫或抗坏血酸（维生素 C）作为抗氧化剂。

4.4 酶处理

通过添加适量的果胶酶分解葡萄汁中天然存在的果胶物质，可以降低葡萄汁的黏度。果胶酶是分解果胶的一类酶的总称，主要有果胶酯酶（PE）、聚半乳糖醛酸酶（PG）等。酶处理用于冷破碎工艺还是热破碎工艺，主要取决于产品的颜色、风味和出汁率。在冷破碎工艺中,酶混合物加入适量的破碎浆果中,使搅拌贮藏罐中的温度保持在 15~20 ℃下 2~4 h。然而,一定要避免长时间接触或者高温,以减少酶促褐变和不良的颜色浸提。同样,需加入约 100 mg/L 二氧化硫减少褐变。冷破碎工艺的出汁率不及热破碎工艺,其适用于白葡萄汁或含有对温度敏感物质的果汁。在热破碎工艺中,破碎葡萄加热的温度为 60 ℃或 65 ℃(为了保证葡萄汁的质量,最好不要超过 65 ℃),在加入酶后,破碎葡萄置于搅拌罐中,维持温度为 60~63 ℃,30~60min,但是,为了获得较高的出汁率或颜色强度而过度加热或延长加热时间,将严重损坏葡萄汁的品质,往往导致葡萄汁失去清爽的风味而出现明显的"煮熟味",而且单宁含量增加,涩味突出。此外,脂质和蜡质的过量溶解,最终导致葡萄汁浊度增加。

4.5 取汁

取汁是常用于果汁生产中的一个压榨前的工序,其包括从葡萄醪中提取葡萄自流汁。高品质的自流汁占总葡萄汁的 30%~60%,主要取决于酶处理,因此是压榨容量的 2 倍。虽然自流汁可在压榨中实现,但是有专门取汁的取汁器。取汁器利用 40 目(孔径 0.45 mm)的筛子取出 30%~50% 的自流汁,剩余的葡萄渣倒入连续螺旋榨机中。未压榨的果汁具有很高的感官质量,其通常同质量较差的压榨汁进行调配。有时,未压榨汁可单独生产,获得的产品具有更高的价值。

4.6 压榨

获得葡萄原汁的最后一步是稻壳压榨或纸浆可用于压榨助剂,因为它们使受压块有了疏导系统,有利于葡萄汁的排出(在酶处理时添加)。果渣压榨后,将含有 5%~6% 悬浮固体汁与可能具有 20%~40% 悬浮固体的自流汁混合在一起。具有大多数可溶性固形物,可通过旋转真空过滤、压力过滤器除去。在大多数商业操作中,采用连续压榨方法。选择压榨机时需要限定几个特征参数,如压榨时间、流量(其同生产力有关)、能量需,果汁产量和果汁质量。

4.7 离心、酶处理

葡萄汁中会发生很多变化而影响产品外观,其中的一个变化是不溶性颗粒因重力作用而沉淀。上述不溶性固体可通过葡萄汁滗析、过滤或离心加以避免。离心后葡萄汁中残存的不溶性颗粒因为果胶的存在而很稳定,不易沉降。果胶通过两种方式作用,充当带正电荷蛋白质核心的保护外层和提高葡萄汁的黏度。因此,静电排斥作用、颗粒尺寸小以及黏度阻止了沉降,使葡萄汁具有了稳定的混浊。然而,维持果胶甲基酯酶(PME)活性将裂解果胶的甲酯,使葡萄汁自然澄清。澄清葡萄汁就是为了获得有光泽的果汁而除去所有的果汁固体。目前所用的方法称为脱胶作用,其包括利用酶处理加工葡萄汁 1~2h,温度 15~30 ℃。同样,果胶酶促进了果胶的快速水解,实现了后来通过澄清或过滤清除固体的目的。在该阶段,所用酶的混合物(如阿拉伯聚糖酶)主要影响侧链,以分裂果胶的绒毛区。

4.8 过滤

过滤是目前用以获得葡萄汁(经脱胶后)澄清度的技术,直到近年,后处理剂如果酱、斑脱土、单宁或硅胶被用以在过滤前除去混浊。如今,膜过滤技术的改进已经取代了传统的后处理剂,因为其制造的产品具有很多优势:可连续加工;可应用自动化机械,节约了劳动力成本和时间;由于有较高的果汁回收率,提高了出汁率;不需要澄清和后处理剂;降低了罐的空间要求。

4.9 除酒石

常温条件下酒石酸盐在水中溶解度很小,但刚制成的葡萄汁中酒石酸盐是过饱和的。当葡萄汁装瓶后,在贮藏、运输、销售过程中会缓慢形成晶核,进而晶体长大,结晶析出沉淀,俗称酒石。虽然酒石对人体无毒害作用,但影响葡萄汁的感官质量指标,因此应避免酒石析出。保证混浊和澄清葡萄汁物理稳定性就要除去过多的酒石酸钾和酒石酸钙。影响酒石沉淀的因素包括内部因素(如 pH 或存在抑制物质变化或光照)。为实现除酒石冷稳定和外部因素,迅速在另一个热交换器中冷却至 −2~0 ℃,然后在罐中快速沉淀酒石,同时,通过向果汁加入酒石酸钙晶体充当晶核或利用连续结晶器能够加速酒石的自然沉淀。反渗透技术的反渗透膜孔尺寸(0.0001~0.001 μm)极小,其通过除去部分果汁中的水分,更容易使酒石酸盐沉淀。另一种避免酒石沉淀的方法是降低果汁中天然产生的酒石酸盐含量,其需要离子交换树脂或电渗析设备(允许阳离子被钾交换)。

4.10 脱气

氧气是破坏葡萄汁稳定的最重要化学物质,因为一旦葡萄汁被包装,氧气就参与了色素和维生素所有的腐败反应。

4.11 杀菌、冷却

葡萄原汁要迅速进行高温灭菌,目的是杀灭有害微生物与钝化酶活性,以保证葡萄原汁产品质量。葡萄中存在的常见微生物是克勒克酵母属和酵母菌属的酵母。明串珠菌属、乳杆菌属,或葡糖杆菌属的乳酸菌和醋酸菌也很典型。热防腐技术是最常用的，常见的杀菌方法有两种：一种是高温或巴氏灭菌，即先将产品热灌装于容器中，密封后于蒸汽、水浴中加热或直接加热杀菌，一般在 90~95 ℃加热 10 min 左右。另一种是高温瞬时杀菌，该方法对产品品质影响较小，一般采用的条件为 93 ℃左右保持 15~30 s；杀菌结束后尽快冷却至 35~40 ℃。巴氏灭菌处理清除了有生长力的微生物细胞，钝化了非热抗性酶，且仅对果汁的感官和营养特性稍微有间接的影响。近年来，为了不断减少热对感官和营养特性的影响，新的防腐技术不断被开发出来。如高静压技术、欧姆加热技术和脉冲电场技术等。

4.12 浓缩

葡萄汁浓缩是减少其体积的一种生产工序，其有助于降低成品的包装、贮藏和运输成本。目前，蒸发是葡萄汁工业中应用最广的浓缩方式。前两种技术主要用于浓缩前处理，能够降低蒸发成本和感官质量的损失。当葡萄汁被蒸发时，最好将葡萄汁尽可能地短时间加热并迅速冷却，因为减少与热的接触会降低其对风味、香气和糖的影响。降低蒸发过程中感官质量损失唯一的方法是利用一个蒸馏系统进行香气回收，该蒸馏系统可将溶解于蒸汽流出物中的挥发性物质分离出来。回收系统一般是活化的碳性，其可吸附风味和香气物质。

4.13 包装

包装是葡萄汁生产的最后一步，其必须保证果汁稳定，以及防止外界污染一直到被消费掉。目前，灭菌包裹无菌灌装葡萄汁备受推崇，因为它们利用了高温短时间防腐系统的优势。另外，无菌果汁比利用热或冷罐装系统包装的果汁具有同样或更长的货架期。虽然玻璃瓶和金属罐仍被应用，但是趋势是应用新开发的热密封叠合纸板联合无菌灌装系统。浓缩葡萄汁在美国具有很重要的市场，其通常以金属罐冷冻浓酸汁分装。

第四节 葡萄酒

1 葡萄酒的定义

根据国际葡萄与葡萄酒组织的规定（OIV，1996），葡萄酒只能是破碎或未破碎的新鲜葡萄果实或葡萄汁经完全或部分酒精发酵后获得的饮料酒，其酒度不能低于 8.5%（体积分数）。但是，根据气候、土壤条件、葡萄品种和一些葡萄产区特殊的质量因素或传统，在一些特定的地区，葡萄酒的最低总酒度可降低到7.0%（体积分数）。

2 葡萄酒的分类

在我国葡萄酒标准中，对葡萄酒的分类如下：

①按色泽分为白葡萄酒、桃红葡萄酒、红葡萄酒。

②按含糖量分为干葡萄酒、半干葡萄酒、半甜葡萄酒、甜葡萄酒。

③按二氧化碳分为平静葡萄酒、低起泡葡萄酒、高起泡葡萄酒。

2.1 平静葡萄酒

在20 ℃时，二氧化碳压力小于0.05Mpa的葡萄酒为平静葡萄酒。按酒中的含糖量和总酸可将平静葡萄酒分为：

2.1.1 干酒

含糖量（以葡萄糖计）小于或等于4.0 g/L或者当总糖与总酸（以酒石酸计）的差值小于或等于2.0 g/L时，含糖量最高为9.0 g/L的葡萄酒。

2.1.2 半干酒

含糖量大于干酒，最高为12.0 g/L或者总糖与总酸（以酒石酸计）的差值按干酒方法确定，含糖量最高为18.0 g/L的葡萄酒。

2.1.3 半甜酒

含糖量大于半干酒，最高为45.0 g/L的葡萄酒。

2.1.4 甜酒

含糖量大于45.0 g/L的葡萄酒。

2.2 起泡葡萄酒

在20 ℃时，二氧化碳压力等于或大于0.05 Mpa的葡萄酒为起泡葡萄酒。

2.2.1 起泡葡萄酒又可分为：

（1）低起泡葡萄酒。当二氧化碳压力（全部自然发酵产生）在0.05~0.34 Mpa时，称为低起泡葡萄酒（或葡萄汽酒）。

（2）高起泡葡萄酒。当二氧化碳压力（全部自然发酵产生）大于等于35 Mpa（瓶容量小于0.25 L，二氧化碳压力等于或大于0.3 Mpa）时，称为高起泡葡萄酒。

高起泡葡萄酒按其含糖量分为：

（1）天然酒。含糖量小于或等于12.0 g/L（允许差为3.0 g/L）的高起泡葡萄酒。

（2）绝干酒。含糖量大于天然酒，最高到 17.0 g/L（允许差为 3.0 g/L）的高起泡葡萄酒。

（3）干酒。含糖量大于绝干酒，最高到 320.0 g/L（允许差为 3.0 g/L）的高起泡葡萄酒。

（4）半干酒。含糖量大于干酒，最高到 50.0 g/L（允许差为 3.0 g/L）的高起泡葡萄酒。

（5）甜酒。含糖量大于 50.0 g/L 的高起泡葡萄酒。

当二氧化碳是部分或全部人工加入时，具有起泡葡萄酒类似物理特性的起泡葡萄酒称为葡萄汽酒。

2.3 特种葡萄酒

葡萄酒标准中还将葡萄采摘或酿造工艺中使用特定方法酿成的葡萄酒归纳为特种葡萄酒，如利口葡萄酒、葡萄汽酒、产膜葡萄酒、加香葡萄酒、贵腐葡萄酒、冰葡萄酒、低醇葡萄酒、无醇葡萄酒、山葡萄酒。

3 红葡萄酒的酿造

红葡萄酒是用红葡萄带皮发酵获得的葡萄酒。在酿造过程中，酒精发酵作用和葡萄汁对葡萄果皮、果梗等固体部分的浸渍作用同时存在，前者将糖转化为酒精和其他副产物，后者将固体物质中的单宁、色素等酚类物质溶解在葡萄酒中。因此，红葡萄酒的颜色、气味、口感等与酚类物质密切相关。

3.1 影响红葡萄酒质量的因素

3.1.1 酚类物质

葡萄酒的酚类物质包括花色素苷和单宁两大类，它们使红葡萄酒具有颜色和特殊的味觉特征。新葡萄酒中的酚类物质，一方面取决于原料的质量；另一方面取决于酿造方式。在陈酿过程中，结构不同的酚类物质会不停地发生变化，酚类物质的转化主要有 3 个方面：单宁聚合，小分子单宁的比例逐渐下降，聚合物的比例逐渐上升；单宁与多糖、肽等缩合；游离花色素苷逐渐消失，其中一部分逐渐与单宁结合。各种酚类物质对红葡萄酒颜色的作用不同，游离花色素苷对葡萄酒颜色的作用较小，且其含量随着酒龄的增加而逐渐下降；单宁—花色素苷复合物是决定红葡萄酒颜色的主体部分（50% 左右），而且其作用不随酒龄的变化而变化；在葡萄酒的成熟过程中，随着游离花色素苷的作用下降，聚合单宁对葡萄酒颜色的作用不断增加。

总之,新红葡萄酒的颜色主要决定于单宁—花色素苷复合物和游离花色素苷；而陈年葡萄酒的颜色则决定于单宁—花色素苷复合物和聚合单宁。

3.1.2 浸渍作用

在传统的红葡萄酒酿造中,浸渍和发酵同时进行,浸渍强度受很多因素的影响,如破碎强度、浸渍时间、温度、酒度、二氧化硫处理、酶处理和循环等。

(1)浸渍时间。在浸渍过程中,随着葡萄汁与皮渣接触时间的增加,葡萄汁的单宁含量亦不断升高,其升高速度由快转慢。为了获得在短期内消费、色深、果香浓、单宁低的葡萄酒(新鲜葡萄酒),就必须缩短浸渍时间；相反,为了获得需长时间陈酿的葡萄酒,就应使之富含单宁,因而应延长浸渍时间。要延长浸渍时间,就必须具有品种优良、成熟度和卫生良好的原料。普通葡萄品种不能承受长时间的浸渍,因此应缩短浸渍时间。

(2)浸渍温度。温度是影响浸渍的重要原因之一。提高温度可以加强浸渍作用。由于浸渍和发酵是同时进行的,因此对温度的控制,必须保证两个相反方面的需要,即温度不能过高,以免影响酵母菌的活动,导致发酵中止,引起细菌性病害和挥发酸的升高；同时温度又不能过低,以保证良好的浸渍效果,25~30 ℃可以保证以上两个方面的要求在这一温度范围内,28~30 ℃有利于酿造单宁含量高、需长时间陈酿的葡萄酒,而 25~27 ℃则适于酿造果香味浓、单宁含量相对较低的新鲜葡萄酒。浸渍温度除了影响葡萄酒颜色的深浅外,还影响颜色的稳定性,因为温度越高,色素和单宁的浸出率越大,而且稳定性色素,即单色素的复合物越容易形成。

(3)倒罐。倒罐就是将罐下部的葡萄汁循环泵送至罐上部。倒罐可以破坏发酵过程中皮渣形成的饱和层,达到加强浸渍的作用。但要使倒罐达到满意的效果,就必须在循环过程中,使葡萄汁淋洗整个皮渣表面,否则,可能形成对流,达不到倒罐的目的。循环的次数决定于很多因素,如葡萄酒的种类、原料的质量以及浸渍时间等。一般每天循环 1~2 次。提高破碎强度,在浸渍过程中搅拌也可以加强浸渍作用,但同时增加了最苦最涩的单宁的浸出量。

3.1.3 SO_2 处理

SO_2 在葡萄酒生产中的使用很普遍,它具有选择性抑菌、澄清、抗氧化、增酸、溶解和改善风味等作用,最主要的是防止氧化和抑制杂菌的活动。SO_2 可以破坏葡萄浆果果皮细胞,从而有利于浸提果皮中的色素。对于霉变原料,SO_2 处理可以破坏氧化酶或抑制其活性,使色素不被分解,从而改善葡萄酒的颜色。

3.1.4 酶处理

酶处理已经变成红葡萄酒酿造的常规操作,常用的是果胶酶,它可以分解果胶使色素更容易溶解到酒中,同时提高酒的澄清度。

3.2 工作程序或操作步骤

3.2.1 红葡萄酒酿造的工艺流程见图 11-2

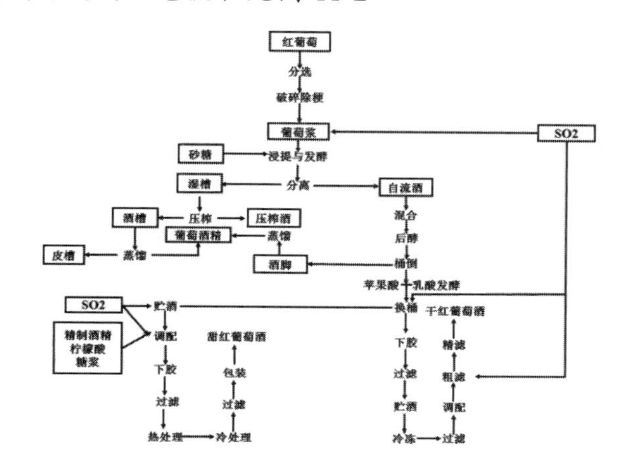

图11-2　红葡萄酒酿造的工艺流程（引自修德仁等，2007）

3.2.2 红葡萄酒酿造的操作要点

（1）葡萄。要想生产出高质量的葡萄酒,必须要有高质量的葡萄浆果,在确定葡萄的采收期时必须要考虑葡萄的产量和质量,红葡萄酒酿成分进入到葡萄汁中,否则,劣质单宁的含量会升高。将除梗破碎的葡萄浆装入发酵罐,装罐的同时使用二氧化硫处理。生产中使用的主要是二氧化硫含量为 6% 的亚硫酸,它的挥发性很强,有令人窒息的刺激性气味,使用时要尽量减少二氧化硫的挥发损失,一定要将其加入到发酵基质中并且要与发酵基质混匀。经常是边进料边加二氧化硫,进料结束进行封闭式循环,将二氧化硫与发酵基质充分混匀。装罐结束使用果胶酶和活性干酵母,果胶酶用 10 倍的水或果汁溶解,然后加入到发酵基质中;活性干酵母用 10 倍的半汁半水或 50 g/L 的糖水(按照商品说明)在 30~35 ℃下搅拌溶解,然后静置 15 min,待产生大量泡沫后,将其加入到发酵基质中,并且倒罐混匀。果胶酶和活性干酵母的使用最好与二氧化硫的使用间隔 3~4 h,以避免二氧化硫影响酵母和果胶酶的活性。倒罐循环后应取样测糖酸,作为以后调整糖度的依据。

（2）浸渍发酵。红酒的浸渍发酵主要将葡萄汁中的糖在酵母的作用下转化成酒精与副产物,与此同时将固体部分的成分浸渍到发酵液中。若葡萄本身的含糖量满足不了对酒度的要求,可以在发酵启动后按照 18 g/L 糖转化为 1% 酒度,人为加一部分糖。加糖时,用部分葡萄汁将糖溶解,然后加入到整罐葡萄醪中并混匀。在加糖量比较大时,尤其要注意保证糖的充分溶解,有时添加一些酒用单宁来改善葡萄酒的质量。当酸度不够时要调整酸度。为了兼顾浸渍和发酵两个过程,在此阶段将温度控制在 25~30 ℃ ;生产陈酿型的葡萄酒时,控制在 27~30 ℃ ;生产新鲜型的葡萄酒时,控制在 25~27 ℃。发酵是一个强烈放热的过程,选择合适的控温方法。有些罐具有夹层冷带或米勒板,可以很方便地降温,有些用内置式的冷凝管,也有的在灌顶喷冷水降温。带皮发酵时,发酵产生的大量二氧化碳很容易将葡萄皮渣顶起来形成“帽”,且形成“帽”,皮渣浮在葡萄汁表面,达不到浸渍的目的,通过循罐对“帽”进行管理。有些发酵罐具有挡板,能始终将皮渣压入葡萄汁中,同样需要循罐来破坏浸渍达到的饱和层。若用旋转罐,可以通过罐体的旋转保证浸渍作用的进行。在浸渍过程中通过测相对密度来监测发酵的进程,每天 2~3 次,同时经常测温度和相对密度,用大量筒从取样阀取来发酵液,先测温度再测相对密度,温度只能作为参考,因为取样阀处的温度代表不了整个发酵罐的温度。测相对密度时要注意气泡的影响。随着发酵的进行,糖不断地被分解,酒度越来越高,相对密度持续降低。

(3)分离。当浸渍至合适的颜色和口感时分离出自流酒并压榨皮渣。旋转罐可以自动排渣,再泵送至压榨机。若分离时酒精发酵尚未结束,在分离中要避免中止酒精发酵,必要时将最后一次压榨汁单独存放,一方面解决残糖问题,另一方面可以根据口味为将来的调配做好准备。

(4)继续酒精发酵。酒精发酵时将温度控制在 18~20 ℃,通过测相对密度来监测发酵的进程,当相对密度降低很慢时,可通过开放式倒罐促进发酵。当相对密度降至 0.993~0.996,取样测糖,若含糖量小于 2 g/L,认为酒精发酵结束。

(5)苹果酸乳酸发酵。苹果酸乳酸发酵是红葡萄酒酿造的必需工艺。一般苹果酸乳酸发酵在酒精发酵结束后才开始。酒精发酵后可选择转罐或者不转罐,苹果酸乳酸发酵在厌氧条件下进行,可将酒保持满罐,调整 pH 大于 3.2,温度 18~22 ℃,根据是否是栽培新区可选择接种人工纯种乳酸菌进行苹果酸乳酸发酵或自然起发,用纸层析法监测苹果酸和乳酸的变化,结合 D 乳酸、苹果酸、挥发酸的监测和感官分析及时判断苹果酸乳酸发酵的终点。苹果酸乳酸发酵结束,应尽快转罐并添加 50 mg/L 二氧化硫,葡萄酒进入贮藏阶段。如果不进行苹果酸乳酸发酵,酒精发酵结束将酒转入另一个清洁的容器并添加 5 mg/L 二氧化硫进行贮藏。

（6）陈酿。贮藏陈酿时要防止氧化和微生物的侵染，贮藏又是葡萄酒逐渐趋于成熟和稳定的过程，所以，葡萄酒需要满罐密封贮藏，要合理地转罐，并保证一定的游离二氧化硫，一般应该大于 20 mg/L。贮藏时还需要定期进行感官分析。为了保证满罐贮藏就必须经常添罐，添罐用酒应为优质、澄清、稳定的葡萄酒，一般用同品种、同酒龄的酒进行添罐，某些情况下也可以用比较陈的葡萄酒，或用充气贮藏的方法来代替满罐贮藏。一般在贮藏时进行 4 次转罐，第一次即苹果酸乳酸发酵结束后进行，如果不进行苹果酸乳酸发酵，即在贮藏后 15~21 d 进行；第二次在初冬进行；第三次在翌年春天进行；第四次在盛夏进行。第一次为开放式转罐，后面几次视情况而定。贮藏的第二年中可进行 1~2 次转罐。干红葡萄酒贮藏时游离二氧化硫的含量应保持在 20~30 mg/L，二氧化硫的补充可以结合转罐进行。干红葡萄酒经常在橡木桶中陈一段时间。

（7）葡萄酒的澄清。葡萄酒通过下胶处理能够去除酒中不稳定的胶体粒子，一般采用下胶澄清的办法。下胶就是往葡萄酒中添加亲水胶体动物胶、鱼胶和其他下胶材料，让它和葡萄酒中的胶体物质和单宁蛋白质以及金属复合物、某些色素、果胶质等发生絮凝反应，并将这些质除去，使葡萄酒澄清、稳定。

由于红葡萄酒含有单宁，有利于下胶物质的沉淀，而且所使用的下我物质对感官质量的影响较小，所以红葡萄酒的下胶较为容易，大多数下胶物质都可使用，明胶较为常用，一般用量为 60~150 mg/L。

（8）葡萄酒的冷冻处理。对于不稳定的酒石酸氢盐，需要通过冷冻处理，才能加速除去。葡萄酒经过冷冻处理，由于除去了一部分在底下不溶解的成分，而改善和稳定了酒的质量。温度越低，其效果越好，但不能让酒结冰，因而冷冻温度以高于酒的冰点 0.5~1.0 ℃为宜。

冷冻时间的确定与冷冻降温速度有关。冷冻降温速度越快，所需的冷冻时间就越短。当温度以较慢的速度降低时，酒石酸盐的结晶很慢，但却能生成较大的晶体，因而很容易过滤除去。如果降温速度很快，酒石酸的结晶也很快，但生成细小的晶体，不易过滤除去，而且酒温稍提高，就很快溶解，所以必须保持于冷冻温度下，仔细过滤除去。冷冻时要根据条件确定冷却方法，然后根据冷却方法确定冷却时间，一般需 4~5 d。

冷冻方法分为人工冷冻和自然冷冻。人工冷冻也有直接冷冻和间接冷冻两种形式。直接冷冻就是在冷却罐内安装冷却蛇管和搅拌设备，对酒直接降温。间接冷冻则是把酒罐置于冷库内。这两种方法中以直接冷冻为好,可提高冷冻效率,为大多数酒厂所采用。有的酒厂为加快酒石酸盐的结晶,除了采用快速冷却外,还在冷冻过程中加入酒石酸氢盐粉末作为晶种,并在冷冻前进行预备性过滤和离心分离,除去妨碍结晶的那些胶体物质。

冷却时以适当的速度搅拌,避免局部结冰,并能促进沉淀物的形成。在保温期间,要经常检查温度回升情况,及时予以冷却。到规定时间后,保持同样的温度进行过滤。

自然冷冻是利用冬季的低温条件冷冻葡萄酒,适用于当年发酵的新酒,其方法如下:冷冻设备为不锈钢大罐,容量可根据需要确定,露天安放。将新酒于当年11月结合第一次换桶,直接泵入露天大罐。随着室外温度的降低,酒被自然冷冻,到翌年3月,天气转暖之前,结合第二次换桶,趁冷过滤除去沉淀,并转入室内贮存。

(9)过滤。过滤就是用机械方法使某一液体穿过多孔物质将该液体的固相部分与液相部分分开,对保证葡萄酒的非生物稳定性和良好的酒体有着极其重要的作用。过滤有很多方法,也有各种不同的过滤机。过滤机可以根据它们所用的过滤介质的孔径、性质、装配方式或流体流通途径进行分类。例如从粗滤至除菌过滤、滤板至硅藻土、板框过滤至加压叶滤机、垂直流至错流过滤等。用于过滤的葡萄酒必须含有足够量的游离二氧化硫。在每次过滤前,都必须检查葡萄酒中游离二氧化硫的含量,以免氧化。对葡萄酒的过滤,可以在以下3个时期进行:

①粗滤。一般在第一次转罐后进行。这次过滤的目的是为了除去些酵母、细菌、胶体和杂质,而不是为了澄清。粗滤多用层积过滤。在过滤前下胶,效果更好。

②贮藏用葡萄酒的澄清。这次过滤的目的是使葡萄酒稳定,其效果在很高程度上决定于过滤前的准备,如预滤、下胶等。这次过滤可用层积过滤或板框过滤。葡萄酒的澄清度越好,所选用的过滤介质应越"紧实",在选择纸板时,应先作过滤试验,以免过早堵塞或澄清不完全。

③装瓶前的过滤。这次过滤必须保证葡萄酒良好的澄清度和稳定性,以免在瓶内出现沉淀、混浊和微生物病害。因此,必须保证良好的卫生条件。这次过滤可选用除菌板或膜过滤。如果选择适当,这次过滤还可除去在其他处理中带来的硅藻土和石棉纤维等物质。

(10)装瓶。葡萄酒装瓶前进行稳定性试验。干红葡萄酒需要检验氧化稳定性、微生物稳定性、铁稳定性、酒石稳定性和色素稳定性,根据试验结果进行相应的处理，见表 11–2。

表11–2　红葡萄酒的稳定性试验及处理方法（引自刘凤之等，2012）

项目	稳定性试验方法	处理
微生物	微生物计数，温箱试验	下胶、过滤、离心、热处理、二氧化硫、山梨酸
氧化破败	常温半杯葡萄酒放置12～24 h	热处理膨润土、酪蛋白、二氧化硫
铁破败	充氧或强烈通气，0 ℃下贮藏7 d	植酸钙、亚铁氰化钾、柠檬酸、阿拉伯树胶、抗坏血酸、二氧化硫
色素沉淀	0 ℃下观察24 h	膨润土、下胶、过滤、冷处理、阿拉伯树胶
酒石沉淀	0 ℃或稍高的温度几周	冷处理、热处理、下胶、过滤、偏酒石酸、外消旋酒石酸

装瓶前，必须对葡萄酒进行感官分析、理化指标分析和稳定性试验，理化指标包括酒度、糖、酸、游离二氧化硫、总二氧化硫、干浸出物、挥发酸、铁、细菌和大肠菌群，各项指标和稳定性都合格的葡萄酒才能装瓶。葡萄酒的灌装自动化程度很高，包括上瓶—冲瓶—检查空瓶—灌装—压塞—检查—套胶帽—热缩—贴标—装箱。

4 白葡萄酒的酿造

白葡萄酒是用白葡萄汁经过酒精发酵后获得的葡萄酒，在酿造过程中一般不存在葡萄汁对葡萄固体部分的浸渍现象。干白葡萄酒的质量主要由源于葡萄品种的一类香气和源于酒精发酵的二类香气以及酚类物的含量决定。葡萄汁以及葡萄酒的氧化对葡萄酒的质量有重要影响。

4.1 影响白葡萄酒质量的因素

葡萄汁和葡萄酒的氧化　在酒精发酵开始和结束以后，葡萄汁或葡萄酒的氧化都会严重影响葡萄酒的质量，氧化现象的机理可以表示为：

$$\text{氧化底物}+\text{氧}\xrightarrow{\text{氧化酶}}\text{氧化产物}$$

因此，对氧化酶及其特性的研究，对葡萄酒，特别是干白葡萄酒的酿造具有重要的指导意义。

4.1.1 氧化酶

现已证实，与葡萄汁或葡萄酒的氧化相关的氧化酶两种，即酪氨酸酶和漆酶。

酪氨酸酶又称为儿茶酚酶或儿茶酚氧化酶，是葡萄浆果的正常酶类，不以溶解状态存在于细胞质中，而与叶绿体等细胞器结合在一起在取汁过程中，酪氨酸酶一部分溶解在葡萄汁中，另一部分则附着在悬浮物上，因此，对原料的破碎、压榨、澄清等处理必然会影响酪氨酸酶在葡萄汁中的含量，就可能会造成葡萄汁的氧化。此外，酪氨酸酶的含量还决定于原料品种及其成熟度。酪氨酸酶在pH3~5时活性强但不稳定；在30 ℃活性最强，在55 ℃保持30 min就会失活，其活性可被二氧化硫抑制。

漆酶不是葡萄浆果的正常酶类，它存在于受灰霉菌为害的葡萄浆果上，是灰霉菌分泌的酶类，可完全溶解在葡萄汁中。由于漆酶的氧化活性比酪氨酸酶大得多，故与正常的葡萄原料比较，受灰霉菌为害的葡萄浆果的葡萄汁或葡萄酒的氧化现象要严重得多。漆酶在pH3~5时活性强且较稳定；在30 ℃时较稳定，在40~45 ℃时活性最大，但在45 ℃时几分钟就失活，对二氧化硫有较强的抗性，所以对感染了漆酶的原料选择加热后发酵。

4.1.2 葡萄汁的耗氧

葡萄汁的耗氧几乎完全是由于酶的作用，因为正常葡萄汁的耗氧速度为2.98 mg/（L×min），而加热导致酶失活的同一葡萄汁的耗氧速度降低到0.018 mg/（L×min）。在葡萄汁的耗氧过程中，二氧化硫具有强烈的抑制作用。在30 ℃时葡萄汁耗氧速度比10 ℃时要快3倍左右，因此取汁时的温度条件对葡萄汁的氧化有重要作用。

4.1.3 酚类物质

酚类物质的种类、结构及含量与葡萄汁和葡萄酒的颜色、口感以及香气和稳定性密切相关，是葡萄酒质量的决定因素之一。对于果香清爽类的干白葡萄酒，任何提高酚类物质含量的措施都会影响其质量和稳定性，因此该类葡萄酒中酚类物质含量越低越好。

①酵母的影响　在葡萄酒的发酵过程中，酵母会影响葡萄酒中酚类物质的含量。近年的研究结果表明，白葡萄酒中酚类物质含量受到酵母菌的影响很大。因此，选育具有优良酿酒特性，同时具有较强色素吸附能力的优选酵母菌系，是获得色浅而稳定的干白葡萄酒的有效方法。

②工艺的影响　对葡萄原料进行机械处理越重，对固体部分本身结构破坏越厉害、时间越长，浸渍越强，酚类物质含量越高。直接压榨获得的葡萄汁中酚类物质的含量明显低于先破碎后压榨所获葡萄汁中的含量。此外，随着压榨次数的增加，葡萄汁中酚类物质的含量亦增加。所以，在干白葡萄酒酿造过程中应分次压榨取汁。

一些澄清剂可以降低葡萄汁或葡萄酒中酚类物质的含量,从面提高葡萄酒的质量和稳定性。交联聚乙烯基吡咯烷酮(PVPP)在葡萄酒中使用有效果明显。

4.1.4 干白葡萄酒的香气

品质优良的白葡萄酒不仅应具有优雅的香气,而且应同时具备与一类香气相协调的、优雅的二类香气。因此,在葡萄品种一定的情况下,二类香气的构成及其优雅度就成为白葡萄酒质量的重要标志之一。

①原成熟度的影响原料成熟度越好,葡萄酒中三碳、四碳和五碳脂肪酸含量越低,六碳、八碳和十碳脂肪酸及其乙酯含量越高。由于前者的气味让人难受而后者的气味让人愉快,所以,提高原料的成熟度可以提高葡萄酒的质量。

②对葡萄汁澄清处理的影响在酒精发酵前对葡萄汁的澄清处理以降低高级醇的含量,提高酯类物质的含量,特别是六碳、八碳和十碳脂肪酸乙酯的含量,从而提高葡萄酒的质量。

③酵母的影响。葡萄酒酵母能形成良好的二类香气,而尖端酵等拟酵母易形成大量的乙酸乙酯。所以,对葡萄汁进行二氧化硫处理和使用优选酵母是很有必要的。

④发酵条件的影响。酵母的繁殖需要氧,但过多的氧影响酒精发酵的副产物,不利于葡萄酒的质量;酒精发酵的温度宜控制在15~20 ℃,温度过高会明显降低二类香气,温度过低容易给发酵管理带来问题;葡萄汁的酸度过高会影响发酵副产物的形成,温度越高,这一现象越明显。

4.2 防止氧化的措施

4.2.1 二氧化硫处理

由于二氧化硫处理可以使葡萄汁的耗氧停止,能有效地防止葡萄汁的氧化。其用量为60~120 mg/L,由原料的成熟度、卫生状况、pH和温度等因素决定。

4.2.2 澄清和膨润土处理

澄清处理可因除去悬浮物而除去附着于悬浮在取汁后立即加入葡萄汁中,并迅速与葡萄汁混合均匀物上面的氧化酶;膨润土由于能吸附蛋白质,所以能除掉部分溶解在葡萄汁中的氧化酶。

4.2.3 在隔氧条件下处理原料

如果在原料的处理过程中防止其与空气接触,例如从破碎开始,就在充满二氧化碳的条件下对原料进行处理,虽然能防止氧化的发生,但这种隔氧条件下酿造的葡萄酒一旦与氧接触就会很快氧化,即葡萄酒本身的氧稳定性很差。实际上,氧化酶在催化氧化反应的同时，本身亦逐渐被破坏，所以，在葡萄酒酿造过程中有限的氧化，例如对正常原料进行传统工艺处理过程中的氧化，不仅不会降低葡萄酒的质量，相反会改善葡萄酒的氧稳定性。

4.2.4 葡萄汁的冷处理

氧化酶的氧化活性在 30 ℃时比在 10 ℃时强 3 倍，因此，迅速降低葡萄汁的温度能防止氧化。由于冷处理虽能抑制氧化酶的活性，但不能除去氧化酶，所以，与隔氧处理的葡萄原料一样不能获得氧稳定性。

4.2.5 葡萄汁的热处理

在 65 ℃时氧化酶的活性被完全抑制。可以获得完全氧稳定的葡萄酒。

4.3 工作程序或操作步骤

4.3.1 干白葡萄酒酿造的工艺流程干白葡萄酒酿造的工艺流程见图 11-4。

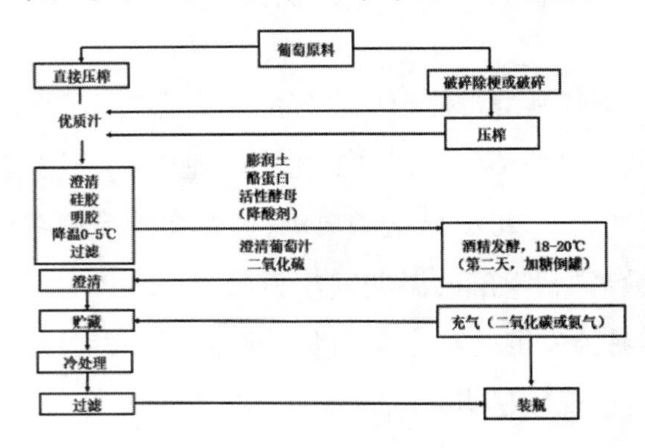

图11-4　干白葡萄酒工艺（引自李华等，2006）

4.3.2 干白葡萄酒酿造的操作要点

（1）拣选。选择能适应当地生态条件的优良品种，控制良好的成熟度。去掉带入的枝叶及混入的异物；必须去掉生青、霉烂的果穗，由于感染了灰霉菌的葡萄中漆酶的含量高，用这类原料酿造的葡萄酒易患棕色破败病。

（2）取汁。应尽量减少浸渍并防止氧化。所以，取汁一定迅速，有条件的可以直接压榨取汁；也可以先除梗破碎，再压榨取汁；为了分浸提果皮中的芳香物质可以将除梗破碎的葡萄浆在 5℃下进行浸 10~20 h，然后压榨取汁。取汁后立即使用二氧化硫，可添加 PP、膨润土，防止葡萄汁的氧化，最后压榨汁单独存放，以保证酒质。

（3）澄清。澄清的方法很多，可以根据实际情况结合使用几种方法。常用的方法有低温自然澄清然后分离，分次澄清，过滤（酒泥过滤机），离心，浮法澄清（果汁中加一定量的絮凝剂),然后压入惰性气体,果汁里固体部分同惰性气体结合浮到表面被清理掉,混浊部分真空过滤。

(4)酒精发酵。葡萄汁的装罐量不应超过 80%;温度高于 15 ℃时,接种已经活化的活性干酵母;酒精发酵过程中将温度控制在 16~20 ℃,每天测相对密度 2~3 次,监测发酵的进程。若葡萄本身的含糖量满足不了酿酒的需要,在发酵刚开始时按照 17 g/L 糖转化为 1% 酒度加糖,在相对密度降至 1.020 左右时校正加糖量。

(5)酒精发酵结束。当相对密度降至 0.993~0.996,取样测糖,若糖含量不超过 2 g/L,认为酒精发酵结束。

(6)贮藏。陈酿转罐并补加适量二氧化硫,葡萄酒进入贮藏陈酿阶段。同样要保持满罐密封,合理的转罐,定期进行感官分析,干白葡萄酒的游离二氧化硫需保持在 30~40 mg/L。只有在葡萄酒可能产生硫化氢味、为促进酵母菌将剩余的残糖转化为酒精或促进释放葡萄酒中的二氧化碳时,才对白葡萄酒进行通气处理。

(7)葡萄酒的澄清、冷冻和过滤。常用鱼胶(10~25 mg/L)、酪蛋白(100~1000 mg/L)、膨润土(250~500 mg/L 或更多)进行白葡萄酒的下胶。必须在下胶以前进行试验,决定下胶材料及其用量以避免下胶过量装瓶前的葡萄酒,一般需要进行冷冻和适当的过滤处理。

(8)稳定—装瓶。葡萄酒装瓶前进行稳定性试验。干白葡萄酒需要检验氧化稳定性、微生物稳定性、铁稳定性、酒石稳定性、铜稳定性和蛋白稳定性,见表 11-5。其他同红葡萄酒。

表11-5 白葡萄酒的稳定性试验及处理方法(引自刘凤之等,2012)

项目	稳定性试验方法	处理
微生物	微生物计数,温箱试验	下胶、过滤、离心、热处理、二氧化硫、山梨酸
氧化破败	常温半杯葡萄酒放置12 ~ 24 h	热处理、膨润土、酪蛋白、二氧化硫
铁破败	充氧或强烈通气,0℃下贮藏7 d	植酸钙、亚铁氰化钾、柠檬酸、阿拉伯树胶、抗坏血酸、二氧化硫
酒石沉淀	0 ℃或稍高的温度几周	冷处理、热处理、下胶、过滤、偏酒石酸、外消旋酒石酸
铜破败	光照7 d,30 ℃温箱培养3 ~ 4周	硫化钠、亚铁氰化钾、热处理、影、润土、阿拉伯树胶
蛋白破败	加热至80 ℃,30 min; 加0.5 g/L单宁	冷处理、热处理、膨润土

5 利口葡萄酒和甜型葡萄酒

5.1 利口葡萄酒

根据 OIV 规定，利口葡萄酒是总酒度≥ 17.5%（体积分数），酒度在（15%~22%）的特种葡萄酒，根据酿造方式不同，分为高度葡萄酒和浓甜葡萄酒两大类。

5.1.1 高度利口葡萄酒

在自然总酒度不低于 12%（体积分数）的新鲜葡萄、葡萄汁或葡萄酒中加入酒精后获得的产品，但由发酵产生的酒度不得低于 4%（体积分数）。

5.1.2 浓甜利口葡萄酒

在自然总酒度不低于 12%（体积分数）的新鲜葡萄、葡萄汁或葡萄酒中加入酒精和浓缩葡萄汁，或葡萄汁糖浆，或新鲜过熟葡萄汁或蜜甜尔，或它们的混合物后获得的产品，但由发酵产生的酒度不得低于 4%（体积分数）。

利口酒的酒度可以通过冷冻浓缩、加入酒精、加入浓缩汁或它们的混合物提高，所加入的酒精必须是酒度不低于 95% 的葡萄精馏酒精或酒度为 52%~80% 的葡萄酒精。

这一大类葡萄酒属于特种葡萄酒，包括自然甜型、加香、加强葡萄等。凡是人为添加酒精获得的特种葡萄酒，都称为加强葡萄酒。加香葡萄酒是指以葡萄酒为酒基，以一定比例的呈色、呈香、呈味物质，按照产品特点规定的工艺过程调制，并经贮藏、陈酿而成的一种具有特有芳香风味，并经常具有开胃、滋补作用的葡萄酒。对应于加香葡萄酒的是非加香葡萄酒。

5.2 自然甜型葡萄酒

这类葡萄酒是用新鲜葡萄汁酿造的。在发酵结束以前加入酒精，使发酵停止，保持葡萄汁中一定的糖分，使葡萄酒具甜味。这类酒酒度为 5%~16%（体积分数），总酸 3.0~3.5 g/L（H_2SO_4），含糖 70~125g/L。

白葡萄酒发酵时无皮渣浸渍，葡萄酒较清爽，贮藏 8~18 个月就可以消费；而红葡萄酒进行浸渍发酵，葡萄酒的果香味浓，干物质含量高，适于陈酿。用二氧化碳浸渍酿造的自然甜型红葡萄酒，果香味最浓。

在陈酿过程中，必须保持贮藏容器始终盛满葡萄酒。白葡萄酒的最佳消费期为贮藏两年以后，而红葡萄酒的则为 3 年或更长。

该类酒的酿造特点：无浸渍发酵，温度控制在 25 ℃；浸渍发酵温度控制在 30℃左右。浸渍可以在停止发酵前或后进行，根据发酵速度不同，浸渍可持续 2~8 d，因此最好放慢发酵速度。发酵停止后的浸渍可以提高浸渍效果，从而提高色素、多酚、矿物质以及芳香物质的含量，持续时间通常为 8~15 d，但对一些优质、需陈酿 4~5 年的酒甚至可持续 1 个月。

中止发酵的方法：去掉、杀死、控制酵母菌的活性。通常是冷冻离心，加入酒精，进行二氧化硫处理。也可以采用缺氮发酵法，进行高低温处理，使用山梨酸钾等措施。在发酵过程中分次加入酒精，可使酒精发酵暂时受到抑制，便于控温，延长酒精发酵时间便于产生更多的发酵副产物，尤其是甘油。

5.3 蜜甜尔

蜜甜尔是在未经酒精发酵的新鲜葡萄或葡萄汁中加入酒精获得的产品。葡萄或葡萄汁的含糖量不得低于 170 g/L，蜜甜尔的酒度为 15%~22%。不含发酵副产物。

用于生产蜜甜尔的酒精应为 95% 的精馏酒精或 60% 以上的白兰地，而且应首先在橡木桶中贮藏一年或以上。酒精加入到葡萄中进行浸渍，即可生产红蜜甜尔；酒精加入到葡萄汁中就得到白蜜甜尔。

第五节　有用物质的分离与提取

1 葡萄皮白藜芦醇的提取技术

葡萄皮中富含一种多羟基类化合物—白藜芦醇，其含量为 210~250 ng/g DW。白藜芦醇属单宁质多酚，具有降血脂、抗血栓、预防动脉硬化、增强免疫能力等重要生理活性，是一种极具开发价值的天然活性物质。

1.1 工艺流程干

葡萄皮→粉碎→葡萄皮粉末→乙酸乙酯提取→浓缩→上柱吸附、洗脱→浓缩→过滤→白藜芦醇

1.2 生产技术要点

1.2.1 提取、粗浓缩

将葡萄皮干燥，粉碎，过 40 目筛，然后用 40 倍的乙酸乙酯分数次提取，提取温度为 60~80 ℃，每次提取 40 min，提取率为 0.11%。提取完成后过滤，收集滤液进行真空浓缩，浓缩条件为温度 9~95 ℃，真空度 –0.08~–0.06 Mpa，获得浓缩液。

1.2.2 纯化

将浓缩液上硅胶柱，然后用80%甲醇洗脱，洗脱液每小时流速为硅胶柱1~2倍，用量为硅胶柱体积的6~8倍。

1.2.3 浓缩收集洗脱液

进行真空浓缩，浓缩条件同乙酸乙酯，获得浓缩液。最后将浓缩液进行精密过滤，收集滤液，即为葡萄皮白藜芦醇浓缩液。

1.3 主要指标

葡萄皮白藜芦醇收得率54.38%，其中白藜芦醇含量为15.2%。

2 葡萄皮中酒石酸的提取技术

葡萄皮中含有2%~25%的酒石酸，酒石酸为多羟基有机酸，又名2,3二羟基丁二酸，主要用于制备医药、媒染剂、鞣剂等精细化工产品。

2.1 工艺流程

葡萄皮→酸化浸提→调糖、酒母→发酵液→酒精蒸馏→钙盐中和→过滤分高→沉淀→溶解→酒石酸溶液→脱色→浓缩→结晶→酒石酸晶体

2.2 生产技术要点

2.2.1 提取

取榨汁后的葡萄皮，加入其2.5~3倍、温度为80~85 ℃的热水，在搅拌下加入硫酸，调节其pH 4~5，保温浸提4 h。

2.2.2 发酵过滤，收集滤液

滤渣再次用相同方法提取、过滤，收集滤液并与第一次滤液合并。向滤液中加入葡萄糖，按照发酵常规要求调整好糖度，接入酵母进行乙醇发酵，到达终点后蒸馏出酒精，酒糟加入1.5~2倍的55~60 ℃温水，搅拌均匀后静置过夜。

2.2.3 分离

翌日离心，收集清液备用。滤渣干燥后用于提取葡萄籽油，提油后的滤饼再提取单宁，最后再磨碎筛分，作为蛋白饲料添加剂。

2.2.4 中和沉淀

将滤液升温至90~95 ℃，搅拌下加入过100目筛的碳酸钙或石灰粉末，中和至pH为7时止。然后静置过夜。翌日将上层清液泵入另一容器，在充分搅拌下加入

定量氯化钙,加完后继续搅拌 15~20 min,静置 4 h 以上,收集沉淀并与前面的沉淀合并。

2.2.5 烘干

向沉淀中加入 1~2 倍冷水,搅拌洗涤 10 min,放置 30 min,仔细虹吸出上层清液,一共洗涤 3 次,用甩干机甩于然后于 80 ℃下迅速烘干。

2.2.6 溶解

将烘干的沉淀用 2~4 倍水分散,加入硫酸,溶解酒石酸,生成硫酸钙。然后静置数小时,离心,收集上清液。沉淀用水洗涤 2~3 次,同法过滤并收集滤液。

2.2.7 脱色、糖制、干燥

合并滤液,用活性炭或脱色树脂脱色,再经浓缩、冷却析晶、重结晶等工序处理,获得纯白色结晶性粉末,最后在 65 ℃下烘干获得右旋酒石酸成品。也可以用氯型阴离子交换树脂从发酵液中直接交换酒石酸,然后用氯化钠洗脱获得酒石酸钠产品。

2. 3 主要指标

纯白色结晶性粉末,各项指标符合进口右旋酒石酸的要求。

3 葡萄皮提取果胶的技术

3.1 工艺流程

葡萄皮→干燥→粉碎→葡萄皮粉→热水、酸液浸提→浓缩加乙醇沉淀→过滤→干燥→葡萄皮果胶

3.2 操作要点

3.2.1 提取

取定量干燥白葡萄皮,粉碎后过 40 目筛,用热水洗涤除去糖、有机物等。然后加入 5 倍酸液在 80 ℃下浸提 6 h。过滤,收集滤液和滤渣,再次向滤渣中加入酸液同法提取 1 次。酸液配制方法是 :用盐酸调节蒸馏水 pH 为 1.3~2.3,3000 r/min,离心 10 min。分别收集、合并滤液和滤渣。

3.2.2 浓缩

将滤液于 55 ℃下进行真空减压浓缩,直至有 5%~8% 的固形物析出为止。将浓缩液冷却至常温,然后加入无水乙醇沉淀,直至沉淀液中乙醇浓度达到 55%~60% 时为止。3000 r/min,离心 10 min,收集上清液回收乙醇,沉淀量于布氏漏斗上进行

真空抽滤，获得果胶沉淀。然后将沉淀烘干获得果胶。

3.2.3 干燥

向收集的滤渣中加入3倍体积的丙酮，室温下静态浸取24 h左右。过滤，滤渣用丙酮洗涤后合并滤液，真空浓缩回收丙酮，直至有固形物产生。过滤，滤渣于50~60 ℃干燥5~8 h，然后粉碎至60目或进行喷雾干燥，获得墨绿色色素。

3.3 主要指标

果胶收得率0.9%~1.4%，为灰白粉末，水分5.1%，灰分6.3%，pH值3~3.2，果胶酸74.1%，甲氧基7.36%，酯化度45.15%，凝胶度145° ~220° 。

4 葡萄皮红色素的提取

葡萄皮色素为天然红色素，pH <5时为红色，pH ≥ 5时为紫色。作为高级酸性食品着色剂，应用于果冻、果酱和果汁饮料着色，着色力强，效果好，用量为0.1%~0.3%。新鲜葡萄皮中红色素含量占4%左右，葡萄皮红色素溶解于甲醇、乙醇水溶液，可用50%~80%的醇溶液提取。

4.1 工艺流程

葡萄皮→干燥→粉碎→葡萄皮粉→乙醇提取→浓缩→沉淀→过滤→溶解→过滤→浓缩→干燥→葡萄皮红色素

4.2 生产技术要点

4.2.1 粉碎

葡萄皮用纯净水洗净，80 ℃烘干，8-12 h后粉碎，过80目筛，获得葡萄皮粉末。

4.2.2 回流提取

向葡萄皮粉末中加入7倍质量、pH 2~4的60%~80%乙醇柠檬酸提取液，于60~80 ℃下回流提取70 min。过滤，收集滤液，滤渣同法再次提取70 min。再次过滤，收集合并滤液用于制备精制葡萄皮红色素。

4.2.3 浓缩

将过滤液进行真空减压浓缩，浓缩温度为90~95 ℃，真空度 –0.08~–0.06 Mpa，获得浓缩液。

4.2.4 沉淀

在搅拌下缓慢向浓缩液中加入乙酸铅溶液，溶液加入量为浓缩液体积的5%~8%，直至无沉淀析出时为止。过滤，收集滤渣，用纯净水反复洗涤3~5次，再进行真空抽滤，获得葡萄皮红色素－铅沉淀。

4.2.5 糖、干燥

将该沉淀用酸性乙醇溶液溶解，溶液中产生氯化铅白色沉淀，酸性乙醇溶液的配制方法是100份无水乙醇中加入8份浓盐酸。过滤，收集滤液，用氢氧化钠调节pH 3~4，进行真空减压浓缩，浓缩条件同前，获得浓缩液。然后在80 ℃下干燥10~12 h或进行喷雾干燥，获得葡萄皮红色素产品。

4.3 主要指标

葡萄皮红色素收得率为3.2%~3.5%，1%水溶液，pH 3~4。

5 葡萄皮原花青素的提取技术

葡萄果皮中含有20%~50%的多酚类物质，是制备原花青素类化合物的良好材料。

5.1 工艺流程

葡萄皮→干燥→粉碎→葡萄皮粉→乙醇提取→浓缩→乙酸乙酯萃取→浓缩→沉淀→过滤→干燥→葡萄皮原花青素

5.2 生产技术要点

5.2.1 干燥、提取

将葡萄皮干燥后粉碎，过40目筛网，然后加入6~9倍的50%~70%乙醇，在70~90 ℃下回流提取30~60 min。过滤，收集滤液。滤渣同法再次浸取一次。

5.2.2 浓缩

过滤，收集合并滤液，减压浓缩，回收乙醇，浓缩温度为90~95 ℃，真空度为-0.08~-0.06 Mpa，获得浓缩液。

5.2.3 萃取分离

将浓缩液置于萃取器中，按照浓缩液 :乙酸乙酯为1 :1~2的比例，加入乙酸乙酯进行萃取10~15 min，然后静置30~60 min，放出上层乙酸乙酯相，再次加入乙酸乙酯，同法萃取2次。合并上层乙酸乙酯相，用于制备葡萄皮原花青素。下层清液则用于制备葡萄皮红色素。

5.2.4 浓缩

将溶解有葡萄皮原花青素的乙酸乙酯相进行减压浓缩，浓缩温度为90~95 ℃、真空度-0.08~-0.06 Mpa，获得浓缩液。

5.2.5 沉淀

浓缩液中加入等体积二氯甲烷或石油醚沉淀低聚体，过滤，收集沉淀进行真空干燥，干燥温度为 60~70 ℃，真空度低于 -0.06 Mpa，干燥 5~8 h，获得葡萄皮原花青素粉末。

5.2.6 吸附

向下层萃取液中加入 HZ803 吸附树脂，搅拌下吸附其中的红色素，树脂加入量为萃取液体积的 1/20~1/10，处理 30 min 后过滤。

5.2.7 洗脱弃滤液，收集树脂

用 8~10 倍树脂质量的 75%~90% 乙醇分 3 次洗脱，每次洗脱时间 30~45 min，收集洗脱液，用于制备葡萄皮红色素，洗脱红色素后的吸附树脂可再次使用。

5.2.8 浓缩、干燥

将洗脱液进行减压浓缩，然后进行真空干燥，浓缩、干燥条件同前，获得葡萄皮红色素。

5.3 主要指标

葡萄皮多酚收得率为 36%~38.4%，葡萄皮红色素收得率为 5.2%~5.9%。

6 葡萄籽油的提取技术

葡萄籽中有价值的物质主要是葡萄籽油。目前，制备葡萄籽油的方法有超临界二氧化碳萃取法和有机萃取法。

6.1 临界二氧化碳萃取技术制备葡萄籽油

6.1.1 工艺流程

葡萄籽→筛选→除杂→烘干→脱壳→粉碎→过筛→装料→萃取→调压—调温→分高→葡萄籽油→包浆→成品

二氧化碳→液化→收集→调压→调温——↑

6.1.2 生产技术要点

（1）筛选、破碎、分离

葡萄皮渣烘干后用风选及筛选分离葡萄皮及泥沙等杂质，用双辊式破碎机破壳成 2~4 瓣，分离葡萄籽壳和果仁。

（2）预处理

将葡萄籽进行湿蒸处理，处理温度为 121 ℃，时间 20 min，料层厚 2~3 cm。湿蒸完后烘干，剪切粉碎后过 40~60 目筛，装料于萃取罐中。

（3）萃取

将二氧化碳从钢瓶中放出，经气体净化器进入制冷槽液化，然后由高压泵经混合器、净化器泵入萃取罐。升压至 20~30 Mpa，在 35~40 ℃温度下循环提取，提取时间为 2.5~3.5 h，二氧化碳流量为果仁质量的 15~30 倍。

（4）分离

萃取完成后，将溶有葡萄籽油的液体从萃取罐泵入分离系统，其条件为：第一级分离压力 12 Mpa，温度 45 ℃；第二级分离压力 5~55 Mpa，温度 40 ℃，二氧化碳流量为果仁质量的 15~30 倍。减压后二氧化碳气化，与油脂分离，从分离器经净化器进入制冷槽液化，循环使用。收集分离器底部放出的粗葡萄籽油，进行精炼，获得精制葡萄籽油。

6.1.3 主要指标

葡萄籽油提取率≥ 93%，精炼油为浅黄绿色液体，无异味；相对密度（20 ℃）0.920，折射率（25 ℃）1.475，酸价 0.6 mg（以 KOH 计），碘价 13.0~13.8 g/kg（以 I2 计），皂化价 188~194 mg/g（以 KOH 计），不皂化价低于 5.9 g/kg，月桂酸含量低于 0.04%，豆蔻酸含量低于 0.01%，棕榈酸含量 7.12%，硬脂酸含量 3.71%，油酸含量 13.43%，亚油酸含量 72.29%，亚麻酸含量 0.92%，花生酸含量低于 0.81%，过氧化值少于 79 mg/kg，水分及挥发物 0.77%，维生素 E135 mg/100g。

6.2 溶剂萃取法制备葡萄籽油

6.2.1 工艺流程

葡萄籽→烘干→粉碎→调湿→提取浓缩→硫炼→水化→脱色→脱臭→成品油

6.2.2 生产技术要点

（1）破碎、分离

将葡萄皮及泥沙等杂质分离后，用双辊式破碎机破壳成 2~4 瓣，分离葡萄籽壳和果仁。

（2）预处理

将葡萄籽果仁剪切粉碎后过 40~60 目筛，加入少量水进行湿蒸处理，处理温度为 121 ℃，时间 20 min，料层厚 2~3 cm。湿蒸完后水分含量为 7%。

（3）浸出

将湿蒸果仁置于罐式浸出器中，以正己烷为溶剂控制浸出温度为 55~65 ℃，料液比为 1 ∶ 6（g/mL），循环浸出 3 h。

（4）脱溶剂

浸出完成后泵出含有葡萄籽油的正己烷液体，按照萃取小麦胚芽油脂的方法回收正已烷，获得粗葡萄籽油；浸出罐内的葡萄籽粕则按照脱脂小麦胚芽粕脱溶剂的方法脱除正己烷后，用于制备葡萄籽原花青素类化合物和蛋白质等。

6.2.3 浸出葡萄籽油方法

（1）大规模浸出葡萄籽油，采用平转式浸出器，其主要步骤如下：

①破碎、分离。葡萄籽除杂质后用破碎机破碎为 2~4 瓣，置于软化锅中，加入 18~20% 的水进行软化，软化温度为 85 ℃，时间 40~45 min。

②浸出。软化后用轧坯机轧坯片，使坯片的厚度在 0.4~0.5 mm，送入平板烘干机烘去部分水分，使葡萄籽坯水分控制在 12% 以下。然后使用平转浸出器，以 6 号溶剂或正已烷为萃取剂在溶剂比为 1 :1.2、温度 55~65 ℃下浸出 90 min。

③脱溶剂。将混合油泵入蒸发器进行脱溶，获得葡萄籽毛油；葡萄籽粕则送入蒸汽脱溶机脱溶，脱溶料底层温度 104 ℃，气相温度 80~85 ℃，料层高 0.8~1 m。脱溶粕用于制备葡萄籽原花青素类化合物、蛋白质等。

（2）浸出葡萄籽油也可采用先压榨、再萃取的组合方式，获得高出油率及低残油的葡萄籽粕，便于深加工。先压榨、再萃取制备葡萄籽油组合方式的主要步骤如下：

①软化、炒坯。用辊式破碎机破碎葡萄籽后投入软化锅中，加入籽重约 15% 的软水，在 65~70 ℃保温 40 min，使籽软化。然后移入平底锅，于 110 ℃炒坯 20 min，直至水分降低至 8%~10% 时为止。

②压榨。立即压饼，然后将油饼堆垛后趁热装入榨油机，此时饼温约为 100 ℃，保持室温在 35 ℃左右进行粗榨，然后用纱布过滤，获得葡萄籽毛油。

③浸出、脱溶剂、精炼。将粗榨油饼利用平转浸出器或浸出罐浸出残余油脂，加入脱溶剂后分别获得葡萄籽毛油及脱脂葡萄籽粕，合并葡萄籽毛油后精炼，制成精制葡萄籽油。

6.2.4 主要指标

残留溶剂≤ 10 mg/kg，含水率≤ 0.1%，含杂率≤ 0.1%，过氧化值 < 5 mEq/kg，葡萄籽粕中残油率 < 2%，粕中残溶≤ 50 mg/kg。

第十二章　设施葡萄栽培

第一节　设施栽培的意义

设施栽培是葡萄栽培的特殊形式，也称保护地栽培，指在不适宜葡萄生长发育的季节或地区，在充分利用自然环境条件的基础上，利用温室、塑料大棚和避雨棚等保护设施，改善或控制设施内的环境因子（包括光照、温度、湿度和 CO_2 浓度等），为葡萄的生长发育提供适宜的环境条件，进而达到葡萄生产目标的人工调节的栽培模式，是一种高度集约化，资金、劳力和技术高度密集的产业。

葡萄设施栽培历史较长，19 世纪初荷兰、比利时等国就开始在玻璃温室内栽培葡萄，但由于玻璃温室造价过高，生产上大面积发展葡萄温室栽培受到一定的限制。我国葡萄设施栽培开始于 20 世纪 50 年代末。20 世纪 70 年代后，随着塑料薄膜在农业生产上的推广应用，温室建造成本大幅度下降，葡萄设施栽培发展更为迅速。据统计，2016 年我国设施葡萄达 23 万 hm^2，占葡萄总面积的 26.6%。葡萄设施栽培已成为一些地区农业生产中的骨干产业，并成为促进农民脱贫致富的重要途径。葡萄设施栽培的经济效益、社会效益已被各地所认识，并在我国形成了迅猛发展的新形势。

设施栽培可扩大葡萄优良品种的栽培区域；延长葡萄鲜果供应期，调节市场淡季供应，实现葡萄鲜果的周年供应；利于病虫害控制，生产安全、优质、高档果品；避免埋土防寒，降低管理成本；提高葡萄栽培的经济效益（是露地栽培经济效益的 2~5 倍）和社会效益。

1 调节熟期，扩大葡萄栽培区域

葡萄露地栽培多集中在 7、8、9 三个月成熟上市，这样会严重影响栽培者销售的价格和效益，甚至形成卖葡萄难，这个时期，正值夏季高温，给贮藏保鲜运输带来很大的压力。设施栽培可以调节葡萄产期与上市的时间，使消费者在不同时期迟到新鲜的葡萄,生产者又可获得较好的效益。另一方面,在北方如黑龙江、内蒙古等地区,无霜期只有 120~140 d,许多优良的葡萄品种,难以在陆地栽培,利用设施栽培就可以克服无霜期短、不能栽培的问题。同样,我国南方地区虽然生长期较长,但因高温多湿的气候,一些优良的欧亚种葡萄病害严重,不能栽培。因此,采用避雨设施栽培可获得良好的效果。

葡萄原为北方果树,我国传统、著名的葡萄产区有新疆、山东、河北、辽宁、河南、山西、宁夏、陕西等地。近年来,由于避雨设施栽培技术的推广应用,我国南方各省葡萄生产发展速度很快,使得葡萄主产地范围迅速扩大,云南、广西、四川、浙江、福建、江苏、上海、贵州、重庆等省(自治区、直辖市)成为新兴的葡萄栽培区。

设施栽培在局部环境内形成与露地栽培截然不同的生态环境,从而使东北、华北北部、西北等一些积温不足的地区已能正常栽培一些优良的晚熟葡萄品种,丰富了当地果品市场的供应种类,产生了良好的社会效益和市场效益。采用设施栽培后,积温可达 3000~3500 ℃,克服了许多地区无霜期短的限制,使多数要求生育期长和积温高的品种在冷凉、干爽、高寒地区成为主栽品种;采用设施栽培后,使得环境条件得到有效的控制,病虫害防治变得相对简单与轻松,使许多以前条件不足,难以栽培葡萄的地区从事葡萄栽培成为可能。

2 设施栽培丰产、稳产、高效

设施栽培属高度集约栽培,生长期长,一般第一年栽培,第二年即可达到丰产。对于一些夏季副梢结实力强的品种或早中熟品种实行二次修剪,均可实现一年两收,一般每亩可增产 30%~70%。设施栽培的葡萄每亩效益少则万元以上,多则达数万元。利用时间差进行多元化种植,空间上立体化栽培,效益还可大大提高。

现代化智能温室、日光温室、塑料大棚等设施的应用,促成(提前)栽培或抑制(延后)栽培模式的创新,使得葡萄鲜果供应期由原来的 4 个月(7~10 月)延长到 10 个月(4 月下旬 ~ 翌年 2 月)。许多葡萄产区都有成功的范例,如陕西、甘肃、北京、新疆、山东、河北、黑龙江、辽宁等地。

3 调节葡萄成熟上市时间,促进市场均衡供应

葡萄属于浆果类果树,长时间保鲜贮藏较为困难,而且花费大、成本高,利用设施进行促成(提早成熟)栽培或者延迟栽培,葡萄鲜果供应时间可从 4 月中下旬一

直延续至 12 月中下旬，这样不仅免除了昂贵的建库贮藏费用，而且生产出的葡萄果实的新鲜程度和优良品质也是贮藏葡萄难以达到的。我国广大葡萄栽培区露地葡萄成熟期均集中在 7 月下旬至 9 月上旬，大量葡萄集中上市给生产、运输、贮藏和销售都带来许多困难和不便，以至于严重影响销售价格和栽培者的经济收益。采用设施栽培的方法调节葡萄的成熟上市时间不仅能有效控制葡萄的成熟时间，而且对促进葡萄的均衡上市、调整葡萄品种布局都有着重要作用。

随着葡萄成熟时间的提早或延迟，葡萄价格和生产效益明显随之提高。根据山东、河北、辽宁、北京等地的栽培经验，设施葡萄产值在 45~60 万元 /hm^2，如果在葡萄架下间作蔬菜或育苗，收益高达 75 万元 /hm^2。因此，因地制宜发展葡萄设施栽培已成为发展高效农业一个重要组成部分。

4 改变环境，克服自然灾害的影响，生产优质绿色果品

露地栽培受各种自然灾害的影响很大，严寒造成冻害，冰雹严重时，造成绝产。当植株严重冻害时，当年无收、第二年也无产的情况屡见不鲜。我国西部地区的花期沙尘暴，可致葡萄柱头干枯，无一坐果。干旱造成发育障碍，果实日烧病害，阴雨多湿气候引起的白腐病、炭疽病、黑痘病、霜霉病、灰霉病等，还有虫害、鸟害都给葡萄的产量、质量造成严重的损失。

设施条件下，葡萄所需生长环境，如温度、湿度、光照、水肥等均可人为控制和调控，免受冻害和多雨的影响，甚至病虫害的侵袭，使之无鸟害之忧，无风暴之灾，减少喷药，甚至无需喷药，免去农药对果实的污染，达到绿色、无公害、有机果品生产的标准。

设施栽培可以有效改善葡萄品质。由于设施栽培可以避开环境因素的影响，如在露地条件下果实成熟期雨水过多造成的烂果，设施栽培则可以避免。由于隔断了雨水的影响，使葡萄真菌病害减轻（如霜霉病、黑痘病），减少了喷药次数，相应地减少了环境和果品污染，可以生产无公害的果品。由于避开了不利的环境因素的影响，果实外在品质和内在品质均有所提高。

5 可以有效利用光照和土地资源

我国西部地区干旱少雨，晴天多，光照时间长，设施栽培除可提高光能利用和光合效率外，由于光照充足，可促进光能转化为热能，还能有效地利用热能。一年 365

d,除保证 60 d 的低温休眠期外,其他时间均可用于复种、多元种植或立体栽培。葡萄行间进行间作,可以用来育苗种植多茬蔬菜、中草药等。这种栽培方式,可充分利用土地,这是露地栽培所不及的。设施栽培是高度集约化的栽培方式,属于密集型劳动产业,可更好地吸收农村剩余劳动力,利用设施栽培,建立优质、高效精品葡萄园已有很多先例。

在西北地区,利用葡萄蔓生特性,可"占天不占地"(少占地),对占我国 80 % 贫困县的各地山区农民脱贫发挥作用。如甘肃永登、天祝高寒山区,藏族少数民族区 1 亩设施红地球葡萄效益相当于 100 亩青稞;对西北沙化区、西南石漠化地区,均可实施现代化根域限制栽培技术。目前世界农户平均耕地面积美国为 6195 亩,日本为 85.5 亩,而中国仅约 6 亩。我国国土面积中沙漠、戈壁等地区中的众多区域,如河西走廊、新疆东疆与南疆等地,有相对充足的水资源,如天山融雪;其他如城市建筑拆迁荒地、尾矿复垦等土壤条件较差的地区,并非完全缺水。因此,在这些地区发展葡萄设施根域限制栽培具有良好的前景。

6 设施栽培节水节肥,有利于葡萄可持续发展

露地栽培条件下,土壤蒸发量大,灌溉用水量大。在西北干旱缺水地区,利用设施进行保护栽培,可以利用滴灌设备进行水肥一体化管理,节水节肥,提高水分和肥料利用率,有利于葡萄产业的可持续发展。

如甘肃河西走廊干旱、半干旱区露地葡萄生产采用沟灌和漫灌,单位面积年用水量为 700~800 t/ 亩。沙地葡萄每亩用水量在 800~1000 t。大棚 + 膜下滴灌设施亩用水仅为 100~200 t;露地限根设施栽培亩用水 300 t。日光温室采用滴灌方式可以提高水资源的利用率,较露地节水 50%~60%。通过日光温室前、后期覆盖延长休眠,葡萄发芽后人工延后调控;中期露地生长阶段根据发育期调控用水量,在 7~8 月高温季节缩短滴灌间隔,上棚膜后延长滴灌间隔时间,实现大幅度节约用水。日光温室延后栽培的红地球葡萄生育期在 220~230 d,比露地生育期(160 d)延长 60~70 d,需水量只需 175 t/667m^2,较露地节水 80%,比一般设施葡萄栽培(年用水 350 t/667m^2)节水 50%。

7 设施栽培葡萄可以有效规避自然灾害

露地葡萄生产中,病虫危害和各种自然灾害(严寒、阴雨、冰雹等)常给生产造成巨大的损失，甚至成为发展葡萄生产的限制性因素。而在设施栽培条件下，由于设施的覆盖和人为对光照、湿度和温度的调控，病虫害明显减轻，尤其是借风雨传播对葡萄生产极大影响的黑痘病、霜霉病、褐斑病以及蜂、鼠、鸟的危害显著减轻，从而大幅度减少了农药的使用次数和使用量，这不但有利于产量、品质的提高，而且为生产无污染、无公害、优质绿色食品提供了一条良好的途径。在我国北方，冬季葡萄埋土防寒，春季出土上架是相当复杂的一项工作，而在设施栽培条件下，免除了冬季埋土防寒和春季出土上架等繁重工作项目，大大节约了劳力开支。

外界环境条件对葡萄的生长发育具有显著影响，如低温、风害、干旱、冰雹等。在建造了温室、大棚等设施条件后，将葡萄栽培在这些设施中，由于设施棚面覆盖有塑料薄膜等覆盖材料，可以保温、防寒、防风、防雹、防鸟害，减少水分过快、过度蒸发，起到节水与防旱的效果，可以有效地防御外界不良环境的影响。设施条件下，葡萄可以适当晚采收，规避恶劣气候可能带来的烂果、无法进地采收与及时销售的市场风险。

8 有利于发展丰富多样的葡萄经营活动

葡萄观光栽培成为农业与生态旅游的重要方面。观光型葡萄园为旅游业、科学普及教育、休闲开辟了新领域，为葡萄产业注入了新的活力。许多大中型城市郊区都建立了规模不同、风格各异的葡萄庄园。

近年来，葡萄盆景越来越引起消费者喜爱与生产者的重视。葡萄盆景的市场在逐步扩大，其市场预期潜力巨大。盆景作为农产品的延伸，一串串葡萄如玛瑙般挂满枝头，这样的盆景不仅是一株果树，也是魅力十足的艺术品。不同品种的葡萄嫁接在一棵老桩上，结出不同颜色、不同形状、不同风味的数穗葡萄，配套适宜高端的花盆与机架，销售价可达数千元乃至数万元。

随着人们保健意识的增强，消费者的饮酒习惯发生巨大改变。由于红葡萄酒中白藜芦醇等医疗保健有效成分含量较高，使得葡萄酒消费迅速增加。设施栽培使得酿酒葡萄栽培与酒庄建设相得益彰，酒庄式葡萄园的建设反过来促进了设施葡萄的发展。

第二节　设施栽培的类型

葡萄设施栽培的主要类型有促成栽培、延迟栽培、避雨栽培和观光栽培(图12-1)。

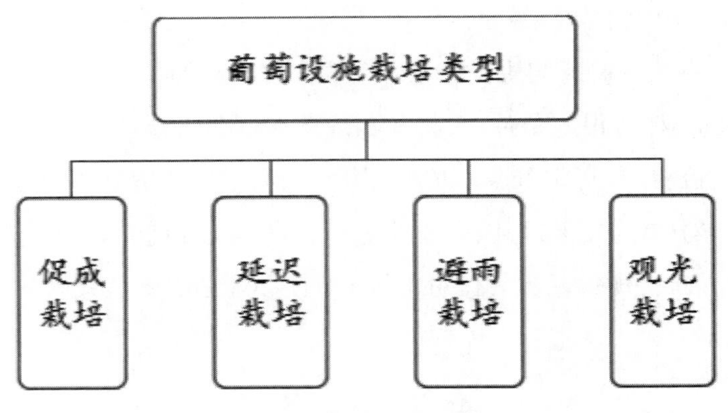

图12-1　葡萄设施栽培类型

1 设施促成栽培

促成栽培是指利用塑料薄膜等透明覆盖材料的增温保温效果,辅以温湿度控制,创造葡萄生长发育的适宜条件,使其比露地栽培提高发芽、生长、发育,浆果提早成熟上市,实现淡季供应,提高葡萄栽培效益的一种栽培方式。根据催芽开始期和所采用设施的不同,通常将促早栽培分为冬暖式促早栽培、春暖式促早栽培和利用二次结果特性的秋季促早栽培三种栽培模式。

各类设施都能达到促成栽培的目的,在不同的地区都有较为广泛的应用,该设施栽培模式主要分布在辽宁、山东、河北、宁夏、广西、北京、内蒙古、新疆、山西、陕西、甘肃和江苏等地,分布范围广,栽培技术较为成功,亦是葡萄设施栽培的主要方向,截止目前全国促早栽培面积约有 9000 hm^2。

在南方地区,促早栽培采用早春覆膜保温,后期保留顶膜避雨,即“早期促成、后期避雨”的栽培模式。一般将早、中熟葡萄品种促早成为更早熟的品种,可为早春、初夏葡萄淡季提供葡萄鲜果供应,并为果农带来高额利润。主要措施包括：

(1)采用早熟品种,达到早中取早的效果。

(2)采取温室加温、多膜覆盖、畦面覆盖地膜等措施,尽可能地提高气温和地温。

（3）对枝芽涂抹石灰氮或单氰胺，打破葡萄枝芽休眠，促进提前萌芽。

（4）通过限水控产、增施有机肥等措施，促进果实提早成熟。

2 设施延迟栽培

延迟栽培与促成早熟栽培相反，是以生长后期设施防寒为主，延长和推迟葡萄的生长、成熟和采收时期，实现葡萄果品的淡季供应，提高葡萄经济效益的一种栽培方式。它延迟栽培是以延长葡萄果实成熟期、延迟采收、提高葡萄浆果品质为目的的栽培形式。通过延迟栽培，将葡萄产期调控在元旦、春节期间上市，既能生产优质葡萄，又可省去保鲜费用，延长货架期，可获得较高的市场“时间差价”。这种栽培模式适合于质优晚熟和不耐贮运的品种。一些品种在某一地区露地不能正常成熟，可采用设施延迟栽培，使其充分成熟。

该栽培模式主要集中在甘肃、河北、辽宁、江苏、内蒙古、青海和西藏等地，截止目前全国延迟栽培面积约有 1000 hm^2，以甘肃省栽培面积最大，约占全国延迟栽培的 90% 以上。

3 避雨栽培

避雨栽培是一种特殊的栽培形式，一般是通过避雨棚（将塑料薄膜覆盖在树冠顶部的一种简施）减少因雨水过多而带来的一系列栽培问题，是介于温室栽培和露地栽培之间的一种集约化栽培方式，以提高品质和扩大葡萄栽培区域及品种适应性为主要目的。这种栽培模式在我国降雨量大的地区普遍推行，收效甚好，发展迅速。避雨栽培可以减少病害侵染，提高坐果率，减轻裂果，改善果品品质，避免雨日误工，提高生产率，扩大欧亚种葡萄的种植区域。近年，南方地区又在简易避雨栽培的基础上，演化出促成加避雨栽培的新模式。

该模式主要集中在长江以南的湖南、江苏、广西、上海、湖北、浙江、福建等夏季雨水较多的地区，截止目前，全国避雨栽培面积约有 1.3 万 hm^2，是葡萄设施栽培形式中面积最大的一种。

4 观光栽培

观光栽培指在设施环境下，以观光、采摘、现代农业体验、生态旅游等为目的的一种葡萄栽培方式。常常选用不同品种，包括不同成熟期、不同风味、不同果实形状、不同色泽等,采用不同栽培模式,如篱架、棚架等,让消费者现场体验农业、种植业的生产过程和收获的乐趣,给消费者亲手采摘新鲜葡萄、购买新鲜葡萄的体验(图12-2)。

图12-2 山东大泽山葡萄休闲观光园

第三节 设施栽培的管理技术

1 设施促成栽培管理技术

1.1 促成栽培品种的选择

促成栽培的主要目的为使葡萄提早上市,因此应该选择具有果粒大、风味好、叶片小、良好抗病能力等特征的极早熟、早熟或早中熟品种。近几年种植比较多的品种有'夏黑'、'京秀'、'京亚'、'阳光玫瑰'、'早霞玫瑰'、'无核白鸡心'、'奥古斯特'、'乍娜'等。

1.2 园地选择

选择在土壤肥沃、质地疏松、有机质含量丰富的壤土上栽培,也可在经过秸秆改良的黏土地栽培,沙土地栽培必须提前经过大量有机质(如秸秆、草炭土)改良。

1.3 葡萄栽植和产期调节

设施栽培中需以促成提早作为核心目标,栽植密度较露地栽培密度高。采用小棚架或篱架南北行向单行或双行栽植,株距40~50 cm,行距1.8~2.0 m。

新建温室一般在早春或晚秋季节定植,种植前进行挖沟(沟宽50~60 cm,深80 cm)。假如所选择的栽培园地土壤板结,可以加深沟的深度,挖沟时表土与底土分开放置。在回填土之前需要将有机肥（75000 kg/hm^2）与磷肥、钾肥进行混合，并均匀撒在底部。在距离地面 30 cm 左右进行填土，避免肥料对葡萄造成影响。

已生产的日光温室，栽培应进行早期升温管理，甘肃地区应在 11 月初扣棚休眠，12 月初揭帘升温，7.2 ℃以下低温蓄冷时间约 30 d。果实成熟期控制在 4 月中旬 ~5 月末，6 月上旬采摘结束。

1.4 温、湿度管理

1.4.1 温度管理

由于早熟葡萄冬芽萌发较慢，采取单氰胺打破休眠，升温后需进行高温管理，升温起始后前 3 d 白天温度控制在 20 ℃，第 4 d 至萌芽温度控制在 28~35 ℃，同时保证棚内相对湿度不低于 90%。主要采取覆盖保温被来进行遮光降温，晴天中午温度过高可将保温被降落至棚面的 1/3~1/2，以保证足够的棚内湿度，促进芽眼整齐且迅速萌发。萌芽后开始适当降温，萌芽至花期温度控制在 28~30 ℃，夜间温度均以尽量保持夜间最高温度为目标。生理落果结束之后进一步降低温度，给果实较长的发育时间，防止过早着色。白天温度控制在 22~25 ℃为宜，夜间在 15~18 ℃。果实开始着色后开始，白天温度从 28 ℃过渡到 35 ℃，夜间温度从 18 ℃降到 15 ℃，加大成熟期温差，促进果实增糖着色。

需要注意的是：果实开始着色后需根据当地的气候条件，全天候打开温室上下通风口，最大限度降低棚内湿度，防止裂果发生。遇降雨及时关闭放风口，雨停后立即开启放风口，晴天放风口的

封闭时间不得超过 1 h，否则极易引起裂果。

1.4.2 湿度管理

萌芽期应保持土壤水分和提高室内空气湿度；展叶后控制湿度，花序伸出期，棚内相对空气湿度应控制在 75% 左右；花序伸出后，棚内相对空气湿度应控制在 65~70% 左右；开花至座果，棚内相对空气湿度应控制在 60~65%；座果后棚内相对空气湿度应控制在 65~70%。

1.5 肥水管理

生产中必须紧紧抓住肥水管理的关键节点，按时、科学、高效的进行肥水管理。

1.5.1 新梢生长期

萌芽后以速效氮肥为主。可以选择尿素或高氮速效肥料，加快新梢生长速度，有意识的造成新梢以及花序的徒长，结合高温管理达到拉长花序的目的。‘早霞玫

瑰’葡萄花芽分化极好，花序极大，如不造成花序徒长容易产生高坐果率，形成“玉米棒子”状果穗，严重降低商品性。

1.5.2 花前期

开花前一周及时补充硼、锌、镁肥，促进花帽顺利脱落，完成正常授粉受精过程，同时浇足花前水，花期时应停止施肥浇水。

1.5.3 果实膨大期

从生理落果结束至开始着色仅有 30 d 时间，是肥水管理十分关键的时期。生理落果结束之后立即开始冲施硝酸铵钙，促进果实膨大以及果皮的细胞分裂，同时补充钙元素增加果皮韧性，预防后期裂果，每隔 5 d 冲施一次，连续施用 2~3 次，每亩每次施 25 kg。然后立即更换肥料种类，以氮、磷、钾肥平衡为主，继续施用 2~3 次。果实膨大期结合施肥浇足膨大水，严禁此期干旱。

葡萄萌芽前施用氮肥 350 kg/hm^2 左右，充足灌溉。在葡萄生长发育过程中，及时追施氮肥或磷钾肥，生长后期补充叶面微肥，根据葡萄需水规律进行灌溉，尤其在果实膨大期，需要大量水分，要依据天气状况和土壤缺水情况及时灌溉。

1.6 新梢管理

早熟葡萄的新梢管理，采取“先放后控”的措施比较好。密植情况下，萌芽后每株选留健壮结果枝 4~5 个，弱枝及时抹除，花序以下副梢从基部抹除，保留花序以上副梢及梢尖，只进行正常引绑或吊蔓、除卷须工作；生理落果结束之后，立即进行结果枝“回缩摘心”，回缩至果穗以上 10~12 片叶，同时将果穗以上所有副梢留 1 片叶回缩修剪。此项修剪措施在花期形成了较郁闭的叶幕，花序处挡光较严重，能够有效促进生理落果，避免了大小粒的产生。回缩修剪后开始采取控梢的措施，每隔 10~15 d 结果枝上半部分喷施“华叶 PBO”150 倍，抑制副梢的生长。

1.7 花果管理

早熟葡萄花序特大且数量多，严重影响新梢生长，必须及时疏除。当花序充分展露，长度 5~8 cm 时，每结果枝选留一个优质花序，其他全部剪掉；花序分离期进行花序整形，剪除副穗及以下 1~2 个分支，同时剪除 1/4 穗尖；果实生长至花生粒大小可清晰分辨大小时，及时疏除发育不良的小粒果，同时对果穗进行适当的二次整形，以生产松散的圆锥形果穗为目标。

1.8 适时采收

北方日光温室生产，以促成提早为核心，能够创造高价值，延迟挂果售价逐渐降低，同时带来裂果风险。采收期一般在 6 月上旬，采收条件为果实着色紫色至紫黑色、含糖量 18%~20%、有独特香味的品种风味浓郁，西北地区日光温室最迟采收日不得晚于 6 月 20 日。采收时，一只手托住果穗，另一只手用圆头剪刀将果穗从贴近母枝处剪下，轻拿轻放。修整果穗，剪除烂粒、病粒、小青粒、畸形粒，根据大小、着色等分级包装。

1.9 整形修剪

新定植的苗木萌发后，每株只留一个生长健壮的新梢延伸生长，当新梢长到 30~40 cm 时开始搭架引绑。篱架栽培时，新梢长至 1.2 m 时进行摘心，保留顶端 2~3 个副梢，每次留 2~3 片叶反复摘心，其余副梢留 1 片叶反复摘心。小棚架栽培时，新梢长至 2 m 时进行摘心，副梢的处理方法同篱架。

已经开始生产的苗木，升温发芽后，当芽萌发长至 3~5 cm 长时，留中央健壮枝条，抹去瘦弱枝条，以节省营养。当花序初现时，保留健壮有花序的枝条，剪去生长瘦弱、无花序或花序极小的枝条，每株保留 1~2 个预备枝。一般两年生葡萄每株保留 5~7 个结果枝即可。当结果枝长至 30 cm 时进行引缚至铁丝上，使结果枝均匀分布于架面，枝条之间间距为 10~15 cm。

1.10 病虫害防治

早熟葡萄设施生产中主要根据不同节点进行重点防治。开花前两周重点进行灰霉病的预防，防止因花期架面郁闭而产生灰霉病侵染花序，造成无规则落果及烂梗烂穗，花前可喷施嘧霉胺、腐霉利、异菌脲等灰霉病特效药剂 2~3 次，重点喷施花序。果实硬核期重点对白腐病、溃疡病和灰霉病进行预防，可选苯醚甲环唑、嘧菌酯或咪鲜胺喷施 2~3 次，果实开始着色后停止用药。大棚生产采收后重点预防白粉病、红蜘蛛和叶蝉。

1.11 调节剂处理

针对调节剂的使用，根据各品种对 GA 的敏感程度，采取不同的浓度及处理时间。对 GA 敏感的品种，花前处理极易导致花序拉的过长、花序有退化倾向且后期果实膨大不足，所以不建议花前处理。

调节剂处理应以膨大和无核化栽培为主要目标，综合配套多项措施才能成功。结合花前的高氮、大肥大水及高温管理措施拉长花序，花序分离期及时进行花序整形，只留 3~4 cm 的穗尖，满开至满开后 3 d 内，以 12.5~25 mg/L GA_3 浸蘸，12 d 后以相同的浓度进行第二次浸蘸。14 d 后进行果穗的第二次整形，重点剪除上部过多分支并将肩部过长分支短截。无核化栽培不同于自然坐果，应以生产圆柱形，平均穗重 500 g 的标准果穗为目标，要求成熟后果穗紧凑不露果柄但果粒之间不拥挤，果粒不变形，无核率达到 70% 以上。

1.12 休眠前后的管理

果实采收后采取逐渐降温、控水、摘心、喷施磷酸二氢钾等措施，促进枝蔓成熟、叶片老化及营养回流。一般在采后 2~3 周内逐渐把白天温度降到 10 ℃以下。

休眠期棚内温度控制在 –2 ℃ ~3 ℃；葡萄休眠后期（休眠 70 d），12 月中旬开始缓慢升温，拉帘见光逐步提高棚内温度，保持葡萄发芽整齐。

2 设施延后栽培管理技术

2.1 延后栽培品种的选择

延后栽培中可选择中晚熟或晚熟葡萄品种，以延长生育期及采收期。优质晚熟葡萄新品种主要有‘克瑞森无核’、‘魏可’、‘圣诞玫瑰’等。

2.2 延后栽培技术

2.2.1 建园

（1）棚址选择

①棚址。葡萄大棚应选背风向阳、地形平整、灌溉和排水条件完善、交通便利且附近无污染源及其他不利条件（按 NY/T391–2000 执行）的地方。

②气候。年平均气温 2~8 ℃；光照 2800~3200 h/ 年；冬季连续阴、雪天不超过三天。

③土壤。以沙壤土最好，不适宜粘重土壤。土层厚度 1 m 以上，pH 值低于 8.5，总盐含量低于 0.3%，地下水位低于 1.5 m，表层有机质含量不低于 1%。

2.2.2 日光温室的建造

设施葡萄栽培，采取无立柱或有立柱半地下日光温室，砖混结构墙体后墙覆土增厚保温或直接修土墙；跨度 9~10 m；高度以 3.8~4.5 m 为宜；采光屋面坡度 27°；后屋面仰角 41° 为宜；后屋面长 2.5 m；土墙厚度以顶部为准，要求超过当地历年最大冻土层厚度，应为 2.5 m。墙体加覆土厚度 4.0 m 左右；长度以 60~80 m 为宜；温室为坐北朝南，偏西 5° ~8°。

2.2.3 栽植

（1）开挖定植沟

定植前要开挖定植沟。定植沟为南北方向，沟宽 80 cm，沟深 80 cm，沟长依棚宽确定。开挖时，熟土与生土分开堆放，沟壁做到上下一致；开好定植沟后高温闷棚三天，使室内温度达到 40 ℃以上，以提高沟底地温，灭杀温室内残留病菌。对于含盐量过高、土壤过于粘重或漏沙地，应改良后栽植。

（2）回填定植沟

先把碎秸秆（麦草、玉米秆等）掺少许熟土回填到 15~20 cm 深。每亩施土杂肥、畜禽粪 8~10 m^3，按“三个三分之一”配比回填，即腐熟有机肥三分之一，熟土三分之一，细沙三分之一拌匀回填到离地面 15~20 cm 处；顺沟撒一层过磷酸钙（每亩 120 kg 左右），然后用熟土、绵沙各二分之一，掺匀后回填至高出地面 20 cm；整个大棚内灌一次透水，使沟内土壤沉实。沉实后修整 70 cm 宽，10~15 cm 高的垄，打点放线，将苗木栽植在垄上。

（3）栽植时期

设施延后葡萄定植，以春栽为宜，在 4 月上、中旬进行。

（4）苗木

①苗木质量。苗木的质量与树体早期发育和进入结果期的迟早关系密切，西北地区土壤盐碱较重，要使用贝达砧嫁接的一级苗。选择标准为：地上部枝条粗壮，芽眼饱满，充分成熟，无明显机械损伤；嫁接口愈合完全、牢固；根系完整；无检疫对象和危险病虫。

②苗木运贮。苗木在运输过程中要注意防止失水或受冻，应存放在 2~5 ℃的砂性土中，气温在 0 ℃以下时注意采取保温措施。

③苗木准备及栽前处理。按栽植计划培育或购置一级嫁接苗。栽植前用 ABT 生根粉或清水浸泡 8~12 h，修剪根系保留 10~15 cm 根长。在整个栽植过程中，随栽随取，保持根系湿润，避免风吹日晒。

（5）苗木栽植

①行向采用南北行栽植。

②栽植密度株距 80 cm，行距 200 cm，放线打点。

③植穴深 20 cm，直径 30 cm。

④栽植要求定植穴中间堆起 5~8 cm 高的“馒头型”土堆，踩实，将苗木直立放在馒头型土堆顶端，根系向四周舒展，填土压实，浇小水覆膜。

⑤架型日光温室内栽培架型应选择篱架。架面为有干单蔓或有干双蔓“Y”形，

主干高度 70~80 cm，主蔓水平绑到第一层铁丝上，新梢均匀引绑在第二、第三层铁丝上，架面呈“V”型。

2.2.4 生长期的温、湿度管理

（1）设施内温度的控制

葡萄是喜光植物，对光敏感。光照不充足时，节间细长，叶片薄，光合产物少，易引起落花落果，浆果质量差，产量低。

①植后温度管理。栽植后要保持较高的空气湿度。分三个阶段（每 5 d 一个阶段）进行控温管理；白天温度前 5 d 控制在 10 ℃；第二阶段控制在 15 ℃，第三阶段控制在 20 ℃。展叶后，高温时通过风口来调节温、湿度，将温度控制在 25~28 ℃。连续 5 d 棚外的夜间最低温度在 12 ℃以上，就可以揭去棚膜或上卷棚膜固定，通风生长。

②季温度管理。当最低气温连续 5 d 稳定在 7~8 ℃时，扣棚膜。白天棚内温度保持在 25~28 ℃，夜间温度保持在 12~15 ℃。温度超过 28 ℃时及时打开上下风口降温，夜间下风口要关闭。处于果实着色至采收期的大棚，白天棚温不高于 30 ℃，夜间 12~15 ℃，拉大昼夜温差，促进果实着色和糖分积累。

③休眠前后的管理

a. 休眠前降温措施

果实采收后采取逐渐降温、控水、摘心、喷施磷酸二氢钾等措施，促进枝蔓成熟、叶片老化、营养回流。一般用三周时间，逐渐把白天温度降到 10 ℃以下。

第一周，白天温度控制在 18 ℃ ~20 ℃，夜间 7 ℃ ~8 ℃；

第二周，白天温度控制在 15 ℃ ~18 ℃，夜间 5 ℃ ~6 ℃；

第三周，白天温度控制在 10 ℃ ~15 ℃，夜间 2 ℃ ~3 ℃。

b. 休眠期温度控制

棚内休眠期温度控制在 −2 ℃ ~3 ℃；葡萄休眠后期，保持棚内较低温度，延迟葡萄发芽。

（2）设施内湿度的控制

萌芽期保持土壤水分和提高室内空气湿度；展叶后控制湿度，花序伸出期，棚内相对空气湿度应控制在 75% 左右，花序伸出后，棚内相对空气湿度应控制在 65~70% 左右，开花至座果，棚内相对空气湿度应控制在 60~65%，座果后棚内相对空气湿度应控制在 65~70%。

2.3 树体管理

2.3.1 生长期修剪

（1）“单干双臂” 的形成

篱架由 5 道铁丝组成，第 1 道铁丝为单根距垄面 0.7 m，第 2 道铁为两根，距地面 125 cm，两根铁丝水平间距 80 cm；第 3 道铁丝为两根，距地面 180 cm，两根铁丝水平间距 120 cm；主蔓长到 130 cm 时摘心，在第 1 道铁丝上水平绑蔓；将靠近主干第一道铁丝的一次副捎长放到 60 cm 时摘心，向相反方向水平绑蔓；形成双臂，其后双臂上的副梢呈“V”字形向上绑在第 2、3 道铁丝上。

（2）夏季修剪

及时掐除卷须，引绑到位，保持小苗直立生长。双臂上副梢的管理，能够保证叶幕层结构合理，主梢摘心后，副梢生长更旺，当一次副梢长至 30~40 cm 时，保留 5~6 叶摘心。二级副梢除最上端保留三叶外，其余留两叶摘心。三级副梢顶端保留三叶反复摘心，其余全部摘除。长势较弱的一次副梢保留三叶反复摘心，作为预备枝下一年结果。摘心时间一般以摘心部位幼叶大小相当于正常叶片 1/3 较为适宜。对于生长期超过 5 个月的老叶直接摘除。

2.3.2 冬季修剪

（1）定植一年的修剪方法

冬剪时间在休眠期进行。修剪原则是 50 cm 的臂上一定要保持 2~3 个结果母蔓，以后逐年替换。

双臂上的一次副梢粗度在 0.8 cm 以上，第一次 5~6 片叶摘心，剪去第 5 芽以上部分；粗度在 0.3~0.6 cm 的一次副梢、保留 2 芽修剪，作为预备枝；一次副梢不能结果的，主蔓当年达到 1 cm 粗度，剪去其上所有一次副梢形成的全部新梢；对于特别小的苗，保留 3~5 芽回缩修剪。

（2）多年生苗的修剪方法

二年生以上苗修剪，根据枝条着生部位的不同，以及枝条强弱不同，结果母枝剪留长度分为短梢修剪，3 芽以下短截；中梢修剪，保留 5~6 芽。对于结果母枝的更新，主要采用双枝更新和单枝更新。

双枝更新：在冬剪时，间隔 20~30 cm 留 1 个固定枝组，每枝组留 2 个枝，强枝采用中梢修剪作为第二年的结果母枝，弱枝采用短梢修剪作为预备枝。

单枝更新：冬剪时只留 1 个结果母枝短梢修剪，萌芽后高位新梢果穗结果，基部新梢不留果穗，作为营养枝，培养成下一年的结果母枝。冬剪时结果枝疏剪，营养枝短梢修剪作新的结果母枝，每年重复进行更新。

2.3.3 促萌技术

为使葡萄芽苞出芽整齐、壮实，使靠近主干的多年不发的隐芽发出，解决结果枝组外移问题。

（1）使用时间

一般在芽膨大露绿时进行。

（2）使用方法

使用浓度为奇宝8000~15000倍+保美灵4000~7500倍+多收液或营养液500~600倍+必加2000倍。萌芽后如遇冻害，可用促萌措施补救，再辅助以500~600倍多收液，每5 d一次，连续2~3次。喷湿枝蔓，重点是芽基。

2.4 果实管理

2.4.1 花序管理

疏除多余的花序，是节约营养、控制产量和提高品质的有效措施，通过疏掉过多的小穗、侧穗和控制花序的大小来进一步调整产量。

（1）疏花序的时间与方法

疏花序的方法：长势旺的和中庸的结果枝留一个花序，长势较弱的枝不留花序。在疏花序时要考虑结果枝和营养枝的比例关系，红地球葡萄每个果穗，需有30~35片叶子供应营养。

（2）修整花序的时期及方法

修整花序一般与疏剪花序同时进行。通过花序整形提高坐果率，使果穗紧凑、穗形美观，提高浆果的外观品质。整形方法是将穗上部过大的副穗去掉，再将穗尖掐去1/4~1/3。

（3）叶面喷施硼肥

喷施的时间在花前3~5 d，浓度为0.2%~0.3%的硼砂（四硼酸钠）溶液或红A硼（英国CMI公司生产）700~1000倍水溶液。

2.4.2 果穗管理

（1）修果穗、疏果

修整穗形不好的果穗，剪去过长的副穗和穗尖的一部分以及疏除过多的支穗，使果穗紧凑，穗形整齐美观，提高果品外观及品质。修果穗结合第一次疏果进行，疏掉果穗中的畸形果、小果、病虫果以及比较密集的果粒。疏果一般在花后 20 d 生理落果后进行 1~2 次。第一次疏果，在果粒直径 0.5 cm 时进行，疏掉果穗中的畸形果、小果、病虫果以及比较密挤的果粒。第二次疏果和定果，在果粒 0.8~1 cm 时进行，疏掉果穗中的偏小果和密挤果，每穗留 60~80 粒为宜。

（2）拉长果穗技术

①使用时间。开花前 15 d，花序 7~10 cm 长时为最佳时间。接近开花期或花期时会导致大小粒。

②使用浓度。奇宝 40000 倍（每克加水 40 kg）+ 必加 2000 倍 + 多收液 500~600 倍或高磷及微量元素的营养液混合。

③使用方法。均匀细致的喷湿全株茎叶，重点是花序。

（3）果粒增大技术

花后一月以内为葡萄细胞增殖活跃期，特别是花后一周内为细胞分裂旺盛期，此时用药最为关键，也是增大果粒的核心阶段。

①用药时间。果粒横径在 5 mm 时第一次处理，果粒横径在 12~15 mm 时第二次处理。

②使用浓度。第一次保美灵 7500 倍 + 奇宝 15000 倍、第二次处理保美灵 7500 倍 + 奇宝 8000 倍。

③使用方法。只浸湿果穗，浸穗后一定要配合叶面喷施多收液 500 倍液 1~2 次，追施氮磷复合肥，效果更佳。

2.4.3 果实套袋与除袋

葡萄果穗套袋是提高葡萄果实外观及品质、保持果粉完整、减少病虫危害，降低农药残留的重要措施。

（1）纸袋的选择

选用白色的木浆纸袋。

（2）套袋前的准备

套袋时要剪除小果、病果，进行定果。套袋前一天全株喷一次广谱性杀菌剂 50%多菌灵可湿性粉剂 800~1000 倍液。

（3）套袋的时间及方法

果实套袋时间在不同立地条件下差异很大，一般在葡萄定果或第二次膨大剂处理后进行。因此时正值高温季节，为避免日烧和灼伤，纸袋的下部两角的通风口要开大。

（4）除袋的时间和方法

除袋一般在采收前10~15 d进行，先将袋下部打开成灯罩状，对果实进行锻炼，3~5 d后全部取除。在冬季光照充足，果穗能在袋内良好着色的，可以不取袋，保持果面良好的果粉，带袋采收。

2.5 肥水管理

2.5.1 施基肥

基肥以沟施为主，每年施一次基肥，在植株的一侧距树干40 cm左右处，开宽30 cm，深60 cm施肥沟。主要以腐熟的优质有机肥为主，鸡粪是最佳肥料。生鸡粪容易烧苗，要和羊粪、牛粪等拌匀并发酵。将有机肥、沙子、表土各三分之一拌匀后施入沟内，加过磷酸钙、硫酸钾以及硫酸亚铁等一些微量元素混合回填。沟底铺垫10 cm作物秸秆，最后盖熟土、灌水沉实。每棚根据产量施有机肥6~10 m^3；翌年在另一边开沟施基肥。在60%~70%的叶片发黄，继而变成淡黄色时开始施肥。在春季萌芽后开花前，每个标准棚施入“农博士”40 kg，加入微肥1 kg。

2.5.2 追肥

根据葡萄生长时期进行追肥，第一次在萌芽前进行，追施以氮肥为主的催芽肥，每株50 g左右。第二次追肥时期为果实膨大期，追施以氮磷肥为主的催果肥，促进果实膨大、花芽分化和果实成熟。第三次施肥在果实开始着色时进行，以磷钾肥为主，提高果实的品质，防止果实脱落。第四次施肥是在采前40~50 d进行，以钾肥为主，恢复树势，促进枝条的成熟和养分的贮藏。

2.5.3 叶面施肥

在开花前结合防病喷药进行叶面施肥，叶面喷施0.2%~0.3%的硼砂溶液＋0.3%磷酸二氢钾；花前每株开浅沟施尿素和氮磷复合肥各50 g。在果实膨大和着色期间，结合病害防治，喷药时可加0.3%的磷酸二氢钾或微量元素肥料喷施，另外掺加微肥和多元复合肥喷施，提高果实品质。按NY/T394—2000执行。

2.5.4 浇水

生长期浇水以小水为主，以减小流量，不漫垄，灌水后打开上下风口除湿，以防止气灼和病害发生，待地表发白时松土耙绵。九月份扣棚后减少灌水，应用膜下滴灌或根区渗灌技术，保持空气干燥，促使根系向下生长，延缓树体老化；采收前20~30 d不浇水，提高果实品质。

2.6 病虫害防治

2.6.1 用药原则

根据防治对象的生物学特性和危害特点,允许使用生物源农药、矿物源农药和低毒有机合成农药,禁止使用剧毒、高毒、高残留农药。按 GB4285 执行。

2.6.2 禁止使用的农药

甲拌磷、乙拌磷、久效磷、对硫磷、甲基对硫磷、甲胺磷、甲基异柳磷、氧化乐果、磷胺、水胺硫磷、涕灭威、克百威、灭多威、三氯杀螨醇、滴滴涕、六六六、林丹、甲氧、高残毒 DDT、硫丹、福美砷及其他砷制剂。按 NY/T393—2000 执行。

2.6.3 病害防治

大粒、脆肉型欧亚种晚熟葡萄抗病性较弱,易感霜霉病、白粉病。设施葡萄病害主要采取“2+3+3”的预防措施,落叶后及早春萌芽前,喷施 5~6 倍液波美度的石硫合剂 2 次,杀灭越冬病菌;从 7 月上旬开始,喷 200 倍液等量式波尔多液,相隔 30 d,连续喷施 3 次进行预防;在花后 10、40、70 d 喷施 3 次 2 万倍碧护进行生物助壮,增强植株抗病能力。预防病害发生同时要加强综合栽培技术,多施有机肥,合理留果,提高树体抗性及营养水平。

2.7 果实采收

延后栽培葡萄采期一般在 12 月 ~1 月;果实充分成熟,可溶性固形物含量达到 18% 以上;采收方法,一只手托住果穗,另一只手用圆头剪刀将果穗从贴近母枝处剪下,要轻拿轻放。修整果穗,剪除烂粒、病粒、小青粒、畸形粒;根据大小、着色等分级包装。葡萄预冷后装袋保鲜技术、田间装袋保鲜技术、塑料大棚堆码保鲜技术参见 GB/T16862-1997 中的 4.5。需要保鲜处理参见 NY/T1199-2006 葡萄保鲜技术规范。

2.8 越冬管理

葡萄采收后调控温度,在叶片自然黄化后进行冬剪、施基肥、浇冬水。将棚内温度保持在 -2℃ ~3℃越冬。

3 避雨栽培管理技术

3.1 园地选择与整治

3.1.1 园地选择

园地以土层深厚、肥沃、透气性强的壤土或砂质壤土为最好,最好远离污染企业，并具有较好的水浇条件。

3.1.2 园地整治

建园前每公顷撒施 6000~7500 kg 腐熟农家肥，全面深翻 40 cm。然后整平地面，浇水沉实。或按宽 1.8~2.0 m 行距南北向挖宽 1.0 m，深 60~80 m 的条带。下部填入约 7500 kg 作物秸秆或杂草等有机物，并与土壤充分混合。上部每公顷填入 6000~7500 kg 腐熟农家肥，并与土壤充分混匀，然后浇水沉实。在架设支架后，沿栽植行整成高于地面 30 cm 高垄。

3.2 设施建造

沿南北向建避雨棚，棚宽 8.0 m，长 80~100 m，边高 1.8~2.0 m，顶高 2.8~3.0 m，上面覆盖棚膜，周围设置纱网。连栋棚间距 20 cm，棚间设置天沟，以利排水。在行内按 5 m 距离架设高约 1.8~2.0 m 的水泥立柱，在立柱上距地面 1.5 m 处拉 1 条铁丝，距地面 1.7 m 处绑长约 1 m 的横棍，在横棍上间隔 70~80 cm，拉两条铁丝备用。

3.3 建园技术

3.3.1 品种与苗木选择

以中晚熟品种为主，选择‘阳光玫瑰’、‘金手指’、‘优系巨峰’、‘英明 6 号’、‘乡韵 8 号’、‘晚红提’等优良品种。苗木要选择生长健壮、根系发达、无病虫害、具有 3 个以上饱满芽的嫁接苗或扦插苗。

3.3.2 栽植

栽植时间以春栽为宜，栽植前沿栽植行每 70 cm 挖深约 30 cm 的定植穴，放入苗木，苗干稍向北倾斜，然后填土浇水，待水渗下后埋土至苗木稍露芽为宜，结合垄面整理，再埋土 2~3 cm 保湿，然后覆盖地膜。

3.4 管理技术

3.4.1 整形修剪

树形采用双龙干形，萌芽后每株选留两条健壮枝蔓作为主蔓进行培养，用塑料绳分别牵引至 1.7 m 高的两道铁丝上。如果主蔓生长过旺，可留 8 个叶片摘心，抹去上部副蔓，用冬芽萌发的二次枝继续延伸生长。待主蔓长至 1.7 m 以后轻扭使其下垂生长，直至地面后摘心控长。副蔓长至 15 cm 时，从基部扭梢下垂，控制生长。冬剪于 11 月份葡萄落叶后进行，主蔓剪留 2.2 m 同时疏除主蔓上的全部副蔓，第二年葡萄萌芽前将主蔓向北横绑至 1.5 m 高的铁丝上，萌芽后每条主蔓选留 5 条生长健壮，果穗较大的结果蔓分别牵引至 1.7 m 高两侧的铁丝上，并适时扭梢使其下垂生长，直至地面后摘心控长，主蔓直立部位副蔓全部抹除，下垂部位副蔓扭梢控长，同时在主蔓距地面约 1.2 m 处，分别选留一条健壮枝蔓作为预备主蔓进行培养，疏除果穗后按第一年的方法处理。其余枝蔓全部疏除。冬剪一般在中熟品种落叶后进行，晚熟品种采果后进行。

3.4.2 土肥水管理

（1）土壤管理

推广地面生草技术，树盘覆草技术，可以达到防草、保湿、均衡地表温度、提高土壤肥力的目的。也可推广地表铺设无纺布防草技术，禁用除草剂除草。

（2）施肥

基肥以秋施为宜，施肥量占全年总施肥量的 70% 以上，于 9 月中下旬至 10 月上旬施入，采取隔行交替沟施法，即在行间挖深约 40 cm，宽约 80 cm 的施肥沟，每公顷施腐熟农家肥 3000~4500 kg，稀土基质 2300~3000 kg 或硫酸钾复合肥 3000 kg，同时施入适量 EM 菌肥。新建园于主蔓长至 20 cm 以上时，每公顷追施尿素 2300~4500 kg，半月后追施稀土基质 7500~9000 kg，同时冲施 EM 菌液 150~250 kg，以促进根系生长。结果园于萌芽前，谢花后和果实膨大期进行。萌芽前追肥以硼、磷、锌等为主的冲施肥 300 kg，并加入 EM 菌液 150~250 kg，促进根系生长，提高坐果率；谢花后追施以钙肥为主的冲施肥 300 kg。果实膨大期，每公顷追施稀土基质 1500~2500 kg，并根据树势和果实发育情况每亩追施全元素冲施肥 250~300 kg，共施 2~3 次。叶面喷肥于生长期进行，萌芽后叶面喷 300 倍尿素加 EM 菌液。初花期喷 300 倍硼砂，尿素液，提高坐果率。谢花后喷氨基酸钙加 EM 菌液 1~2 次。下半年以磷、钾肥为主，喷 300 倍磷酸二氢钾 3~4 次，以控制旺长，促进花芽分化和果实着色。

（3）浇水

推广果园微喷或滴灌技术，实现水肥一体化管理，新建园萌芽后每 7~10 d 浇一次水，保持土壤湿润，促进营养生长。结果园根据葡萄生长结果规律，在施肥后、萌芽前、谢花后、果实膨大期以及采果后及时浇水，果实开始着色时，停止浇水。大雪封冻前浇足越冬水，并及时在棚周围封好防护膜，确保安全越冬。

3.4.3 花果管理

花序初露时，每个结果蔓留一穗果，其余抹去。对果粒着生紧密的品种，于花蕾初现时用赤霉素处理拉长果穗，花期放蜂，提高坐果率。疏除副穗，掐去穗尖。谢花后 20 d 及时疏除小果和过密果实，灭菌后进行果穗套袋。采收前半个月解袋，同时摘除果穗周围和主蔓下部衰老黄化叶片，以增进着色。

3.4.4 病虫防治

萌芽前全园喷布 3~5 倍液的石硫合剂，铲除越冬病虫害，汛期喷施 1 ： 160~180 倍波尔多液，间隔 15~20 d，连喷 3~4 次防病。生长期根据虫害发生情况，酌情喷阿维菌素加吡虫啉，杀灭绿盲蝽象、蓟马、螨类等虫害，保护好叶片。

3.5 适期采收

根据葡萄成熟期，果穗挂树时间，以及市场情况确定采收时间。晚熟品种采取薄膜覆盖，草苫或保温被保暖等措施，可酌情延迟至元旦或春节前采收，以提高经济效益。

4 观光栽培管理技术

随着经济的增长、科学技术的发展和社会的进步，人们在生活水平日益提高的同时，对生活环境和生活质量也有了更高的要求，对回归大自然、欣赏大自然、享受原野风光和自然地域文化的需求与日俱增。目前为止，我国葡萄产量已近饱和，再搞生产园的经营模式的发展势头已经不在，近几年新兴的农业观光休闲产业发展迅猛，改变葡萄园的传统生产经营方式，发展葡萄园的观光休闲旅游产业是葡萄种植户增收的一个新方向。在国际上参观葡萄种植园是传统的旅游项目，每年可吸引大量的各地游客来参观、学习、度假和休闲游玩。而且由于种植葡萄的经济价值较高，具有良好的景观特点，因此相对于其他农园来说更具有观光休闲的优势。目前，已经有越来越多的投资人士对葡萄观光休闲产业引起关注，政府对于休闲产业的发展也引起高度的重视。

现在城市周边地区出现了大量的观光采摘园，对于晚熟延迟栽培的葡萄园来说，更是供需两旺。北方地区鲜食葡萄供应集中在 6~11 月，元旦期间的鲜食葡萄供应主要是冷库贮存品或从南方运来的，葡萄不新鲜或运输成本高。利用大棚栽培，精选合适的葡萄品种，配合适当的架式及栽培管理，推迟葡萄的成熟期，延长挂果期和货架期，使葡萄能够在元旦期间上市，品质和外观优异，含糖量 20% 以上，可填补市场空白，具有发展潜力。

为适应人们对休闲农业的需求，出现了多种现代休闲观光葡萄园生产形式。它要求吃、住、游、采摘一体化；对葡萄品种要求果粒大、品质极佳；对架式要求实用又别致，便于人工操作；对土肥水管理要求更加高标准；对枝蔓管理要求更精细。

4.1 建园

4.1.1 规模与规划设计

（1）观光葡萄园的规模

观光葡萄园的大小要依据城市大小而建立，大城市观光葡萄园要求 7~20 hm^2，品种 8~15 个，要有餐饮和娱乐配套设施，有条件的还应有水上垂钓等设施；中等城市要求 3~7 hm^2，品种 6~8 个；小城市要求 2~3 hm^2，品种 3~6 个。

（2）观光葡萄园的规划设计

现代观光葡萄园一般包括栽植区、道路系统、排灌系统三个方面的设计和规划。

①栽植区。根据地形坡向和坡度划分若干栽植区（又称作业区），栽植区应采用长方形，长边与行向一致，有利于排灌和机械作业。

②道路系统。根据园地总面积的大小和地形地势决定道路等级。主道路应贯穿葡萄园的中心部分，面积小的设一条，把整个园分割成 4~8 个小区，每个小区 5~7 hm^2。支道设在作业区边界，一般与主道垂直。作业区内设作业道，与支道连接，是临时性道路，可利用葡萄行间空地。主道和支道是固定道路，路基和路面应牢固耐用。主道要有美观的葡萄长廊，地面硬化，支道可用青砖铺平。

③排灌系统。葡萄园应有良好的水源保证，作好总灌渠、支渠和灌水沟三级灌溉系统或肥水一体化滴灌系统。四是管理用房。包括办公室、库房、生活用房、畜舍等，修建在果园中心或一旁，由主道与外界公路相连。

（3）适合晚熟葡萄延迟栽培的新型观光大棚设计

大棚为南北走向，每棚占地 1333.4~3333.5 m^2。棚内设水泥立柱，东西向间距 2.9 m，南北向间距 3.5 m，顶高 5.0 m，边高 1.0 m，中间路宽 1.2 m。棚头采用双柱及加密柱，外倾。立柱之上以粗钢管作梁，以细钢管（间距 0.7 m）托膜。棚头埋设地锚，呈半圆弧形，南北拉钢丝固定，间距 0.2 m。棚上加装覆盖棉被的机械，铺设棉被保温。棚内顺立柱距离地面 1.3 m 与 1.6 m 南北向拉钢丝，呈平面；东西向根据需要来拉钢丝或使用立柱托住南北向钢丝。在 1.6 m 平面上距离 30 cm 平行拉钢丝若干，以防止钢丝承重不足。棚

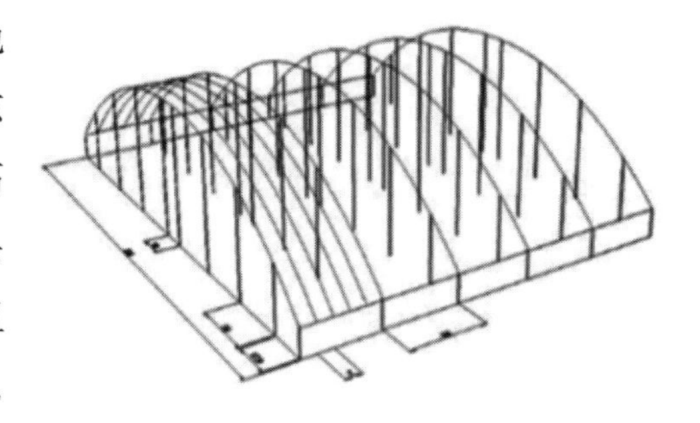

图12-3　新型大棚示意图

内东西向二膜拉托使用钢丝，高低根据大棚而定，最高处高 2.0 m，架设三膜时最高处 3.0 m（图 12–3）。

4.1.2 观光葡萄园品种选择

观光葡萄园要早、中、晚熟品种搭配，早熟品种占 35%、中熟占 45%、晚熟占 20%；红、黄绿、白、黑、紫色泽搭配；有籽、无籽品种搭配。另外，还要考虑市场需求因素及消费习惯进行搭配。

北方不避雨栽培以栽植欧美杂交种葡萄为宜；避雨栽培可选欧美和欧亚葡萄品种搭配种植。早熟品种选择‘夏黑’、‘早黑宝’、‘黑巴拉多’、‘红巴拉多’等；中熟品种可选‘阳光玫瑰’、‘巨玫瑰’、‘醉金香’、‘金手指’、‘甬优 1 号’、‘无核白鸡心’等；晚熟品种可选‘红宝石无核’、‘紫甜无核’、‘东方之星’。南方避雨栽培可用‘克伦生’、‘魏可’、‘美人指’、‘晚红’、‘比昂扣’等欧亚种优质葡萄。

4.1.3 观光采摘葡萄园的新型架式

现有的葡萄架式主要有单壁篱架、双壁篱架、篱棚架（分为小棚架、大棚架、漏斗式棚架、水平式棚架）、“T”型架、双十字“V”架、“Y”架、十字架等。这些架式管理麻烦，观光采摘效果较差，土地利用率低，管理费时费工，产量少，光照利用率低，果品质量差。现结合棚架、十字飞鸟架、单干双壁双篱架及“Y”架的优点，设计经济实用的改良型单十字飞鸟架，是目前大棚避雨观光采摘最适宜的栽培架式（图 12–4）。

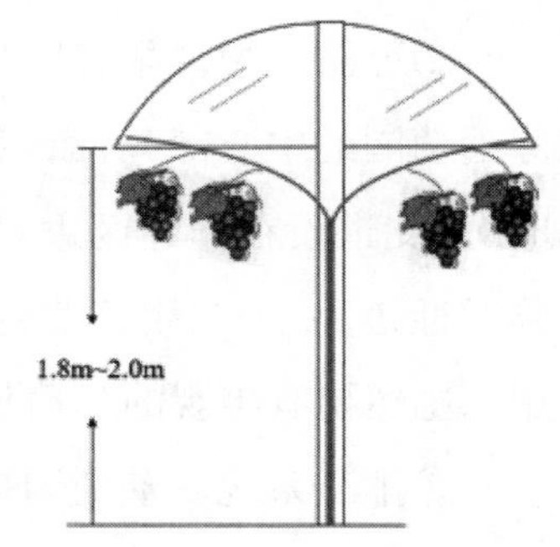

图12–4　改良型单“十”字飞鸟架示意

（1）改良型单“十”字飞鸟架

改良型单“十”字飞鸟架是在原单“十”字架的基础上，将原来的平整地面改为起垄栽植，垄高 30~40 cm，垄宽 1 m，葡萄栽植于垄上，单干主蔓长到 1.4~1.5 m 时打头分叉，枝蔓管理时伸手就可够到，不需要仰头或踩板凳，大大降低工作量，利于作业。不起垄的 1.8~2.0 m 便是采摘通道。高度 1.8 m，既通风透光，又不影响采收。葡萄蔓长到一定高度时向东、西向分出主蔓，再在主蔓上分生南、北向的结果蔓，以达到均衡生长，控制生长量的目的，产量、品质更好。当主蔓长到离地面 1.1~1.2 m 时打头，促生东、西向两蔓，以 45° 角向两侧生长形成飞鸟式，以通风透光，提高果品质量，同时也有利于作业。具体操作为：

首先设立柱，行距2.5 m或3.0 m，立柱间距4 m或5 m。立柱高1.6~1.7 m，1.3~1.4 m处设一横杆，长30 cm，一侧15 cm。横杆两端钻孔或者焊接螺丝等，方便拉设钢丝。立柱低于横杆10~20 cm位置，沿立柱纵向拉设钢丝。立柱顶端纵向与立柱行平行，每30 cm拉一根钢丝。立柱横向在立柱顶端拉一根钢丝，位于纵向钢丝底部。植株顺立柱行栽植。根据产量需求确定株距为1.2~2.4 m。植株发芽后留一二个健壮芽直立生长。待植株长至第1根钢丝之前用直立的竹竿扶持生长。长至第1道钢丝后，钢丝以下留2芽，绑缚在钢丝上，使其顺钢丝生长。枝条长到株距中间位置相交叉时打头，促使副梢生长。副梢首先呈"V"型生长，长至钢丝组成的网状平面时，枝条呈水平生长。其上产生的侧枝抹去先端三四个，后面副梢留两叶打头，秋季生长结束时，枝蔓直径达到1 cm时即可保证第2年产量。生长结束后，冬剪时留两芽剪枝。

（2）双"十"字架

避雨栽培主要采用双"十"字架，即一行葡萄一个棚。双"十"字架的立柱用4 cm×4 cm方钢制作，要求地面以上高度2 m，地面以下深度60 cm，用水泥浇筑，直径12 cm。第1道丝距地面90 cm，采用双丝，间距12 cm。第1道横梁距地面高度115 cm，用2 cm×4 cm方钢制作，长度66~70 cm，两端各拉一道丝；第2道横梁要求高度距地面150~155 cm、长度100~110 cm，两端各拉一道镀锌10号丝。采用该架式的优点是光照条件好，整形操作方便，易管理。

（3）高、宽、垂架式

架高165~175 cm，支架柱用4 cm×4 cm方钢制作，第1道丝距地面135~145 cm，在165~175 cm处设一横梁，用4 cm×4 cm方钢制作，长度120~130 cm，上拉4道丝，中间两道丝间隔50 cm。采用该架式的优点是植株生长势缓和，病害轻，果实不易日灼和气灼，适宜生长势强的品种。

（4）绿荫长廊栽培架型

道路绿荫化是观光农园建设的重点之一，葡萄属蔓生植物，较适合做绿荫长廊植物。

①长廊设计及架材准备。道边设置长2.6 m、粗12 cm×12 cm的水泥杆，地下埋40 cm，杆间距3 m。杆顶沿路方向用直径45 mm镀锌钢管焊接，两侧水泥杆用直径15 mm镀锌钢管跨路水平连接，每对杆上用直径20 mm镀锌钢管设弓，弓脊高45 cm（也可用水平架面在每对杆中间跨路水平方向镀锌钢管上再设一弓）。沿路方

向用钢绞线把弓连接起来，钢绞线间距 35 cm。

②葡萄架型选择。葡萄绿荫长廊栽培常用树形有变通“H”形和半“X”形。

a. 变通“H”形

适合道路较窄、弓形架面的树形，树干高 2.1~2.2 m。干顶部沿路方向对生第 1 级主蔓，在第 1 级主蔓基部选留 1 个健壮新梢，长至 60~70 cm 时摘心，选顶部 2 个强旺新梢引绑在钢绞线上形成第 2 级主蔓，主蔓上着生结果母枝，母枝间距 15~20 cm，冬剪采用短梢修剪。

b. 半“X”形

适合道路较宽、水平架面的树形，树干高 2.1~2.2 m。第 1 年冬剪时将上架的 2 条主蔓重新绑缚，使其与钢管夹角成 60°，2 条主蔓夹角也成 60°。生长季疏除过密新梢，冬剪采用中长梢修剪。

4.1.4 定植

（1）开沟施肥

用钩机开挖定植沟，按行距开沟深宽各 60~80 cm，在沟底施入农作物秸秆 20 cm 厚，并施入农家肥每亩 3000~4000 kg，加复合肥 40 kg，加过磷酸钙 40~50 kg。未腐熟的农家肥需加杀虫剂。回填后浇水沉实，栽植前挖小坑。

（2）苗木处理

如果苗木未进行处理，经长途运输难免失水，应在定植前将苗木在清水中浸泡 8~12 h。再用 80% 多菌灵 800 倍液＋ 50% 辛硫磷 1000 倍液蘸全株苗子 3~5 min，起到杀菌杀虫之目的。

（3）栽植

一般栽植时间在秋季 11 月中旬至 12 月中旬，如果栽植成熟度不好或较细弱的嫁接苗，冬季应封土防寒，或在春季 3 月上中旬栽植。采用双“十”字架的，株距 1~1.5 m，行距 3 m，亩栽 150~220 株；采用高、宽垂架的，株距 1~2 m，行距 2.5~3 m，每亩可栽 110~220 株。

4.2 定植当年的管理

4.2.1 地膜覆盖

于春季土壤解冻后在葡萄行内铺黑色地膜，起到保温保墒的作用，并可避免杂草生长，减少除草用工。

4.2.2 肥水管理

当苗高长至 40 cm 时每株追尿素 25 g,间隔 15~20 d 再追施 1 次。追尿素时可用清水化开,用施肥枪打入地表 10 cm 以下。第 2 次追尿素后 20 d 每株追三元复合肥 100 g,追肥位置距苗木 35 cm 左右,间隔 20~25 d 再追第 2 次复合肥。每次追肥结合浇水,后期根据天气情况酌情浇水。

4.2.3 整形修剪

(1)双“十”字架的整形修剪

苗木定植后,生长高度达 100 cm 时于 80 cm 处摘心,发出副梢后顶端两个新梢培养为结果主蔓,主蔓长到株距一半以上时摘心,摘心后主蔓上发出的副梢枝间距保持在 20~25 cm,留 4~5 片叶摘心,再次发出的副梢根据品种确定去留与否。小叶品种可留 1~2 叶反复摘心,大叶品种不再留副梢。冬季将主蔓上发出的副梢全部从基部剪去,并将粗度不足 0.7 cm 的主蔓部分剪去。

(2)高、宽、垂架的整形修剪

葡萄主干高度 1.35~1.45 m。当年苗子达到 1.55~1.65 m 时摘去 20 cm,最顶端发生的副梢培养为结果主蔓,长到适当长度摘心。其上发生的副梢 4~5 片叶摘心 1 次。大叶品种次生副梢不留,小叶品种次生副梢 1~2 片叶反复摘心。顶端副梢 4~5 叶摘心 1 次。这样反复摘心可促进枝蔓成熟,当年可培养成形。主干上的副梢全除去。

(3)绿荫长廊栽培架型的整形修剪

萌芽后在主蔓上铁丝以下只留 1 个健壮新梢,其余新梢抹除。所留新梢长 20 cm 左右时引绑到铁丝上,每隔 25 cm 引缚 1 次。生长季结合灌水株施尿素 0.5 kg、磷酸二铵 0.5 kg。5 月中旬当新梢长 8~10 片叶以上半木质化时进行绿枝嫁接,接前灌 1 次水。采集优良品种 10 片叶以上半木质化的新梢,粗 0.4~0.6 cm,剪去叶片,留 1 cm 左右叶柄,用湿毛巾将嫩枝包好,在短期内接完。接后约 10 d 破膜使芽眼露出,新梢长至 15 cm 左右引绑到铁丝上。新梢长到距直径 45 mm 钢管以下 15 cm 左右时摘心,留顶端 2 个健壮副梢向两侧钢管引绑。

4.3 结果树管理

4.3.1 蔓、叶管理

‘海盐葡萄’一般在 1 月封棚,4 月初定梢,16~18 cm 梢距等距离定梢,结果新梢采用‘6+4+5’叶摘心模式或‘6+6+1’叶反复摘心,花序以下副梢分批全抹除,花序以上叶腋处留 2 条副梢,该副梢留 1 叶绝后摘心。

4.3.2 花果管理

花前当新梢长出 5~6 片叶时疏花穗，中庸枝留 1 个花穗，强旺枝留 2 个花穗，弱枝不留穗。花前 7~10 d 剪除歧穗，花前 5~7 d 剪除穗尖，留 10~13 个小花穗。生理落果结束后 1 周内，疏除过小粒、有病斑和向内生长的果粒，美人指等大粒品种每穗留 55~65 个果粒。

坐果后定穗，每珠留果穗 6~8 穗。按照"重整花，轻整穗，中穗、大粒"的栽培要求，及时疏花整形和疏果。整穗、疏果要在上午 9 时后进行，手不能触摸果粒。

4.3.3 施肥

以'红地球'葡萄施肥方法（'夏黑'施肥量按 60% 用量，'藤稔'、'醉金香'按 80% 的施肥量）为例：

10 月下旬施基肥，每亩施有机肥 1000~1500 kg，钙镁磷肥 25~50 kg，穴、沟施，深翻入土，深度 20 cm，或地表撒施后机械旋耕。同时全年喷施叶面肥 3~5 次。催芽壮蔓肥，氮磷钾比例为 1 :0.6 :0.5，催芽肥每亩用量 2~5 kg，壮蔓肥用量 8~10 kg。膨果肥，氮磷钾比例为1:0.5:1，用量 20~30 kg，分 2 次。硬核期，氮磷钾比例为 1 :0.5 :1.2，用量 10 kg。硬核期至转色期，氮磷钾比例为 1 :0.5 :1.5，用量 20~30 kg，分 2 次。转色至成熟期，氮磷钾比例为 1 :0.8 :2.5，用量 20~30 kg，施 1~2 次，采果前 15 d 停止用肥。采果后及时施肥，肥料配方与壮蔓肥相同，每亩施肥量 10~15 kg。

4.4 病虫害防治

遵循"预防为主，综合防治"的植保方针，运用农业、物理、生物防治手段防治病虫害，减少用药次数。

萌芽前用 5° Be 石硫合剂喷布全园；开花前后花穗喷施佳乐或嘧霉胺等药剂防治灰霉病、穗轴褐枯病；花后叶幕、果穗喷 1500 倍喹啉铜保护剂 3 次；幼果期，果穗喷 6000 倍福星或 62% 仙生 800 倍或嘧菌酯类防果穗白腐或白粉病；采收前 30 d 防白腐病和炭疽病。其余时段视情况用药防治，全生育期用药 5 次左右，不建议 3 种以上药剂同时混配，禁止超量用药，禁用三无农药及葡萄禁限农药。

4.5 发展葡萄观光休闲产业需解决的问题

将葡萄生产园的经营模式转变为葡萄园观光休闲旅游产业模式虽有许多的优势和好处，但也有许多问题需要解决。

4.5.1 提高栽培技术水平

目前南方的葡萄园大部分是露地栽培，避雨栽培的面积很少。配套的果实套袋、营养抗病技术和产季调节等新技术,还未引起果农的重视,要发展观光葡萄园,应先提倡这些新技术,从而减少农药的施用,保证果品质量,延长果园的采摘期。果实新鲜、口感优异、果品安全是果园采摘的销售根本保障。

4.5.2 避雨栽培技术的改进

葡萄避雨栽培技术是所有技术的核心,因其能形成相对干燥的小区域,改变真菌、细菌的生长环境,大大减少发病的概率,减少农药的使用量,是一种高效物理防治方法。目前我们自有的专利技术着重作了抗风结构的改进,主要为非台风区的不抗风的避雨栽培篱架,针对广东地方的台风区,改造成为抗风篱架,经过几年的应用实验达到大家认可的目的。目前还继续改进了顶棚支撑骨架,由原来的竹片改为钢丝、钢管和钢条等等,大大提高了棚架抗风强度。

4.5.3 重新定位葡萄品种结构

目前,南方葡萄种植品种主要为'巨峰'葡萄,产期20多天,上市期集中,采摘期短;由于葡萄的成熟期集中,葡萄成熟采摘期内观光园内的游客人数剧增,不仅服务期短,而且服务的质量也难于保障。因为种植品种少,使得果园的采摘体验、观光游玩娱乐性大为消减。大粒、无核、色香味美、耐存储的新品种种植面积较小,未形成规模效应,远不能满足顾客需求。因此,在选择观光葡萄园葡萄的种植品种时,可适当考虑引种产季不同的品种,在时间分布上要有早、中、晚的品种搭配。品种差异化方面要形成果形有差异,颜色有不同。目前要做的工作就是对引进的新品种进行重新定位,以延长果园的销售期,丰富游客的采摘品尝的观光体验。

4.5.4 提供全方位周全服务

提供方便的交通和场地服务。例如平整的道路、适量停车位等;提供干净卫生的餐饮设施,使消费者玩得开心,吃得放心,才能促使其游而忘返、再次惠顾;提供内容充实、形式多样的游乐、服务活动项目,如结合山景或水景建立摄影景观长廊,设立藤下纳凉休息品尝区等;同时还可以建立保鲜库、小型葡萄酒厂、汁厂等,让消费者亲自动手制作、储藏,体验酿酒、制汁的乐趣;还可以设立从书籍到挂件,从葡萄到葡萄酒等各式各样伴手礼展售区,满足消费者的各种需求;收集与葡萄相关的历史文化知识和艺术品如诗歌、字画、图片等,以提升葡萄文化韵味和知识气息,给消费者一种看不尽、学不完的精神享受。应注意的是这些服务和设施要分期开发,才能稳步、有序地发展。同时要注重专业服务人才的培养和引进,采用多样的营销手段,为观光园带来更多的消费群体。

4.6 结语

转变思路将传统的葡萄种植生产方式转化为葡萄旅游观光休闲方式，为葡萄种植业带来了新的发展思路，为当地的农民增加经济收入，但是目前在南方推广葡萄观光休闲产业还处于试验示范推广阶段，还有许多工作要做，还会面临许多的困难和问题需要加以解决，因此希望得到各方的支持与帮助，才能够获得成功

5 设施葡萄立体栽培模式

近年来，随着设施葡萄栽培技术的长远发展，设施葡萄栽培研究不仅仅局限于实现葡萄高产，更多学者及经营者不断拓展思路，向设施葡萄优质化、集约化、高效化方向发展。在此基础上，以立体农业理念为导向，发展出设施葡萄立体栽培新模式。立体高效栽培是当前葡萄设施栽培的一个重要方向，它通过充分利用温室土地、光能、水源和热量等自然资源，对设施大棚内有限空间进行合理整合，以获取更高的经济效益（图 12–5）。

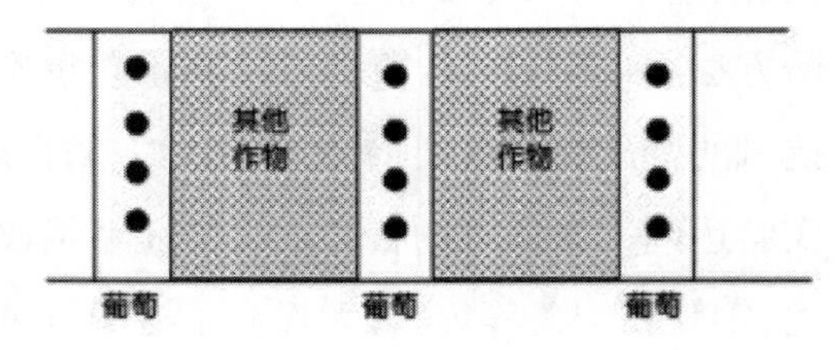

图12–5　葡萄立体栽培模式示意图

5.1 葡萄立体栽培模式

我国葡萄立体栽培开始于 20 世纪 90 年代。

5.1.1 “葡萄—草莓” 立体栽培模式

“葡萄—草莓” 立体栽培模式是当前推广较多、技术较成熟的一种葡萄立体栽培模式。该技术模式综合利用了葡萄和草莓两者根系深浅不同、吸肥层次不同和生育期不同等特点，进行错峰生产，在保证葡萄和草莓产量和品质的同时，充分利用有效空间内的自然资源，提高单位面积产量，获得最佳经济效益。“葡萄—草莓” 立体栽培模式主要有：

①葡萄和草莓 1 ： 1 的栽培方式。即葡萄栽 1 垄，草莓栽 1 垄。行距 1.8 m，株距 1 m，在 2 行葡萄种植畦之间套种 1 垄草莓，畦宽 60 cm，畦高 0.4 m，草莓株行距 25 × 20 cm。

②葡萄和草莓 1 ： 4 的栽培方式。即葡萄栽 1 垄，草莓栽 4 垄。这种模式将葡萄种植的行距从 1.0 m 拉宽为 5.0 m，株距还为 1.0 m。草莓定植于葡萄行间，采用高畦双行栽培，畦高 0.4 m，畦宽 0.6 m，栽植 4 垄。程建军等对葡萄单作、草莓单作、葡萄和草莓 1 ： 1 立体种植及葡萄和草莓 1 ： 4 立体种植的效益进行比较，结果发

现葡萄和草莓 1 ∶ 1 立体种植模式的经济效益最高。

5.1.2“葡萄—蔬菜”立体栽培模式

“葡萄—蔬菜”立体栽培模式主要是利用葡萄采收至第 2 年坐果之前的空闲期内进行。在此期间内设施大棚内温度较高，且冬季葡萄进入休眠期，叶片凋零，因此设施大棚内光照充足。在设施葡萄架下套种蔬菜类可充分利用光源、水热条件，提高产值。大多冬季叶菜类均可在葡萄架下种植，“葡萄—蔬菜”立体栽培模式目前推广较多的蔬菜有生菜、油菜、菠菜、萝卜等，可在同一大棚内间套种多种蔬菜，提高经济效益，但同一叶菜不可连作，以免影响产量和经济效益。

5.1.3“葡萄—食用菌”立体栽培模式

大多食用菌生产过程需要避光遮荫，因此在葡萄架下栽培食用菌可充分利用葡萄枝叶形成的天然屏障达到避光遮荫的目的。此外，秋末葡萄采收结束后至来年初夏，此时段气温较适宜多种菇类的生长。因此，在这段时间内可在葡萄架下种植食用菌，不仅可以充分利用空间资源，节约土地，食用菌收获后菌渣和菌丝等是一种优质的有机肥，其在土壤里自然腐熟，还能增加土壤有机质含量，增加经济效益。当前，在葡萄架下成功栽培的食用菌有毛木耳、平菇、鸡腿菇、双孢蘑菇、姬菇、金针菇等。

5.2 设施葡萄立体栽培效益分析

以行距 1.8 m，株距 1 m 的设施葡萄栽培为例，评估葡萄与草莓、食用菌及蔬菜类立体栽培模式的经济价值。利用葡萄园秋末葡萄采摘后至初夏的空闲时间，于葡萄两畦之间套种各种作物，均能在保证葡萄产量的同时，提高经济效益。

第四节　设施栽培生育期调控技术

1 环境因子对温室环境的影响及相互作用关系

影响作物生长的环境因子主要有温度、湿度、光照、CO_2 浓度等。温度是作物生长发育最重要的环境因子之一，它影响作物体内的一切生理变化；适宜的空气湿度和土壤湿度是温室内作物健康生长的重要条件；CO_2 是作物进行正常生理活动的“碳源”，CO_2 浓度影响作物的光合作用，从而影响作物的发育、产量和质量；光是光合作用的能量源泉，是作物生长发育的主要限制因素。温室内各个环境因子之间具有一定的耦合性，温室加热会引起湿度下降，湿度增加会降低室内温度，因此在温室环境调控中需要综合考虑这些耦合因素（图 12-6）。

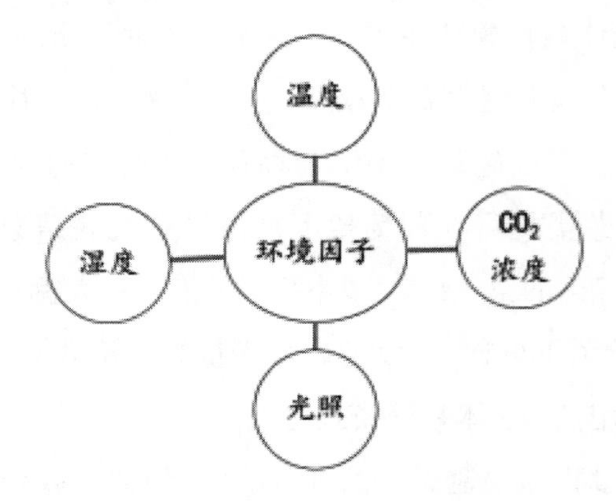

图12-6 影响葡萄生长的环境因子

2 温室常用控制设备

在北方设施温室升温一般有以下几种方式：燃油（煤）热风机加温、水暖加温、电加温、太阳辐射升温等，同时温室还常采用遮阳网、保温被等进行遮荫保温。此外，燃气二氧化碳发生器除满足 CO_2 施用外，还可用作温室加温机。湿度调节常采用天窗和侧窗的自然通风降低湿度，利用离心式喷雾风机、超高压自动加湿系统、湿帘通风系统等设备来提高湿度。用于温室的人工补光设备有：萤光灯、钠灯和可供专一光谱的植物生长灯、LED、LD 的激光光源，这些发光源可以因植物生长的需要进行单色光的补光或者进行不同光谱的结合，是现代设施温室补光技术的一项重大革命。

3 温度调控

设施温室栽培为葡萄创造了优于露地生长的温度条件，其调节的适宜与否严重影响栽培的其他环节，主要包括气温调控和土温调控。

3.1 气温调控

葡萄设施栽培的温度管理有 4 个关键时期：催芽期、开花期、果实生长发育期和休眠期。

3.1.1 调控标准

（1）萌芽期温度调控

设施温室葡萄在 10 ℃以上的温度下 10 d 左右即可开始萌芽。因此，北方地区设施提早栽培1月中下旬后温室内最低温度要保持在10 ℃以上,白天保持在15~20 ℃,夜间不能低于12 ℃,地温保持15 ℃。特别值得注意的是,如果此期间温室内温度过高,升温过快,花器官分化发育太快而发生畸形变态,花器官发育受阻,坐果能力降低。因此催芽升温应该逐步进行,防止因升温过快导致萌发不齐、花序发育不良等,必须缓慢升温,使气温和地温协调一致,促进花序发育。控制标准:第一周白天15~20 ℃,夜间5~10 ℃;第二周白天15~20 ℃,夜间7~10 ℃;第三周至萌芽白天20~25 ℃,夜间10~15 ℃。从升温至萌芽一般控制在25~30 d。

(2)新梢生长期温度调控

葡萄萌芽到开花需40~50 d。为避免温度过高引起新梢徒长、花器官发育受阻等,白天最高温度控制在25 ℃左右,夜间维持在15~18 ℃。

(3)开花期温度调控

大多数葡萄品种需要在比较高的温度条件授粉受精才能顺利进行,且昼夜平均温度在20℃左右时授粉受精较好。因此,开花阶段白天应控制在26~28 ℃,夜间16~18 ℃,温度过高应及时打开通风口和通风窗以降低室温。这一阶段室外气温逐日升高,应注意根据天气变化及时通风降温,花期一般维持7~10 d。

(4)浆果发育期温度调控

白天25~30 ℃,夜间20~22 ℃,不宜低于20 ℃。

(5)果实着色成熟期温度调控

在北方设施葡萄栽培果实着色期通常在5月份,此期室外温度波动较大,晴天光照强度大,温室由于太阳辐射升温迅速,阴雨天温室采光能力弱,升温缓慢。为促进果实迅速着色,增加果实含糖量,白天温度保持在28~32 ℃,温度超出此范围应及时放风降温;夜间温度保持在14~16 ℃,使昼夜温差在14 ℃以上。在新疆果实着色期的晴朗天气下,温室白天极易出现32 ℃以上高温,因此要提前做好通风降温措施。

(6)休眠期温度调控

叶片变黄脱落,葡萄进入休眠,落叶一周后进行冬剪,盖棉被至翌年催芽期。葡萄品种一般需要在7.2 ℃以下,经过1000~1400 h方可完成正常休眠。在新疆12月份用棉被覆盖保温,保持温室内温度在0~7.2 ℃之间;1月初,白天揭开棉被,夜间覆盖棉被,以满足植株发芽生长的温度需要。采用单氰胺涂抹结果母枝的冬芽,促使解除休眠,注意枝条顶端的1、2个芽不能涂。

3.1.2 保温技术

（1）优化棚室结构，强化棚室保温设计（日光温室朝南偏西 5° ；采用异质复合墙体，内墙采用载热能力强的建材如石头和红砖等，并可采取弓形结构增加内墙面积以增加蓄热面积，外墙采用保温能力强的建材如泡沫塑料板结合砖墙或采用土墙等）；

（2）选用保温性能良好的保温覆盖材料，多层覆盖 ；

（3）挖防寒沟，在棚室周围挖宽 30~50 cm，深度大于当地冻土层 30 cm 的防寒沟，在防寒沟内铺垫塑料薄膜，然后填装杂草和秸秆等保温材料，防止温室内土壤热量传导到温室外 ；

（4）人工加温 ；

（5）正确揭盖保温棉被等保温覆盖物。

3.1.3 降温技术

（1）通风降温，注意通风降温顺序先放顶风、再放底风，最后打开北墙通风窗进行降温 ；

（2）喷水降温，注意喷水降温必须结合通风降温，防止空气湿度过大 ；

（3）遮荫降温，此方法只能在催芽期使用。

3.2 土温调控

设施内的土温调控技术主要是指提高地温技术，使地温和气温协调一致。新疆冬季漫长而且寒冷，冻土层可达 0.7~1.0 m。由于传导作用，设施葡萄促成栽培，早春设施内地温上升慢，气温上升快，地温与气温不协调，造成发芽迟缓、花期延长、花序发育不良，严重影响葡萄坐果率和果粒的第一次膨大生长。另外，地温变幅大，会严重影响根系的活动和功能发挥。提高土温技术如下 ：

3.2.1 起垄栽培

该项技术措施简单有效，在葡萄设施栽培中应用很广，具体操作如下 ：在葡萄栽植前，按栽植行向挖沟，沟宽 80~100 cm、深 60~80 cm，首先回填 20~30 cm 厚的砂砾石，再回填 30~40 cm 厚的秸秆杂草（压实后形成约 10 cm 厚的草垫），然后按每亩施腐熟有机肥 10~15 m^3 与土混匀回填，灌水沉实，再将表土与 500 kg 生物有机肥混匀，起高 30~40 cm，宽 80~100 cm 的定植垄，最后在定植垄上栽植葡萄。

3.2.2 早期覆盖地膜

温室开始升温同时铺设地膜。

3.2.3 建造地热管和地热线

该项措施对于提高地温最为有效,但成本过高,目前在新疆少量应用。

3.2.4 在人工集中预冷过程中合理控温

在人工集中预冷过程中,气温调控分为三段:第一段从扣棚覆盖棉被开始到最低气温低于 0 ℃为止,此段具体操作是保温棉被夜间揭开,同时开启通风口,让外界冷空气进入温室,白天覆盖保温棉被,保持白天设施内相对较低的温度;第二段即从夜间最低气温低于 0 ℃开始到白天大多数时间温度低于 0 ℃为止,此段具体操作是白天黑夜均覆盖保温棉被;第三段是从白天大多数时间温度低于 0 ℃起到温室开始升温为止,此段具体操作是白天适当揭开棉被,让少量阳光进入,提升温室内气温,当气温升至 7 ℃左右时覆盖保温棉被,夜间覆盖保温棉被。总控温原则是保持设施内绝大多数时间气温在 2.1~7.2 ℃之间,这样一方面利于休眠解除,另一方面利于保持土温不至过低,利于升温后保持土温和气温的协调一致。

4 湿度调控

温室内较为封闭,空气湿度过大是温室中经常出现的问题。湿度过大会在温室内形成水雾,影响室内光照,同时诱发病害,还可引起植物蒸腾能力降低和根系吸收减弱、授粉受精不良、果实甜度降低、着色困难等。为此可采用覆盖地膜、滴灌等措施减少地面蒸发及通风排湿降低湿度。

4.1 温室除湿方法

4.1.1 起垄栽植

将作物栽培在垄上,地面白天接受光照多,从空气中能吸收更多的热量,土壤升温较快,有助于棚内水分蒸发,湿度不易偏高。

4.1.2 通风换气除湿

通风是温室大棚最基本的除湿方法,通风必须在高温时进行,否则会引起棚内温度下降。在新疆地区一天之内,通风排湿效果最好的时间是 12:00~15:00,因为这一时段棚内外湿度差别大,湿气比较容易排出。其他时段也要在保证温度要求的前提下,尽可能地延长通风时间。如果通风时温度下降过快,要及时关闭通风口,防止温度骤然下降使葡萄遭受危害。

4.1.3 采用地膜覆盖降湿

地膜覆盖可减少地表水分向棚内蒸发,是降低棚内空气湿度的重要措施。

4.1.4 用粉尘法、烟雾法施药防湿

采用粉尘法及烟雾法用药，可以避免由于喷雾而加大空气湿度，提高防治效果。

4.1.5 中耕除湿

通过切断土壤毛细管，可以避免土壤毛管水上升到表层，可避免土壤水分的大量蒸发。

4.1.6 自然吸湿

在行间铺一层稻草、麦秸、生石灰或撒一层草木灰，可有效吸附水蒸汽或雾，而达到降湿目的。

4.1.7 升温降湿

当温室内温度较低时，可以通过提高温度降低室内相对湿度，同时也满足了葡萄对温度的需要。

4.1.8 合理浇水控湿

浇水是导致棚内湿度增加的主要因素。冬春必须晴天浇水，采用膜下滴灌，要严格控制浇水量，浇水后适当放风，以降低空气湿度。

4.1.9 增大透光量降湿

增大透光量可提高棚温，棚温升高可增大空气温度饱和差，从而降低空气相对湿度。

4.1.10 采用吸湿性好的保温幕吸湿

在棚内设天幕，选用透湿和吸湿性好的保温材料，如无纺布能够阻止内表面结露，并可防止露水落到植株上，从而降低空气湿度。

4.1.11 冬季防治病虫害

要尽量采用烟雾法或粉尘法施药；如果采用喷雾法施药，要适当减少防治次数和喷液量，防止棚内湿度过高。

4.2 湿度调控标准

4.2.1 萌芽期湿度调控

50% 单氰胺 25 倍液点芽后浇透水一次，要求空气相对湿度 85% 左右，土壤相对湿度 80% 左右。

4.2.2 新梢生长期湿度调控

根据土壤墒情进行小水灌溉，要求空气相对湿度 60% 左右，土壤相对湿度以 60%~80% 为宜。

4.2.3 花期湿度调控

开花期要停止灌水，保证开花期湿度控制在60%~65%，土壤相对湿度以60%~70%为宜。

4.2.4 果实生长期湿度调控

为促使幼果膨大，应补充灌溉，维持空气湿度在70%~80%。

4.2.5 着色成熟期

要求空气相对湿度50%~60%，土壤相对湿度60%左右。

4.3 湿度调控技术

4.3.1 降低空气湿度技术

通风降湿；全温室覆盖地膜；采用膜下滴灌或同时采用隔行交替灌溉技术；升温降湿；温室放置吸湿物（如生石灰）等措施。

4.3.2 增加空气湿度技术

喷水增湿。

4.3.3 土壤湿度调控技术

主要采用控制浇水的次数和每次灌水量来解决。

5 光照调控

葡萄是喜光植物，对光的反应很敏感，光照充足时，枝叶生长健壮，树体的生理活动增强，营养状况改善，果实产量和品质提高，色香味增进。光照不足时，枝条变细，节间增长，表现徒长，叶片变黄、变薄，光合效率低，果实着色差或不着色，品质变劣。生长期光照不足影响花芽分化，开花期前后光照不足影响开花与坐果，果实生长期光照不足易诱发病害，着色成熟期光照不足影响果实着色与品质。而光照强度弱、光照时数短、光照分布不均匀、光质差、紫外线含量低是葡萄设施栽培存在的关键问题，必须采取有效措施改善栽培设施的光照条件，是葡萄设施栽培的关键技术之一。

5.1 塑料膜选择标准

选用透光好的塑料薄膜，以选用透光率高、抗老化、无滴、防尘的长寿聚氯乙烯（PVC）膜或乙烯－醋酸乙烯（EVA）膜为主。生产上较多使用蓝色无滴膜，目前EVA膜作为一种新型日光温室专用塑料薄膜，应用前景广阔，其突出优点是分光透光率高，室内光照接近于自然日光，抗老化性、耐低温性、低温抗冲性、防尘性及后期透光性明显优于 PVC 膜。另外还要经常清除膜面尘土，保证棚膜的清洁与透亮。

5.2 铺设银灰色反光膜

铺设银灰色反光膜能有效改善温室内光照条件，使温室内光照分布均匀，植株生长一致，提高地温、气温，降低湿度，减少病虫害。可于温室内北、东、西三面墙上和地面上铺设反光膜，使照射到膜上的阳光反射到葡萄植株上，增加葡萄叶片的受光量。反光膜选用幅宽 1 m 规格的专用聚脂镀铝膜（用透明胶布粘成 2 m 幅宽）或收集各种有反光作用的锡箔纸，缝接成宽 1 m 左右的锡箔反光膜架铺于温室内的弱光区。

5.3 人工辅助光源

温室弱光造成光合产物积累减少，导致温室葡萄栽培中普遍存在树势衰弱、产量与品质下降等问题。补光栽培是克服上述问题的重要手段，阴天和早晚补充光照是条件较好地区常采用的补光措施。可选用荧光灯（4~100 W）、水银灯（350 W）、卤化金属灯（400 W）、或钠蒸汽灯（350 W）等光源，而一般的灯泡、日光灯补光作用是微弱的。一般认为，开始补光的季节最好是在贮藏养分转换前的 4~5 片叶开始，当达到了所规定的叶面积指数以后停止补光。

5.4 墙面和立柱涂白

葡萄发芽后，用石灰将温室的后墙、侧墙和立柱进行涂白，可以增强光线的反射，明显改善温室内的光照条件，一定程度上起到增光、增温、增强叶片光合效率的效果。

5.5 喷施光合促进剂

葡萄生长季节每隔 7~10 d 喷洒一次 400 倍光合促进剂，能明显促进叶片光作用，利于增产增收，同时使葡萄甜度提高，单粒质量重和干物质增加，利于保鲜。

6 气体调控

设施条件下，温室内种植葡萄比较密闭，气体成分与露地相比变化较大，当温室二氧化碳（CO_2）含量低于光合作用二氧化碳补偿点时，光合作用就会受到影响。研究表明，当设施温室内 CO_2 浓度达室外浓度（340 μg/g）的 3 倍时，光合强度提高 2 倍以上，而且在弱光条件下效果明显。在新疆地区天气晴朗时，从上午 11:00 开始，设施内 CO_2 浓度明显低于设施外，使葡萄处于 CO_2 饥饿状态。因此 CO_2 施肥技术对于葡萄设施栽培非常重要，适量补充二氧化碳，可提高温室葡萄光合利用率，增加产量。温室葡萄一天中进行有效光合作用的时间主要集中于早上揭帘后 0.5~1.5 h，在新疆，早春时期每天 10 :00~13 :00 时提高 CO_2 浓度最有效。增强叶片的光合功能是葡萄温室栽培必须重视的问题。

6.1 施用时期

当温室葡萄新梢长到 20 cm 左右时即可施用，到揭除塑料棚膜时停止。在新疆设施温室葡萄上使用时期为 2 月中旬至 4 月底。葡萄多数品种 CO_2 在 100~800 mg/L 的浓度范围内，随着 CO_2 浓度增大，光和效率增加。当温室内的 CO_2 浓度超过 850 mg/L 时，应适时通风。若棚室内采用了固体气肥释放二氧化碳的方法，在需要正常放风管理时，应注意切勿通“地风”，防止 CO_2 散失。只有在肥料、水分均能充分满足蔬菜正常生长需要的基础上，配合施用二氧化碳气肥，才能使蔬菜增产效果更显著。

6.2 提高 CO_2 浓度的方法

6.2.1 化学反应法

生产上常采用人工施放 CO_2 的方法，如利用强酸（硫酸、盐酸）与碳酸盐（如碳酸铵、碳酸氢铵）反应、二氧化碳发生器等，目前主要推广用稀硫酸和碳酸氢铵反应。每亩温室内均匀取 10~20 个点放置二氧化碳发生器，如塑料桶等，以使 CO_2 均匀释放，并将温室密闭 2~3 h 后放风。使用方法是将发生器吊挂在棚架上，容器口略高于果树，装入适当比例的稀硫酸和碳酸盐，让其进行混合反应。

6.2.2 施用固体 CO_2 气肥

由于对土壤和使用方法要求较严格，该法目前应用较少。

6.2.3 燃烧法

燃烧煤、焦碳、液化气或天然气等产生 CO_2，该法使用不当容易造成 CO 中毒。

6.2.4 液态 CO_2

该法虽然使用效果最好，但由于成本过高，很少应用。

6.2.5 增施有机肥

在我国目前条件下，补充 CO_2 比较现实的方法是在土壤中增施有机肥。

6.2.6 合理通风换气

在通风降温的同时，使设施内外 CO_2 浓度达到平衡。

6.2.7 CO_2 生物发生器法

利用生物菌剂促进秸秆发酵释放 CO_2 气体，提高设施内的 CO_2 浓度。该方法简单有效,不仅释放 CO_2 气体,而且增加土壤有机质含量。具体操作如下:在行间开挖宽 30~50 cm、深 30~50 cm,长度与树行长度相同的沟槽,将玉米秸、麦秸、杂草等填入,同时喷洒促进秸秆发酵的生物菌剂,最后在秸秆上面填埋 10~20 cm 厚的园土。填土时,注意每隔 2~3 m 留置一个宽 20 cm 左右的通气孔,为生物菌剂提供氧气通道,促进秸秆发酵发热,园土填埋完后,将两头通气孔浇透水。

6.3 CO_2 施肥注意事项

6.3.1 施用时期

于叶幕形成后即新梢展开 5 片叶以上开始进行 CO_2 施肥,一直到棚膜揭除后为止。

6.3.2 施用时间

一般在天气晴朗、温度适宜的天气条件下于早上日出 1~2 h 后开始施用,每天至少保证连续施用 2~4 h,全天施用或单独上午施用,阴雨天不能施用。

6.3.3 施用浓度

葡萄设施栽培中经济有效的 CO_2 施用浓度为 800×10^{-6} 左右(空气中 CO_2 浓度为 $320 \sim 360 \times 10^{-6}$)。

7 结语

设施葡萄栽培比露地栽培技术要求高,设施内环境调控尤为重要,环境因子相互作用,操作过程中必须相互兼顾,给葡萄生长提供适宜的环境,才能达到增产增收的目标。

第五节 设施栽培存在的问题及展望

1 世界设施葡萄产业现状及发展趋势

为对我国设施葡萄产业现状进行客观评价,并提出具有参考意义的发展对策,有必要了解世界设施葡萄产业的现状和发展趋势。

1.1 世界设施葡萄产业现状

果树设施栽培始于 17 世纪末的法国,当时主要是栽培柑橘等热带果树,以后逐步扩大到葡萄及其他树种。葡萄设施栽培最早始于中世纪的英国宫廷园艺,1882

年日本开始葡萄小规模温室生产。

到本世纪前半期，西欧设施栽培果树以葡萄为主，其中荷兰、比利时和意大利等国葡萄设施栽培发展较快。到第二次世界大战前的1940年，荷兰大约有5000个葡萄温室，占地860 hm^2，主要分布在海牙地区；比利时大约有3500个葡萄温室，占地525 hm^2，主要分布在布鲁塞尔南郊；至本世纪80年代后期，意大利葡萄设施栽培面积已达7000 hm^2。

目前，世界设施栽培果树以葡萄为主，荷兰和意大利的鲜食葡萄几乎都是温室生产的。在亚洲，日本是葡萄设施栽培最发达的国家，1882~1982年，塑料大棚和温室葡萄总面积近4000 hm^2，至1994年约7000 hm^2，占葡萄种植面积的30 %左右，主要分布在北纬36° 以南地区，其中以山形、岛根、山梨、福冈和同心等县最多。韩国设施栽培历史较短，自1980年开始实施果树设施栽培以来，至今葡萄设施栽培面积约为683 hm^2。另外，加拿大、英国、罗马尼亚、美国、西班牙和以色列等国家普通设施栽培也有一定的发展，但与之大面积的设施花卉、设施蔬菜相比，仍显微不足道。近二三十年来，葡萄生产大国的设施栽培发展迅速，在管理水平上也大为提高，特别是一些大型的栽培设施中，已实现了用计算机调控设施内的环境因素，自动化管理，并逐步做到葡萄生产机械化、工厂化，在保证葡萄果品质量的前提下，基本实现了鲜食葡萄周年均衡供应。

在长期的设施葡萄产业发展中，国外已经形成系列配套的技术措施，有相应的专门从事设施葡萄的研发体系，其中包含了从育种、育苗、栽培、植保、采后贮藏到包装、运输、专业市场的整套服务体系。通过不断优化适应市场需求的品种，针对设施生态特点的品种和砧木的优选，针对不同品种的综合栽培管理体系、病虫害预测预报、生物防治和化学防治的病虫害综合防治措施，利用不断更新的空间设计和材料技术，实现了优质、高效、安全的设施葡萄生产，以优秀的品质和低能耗实现设施葡萄的可持续和环境友好型生产。

1.2 世界设施葡萄产业发展趋势

1.2.1 规模化程度迅速提高，栽培设施向大型化发展

大型栽培设施具有投资省、土地利用率高、设施内环境相对稳定、节能、便于作业和产业化生产等优点。设施葡萄发达国家选择在光热资源较为充足的地区，建立大面积的大型栽培设施群，连片产业化生产，规模化程度大幅提高。例如，西班牙的阿尔梅利亚地区有面积1.3万 hm^2 的塑料温室群，占西班牙全国温室面积的60%。

意大利西西里岛上建造的塑料温室群,面积达 7000 hm^2。

1.2.2 设施节能技术受到重视

近年来由于世界上频频出现的石油危机,国际市场油价猛涨,设施燃料费用大幅提高的现实问题,设施生产大国都在积极寻求节能对策来降低生产成本。主要是开发设施生产新能源,对设施生产提出了栽培技术、设施结构转环境管理三位一体的发展方针,以尽量减少能源消耗。

1.2.3 逐渐向日光充足且较温暖的地区转移

为了节约能源,提高经济效益,发达国家在设施农业的布局上逐渐将中心从较寒冷多阴雨的地区向较温暖日光充足的地区转移,在较寒冷地区只保留冬季不加温的设施。

1.2.4 逐渐向发展中国家转移

20 世纪 90 年代前,世界设施葡萄主要集中在欧美一些农业发达的国家和地区,近几年来逐渐转移到气候条件优越、土地资源丰富及劳动力价格低廉的国家和地区,特别是在一些发展中国家设施葡萄开始迅速发展。

1.2.5 逐渐向植物工厂发展

植物工厂是继温室栽培之后发展的一种高度专业化、现代化的设施农业。它与温室栽培不同点在于,完全摆脱自然条件和气候的制约,应用近代先进技术设备,人工控制环境条件,全年均衡供应产品。

随着发达国家设施葡萄面积不断扩大,管理机械化、自动化程度逐渐提高,计算机智能化温室综合环境控制系统开始普及,技术先进的现代化设施成为葡萄生产的主要方式,形成设施设备制造、环境调控、生产资料供应为一体的多功能体系,工厂化生产已成为设施葡萄发展的方向。

设施栽培最发达的日本、荷兰和比利时等,其设备环境条件如温、湿、水、气等调节以达到计算机全自动控制的现代化水平。

2 我国设施葡萄产业现状

我国设施葡萄生产始于 20 实际 50 年代初期,是从庭院中发展起来的。最早在黑龙江、天津、北京、辽宁和山东等地进行小规模试验研究,并获初步成功,但是规模化的生产栽培尚未发展起来。1979 年,黑龙江省为了使巨峰葡萄能在当地安家落户,将葡萄栽植于薄膜温室内,收到了较好的经济效益。1979~1985 年,辽宁省先后利用地热加温的玻璃温室、塑料薄膜日光温室和塑料大棚等进行了葡萄设施栽培研究，同样获得良好的效果。另外，山东、河北、北京、浙江、上海等地也相继进行了葡萄设施栽培的试验研究，取得了初步成效，筛选出了一批适合设施栽培的优良早、中、晚熟葡萄品种开始在生产上推广应用，获得了较好的社会效益和经济效益。90年代初，随着人民生活水平的提高与市场的需求，葡萄设施栽培日趋兴起，已成为葡萄栽培发展新趋势。此后，由于密植矮冠早丰技术的发展，果品淡季供应的高额利润，保护地设施材料的改进，以及环境控制技术的提高等因素，使得葡萄设施栽培迅速发展。截止2008年底，全国葡萄设施栽培面积已达2.3万 hm^2 左右，约占栽培总面积的5%。在这之后，葡萄设施栽培的面积还在不断扩大。

3 我国设施葡萄产业存在的问题

近年来，我国设施葡萄产业发展迅速，规模也迅速增加，但与一些先进国家相比，还有较大差距，存在诸多亟待解决的问题。

3.1 品种结构不合理，缺乏设施栽培适用品种

目前，我国设施葡萄生产品种结构极不合理，以巨峰和红地球为主，其他品种较少，难以满足消费者的多样化需求。而且目前我国设施葡萄生产所用品种基本上使从现有露地栽培品种中筛选的，盲目性大，对其设施栽培适应性了解甚少，甚至有些品种不适合设施栽培，因此引进和选育葡萄设施栽培适用品种已成为当务之急。

3.2 设施结构不合理

我国大多数葡萄生产设施除避雨栽培外，仍旧延用蔬菜大棚的结构模式，以日光温室和塑料大棚为主，这些设施虽然结构简单，成本低，投资少，保温性能好，但存在明显的缺陷。如建造方位不合理、前屋面角和后坡仰角较小、墙体厚度不够、通风口设置不当、空间利用率低、光照不良且分布不均、操作费时费力、抵抗自然灾害的能力低等缺点。同时，目前设施葡萄生产中缺乏适宜设施葡萄生产使用的透光、保温、抗老化的设施专用棚膜，而且保温材料多为传统草苫、棉被等，其保温性能差、沉重、易造成棚膜破损。

3.3 机械化水平低，工作效率差

目前在我国设施葡萄生产中自动化控制设备配套不到位，机械化作业水平低，劳动强度大，工作环境差，劳动效率低，仅为日本的1/5。设施生产设备是设施生产技术中的薄弱环节，对设施葡萄的进一步发展已经形成制约。目前，虽然研发了一

些设施生产设备,但这些装备在生产效率、适应性、作业性能、可靠性和使用寿命等方面仍存在一些问题。

3.4 节本、优质、高效、安全生产规模尚未建立

尽管自 20 世界 90 年代以来我国设施葡萄生产发展很快,就不同品种、不同生态习惯的葡萄设施栽培技术发表了大量的经验性总结文字,但总体来说仅仅是建立了我国设施葡萄生产技术体系的雏形,距标准化的要求还有很大差距。摄入研究不同地域、不同品种、不同类型设施栽培条件下葡萄的生长发育模式及适宜的环境指标,进而提出相应的节本、优质、高效、安全生产技术模型,是实现设施葡萄标准化生产需要的研究课题。

3.5 设施葡萄产业化程度低

设施葡萄生产高投入、高产出、高技术和高风险的特点,决定了其必须走产业化发展之路。然而当前我国设施葡萄生产分布范围广而分散,规模化生产和集约化程度低,而且在实际操作中仅重视生产环节,对果品采后的分级、包装,市场运作和品牌经营也不够重视,生产形式单一,以鲜食为主,并且还远没有形成产业化基础。龙头企业规模小,带动能力差,市场营销绩效差。

3.6 体系与规则建设任重道远

我国设施葡萄标准化生产尚处于初级阶段,许多标准欠缺,已制定的一些标准有待组装集成和实施。我国专业信息服务网络还不完善,存在明显信息滞后和信息不对称。农民组织化程度低,抵御市场风险和自然灾害的能力很差,急需建立起符合中国国情并行之有效的合作组织。营销单位不遵守市场规则,无序竞争,竞相压价,扰乱市场秩序,这是影响我国设施葡萄经济效益的重要制约因素。

3.7 科技支撑力度不足

目前我国设施葡萄生产主要品种基本为国外引进,拥有自主知识产权的品种不多;葡萄新技术育种还未有实质性突破;适应中国国情的葡萄设施栽培标准化生产技术体系尚无规模成果;拥有自主知识产权的重大新技术、新成果少。

4 促进我国设施葡萄产业发展的对策

根据党的十七届三中全会提出的"积极发展现代农业、大力推进农业结构战略性调整,实施蔬菜、水果等园艺产品集约化、设施化生产"的要求,我国设施葡萄产业发展的总体对策是依靠葡萄设施管理技术创新和新技术推广,实行规模化生产、

大力提升市场竞争力，促进农民增收，农业增效，实现我国由设施葡萄生产大国向产业强国转变。

4.1 实施区域化发展战略，建设优势产业带

发挥地方优势，实现均衡发展，重点建设优势产区。在优势产区实施标准化生产，进行先进技术组装集成与示范，强化产品质量全程监控，健全市场信息服务体系，扶持壮大市场经营主体，加速形成具有较强市场竞争优势的设施葡萄产业带（区）。

4.2 加强设施葡萄专用品种的引进筛选、自主选育和种苗标准化生产建设体系

我国要在设施葡萄产业中争取国家竞争优势，必需坚持“自育为主、引种为辅”的指导思想，充分利用我国丰富的葡萄资源，选育适于我国设施葡萄生产的优良专用品种和抗性砧木，加大国外设施葡萄优良品种及适宜砧木的引进与筛选，为设施葡萄产业发展提供品种资源支持。

我国葡萄良种苗木繁育体系极不健全，品种名称炒作现象繁多，乱引乱栽，假苗按键时有发生，葡萄虫害有逐步蔓延之势，许多苗木自繁自育，脱毒种苗比例不足2%，出圃苗木质量参差不齐，严重影响了设施葡萄生产的建园质量及果园的早期产量和果实质量。加强我国葡萄良种苗木标准化繁育体系建设已势在必行。

4.3 研发设施葡萄节本、优质、高效、安全生产技术体系

加强设施葡萄低成本、洁净优质、连年丰产理论与技术的研究与推广，实现设施葡萄的连年优质丰产和可持续发展。

加强研发适合我果国情的设施结构和覆盖材料，即小型化、功能强、易操作、成本低、抗性强，适合设施葡萄生产的设施结构和覆盖材料，以尽快解决我国设施葡萄生产中设施结构存在的问题。

加强研发适合我国国国情的设施生产装备，提高机械化水平，减轻劳动强度，提高劳动效率。加强设施葡萄产期调节技术研究，设施条件下的环境和植株控制，大力推广产期调节技术，调整设施葡萄产期，使之逐步趋于合理。

加强设施葡萄物流与保险、加工等重大关键技术研究与开发，实现设施葡萄产中产后全程质量控制，确保丰产丰收。

4.4 加强设施葡萄生产信息化技术的研究与应用

研究设施葡萄生产数字化技术，开展农村果树信息服务网络技术体系与产品开发应用研究，构建面向设施葡萄研究、管理和生产决策的知识平台，为设施葡萄生产

的科学管理提供信息化技术、

4.5 积极培育龙头企业,建立健全农业合作组织,实施产业化发展战略

积极创造有力环境,培育壮大龙头企业。进一步完善企业与生产者的利益联结机制,鼓励企业与科研单位、生产基地建立长期的合作关系。积极发展经济合作组织和农民协会,不断提高产业素质和果农的组织化程度。

4.6 加强设施葡萄产业经济研究,开拓国际市场

加强设施葡萄产业经济研究,建立设施葡萄产业信息系统,研究世界主要主产国的相关信息,长期跟踪世界葡萄市场变化与我国设施葡萄产业发展趋势,制定我国向外型设施葡萄产业的政策支持体系,以此大力提高我国设施葡萄质量和国际竞争力,扩大和巩固国外市场占有份额。通过增加设施葡萄出口,带动整个设施葡萄产业的发展。同时,把开拓国际市场与国内市场结合起来,逐步完善市场体系,促进流通,扩大产品销量。

4.7 重视和加强设施葡萄技术推广体系建设

为保证和促进我国设施葡萄产业的可持续发展,应恢复和完善各级果树科技推广体系,保证设施葡萄新品种、新技术等信息进村入户和推广应用;加强各级技术人员培训体系建设,保证基层果树生产技术人员与时俱进,掌握设施葡萄现代生产技术,为设施葡萄产业的可持续发展提供科技支持。

参考文献

[1]李亚东,郭修武,张冰冰.浆果栽培学[M].北京:中国农业出版社,2012.

[2]翟衡.中国果树科学与实践:葡萄[M].西安:陕西科学技术出版社,2015.

[3]刘凤之,段长青.葡萄生产配套技术手册[M].北京:中国农业出版社,2013.

[4]石雪晖.葡萄优质丰产周年管理技术[M].北京:中国农业出版社,2002.

[5]徐海英,闫爱玲,张国军.葡萄标准化栽培[M].北京:中国农业出版社,2007.

[7]贺普超.葡萄学[M].北京:中国农业出版社,1994.

[8]严大义.红地球葡萄[M].北京:中国农业出版社,2011.

[9]王忠跃.葡萄健康栽培与病虫害防控[M].北京:中国农业科学技术出版社,2017.

[10]刘淑芳.图说葡萄病虫害诊断与防治[M].北京:机械工业出版社,2014.

[11]翟秋喜,魏丽红.葡萄优质高效栽培[M].北京:机械工业出版社,2015.

[12]张亚冰,孙海生.葡萄合理整形修剪[M].北京:机械工业出版社,2017.

[13]赵常青,蔡之博,吕冬梅,康德忠.现代设施葡萄栽培技术[M].北京:中国农业出版社,2019.

[14]望岗亮介,赵长民(翻译).图说葡萄整形修剪与12月栽培管理[M].北京:中国农业出版社,2019.

[15]刘会宁.葡萄生产关键技术100问[M].北京:中国农业出版社,2015.

[16]马起林.鲜食葡萄高效优质栽培技术[M].北京:中国农业科学技术出版社,2015

[17]杨治元,陈哲,王其松.葡萄促早栽培配套技术[M].北京:中国农业出版社,2018.

[18]严大义,赵常青,才淑英,蔡之博.葡萄生产关键技术百问百答第二版[M].北京:中国农业出版社,2012.

[19]王海波,刘凤之.图解设施葡萄早熟栽培技术[M].北京:中国农业出版社,2017.

[20]昌云军,高文胜.葡萄现代栽培关键技术[M].北京:化学工业出版社,2015.

[21]蒯传化,刘崇怀.当代葡萄[M].郑州:中原农民出版社,2016.

[22]孙平平,王文辉.2017/2018年世界苹果、梨、葡萄、桃及樱桃产量、市场与贸易情况[J].中国果树,2018(02):99-108.

[23]田淑芬.中国葡萄产业与科技发展[J].农学学报,2018,8(01):135-139.

[24]马宗桓,陈佰鸿,胡紫璟,等.施氮时期对干旱荒漠区'蛇龙珠'葡萄叶片糖代谢及果实品质的影响[J].干旱地区农业研究,2018,36(06):145-152+167.

[25]侯廷帅,韩晓东,赵江,等.葡萄的加工技术综述[J].食品工业,2015,36(5):223-228.

[26]胡宏远,王振平.水分胁迫对赤霞珠葡萄光合特性的影响[J].节水灌溉,2016,(2):18-22.

[27]刘胜.疏果方式对葡萄与葡萄酒品质指标的影响[D].山东:齐鲁工业大学,2014.

[28]江雨.中国野生葡萄果实品质评价和主要物质组分研究[D].陕西:西北农林科技大学,2016.

[29]祝霞,韩舜愈,冒秋丹,等.蛇龙珠干红葡萄酒发酵过程中游离态和键合态香气物质的变化分析[J].食品科学

[30]王安妮.不同栽培及酿造措施对'马瑟兰'葡萄及葡萄酒品质影响的研究[D].山东:烟台大学,2019.

[31]邓婷婷,肖亚冬,刘春泉,等.不同品种冻干无核葡萄脆粒品质评价[J].食品工业科技,2020,41(2):298-306.

[32]齐晓茹,侯丽娟,师旭,等.不同年份、不同葡萄品种葡萄酒品质特征分析研究[J].食品工业科技,2017,38(9):285-289.

[33]杨中,张静,汤兆星.新疆鲜食葡萄品质评价指标体系的建立[J].安徽农业科学,2011,39(12):7004-7007.

[34]彭德华,彭学峰.论葡萄品质与葡萄酒质量的关系[J].葡萄栽培与酿酒,1994,70(3):1-5.

[35]黄治钰.酿酒葡萄对不同内生真菌菌株再侵染后的生理生化响应[D].昆明:云南大学,2015.

[36]孔云,王绍辉,沈红香,等.不同光质补光对温室葡萄新梢生长的影响[J].北京农学院学报,2006,21(3):23-25.

[37]张磊,张晓煜,亢艳莉,等.土壤肥力对酿酒葡萄品质的影响[J].江西农业大学学报,

2008,30(2):226-229.

[38]迟明,刘美迎,宁鹏飞,等.避雨栽培对酿酒葡萄果实品质和香气物质的影响[J].食品科学,2016,37(7):27-32.

[39]Juana M, Francisco P, Pilar Z. Antioxidant activity and phenolic composition of organic and conventional grapes and wines [J]. Journal of Food Composition and Analysis,2010(23):569-574.

[40]商佳胤,田淑芬,朱志强,等.采收时间对玫瑰香葡萄果实品质及芳香化合物组分的影响[J].华北农学报,2013,28(1):155-162.

[41]何永基,邓爱民.甘肃发展酿造葡萄产业的喜与忧[J].中外葡萄与葡萄酒,2002,(2):9-10.

[42]李华,颜雨,宋华红,等.甘肃省气候区划及酿酒葡萄品种区划指标[J].科技导报,2010,28(7):68-72.

[43]李雅善,王振吉,王艳君,等.甘肃河西走廊酿酒葡萄栽培区旱情时空特征差异分析[J].西北林学院学报,2015,30(4):50-56.

[44]白耀栋.甘肃河西走廊地区酿酒葡萄发展的优劣势分析[J].中外葡萄与葡萄酒,2016(2):60-62.

[45]张梅花,刘静霞,张芮,等.不同生育期调亏灌溉对酿酒葡萄耗水及产量和品质的影响[J].甘肃农业大学学报,2019, 54(4): 53-59.

[46]房玉林,孙伟,万力,等.调亏灌溉对酿酒葡萄生长及果实品质的影响[J].中国农业科学,2013, 46(13): 2730-2738.

[47]王华.葡萄与葡萄酒实验技术操作规范[M].西安:西安地图出版社,1999.

[48]Jayaprakasha G K, Singh R P. Sakariah K K. Antioxidant activity of grape seed (Vitis vinifera) extracts on peroxidation models in vitro [J]. Food Chemistry, 2001, 73(3): 285-290

[49]张歆皓,王瑶,王会东,等.蔬菜中Vc含量的测定[J].赤峰学院学报(自然科学版),2018,3(34): 29-31.

[50]郭景南,刘崇怀,冯义彬,等.葡萄种质资源描述规范和数据标准概述及使用讨论[J].果树学报,2010, 27(5): 784-789.

[51]宋英珲.蓬莱不同生态种植区葡萄与葡萄酒特性研究[D].山东:山东农业大学,2017.

[52]孙权,王静芳,王素芳,等.不同施肥深度对酿酒葡萄叶片养分和产量及品质的影响[J].

果树学报，2007（4）：455–459.

［53］宋宝军，金仕富．不同气候条件对山葡萄浆果糖度的影响［J］．特产研究，2001（2）：26–28.

［54］王凯丽．河西走廊产区赤霞珠葡萄不同生长时期及葡萄酒中非花色苷酚类物质的检测［D］．甘肃：甘肃农业大学，2018.

［55］Hardie W J, Considine J A. Response of grapes to water–deficit stress in particular stages ofdevelopment ［J］American Journal of Enology and Viticulture, 1976, 27（2）: 55–61.

［56］Picinelli A, Suarez B, Garcia L, et al. Changes in phenolic contents during sparkling apple winemaking ［J］. American Journal of Enology and Viticulture, 2000, 51（2）: 144–149.

［57］Jackson R. Wine science ［M］. 3rded Salt Lake City: Academic Press, 2008.

［58］周思鸿，成果，郭荣荣，等．果实套袋对避雨栽培阳光玫瑰葡萄果实品质的影响［J］．中国南方果树，2019, 48（2）：135–136.

［59］刘科鹏，黄春辉，冷建华，等．'金魁'猕猴桃果实品质的主成分分析与综合评价［J］．果树学报，2012, 29（5）：867–871.

［60］白沙沙，毕金峰，王沛，等．不同品种苹果果实品质分析［J］．食品科学，2012, 33（17）:68–72.

［61］赵滢，杨义明，范书田，等．基于主成分分析的山葡萄果实品质评价研究［J］．吉林农业大学学报，2014, 36（5）：575–581.

［62］周晓明，卢春生，樊丁宇，等．新疆不同葡萄品种果实成熟期酸成分分析［J］．果树学报,2012, 29（2）：188–192.

［63］孙凌俊，马丽，王振家．葡萄果实糖代谢的研究进展［J］．中外葡萄与葡萄酒，2008（6）:70–72.

［64］Davies C, Robimson S P. Sugar accumulation in grape berries ［J］. Plant Physiol, 1996, 11（1）:275–283

［65］赵新节．葡萄果实物质代谢与品质调控［J］．中外葡萄与葡萄酒，2002（6）：21–22.

［66］张军，高年发，杨华．葡萄生长成熟过程中有机酸变化的研究［J］．酿酒，2004（5）：69–71.

［67］马腾臻．'蛇龙珠'葡萄酒酒精发酵过程中品种香气释放调控研究［D］．兰州：甘肃农业大学，2015.

［68］Fenoll J, Manso A, Hellin P, et al. Changes in the aromatic composition of the Vitis vinifera grape Muscat Hamburg during ripening [J]. Food Chemistry, 2009, 114 (2): 420–428.

[69]Schwab W, Wuest M. Understanding the Constitutive and Induced Biosynthesis of Mono- and Sesquiterpenes in Grapes (Vitis vinifwra)–A Key to Unlocking the Biochemical Secrets of Unique Grape Aroma Profile [J]. Journal of Agricultural & Food Chemistry, 2015,63 (49): 591-603

[70]Dieguez S C, Lois L C, Gomez E F, et al. Aromatic composition of the Vitis vinifera grape Albarino [J]. Lebensmittel-Wissenscha ftund-Technologie, 2003, 36 (6): 585–590.

[71]丁燕，王哲，郭亚芸，等．蓬莱产区不同白葡萄品种香气组成的差异性研究[J]. 酿酒科技，2015 (11): 54–59.

[72]Reynolds A G, Wardle D A. Yield component path analysis of Okanagan Riesling vines conventionally pruned or subjected to simulated mechanical pruning [J]. American Journal of Enology and Viticulture. 1993, 14 (4): 173–179.

[73]Gomez E, Martinez A, Laencina J. Changes in volatile compounds during maturation of some grape varieties [J]. Journal of the Science of Food and Agriculture, 1995,67 (2): 229–233.

[74]于立志，马永昆，张龙，等．GC–O–MS 法检测句容产区巨峰葡萄香气成分分析[J]. 食品科学，2015,36 (8):196–200.

[75]赵悦，孙玉霞，孙庆扬，等．不同产地酿酒葡萄“赤霞珠”果实中挥发性香气物质差异性研究[J]. 北方园艺，2016,(4):23–28.

[76]南海龙，李华，蒋志东．山葡萄及其种间杂种结冰果实香气成分的 GC–MS 分析[J]. 食品科学，2009,30 (12):168–171.

[77]管敬喜，杨莹，文仁德，等．广西酿酒葡萄果实挥发性香气成分分析[J]. 酿酒科技，2018,(1):97–103.

[78]王建文，王有年．欧洲葡萄栽培和酿酒在中国的传播[J]. 北京农学院学报，2006 (1): 45–49.

[79]王翠梅，孙义东，孔维府．中国酿酒葡萄栽培生产历史、现状和发展展望[J]. 中国果菜，2007,(6):6–7.

[80]Kirkham M B, Vand P R R, Bo ¨ hm. On the Origin of the Theory of Mineral Nutrition of Plants and the Law of the Minimum [J]. Soil Science Society of America Journal, 1999,63 (5): 1055–1062.

[81]涂仕华．化肥在农业可持续发展中的作用与地位[J]. 西南农业学报，2003,(S1):7–11.

[82]刘凤之.中国葡萄栽培现状与发展趋势[J].落叶果树,2017,49(1):1-4.

[83]王进.平衡施肥对设施葡萄生长及结果影响研究[D].四川农业大学,2013.

[84]王进.葡萄园配方施肥及镉污染植物修复研究[D].四川农业大学,2016.

[85]雷平.我国南方葡萄设施栽培营养障碍诊断及优质施肥技术研究[D].浙江大学,2010.

[86]彭福田,姜远茂,顾曼如,束怀瑞.不同负荷水平下氮素对苹果果实生长发育的影响[J].中国农业科学,2002,(6):690-694.

[87]商佳胤,集贤,常永义,田淑芬,李树海,高扬,黄建全.缺镁对红地球葡萄幼苗生理特性的影响[J].安徽农业科学,2009,37(08):3399-3400+3440.

[88]鄢新民,葛元华,刘建库,崔乐军.果树缺素症状及防治[J].现代农村科技,2012,(1):26-27.

[89]Guerinot M L, Yi Y. Iron :Nutritious, Noxious, and Not Readily Available[J]. Plant Physiology,1994,104(3):815-820.

[90]Walker E L, Connolly E L. Time to pump iron: iron-deficiency-signaling mechanisms ofhigher plants[J]. Current Opinion in Plant Biology,2008,11(5):530-535.

[91]刘春生,常红岩,孙百晔,孙玉焕,叶优良,张福锁.外源铜对土壤果树系统中酶活性影响的研究[J].土壤学报,2002,(1):31-38.

[92]姜学玲,孔苇.硼在果树生产中的作用及应用[J].烟台果树,2004,(1):42.

[93]邵建华,韩永圣,高芝祥.中微量元素肥料的生产与应用[J].中国土壤与肥料,2001,(4):3-7.

[94]吴玲玲,李玉忠.河西走廊绿洲灌溉农业区葡萄产业发展的优势和潜力及对策研究[J].农业现代化研究,2013,34(2):190-193.

[95]雷平,石伟勇.我国南方葡萄设施栽培土壤和营养障碍及其防治对策[J].科技通报,2009,25(5):611-615.

[96]孟红旗.测土配方施肥研究[J].现代农业科技,2012,(2):292-293.

[97]李虎军,王全九,苏李君,石彬彬,周广林,周蓓蓓.红提葡萄光合速率和气孔导度的光响应特征[J].干旱地区农业研究,2017,35(4):230-235+262.

[98]郭蕾萍.不同生育期的施肥量对'藤稔'葡萄树体生长及果实品质的影响[D].上海交通大学,2014.

[99]刘爱玲.设施栽培葡萄生长发育与肥水吸收规律研究[D].上海交通大学,2012.

[100]张一方,徐正浩.不同葡萄品种的果实形态学特征及基本品质[J].食品安全导刊,

2018,(24):72-75.

[101]徐洪宇,张京芳,成冰,侯力璇,王月辉.26 种酿酒葡萄中抗氧化物质含量测定及品种分类[J]. 中国食品学报,2016,16(2):233-241.

[102]李春辉. 施用氮磷钾对藤稔葡萄产量和品质的影响[D]. 吉林农业大学,2013.

[103]张红娟,薄明霞,薛婷婷,都晗,王华,李华. 不同熟性酿酒葡萄果实品质及酿酒特性研究[J]. 食品与发酵工业,2018,44(4):131-136.

[104]王锐. 贺兰山东麓土壤特征及其与酿酒葡萄生长品质关系研究[D]. 西北农林科技大学,2016.

[105]Leng X, Jia H, Sun X, et al. Comparative transcriptome analysis of grapevine in response to copper stress [J]. Scientific Reports,2015,5 :17749.

[106]OIV. State of the vitiviniculture world market [R]. 2015 :1-9.

[107]宋蕤,韩舜愈,李敏,等. 甘肃河西走廊产区酿酒葡萄产毒霉菌的分离与鉴定[J]. 食品科学,2014,35(19):189-193.

[108]户金鸽,白世践,陈光,等. 不同砧木对赤霞珠葡萄叶片光合特性及果实品质的影响[J]. 新疆农业科学,2020,57(5):830-839.

[109]李卓,郭玉蓉,孙立军,等. 不同产地长富 2 号苹果品质差异及其与地理坐标的相关性[J]. 陕西师范大学学报(自然科学版),2012,40(4):98-103.

[110]林蝉蝉,何舟阳,单文龙,等. 基于主成分与聚类分析综合评价杨凌地区红色鲜食葡萄果实品质[J]. 果树学报,2020,37(4):520-532.

[111]潘照,周文化,肖玥惠子. 基于主成分分析的不同种鲜食葡萄品质评价[J]. 食品与机械,2018,34(9):139-146.

[112]谭伟,邹琴艳,张岩,等. 酿酒葡萄杂交 F1 代果实品质性状的聚类分析与优系筛选[J]. 果树学报,2020,37(7):971-984.

[113]沈碧薇,魏灵珠,崔鹏飞,等. 不同砧木对'瑞都红玉'葡萄生长结果与果实品质的影响[J]. 果树学报,2020,37(3):350-361.

[114]谢辉,樊丁宇,张雯,等. 统计方法在葡萄理化指标简化中的应用[J]. 新疆农业科学,2011,48(8):1434-1437.

[115]白世践,李超,王爱玲,等. 吐鲁番地区无核葡萄主要品质性状因子分析与综合评价[J]. 西北农业学报,2016,25(1):92-102.

[116]张筠筠,王竞,孙权,等. 化肥减施对贺兰山东麓土壤肥力及酿酒葡萄品质的影响[J].

西南农业学报,2019,32（7）:1601-1606.

[117]汤兆星 . 新疆葡萄加工品质评价和基础数据库建立[D]. 北京 :中国农业科学院,2010.

[118]刘玉兰 . 酿酒葡萄的品质指标分析及其与气象条件关系的试验研究[D]. 南京 :南京信息工程大学,2006.

[119]张晓煜,亢艳莉,袁海燕,等 . 酿酒葡萄品质评价及其对气象条件的响应[J]. 生态学报,2007,27（2）:740-745.

[120]马力文,李剑萍,韩颖娟,等 . 贺兰山东麓'赤霞珠'品质形成气象条件与评级方法研究[J]. 中国生态农业学报,2018,26（03）:453-466.